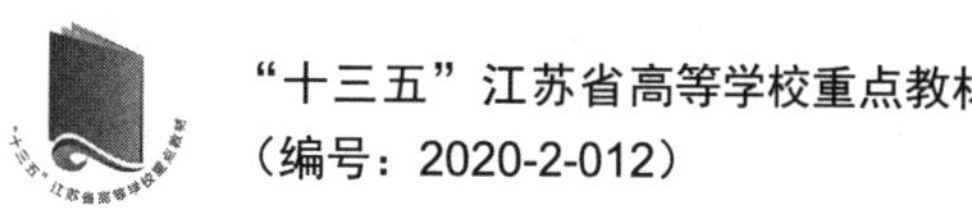

数据思维

胡广伟 ◎ 编著
Hu Guangwei

清華大學出版社
北京

内 容 简 介

随着大数据时代的到来，从语音助手、人脸识别、以图搜车、无人驾驶、城市大脑，到普适计算、雾计算、单粒度治理、量子思维，各种新兴信息技术成为社会发展的新动能。这些技术给社会带来巨变的同时，也冲击着人们现有的思维方式。正所谓思维指导行动，我们应主动调整、训练、培养适应新时代的思维方式去引领大数据、人工智能时代的发展，立于时代的潮流之中。数据思维不仅是我们认识新时代的逻辑，更是数据文明时代的生存逻辑。本书将帮助读者理解数据的本质，并由浅入深逐步培养用数据去观察事物、思考问题、分析问题、解决问题的行为模式。本书主要讲述了数据思维的产生、原理与模式，并介绍了数据思维指导下的现代数据管理流程以及数据思维应用实例。数据思维是新时代观察、思考问题的底层思维，本书的读者对象包括但不限于大专院校学生、研究生，从事数据开发利用的工作者，以及各行各业的决策者，特别是数字化转型工作的推动者。本书强调理论与实践相结合，旨在帮助读者一窥数据科学的逻辑，建立数据思维的基础，并将数据思维应用到学习、生活之中，指导行动与决策。

图书在版编目（CIP）数据

数据思维/胡广伟编著. —北京：清华大学出版社，2020.12（2025.3重印）
（清华科技大讲堂）
ISBN 978-7-302-56138-5

Ⅰ. ①数… Ⅱ. ①胡… Ⅲ. ①数据处理 Ⅳ. ①TP274

中国版本图书馆 CIP 数据核字（2020）第 141116 号

责任编辑：黄 芝 薛 阳
封面设计：刘 键
责任校对：徐俊伟
责任印制：宋 林

出版发行：清华大学出版社
网 址：https://www.tup.com.cn，https://www.wqxuetang.com
地 址：北京清华大学学研大厦 A 座 **邮 编**：100084
社 总 机：010-83470000 **邮 购**：010-62786544
投稿与读者服务：010-62776969，c-service@tup. tsinghua. edu. cn
质量反馈：010-62772015，zhiliang@tup. tsinghua. edu. cn
课件下载：https://www. tup. com. cn，010-83470236
印 装 者：大厂回族自治县彩虹印刷有限公司
经 销：全国新华书店
开 本：185mm×260mm **印 张**：22 **字 数**：546 千字
版 次：2020 年 12 月第 1 版 **印 次**：2025 年 3 月第 6 次印刷
印 数：5101～6100
定 价：69.80 元

产品编号：086853-01

前言

如今，从语音助手、人脸识别、以图搜车、无人驾驶、城市大脑，到普适计算、雾计算、单粒度治理、量子思维等技术、方法、应用已成为社会发展的新动能。数据自古有之，然而（移动）互联网、云计算、物联网的普及为我们累积了多维度、细粒度，以及来自不同视角的数据。数据资源被广泛应用于人类社会生产、生活、科研、治理等的方方面面，成为并列于资本、劳动和自然资源的新的生产资料，对世界的政治、经济、文化、科技产生了深刻的影响。这是大数据这个崭新时代为人类社会呈上的新礼物，也是人类文明进化道路上开出的鲜艳花朵。

阿里巴巴、腾讯、脸书（Faccbook）、今日头条、亚马逊（Amazon）、百度、谷歌（Google）等世界领先的公司正在应用这些数据改造我们的生活与工作模式，商汤、小米、寒武纪、波士顿动力（Boston Dynamic）、亿嘉和、科沃斯、谷歌语音助手（Duplex）等智能代理与智能对象正改变着我们社会的结构，“人”“智”“物”的融合正在加速。乃至未来战场、货币形态、大国争端，都随着大数据的深入应用在发生巨变。2015 年，党和国家正式提出“国家大数据战略”，先后出台《促进大数据发展行动纲要》《大数据产业发展规划（2016—2020）》等纲领性文件；2017 年国务院印发《新一代人工智能发展规划》，人工智能正式上升为国家战略。

新兴技术赋能、赋权、赋值（价值）的同时，也冲击着我们现成的思维方式，正引发“新观念的产生、新模式的出现、新思维的塑造、新治理的构建”。正如涂子沛先生所言，数据带来了“一种新文明的兴起”。因为，数据让人类历史上一些精细的、微妙的、隐形的，甚至曾经难以捕捉表述的关系和知识，在今天都变为显性的关系和知识，清清楚楚地为我们所用。数据为国家治理提供了新的工具和手段，越来越多的个人行为被记录，每一辆车或者每一个物体都可以被追踪，我们的社会呈现出越来越清晰的纹理。大量的事实得以还原再现，我们的侥幸心理得到了抑制，人性的幽暗之处得以光明，我们正迈向一个更加文明、安全的时代。

数据的价值得到了空前的关注，然而在实践中还存在很多误区，也屡屡出现“奇葩”的故事，例如大数据杀熟（非人所愿）、谷歌无人驾驶汽车事故、AlphaGo 输棋、Facebook 风波、IBM Watson 项目的失败等。这些故事的背后都反映出我们在“思维”层面的某种偏误，以为大数据就是全数据，以为智能可战胜智慧，以为数据强就合乎伦理，以为科技可以代替人类等，也对数据的开发利用提出了反思。

时代的召唤，作为身在时代洪流中的我们，如何从“看戏”到“入戏”？为此，本书由浅入深地讲述了数据思维的产生、原理与模式，并介绍了数据思维指导下的现代数据管理流程以及数据思维应用实例，尝试帮助读者理解数据的本质，逐步培养用数据去观察事物、思考问题、分析问题、解决问题的行为模式。例如，针对企业、组织有数据而无“大数据”的问题提出革新统计指标体系的思路，从而革新组织的数据采集工具；针对没有（大）数据的困惑，本书提出数据生产的思维；针对组织数字化转型的困境，建议从“数字孪生”着手技术创新；针对日益增多的“大数据之殇”，建议研究“数据行为”，如此等等，帮助读者从思维层面展开训练，改变思考问题的模式与方式。

本书共有12章，可分为理论部分(第1～4章)、方法实训部分(第5～11章)与应用实践部分(第12章)。本书的编著得到了杨金龙、赵思雨、魏畅、刘露、杨巳煜、韩磊、路伯言、司文峰、刘建霞等多位博士与硕士研究生的参与，得到了南京大学双一流“百层次”教育改革基金、南京大学信息管理学院“精品课程”建设项目，以及国家“双创示范基地”项目的支持。本书的撰写还得到了领域内多位专家学者的指点、斧正，在此一并致谢！

胡广伟

2020年3月

目录

第 1 章　数据思维导论 …… 1

1.1　数、数据与大数据 …… 1

1.1.1　数 …… 1

1.1.2　数据 …… 5

1.1.3　大数据 …… 12

1.2　数据科学 …… 19

1.2.1　数据科学的内涵及兴起 …… 19

1.2.2　数据科学的学科定位 …… 21

1.2.3　数据科学的研究内容 …… 22

1.2.4　数据科学的工作流程 …… 23

1.3　相关的“思维”范式 …… 24

1.3.1　思维 …… 24

1.3.2　科学思维 …… 26

1.3.3　统计思维 …… 36

1.3.4　数据思维 …… 39

小结 …… 43

讨论与实践 …… 44

参考文献 …… 44

第 2 章　数据思维基础 …… 46

2.1　数据思维的产生 …… 46

2.1.1　思维原料的变化 …… 47

2.1.2　思维主体的变化 …… 49

2.1.3　思维工具的变化 …… 51

2.1.4　思维形式的变化 …… 52

2.2　数据思维的范式 …… 53

2.2.1　科学方法论 …… 53

2.2.2　科学认识论 …… 54

2.2.3　科学行动范式 …… 54

2.3　数据思维的特点 …… 56

2.3.1 整体性 …… 56
2.3.2 量化性 …… 57
2.3.3 互联性 …… 57
2.3.4 价值性 …… 58
2.3.5 动态性 …… 58
2.4 数据思维的局限 …… 58
2.4.1 全数据模式的幻像 …… 59
2.4.2 量化思维的焦虑 …… 60
2.4.3 相关性的过度崇拜 …… 62
2.5 数据思维的应用 …… 63
2.5.1 数据思维的应用价值 …… 63
2.5.2 数据思维的应用流程 …… 69
2.5.3 数据思维的应用方法 …… 86
2.6 数据行为 …… 91
2.6.1 数据行为的概念 …… 91
2.6.2 数据行为的分类 …… 91
2.6.3 数据行为的基本原则 …… 94
小结 …… 95
讨论与实践 …… 95
参考文献 …… 95

第3章 数据思维原理:信息学视角 …… 97

3.1 最大熵原理 …… 97
3.1.1 熵及信息熵的概念 …… 97
3.1.2 最大熵原理的内涵 …… 98
3.1.3 最大熵原理的应用 …… 99
3.2 最小努力原理 …… 100
3.2.1 最小努力原理的内涵 …… 100
3.2.2 最小努力原理的应用 …… 101
3.3 对数透视现象 …… 103
3.3.1 对数透视现象的内涵 …… 103
3.3.2 网络环境下的对数透视现象 …… 105
3.4 信息生命周期理论 …… 109
3.4.1 信息生命周期的内涵 …… 109
3.4.2 信息生命周期运动的认识 …… 110
3.4.3 信息生命周期理论 …… 111
3.4.4 大数据与信息生命周期理论 …… 112
3.5 小世界现象 …… 113
3.5.1 小世界现象的由来 …… 113

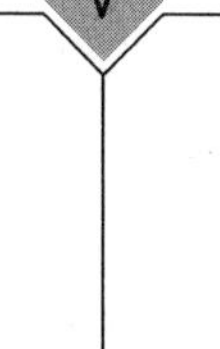

3.5.2　小世界现象的研究类型…… 114
3.5.3　小世界网络现象的应用…… 116
小结…… 117
讨论与实践…… 118
参考文献…… 118

第4章　数据思维模式…… 119

4.1　全数据思维 …… 119
4.1.1　抽样数据：以小见大 …… 119
4.1.2　全数据：以大见小 …… 120
4.1.3　大数据：还原事物间的联系 …… 121
4.2　容错性思维 …… 122
4.2.1　允许出现错误…… 122
4.2.2　混杂的大数据也可能更精确…… 122
4.2.3　接受混杂是趋势…… 123
4.3　实时性思维 …… 124
4.3.1　成批处理方式…… 124
4.3.2　实时处理方式…… 124
4.3.3　两种处理方式对比…… 126
4.4　相关性思维 …… 126
4.4.1　相关关系…… 127
4.4.2　相关性思维的应用…… 128
4.4.3　如何处理两种关系…… 128
小结…… 129
讨论与实践…… 130
参考文献…… 130

第5章　数据生产…… 131

5.1　数据生产的概念 …… 131
5.2　数据生产的特点 …… 134
5.3　数据生产的目标 …… 135
5.3.1　采集全量数据…… 135
5.3.2　发现数据的新价值…… 136
5.3.3　考虑外部用户的需求…… 136
5.4　数据生产的阶段 …… 137
5.5　数据的生产源 …… 138
5.5.1　互联网数据…… 138
5.5.2　移动网络数据…… 139
5.5.3　物联网数据…… 139

小结……………………………………………………………………………………………… 142
讨论与实践………………………………………………………………………………………… 143
参考文献…………………………………………………………………………………………… 143

第6章 数据采集…………………………………………………………………………… 144

6.1 数据采集的概念 ………………………………………………………………………… 144
6.2 数据来源 ………………………………………………………………………………… 145
6.3 数据选择 ………………………………………………………………………………… 146
6.4 数据采集的方法及工具 ………………………………………………………………… 148
6.4.1 系统日志采集方法…………………………………………………………………… 148
6.4.2 传感器采集方法……………………………………………………………………… 155
6.4.3 网络爬虫采集方法…………………………………………………………………… 156
6.4.4 其他数据采集方法…………………………………………………………………… 163
小结……………………………………………………………………………………………… 164
讨论与实践………………………………………………………………………………………… 164
参考文献…………………………………………………………………………………………… 164

第7章 数据存储…………………………………………………………………………… 166

7.1 传统数据存储 …………………………………………………………………………… 166
7.1.1 存储设备……………………………………………………………………………… 167
7.1.2 存储系统网络架构…………………………………………………………………… 167
7.2 大数据时代的数据存储 ………………………………………………………………… 170
7.2.1 大数据存储系统的特点……………………………………………………………… 170
7.2.2 分布式存储…………………………………………………………………………… 172
7.2.3 云存储………………………………………………………………………………… 175
7.3 数据库技术 ……………………………………………………………………………… 178
7.3.1 数据库技术的发展…………………………………………………………………… 178
7.3.2 关系数据库…………………………………………………………………………… 178
7.3.3 NoSQL ……………………………………………………………………………… 181
小结……………………………………………………………………………………………… 194
讨论与实践………………………………………………………………………………………… 195
参考文献…………………………………………………………………………………………… 195

第8章 数据预处理………………………………………………………………………… 197

8.1 数据预处理的必要性 …………………………………………………………………… 197
8.2 数据清洗 ………………………………………………………………………………… 198
8.2.1 缺失数据处理………………………………………………………………………… 198
8.2.2 冗余数据处理………………………………………………………………………… 200
8.2.3 噪声数据处理………………………………………………………………………… 201

8.3 数据变换 …… 203
8.3.1 大小变换 …… 204
8.3.2 类型变换 …… 204
8.4 数据集成 …… 205
8.4.1 内容集成 …… 206
8.4.2 结构集成 …… 206
8.5 其他预处理方法 …… 207
8.5.1 数据脱敏 …… 207
8.5.2 数据归约 …… 209
8.5.3 数据标注 …… 209
小结 …… 210
讨论与实践 …… 210
参考文献 …… 211

第 9 章 数据分析 …… 212

9.1 业务理解 …… 212
9.2 数据理解 …… 213
9.3 数据分析分类 …… 214
9.3.1 结构化数据分析 …… 215
9.3.2 文本分析 …… 215
9.3.3 Web 数据分析 …… 216
9.3.4 多媒体数据分析 …… 217
9.3.5 社交网络数据分析 …… 218
9.3.6 移动数据分析 …… 219
9.4 数据分析方法的选择 …… 219
9.4.1 分类算法 …… 220
9.4.2 聚类算法 …… 229
9.4.3 关联分析 …… 234
9.4.4 回归分析 …… 235
9.4.5 深度学习 …… 239
9.4.6 统计方法 …… 242
9.5 数据分析常见陷阱 …… 242
小结 …… 243
讨论与实践 …… 244
参考文献 …… 244

第 10 章 数据可视化 …… 245

10.1 数据可视化概述 …… 245
10.2 Microsoft Excel …… 247

10.2.1 创建图表 …… 248
10.2.2 选择正确的图表 …… 248
10.3 Tableau …… 249
10.3.1 Tableau Desktop …… 250
10.3.2 Tableau Online …… 251
10.3.3 Tableau Mobile …… 252
10.4 ECharts …… 252
10.4.1 丰富的可视化类型 …… 253
10.4.2 获取 ECharts …… 253
10.4.3 ECharts 简单案例 …… 253
10.5 R-ggplot2 …… 255
10.6 D3.js …… 256
10.7 Processing …… 257
10.8 BDP …… 259
小结 …… 259
讨论与实践 …… 260
参考文献 …… 260

第 11 章 数据之殇 …… 261

11.1 数据安全 …… 261
11.1.1 数据安全的概念 …… 261
11.1.2 数据安全的价值 …… 262
11.1.3 数据安全的威胁 …… 263
11.1.4 数据安全技术 …… 265
11.2 数据治理 …… 271
11.2.1 数据治理的概念 …… 271
11.2.2 数据治理的意义 …… 272
11.2.3 数据治理内容 …… 272
11.3 数据伦理 …… 276
11.3.1 数据中立性 …… 276
11.3.2 数据独裁 …… 277
11.3.3 道德判断 …… 278
小结 …… 278
讨论与实践 …… 279
参考文献 …… 279

第 12 章 数据思维的应用 …… 280

12.1 城市治理中的数据思维 …… 280
12.1.1 大数据与城市治理 …… 280

12.1.2 大都市在行动 …… 283
12.2 数字金融中的数据思维 …… 287
12.2.1 银行 …… 288
12.2.2 数字化资产管理 …… 290
12.3 智慧物流中的数据思维 …… 294
12.3.1 菜鸟驿站 …… 294
12.3.2 货车帮 …… 296
12.3.3 运满满 …… 300
12.4 智慧医疗中的数据思维 …… 302
12.4.1 BAT布局互联网医疗 …… 303
12.4.2 医疗职业的改变 …… 307
12.4.3 移动医疗新模式 …… 309
12.5 人工智能中的数据思维 …… 311
12.5.1 AlphaGo,仅仅是开始 …… 312
12.5.2 自动驾驶汽车的困境 …… 315
12.5.3 感知识别技术的大爆发 …… 317
12.6 智能制造中的数据思维 …… 320
12.6.1 北科亿力科技 …… 320
12.6.2 江苏沙钢集团 …… 323
12.6.3 上海仪电显示 …… 326
12.7 现代农业中的数据思维 …… 328
12.7.1 北京佳格天地 …… 328
12.7.2 北京农信互联 …… 332
小结 …… 335
讨论与实践 …… 336
参考文献 …… 336

第1章

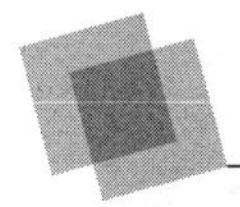

数据思维导论

哈佛大学社会学教授加里·金(Gary King)说:“这是一场革命,庞大的数据资源使得各个领域开始了量化进程,无论是学术界、商界还是政府,所有领域都将开始这种进程。”数据呈爆炸式增长的态势,使人类社会进入一个以数据为特征的大数据时代,数据成为驱动经济和社会发展的“新能源”。随着人们对数据价值的深入认识,借助数据来思考事物、分析事物、处理各类问题的思维方式——“数据思维”逐渐受到了人们的关注,成为人类进行科学研究的一种范式,在今天的科学问题场景中成为一种思考问题的工具。

本章将探讨“数据思维”相关内容,通过介绍数、数据、大数据、数据科学、“思维”辨析等,带领读者步入一种全新的思维方式——“数据思维”,为后续章节的学习奠定基础。

1.1 数、数据与大数据

1.1.1 数

1. 概念

数的概念源自人类的计数活动。什么是数?答案并不统一。

亚里士多德(Aristotle,公元前 384—公元前 322,见图 1-1)认为:数不是独立存在的,而是具体事物的一种存在方式。他对“数”和“量”进行了区分,认为离散的是数,连续的是量。

图 1-1 亚里士多德(Aristotle)

欧几里得(Euclid,公元前 330—公元前 275)最早提出数的定义——“数是诸单元组成的多”。

艾萨克·牛顿(Isaac Newton,1643—1727)认为

数是量与量之间的关系。戈特弗里德·W·莱布尼茨(Gottfried W. Leibniz,1646—1716)把数定义为1加1加1,或定义为单位。伊曼努尔·康德(Immanuel Kant,1724—1804)坚持数是先天的综合判断。

格奥尔格·W·F·黑格尔(Georg W. F. Hegel,1770—1831)认为数是存在概念同感性的质的统一。

图 1-2 弗雷格(Frege)

弗里德里希·L·G·弗雷格(Friedrich L. G. Frege,1848—1925,见图 1-2)指出数不是主观的东西,而是客观存在。他在《算术基础》(*The Foundations of Arithmetic*)中这样定义数:“属于F这个概念的数是‘与F这个概念等数的’这个概念的外延。”

埃德蒙德·G·A·胡塞尔(Edmund G. A. Husserl,1859—1938)在《算术哲学》(*Philosophy of Arithmetic*)中把数定义为“确定的多”。

我国古代哲学中也有诸多关于“数”的观念。

《易经·系辞上传》中这样描写天和地——“天一地二,天三地四,天五地六,天七地八,天九地十。天数五,地数五,五位相得而各有合。天数二十有五,地数三十。凡天地之数,五十有五,此所以成变化而行鬼神也”(见图 1-3)。这里把“数”看作理解万事万物的关键。

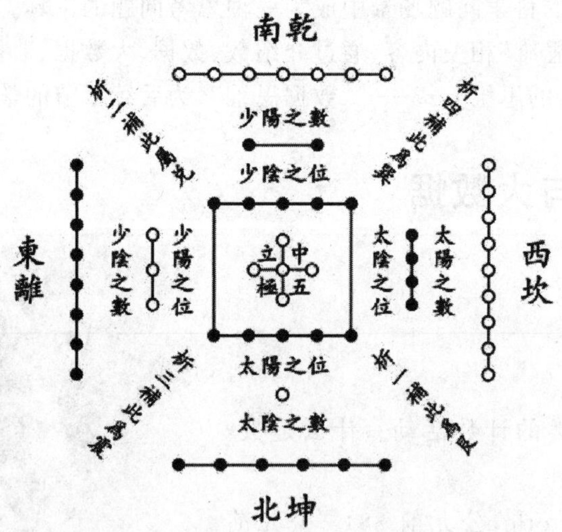

图 1-3 河图:源于《易经·系辞上传》

《周易》讲:“参伍以变,错综其数,通其变,遂成天地之文,极其数,遂定天下之象。”《说文》中注道:“一,惟初太始,道立于一,造分天地,化成万物。”数有奇数和偶数,奇为阳,偶为阴。这些简单的描绘体现了我国古代对“数”的自然观和对“阴阳”的数理哲学观。

毕达哥拉斯学派(见图 1-4)对“数”顶礼膜拜,他们把数作为世界的本源、法则和现实的基础，认为数决定一切事物的形式和内容。"什么最智慧？——数目""什么最美好？——和谐"是该学派信奉的格言。正如亚里士多德所言："毕达哥拉斯学派似乎认为数就是存在由之构成的原则，可以说，就是存在由之构成的物质。"毕达哥拉斯学派证明，用三条弦发出某一个乐音以及它的第五度音和它的第八度音时，这三条弦的长度之比为 6∶4∶3。他们试图在这种比例数体系的基础上，来建立关于宇宙的理论。用数的关系来解释宇宙奥秘和天体的和谐，是神秘的数的自然观的体现。

图 1-4　毕达哥拉斯学派

毕达哥拉斯学派

毕达哥拉斯学派是由古希腊哲学家毕达哥拉斯创立的，又叫作"南意大利"学派。

公元前 6 世纪末，毕达哥拉斯在埃及、印度等地旅游时，深受各地风俗、人情、宗教以及数学思想等的影响，回到家乡后创办了毕达哥拉斯学派。学派成员由数学家、音乐家、天文学家、科学家等组成。学派探讨的问题包括政治、学术、宗教等方面，普遍采用的是辩证法的思想。

毕达哥拉斯学派的基本思想是"数是万物的本原"。这个学派认为：世间万物都是由一定的数量关系构成的，数量的比例决定了这个世界的某些事物是否和谐。就拿音乐里的音符作为例子，音符的长短不同，根据音符长短的协调比例的数据配比，最后才能构成和谐的音乐。就天体运动来说，由于不同天体有其精确的运行轨道，才有了其和谐的运动轨道。毕达哥拉斯学派数字对于和谐的追求还体现在美学上，发现了事物的黄金比例。并且，人们所熟悉的勾股定理也是由毕达哥拉斯提出的，这成为数学研究的一个基本定理。

公元前 5 世纪末，由于毕达哥拉斯被残害至死，该学派最终被迫解散。但是，该学派的存在及其对人文、数学等各个方面的探讨，对世界影响深远。

柏拉图（Plato，公元前 427—公元前 347，见图 1-5）继承了毕达哥拉斯学派关于数的观点。在《蒂迈欧篇》（*Timaeus*）中，柏拉图认为造物者按数来构造万物，而在他之前的哲学家把水、气、火作为宇宙的本原，两者观点截然不同。他指出：水是正二十面体，气是正八面体，火是正四面体，这些元素可以由数学方式推导出来。万物都可以用一个数目来定名，这个数目就是表现它们所含元素的比例。神创造可朽的万物，造物方式仍是数学的和几何的。他用数学和几何表达了对创世的看法，并且认为数学对象是独立于经验事物之外而存在的。

图 1-5　柏拉图（Plato）

以阿摩尼阿斯·萨卡斯(Ammonius Saccas,175—242)为创始人的新柏拉图主义,是以希腊思想为基础而创建的宗教哲学,认为世界有两极,一端是被称为"上帝"的神圣之光,另一端则是完全的黑暗。主张所有存在皆来自一源,借此个别灵魂能神秘地重返为一。

文艺复兴时期,尼古拉·哥白尼(Nicolaus Copernicus,1473—1543,见图1-6)的日心说引发了一场科学革命。受毕达哥拉斯学派的影响,哥白尼的日心说强调数学上的和谐和简单性。约翰尼斯·开普勒(Johannes Kepler,1571—1630)则认为上帝通过数来创造世界,量和数是物的根本基础,把数的和谐,即"天体的音乐"看作行星运动的原因。伽利略·伽利雷(Galileo Galilei,1564—1642)在其哲学思想中也有对自然现象间数学关系的寻觅。而后,牛顿通过数学论证和数学方程,诠释了宇宙万物遵循一定的数学规律,数学的和谐是客观世界,科学理论是由数的和谐构成的。

图1-6 哥白尼(Copernicus)

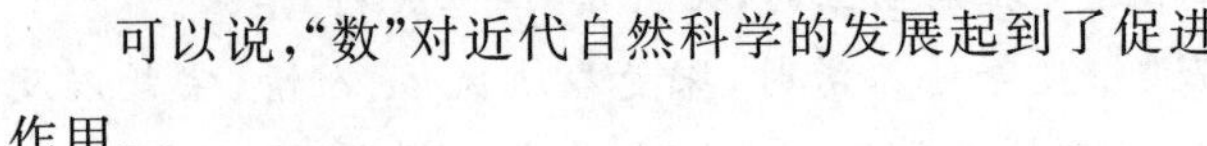

可以说,"数"对近代自然科学的发展起到了促进作用。

2. "数"的特征

1) 数具有神秘性

古代哲学时期,如同神秘的古希腊神话一样,人们对"数"的认识同样充满神秘色彩,"数"常与宗教神学、天体学等相联系。毕达哥拉斯学派用数来表征事物,1为数的第一原则,2为意见,3为万物的形体和形式,4为正义,5为婚姻,6为灵魂,7为机会,8为和谐,9为理性和强大,10为完美。是数也,先天地而已存,后天地而已立。盖一而二,二而一者也"。因此,"数"被赋予某种神秘性。

2) 数具有简洁性

在公元前8000年—公元前3500年,苏美尔人将各种形状的小黏土像珠子一样串在一起,保留记数信息,这些属于实物记数。甲骨文数字(见图1-7)、钟鼎数字等文字数字,罗马数字和阿拉伯数字(见图1-8)等符号数字都具有简单、易传播的特征。用"数"来记录信息,可以简单明了地表征各种自然和社会现象,方便了日常的衣食住行,极大地促进了人类社会生产实践和生活社交的开展。

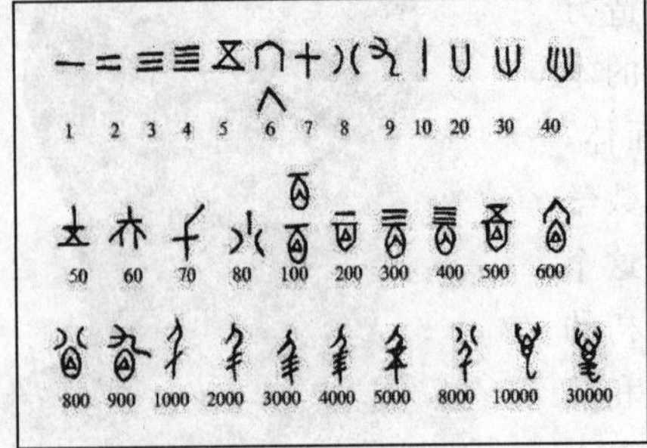

图1-7 甲骨文数字

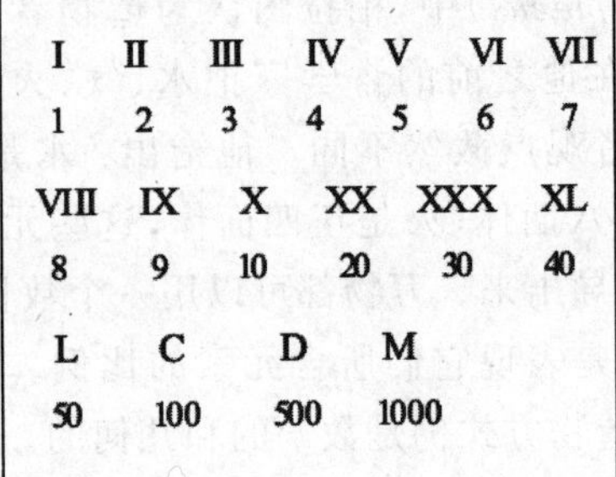

图1-8 罗马数字和阿拉伯数字

3）数具有统一性

在理论知识体系中，数能“包容最为差异的内容，并把它们转变成概念的统一性”。感觉世界中的现象千差万别、参差不齐，具有极大的差异性。“数”通过概念的抽象，使得各种现象的差异性得以消除，从而转为统一性。“数”能够使得各项意向活动达到统一，如同胡塞尔所认为的“一个数并不仅仅是确定的多，它在某种程度上是‘一’”。

3. 对“数”的认识

《万物皆数》（见图 1-9）中把“数”作为事物的属性和万物的本原，世界万物的物理运动和表达方式可用“数”进行描绘。用“数”来诠释世界的法则和关系，是古代人类认识自然界的朴素观念。

最初，人们对“数”的认识只是从直接经验出发。当人类改造自然的能力不断增强，人类认识发展至一定阶段后，抽象和具有演绎推理的数学观念逐渐产生和发展起来。通过经验感知，人类认识了“数”，并把它用于表征某种现象和行为，用于表达事物的属性和状况。而后，随着抽象、演绎、推理的加深，人类又体会到了抽象的数学概念所具有的普适性价值——“数”成为构成宇宙万物的基本单位，称为“原”。

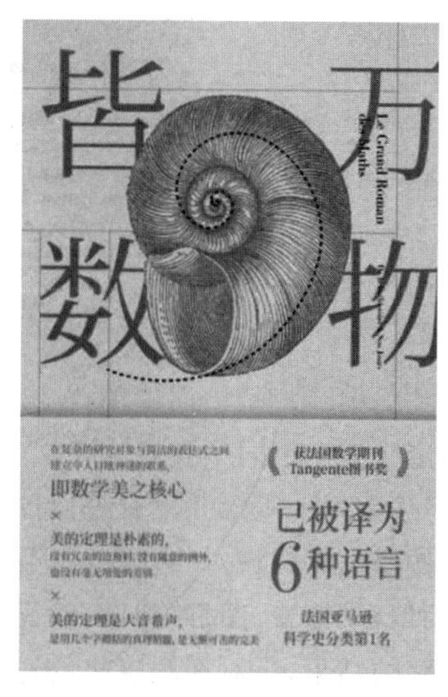

图 1-9 《万物皆数》
［法］米卡埃尔·洛奈著

“万物皆数”影响了西方的近代科学，物理学、天文学、化学、语言学等学科中均有“数”的观念，科学数学化的结果成为必然。除去主观臆断和猜测，“万物皆数”观念在人类对科学的数学知识掌握极其有限的情况下，从整体上窥视和研究宇宙规律，是一种进步，含有合理的成分，代表着人类认知的探索和努力。“数”为始基，将“数”作为万物的表征、本质，其历史地位和作用应予以肯定。

1.1.2 数据

1. 概念

“数据”从某种意义上来说，是“数”的概念的延伸和扩展，是现代自然科学特别是信息科学发展的产物。

图 1-10 香农（Shannon）

随着通信技术、计算机技术等信息技术的发展，特别是克劳德·E·香农（Claude E. Shannon，1916—2001，见图 1-10）1948 年的《通信的数学原理》（*A Mathematic Theory of Communication*，见图 1-11）、诺伯特·维纳（Norbert Wiener，1894—1964）的《控制论：关于在动物和机器中控制和通信的科学》

(*Cybernetics*: *The Science of Control and Communication in Animals and Machines*)、路德维希·冯·贝塔朗菲(Ludwig V. Bertalanffy,1901—1972)的《生命问题》(*Problems of Life*)的相继出版,信息论、控制论、一般系统论诞生之后,在信息科学领域中,学者们以此为依据,对"数据"进行了广泛探讨。

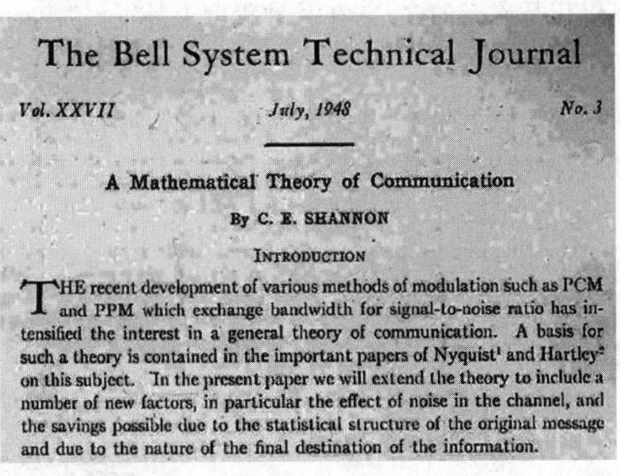
The Bell System Technical Journal

Vol. XXVII July, 1948 No. 3

A Mathematical Theory of Communication

By C. E. SHANNON

INTRODUCTION

THE recent development of various methods of modulation such as PCM and PPM which exchange bandwidth for signal-to-noise ratio has intensified the interest in a general theory of communication. A basis for such a theory is contained in the important papers of Nyquist[1] and Hartley[2] on this subject. In the present paper we will extend the theory to include a number of new factors, in particular the effect of noise in the channel, and the savings possible due to the statistical structure of the original message and due to the nature of the final destination of the information.

图 1-11 香农《通信的数学原理》

英语中"数据"一词出现在 13 世纪,来源于拉丁语,有"寄予"的含义,而数据在信息科学中的定义完全不同于其原始含义。随着信息时代的发展,数据的内涵在不断扩大。迄今为止,对于数据的概念并没有公认的定义,各个学科的解释也尚不统一。

按照信息领域对"数据"一词的解释——**在计算机系统中,各种符号(如字母、数字、字符等)的组合、语音、图形、图像、动画、视频、多媒体和富媒体等统称为数据(Data)**,数据是事实或观察的结果,是对客观事物的逻辑归纳,是用于表示客观事物的未经加工的原始素材。

国内信息管理专家涂子沛说:"'数据'如今已经不仅仅指代传统意义上的'数字'了,而是统指一切电子化的记录。一个视频、一段音频,在今天都被称为数据,但其本身也是信息。"涂子沛关于数据的解释和上述相近。

我们无法也没有必要给出"数据"唯一的定义,但在理解"数据"时,应注意以下两点。

(1)"数据"与"数值"是两个不同的概念。"数值"仅仅是"数据"的一种存在形式。除了"数值",数据思维中所说的"数据"还包括文字、图形、图像、动画、文本、语音、视频、多媒体和富媒体等多种类型,如图 1-12 所示。

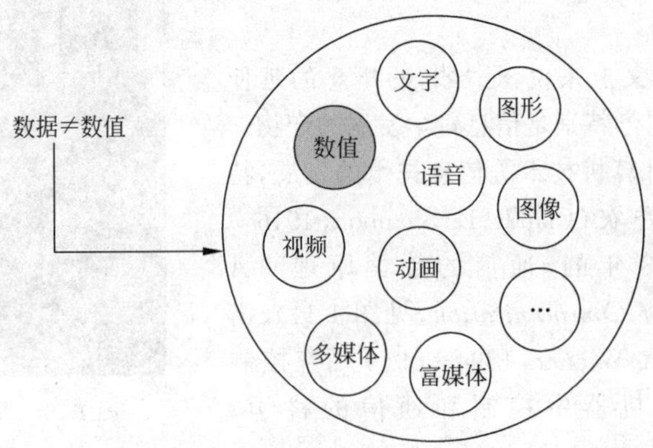

图 1-12 "数据"不等同于"数值"

(2)“数据”与“信息”、“知识”和“智慧”等概念之间存在一定的区别与联系。从如图 1-13 所示的 PDIKW 金字塔(PDIKW Pyramid)[①]可看出,从“现象”到“智慧”的认识转变过程,同时也是“从认识部分到理解整体、从描述过去(或现在)到预测未来”的过程。

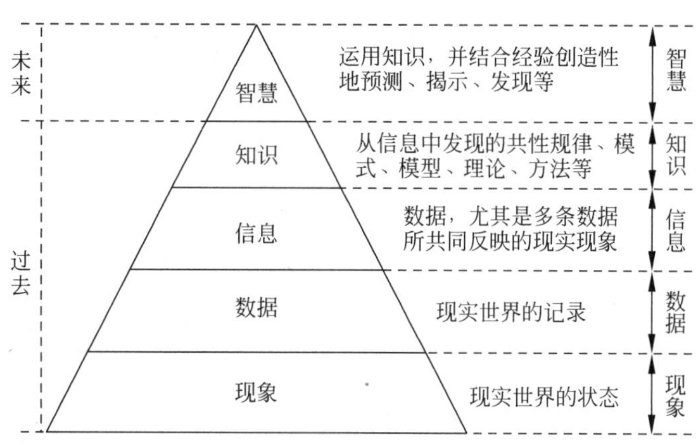

图 1-13　PDIKW 金字塔

智慧与知识的博弈

东方文化强调智慧,西方文化更强调知识。智慧来源于经验,而知识来源于数据。举个例子,《三国演义》中人们所熟知的诸葛亮和司马懿,就是用智慧与知识博弈的一对典型代表。司马懿是诸葛亮的最大对手,他可以说是古人中具有“数据思维”的代表人物。

魏蜀军对决,诸葛亮遣使求战,司马懿问使者:“诸葛公起居饮食如何,一顿能吃多少米?”使者说:“三四升。”然后对问政事,使者说:“打二十军棍以上的处罚,都是诸葛公自己批阅。”经过一番不经意的询问,司马懿对手下说“诸葛亮快要死了。”果然,诸葛亮不久即病故军中。

司马懿从诸葛亮几点睡觉、每天吃几碗饭等数据信息中,判断诸葛亮命不久矣,战略目光可谓长远;而诸葛亮则凭借经验,根据司马懿的性格、处事风格判断出司马懿胆子小,不敢进入空城,从而计胜一筹。

总的来说,东西方这两种思维方式各有其侧重,在解决问题时也各有其优势。对这两种思维予以恰当的综合运用,将有助于更完美地解决问题。知识是死的,智慧是活的;数据是死的,人是活的。掌握丰富的知识,有助于形成良好的战术,而充分运用智慧,有助于形成优秀的战略。

2. “数据”的维度

数据分类是帮助人们理解数据的另一个重要途径。为了深入理解数据的常用分类方法,可以从三个不同的维度来分析数据类型及其特征,如图 1-14 所示。

---

① 在 DIKW 金字塔基础上增加了现象(Phenomenon 层),来表示人类直接观察到的存在。我们认为现象是数据的基础。

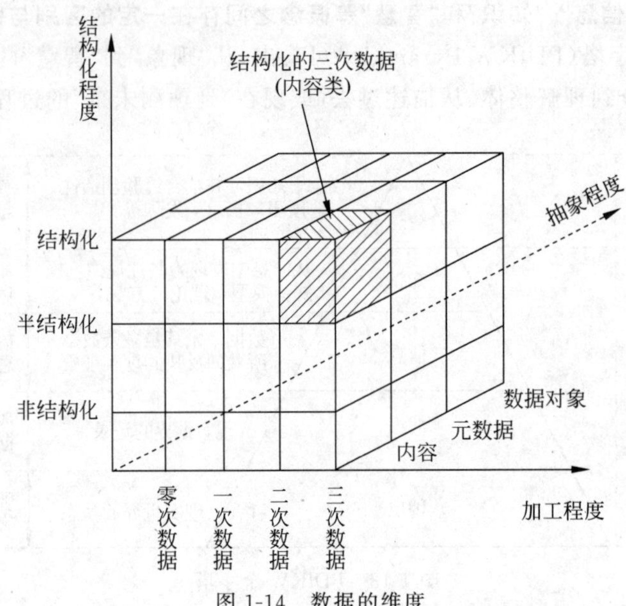

图 1-14 数据的维度

(1) **从数据的结构化程度看**,可以分为结构化数据、半结构化数据和非结构化数据三种,如表 1-1 所示。在数据思维中,数据的结构化程度对于数据处理方法的选择具有重要影响。例如,结构化数据的管理可以采用传统关系型数据库技术,而非结构化数据的管理往往采用 NoSQL、NewSQL 或关系云技术。

表 1-1 结构化数据、半结构化数据与非结构化数据的区别与联系

类型	含义	本质	举例
结构化数据	直接可以用传统关系数据库存储和管理的数据	先有结构,后有数据	关系型数据库中的数据
半结构化数据	经过一定转换处理后可以用传统关系数据库存储和管理的数据	先有数据,后有结构(或较容易发现其结构)	HTML、XML 文件
非结构化数据	无法用关系数据库存储和管理的数据	没有(或难以发现)统一结构的数据	语音、图像文件等

① **结构化数据**:以“先有结构,后有数据”的方式生成的数据。通常,人们所说的“结构化数据”主要指的是在传统关系型数据库中捕获、存储、计算和管理的数据,表现为二维形式的数据。在关系型数据库中,需要先定义数据结构(如表结构、字段的定义、完整性约束条件等),然后严格按照预定义结构捕获、存储、计算和管理数据。当数据和数据结构不一致时,需要按照数据结构对数据进行转换处理。结构化数据的一般特点是:数据以行为单位,一行数据表示一个实体的信息,每一列数据的属性是相同的(实例见图 1-15)。

② **半结构化数据**:介于结构化数据和非结构化数据之间的数据。例如,HTML、XML 等,其数据的结构和内容耦合度高,进行转换处理后可发现其结构(实例见图 1-16)。

③ **非结构化数据**:没有(或难以发现)统一结构的数据,即在未定义结构的情况下或并不按照预定义结构捕获、存储、计算和管理的数据。通常主要指无法在传统关系型数据库中直接存储、管理和处理的数据,包括所有格式的办公文档、文本、图片、图像、音频、视频等信

息(实例见图 1-17)。

id	name	age	gender
1	lyh	12	male
2	liangyh	13	female
3	liang	18	male

图 1-15　结构化数据

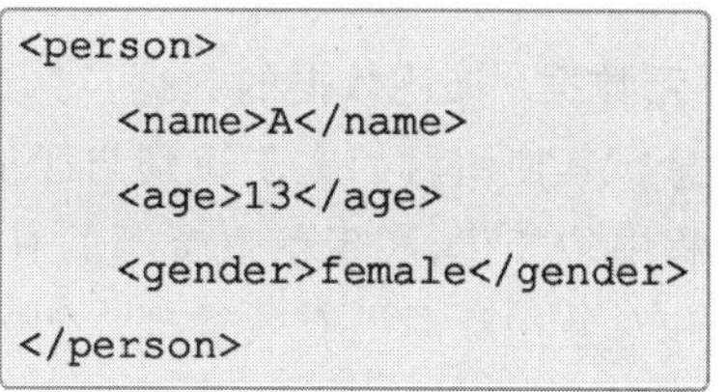

```
<person>
    <name>A</name>
    <age>13</age>
    <gender>female</gender>
</person>
```

图 1-16　半结构化数据

Jack Ma is founder, chairman and chief executive officer of Alibaba Group and chairman of Alibaba.com, the Hong Kong-listed unit of Alibaba Group.

图 1-17　非结构化数据

(2) 从数据的加工程度看,可以分为零次数据、一次数据、二次数据和三次数据,如图 1-18 所示。数据的加工程度对于数据思维中的流程设计和活动选择具有重要影响。例如,数据思维项目可以根据数据的加工程度来判断是否需要进行数据预处理。

① **零次数据**:数据的原始内容及其备份数据。零次数据往往存在缺失值、噪声、错误或虚假信息等质量问题。

② **一次数据**:对零次数据进行初步预处理(包括清洗、变换、集成等)后得到的"干净"数据。

③ **二次数据**:对一次数据进行深度处理或分析(包括脱敏、规约、标注)后得到的"增值数据"。

④ **三次数据**:对一次或二次数据进行洞察分析(包括统计分析、数据挖掘、机器学习、可视化分析等)后得到的,可以直接用于决策支持的"洞见数据"。

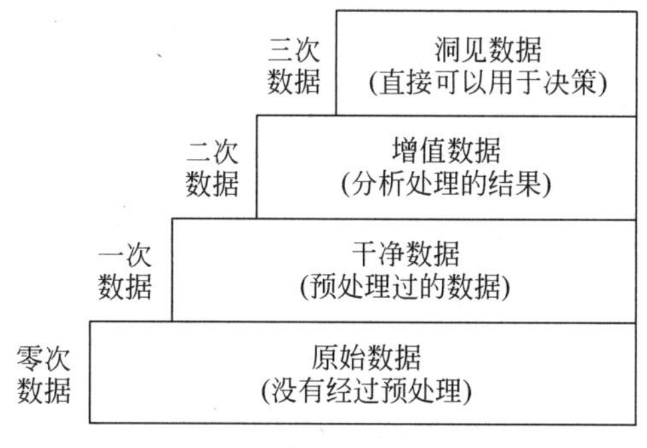

图 1-18　数据的加工程度

(3) 从数据的抽象或封装程度看,可分为数据、元数据和数据对象三个层次,如图 1-19 所示。在数据思维中,数据的抽象或封装程度对于数据处理方法的选择具有重要影响。例如,是否需要重新定义一个数据对象(类型)或将已有数据封装成数据对象。

① **数据**：对客观事物或现象直接记录下来后产生的数据。

② **元数据**：描述数据的数据，对数据及信息资源的描述性信息。其使用目的在于识别与评价资源，追踪资源在使用过程中的变化，实现信息资源的有效发现、查找、一体化组织和对使用资源的有效管理。例如，在图书情报领域被广泛应用的 Dublin Core(都柏林核心)元数据(简称 DC 元数据)，有效描述了数字化信息资源的基本特征及相互关系(见表 1-2)。

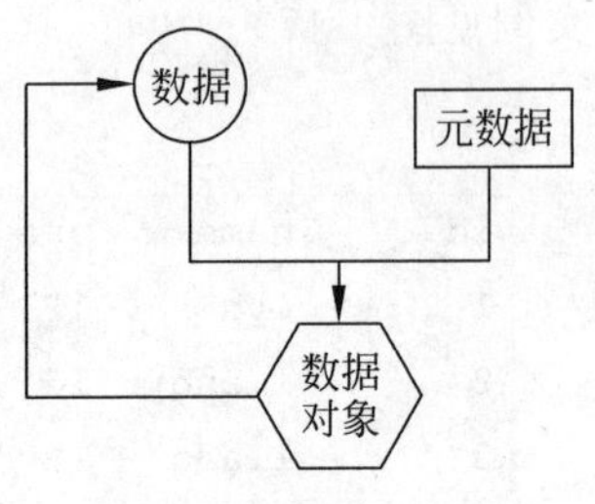

图 1-19　数据的封装

③ **数据对象**：对数据内容与其元数据进行封装或关联后得到的更高层次的数据集。数据对象必须由软件理解的复合信息表示。数据对象可能是实体、事件、角色、组织、地点或结构等。例如，可以把教材《数据思维》的内容、元数据、参考资料与课程相关的关联数据以及课程相关的行为封装成一个数据对象。

表 1-2　DC 元数据的 15 个元素及定义

序号	元 素 名 称	定义及举例
1	Title(题名)	用于说明由创建者或出版者赋予资源的名称。例如，网站名称、网页名称等
2	Creator(创建者)	用于说明创建资源内容的主要责任者
3	Subject(主题)	用于说明有关资源主题内容和学科内容的关键词、词组、短语或分类号
4	Description(说明)	用于以文本形式说明资源的内容。例如，文摘、目录、版本说明、注释等
5	Publisher(出版者)	用于说明负责使资源成为可取得和利用状态的责任者。例如，出版社或公司等
6	Contributor(其他责任者)	用于说明在 Creator 元素中没有列出，但是对资源的知识内容的贡献仅次于创建者的个人或团体。例如，编辑者、插图者等
7	Date(日期)	用于说明当前资源的制作日期
8	Type(类型)	用于说明资源内容的特征和类型。例如，小说、诗歌、报告、论文等
9	Format(格式)	用于说明资源的数据格式，注明需要什么软件或硬件来显示和执行这一资源。例如，文本、JPG 图像、应用程序等
10	Identifier(标识符)	用于记录标识资源的字符串或数字。例如，网络资源标识符中的 URL 和 URN、ISBN(国际标准书号)、ISSBN(国际标准刊号)等
11	Source(来源)	如果当前资源来源于其他资源的一部分或全部，则此元素用于记录当前资源的出处信息
12	Language(语种)	用于说明资源内容所用的语种
13	Relation(关联)	用于说明当前资源与其他资源之间的关系。例如，翻译自……、节选自……、格式转换自……等
14	Coverage(覆盖范围)	用于说明资源知识内容的时空特征。包括空间位置描述，例如，地名或经纬度等；时间范围指资源内容涉及的时间而不是资源制作、产生的时间
15	Rights(权限)	用于说明资源本身所具有的或被赋予的权限信息。一般包括知识产权等信息

3. “数据”的特征

1）精确性

精确性(Accuracy)方面，数据能够准确表述现实世界的客观实体。在自然科学和人文科学的研究中，通过实验测量获得的数据是真实的、可靠的，选取精确的、少量的样本进行分析，将数据融入到科学研究范式中，通过数据再做出推导，使研究过程和结果更加精确化。

2）单一性

单一性(Uniqueness)方面，对样本数据进行分析，源于对数据的精确度要求，使数据采集渠道和数据采集范围趋于单一化。根据数据进行建模，对研究对象只抽取其某个与模型有关的要素或某个属性进行研究，数据功能单一，获得的结果通常并不能反映整体全貌。

3）实用性

实用性(Practicability)方面，数据能够客观反映事实、折射社会规律，已经渗透到了人类社会实践和科学研究活动的方方面面。数据通过对客观世界的有效记录，成为人类认知的来源。并且，计算机技术的发展有利于数据的实时更新，对原有数据库的保存与模块重建，推动数据价值的进一步挖掘。

4）在线性

在线性(Online)方面，数表示的对象需要手工记录，通常采取纸张保存。而数据在计算机处理器技术和互联网带宽技术的双重驱动下可以在线实时保存，保存媒介发生了本质的变化，手工记录日渐被取代，亦或丧失主要地位。人们可以通过复制、粘贴、传送、远程处理等方式传播数据。

4. 对“数据”的认识

数据是人类科学发展到一定程度的必然结果。对数据的现代思维的探讨伴随着信息社会技术的产生而产生，两者有很高的关联度。可以说，信息社会技术的出现，引发了信息科学领域关于数据的研究。正如美国后现代主义者丹尼尔·贝尔(Daniel Bell，1919—2011，见图 1-20)所认为的那样：信息科学技术的发展促使西方资本主义社会进入了一个新型的社会——信息社会。

图 1-20　丹尼尔·贝尔(Daniel Bell)

因此，数据和信息的关系问题成为数据哲学研究的重要方面——数据和信息本属于两个完全不同的概念，数据提炼之后才能成为对人类有用的信息，数据本身是无意义的，只有主体使用它对客体产生了理解才有意义。数据和信息不可分离，数据承载信息，数据的内涵是信息。从某种意义上来看，对数据的处理就是获得信息。

“万物源自比特(It from Bit)”，加拿大科学唯物主义者马里奥·A·邦格(Mario A. Bunge，1919—2020)认为，信息是物质的，它是物质的一种反应性。可以把与信息有等价关系的数据也看成是物质的一种反应性。比特才是不可再分的核心，而信息则是万事万物存在的本质。物理学家约翰·A·惠勒(John A. Wheeler，1911—2008)说，“我们所谓的实在，是在对一系列'是'或'否'的追问综合分析后才在我们脑中成形的。所有实体之物，在起源上都是信息理论意义上的，而这个宇宙是个观察者参与其中的宇宙"。

1.1.3 大数据

1. 概念

图 1-21 托夫勒(Toffler)

"大数据"的概念最早可以追溯到1980年，著名未来学家阿尔文·托夫勒(Alvin Toffler,1928—2016,见图 1-21)在其所著的《第三次浪潮》(*The Third Wave*)中，将大数据(Big Data)称为"第三次浪潮的华彩乐章"。

1998年，《科学》(*Science*)杂志中的《大数据的管理者》(*A Handler for Big Data*)一文中开始正式使用"大数据"一词。2008年9月，《自然》(*Nature*)杂志专门设立"Big Data"专刊。2011年2月，《科学》杂志专门设立"Dealing with data"专刊。2011年5月，美国麦肯锡咨询公司在报告《大数据：下一个创新、竞争和生产力的前沿》(*Big data: The next frontier for innovation, competition, and productivity*)中指出：大数据是大小超出常规数据库工具的获取、存储、管理和分析能力的数据集。

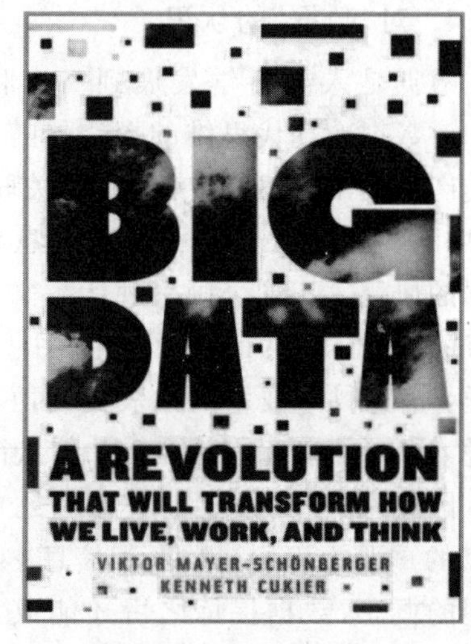

图 1-22 *Big Data*

国外学者维克托·迈尔-舍恩伯格(Viktor Mayer-Schönberger)和肯尼思·库克耶(Kenneth Cukier)在《大数据时代：生活、工作与思维的大变革》(*Big Data: A Revolution That Will Transform How We Live, Work, and Think*,见图 1-22)中提出，大数据是指不用随机分析法(抽样调查)这样的捷径，采用对所有数据进行分析处理的新的数据处理方式。

那么什么是大数据？大数据并非一个确切的概念。最初，这个概念是指需要处理的信息量过大，已经超出了一般计算机在处理数据时使用的内存量。

而随着社会发展和信息技术的进步，术语"大数据"的内涵在不断丰富。**大数据不仅用来描述大量的数据，还更进一步指出数据的复杂形式、数据的快速传输特性以及对数据的分析、建模等专业化处理，最终从各种类型的海量信息中快速获得有价值信息的能力**。大数据使人类思维和决策方式及方法进入了更高层次，有了大数据的这种能力，人类才能真正从"智能"走向"智慧"。

总而言之，大数据是个动态的定义，不同行业根据其应用的不同有着不同的理解，其衡量标准也在随着技术的进步而改变。"大数据"的内涵已经超出了数据本身，代表的是数据给我们带来的“机遇”与“挑战”,可以总结如下。

(1) 机遇:原先无法(或不可能)找到的“数据”,现在可能找到;原先无法实现的计算目的(如数据的实时分析),现在可以实现。

(2) 挑战:原先一直认为“正确”或“最佳”的理念、理论、方法、技术和工具越来越凸显出其“局限性”,在大数据时代需要改变。

2. “大数据”的特征

对于大数据的典型特征,IT 界通常用 Volume(规模大)、Variety(类型多)、Velocity(速度快)、Value(价值大)这 4 个 V 来概括,这些特性使得大数据区别于传统的数据概念,如图 1-23 所示。此外,数据的全面性(从而形成全数据(Full Data))可能是让大数据具有隐含价值、潜在价值、科学价值的最主要特征。

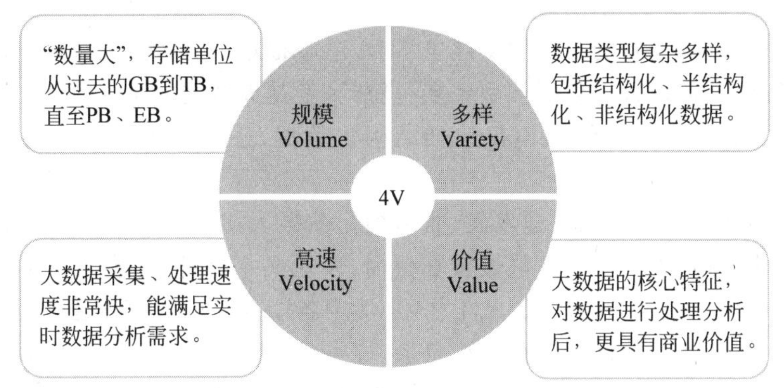

图 1-23　大数据的 4V 特征

1) 规模大

大数据的特征首先体现为“规模大”,存储单位从过去的 GB 到 TB,直至 PB、EB。随着信息技术的高速发展,数据开始爆发性增长。根据 IDC 的定义,至少要有超过 100TB 的可供分析的数据才称得上是大数据。数据量大是大数据的基本属性。

导致数据规模激增的原因有很多。首先,随着互联网络的广泛应用,网络用户逐渐增多,数据产生、发布变得相对容易;产生数据的途径增多,用户在有意分享和无意的点击、浏览中都可以快速提供大量数据,数据呈爆炸式涌现。而以前,只有少量的机构可以通过调查、取样的方法获取数据,同时发布数据的机构也很有限,人们难以短期内获取大量的数据。其次,随着各种传感器数据获取能力的大幅提高,人们获取的数据越来越接近原始事物本身,数据维度越来越高,描述同一事物的数据量激增。而早期的单位化数据,对原始事物进行了一定程度的抽象,数据维度低,数据类型简单,数据的单位、量纲和意义基本统一,存储、处理的只是数值,因此数据量有限,增长速度慢。

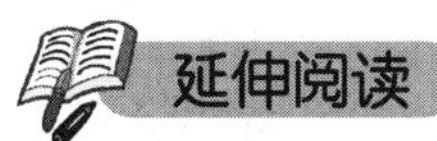

字节大小:按照进率 1024(2^{10})来计算

1B=8b	bit(比特) Byte(字节)
1KB=1024B=8192b	KB(Kilobyte,千字节)

1MB=1024KB=1 048 576B	MB(Megabyte,兆字节,简称“兆”)
1GB=1024MB=1 048 576KB	GB(Gigabyte,吉字节,又称“千兆”)
1TB=1024GB=1 048 576MB	TB(Terabyte,太字节)
1PB=1024TB=1 048 576GB	PB(Petabyte,拍字节)
1EB=1024PB=1 048 576TB	EB(Exabyte,艾字节)
1ZB=1024EB=1 048 576PB	ZB(Zettabyte,泽字节)
1YB=1024ZB=1 048 576EB	YB(Yottabyte,尧字节)
1BB=1024YB=1 048 576ZB	BB(Brontobyte,千亿亿亿字节)
1NB=1024BB=1 048 576YB	NB(Nonabyte,一百万亿亿亿字节)
1DB=1024NB=1 048 576BB	DB(Doggabyte,十亿亿亿亿字节)

2）类型多

在数据激增的同时,新的数据类型层出不穷,已经很难用一种或几种规定的模式来表征日趋复杂、多样的数据形式。数据类型繁多、复杂多变是大数据的重要特性。广泛的数据来源,决定了大数据形式的多样性,不仅包括结构化数据,还包括半结构化数据和非结构化数据。

随着互联网络与传感器的飞速发展,非结构化数据大量涌现。网络上流动着的数据大部分是非结构化数据,人们上网不只是看看新闻,发送文字邮件,还会上传下载照片、视频、发送微博等非结构化数据。同时,遍及工作、生活中各个角落的传感器也在时刻不断地产生各种半结构化、非结构化数据。这些结构复杂、种类多样,同时规模又很大的半结构化、非结构化数据逐渐成为主流数据,其增长速度比结构化数据快10～50倍。有统计显示,在未来,非结构化数据的占比将达到90%以上。数据类型的多样性往往导致数据的异构性,难以用表结构来表示,在记录数据数值的同时还需要存储数据的结构,增加了数据存储、处理的复杂性,对数据处理能力提出了更高要求。

3）速度快

数据的增长速度和处理速度是大数据高速性的重要体现。与以往的档案、广播、报纸等传统数据载体不同,大数据的交换和传播是通过互联网、云计算等方式实现的,远比传统媒介的信息交换和传播速度快捷。大数据对处理数据的响应速度有更严格的要求,实时分析而非批量分析,数据输入、处理与丢弃立刻见效,几乎无延迟。

随着各种传感器和互联网络等信息获取、传播技术的飞速发展普及,快速增长的数据量要求数据处理的速度也要相应提升,才能使得大量的数据得到有效利用。同时,数据不是静止的,而是在互联网络中不断流动,且通常这类数据的价值随着时间的推移而迅速降低,如果数据尚未得到有效处理就失去了价值,大量的数据就没有了意义。

此外,在许多应用中要求能够实时处理新增的大量数据,例如大量在线交互的电子商务应用,就具有很强的时效性。大数据以数据流的形式产生,快速流动,迅速消失,且数据流量通常不是平稳的,会在某些特定时段突然激增,数据的涌现特征明显。而用户对于数据的响应时间通常非常敏感,心理学实验证实,从用户体验的角度,瞬间(约3秒)是可以容忍的最大极限。对于大数据应用而言,很多情况下都必须要在1秒或者瞬间内形成结果,否则处理结果就是过时和无效的。在这种情况下,大数据要求快速、持续的实时处理。对不断激增的海量数据的实时处理,是大数据与传统海量数据处理技术的关键差别之一。

4）价值大

价值大是大数据的一个核心特征。现实世界所产生的数据中，引入了大量没有意义的数据，甚至是错误的数据，导致有价值的数据所占的比例很小。因此，相对于特定的应用，大数据关注的非结构化数据的价值密度偏低。但是，信息有效与否是相对的，对于某些应用是无效的信息，对于另外一些应用则可能成为最关键的信息。数据的价值也是相对的，有时一条微不足道的细节数据，可能造成巨大的影响。例如网络中的一条几十个字符的微博，就可能通过转发而快速扩散，导致相关的信息大量涌现，其价值不可估量。

相比于传统的小数据，大数据最大的价值在于能在大量不相关的各类数据中，挖掘出对未来趋势与模式预测分析有价值的数据，通过采用机器学习、人工智能或数据挖掘等方法进行深度分析，以发现新规律和新知识，并运用于农业、金融、医疗等各个领域，从而达到改善社会治理、提高生产效率、推进科学研究的效果。

5）全数据

除了传统的4V特征，大数据呈现出的与传统结构化数据不同的一个突出特征就是“全数据”（见图1-24）。传统的结构化数据，依据特定的应用，对事物进行了相应的抽象，每一条数据都包含该应用需要考量的信息。而大数据为了获取事物的全部细节，不对事物进行抽象、归纳等处理，直接采用原始的数据。“全数据”由于减少了采样和抽象，直接呈现所有数据和全部细节，可以分析得到更多的信息。

事件发生 —工具记录→ 全量数据 —挖掘分析→ 巨大价值

图1-24　大数据的“全数据”特征

以当前广泛应用的监控视频为例，在24小时连续不间断的监控过程中，所有事件发生经过的视频数据全都被存储下来。当出现事故或有分歧事件时，被记录下来的全数据能有效地提供事件原始信息，通过监控视频举证来复原现场，能为社会创造一个安全的环境，更好地保障公民的生命安全和财产安全。

此外，“全数据”还体现在人们处理数据的方法和理念发生了根本性改变。早期，人们对事物的认知受限于获取、分析数据的能力，一直采用抽样的方法，以少量的数据来近似地描述事物的全貌。但随着技术的发展，样本数目逐渐逼近原始的总体数据，且在某些特定的应用领域，样本数据远不能描述整个事物，可能丢掉大量重要细节，甚至可能得到完全相反的结论。因此，目前有直接处理全部数据而不是只考虑抽样数据的趋势。使用全数据可以带来更高的精确性，从更多的细节来解释事物属性，同时必然使得要处理的数据规模显著增多。

3. “大数据”的发展趋势

当前，大数据已经渗透到各个行业和业务职能领域，成为重要的生产要素。大数据未来的发展前景非常可观，主要呈现出以下6大发展趋势。

1）数据将呈现指数级增长

近年来，随着社交网络、电子商务、互联网和云计算的兴起，音频、视频、图像、日志等各类数据正在以指数级增长。据有关资料显示，2011年，全球数据规模为1.8ZB，可以填满575亿个32GB的iPad，这些iPad可以在中国修建两座长城。到2020年，全球数据规模将达到 40ZB，如果把它们全部存入蓝光光盘，这些光盘和 424 艘“尼米兹”号航母重量相当。美国互联网数据中心指出，互联网上的数据每年将增长 50%，每两年便将翻一番。目前，世界上 90%以上的数据是最近几年才产生的。

2）数据将成为最有价值的资源

在大数据时代，数据成为继土地、劳动力、资本之后的新要素，构成企业未来发展的核心竞争力。《华尔街日报》(*The Wall Street Journal*)在一份题为“大数据，大影响”(*Big Data, Big Impact*)的报告中指出，数据已经成为一种新的资产类别，就像货币或黄金一样。IBM(International Business Machines Corporation，国际商业机器公司)执行总裁罗睿兰(Virginia Rometty，1957—)认为，“数据将成为一切行业当中决定胜负的根本因素，最终数据将成为人类至关重要的自然资源”。随着大数据应用的不断发展，我们有理由相信，大数据将成为机构和企业的重要资产和争夺的焦点。谷歌、苹果、亚马逊、阿里巴巴、腾讯等互联网巨头，正在运用大数据的力量获得商业上更大的成功，并将会继续通过大数据来提升自身竞争力。

3）大数据和传统行业智能融合

通过对大数据的收集、整理、分析和挖掘，可以发现社会治理难题，掌握经济运行趋势，驱动精确设计和精确生产模式，引领服务业的精准化和增值化，创造互动的产业新形态。麦当劳、肯德基、苹果公司等旗舰专卖店的位置，都是建立在数据分析基础之上的精准选址。百度、阿里巴巴、腾讯等通过对海量数据的掌握和分析，为用户提供更加专业化和个性化的服务。智慧金融、智慧安防、智慧医疗、智慧教育、智慧交通、智慧城管等，无不是大数据和传统产业融合的重要领域。

4）数据将越来越开放

大数据是人类共同的资源和财富，数据开放共享是不可逆转的历史潮流。随着各国政府和企业对开放数据带来的社会效益和商业价值认识的不断提升，全球必将掀起一股数据开放的热潮。事实上，大数据的发展需要共同协作，变私有大数据为公共大数据，最终实现个人私有、企业自有、行业自有的全球性大数据整合，才不至于形成一个个毫无价值的“数据孤岛”。大数据越关联越有意义，越开放越有价值。目前，美欧等发达国家和地区的政府都在政府和公共事业数据开放上做出了表率。中国政府也正带头力促数据公开共享，通过建设各类大数据服务与交易平台，为数据使用者提供丰富的数据来源和数据应用。

5）大数据治理将日受重视

大数据在经济社会中应用日益广泛的同时，大数据的安全、滥用等问题也必将受到更多的重视。在利用数据挖掘、数据分析等大数据技术获取有价值信息的同时，“黑客”也可以利用这些大数据技术来最大限度地收集更多有用信息，对目标发起更加“精准的”攻击。近年来，个人隐私、企业商业信息甚至是国家机密泄露事件时有发生。对此，美欧等发达国家纷纷制定和完善了保护数据安全、防止隐私泄露等相关法律法规，如 2018 年 5 月 25 日，欧盟出台的《通用数据保护条例》(General Data Protection Regulation，GDPR)。可以预见，在不久的将来，其他国家也会迅速跟进，以更好地保障本国政府、企业、居民的数据安全。

大数据创造价值的方式

麦肯锡公司在《大数据：下一个创新、竞争和生产力的前沿》报告中指出，利用大数据创造价值的方式有以下五种。

（1）消除信息不对称，创造透明度。

仅仅让利益相关方能够更加容易地及时获取信息，就可以创造巨大价值。例如，在公共部门，让原本相互分离的部门之间更加容易地获取相关数据，就可大大降低搜索和处理时间。在制造业，整合来自研发、工程和制造部门的数据以便实现并行工程，可以显著缩短产品上市时间并提高质量。

（2）通过分析发现用户需求，找到影响因素并提高业绩。

随着组织创造并存储更多数字形式的交易数据，并以实时或接近实时的方式收集更多准确而详细的绩效数据，组织能够安排对比实验，运用数据分析发现用户需求以及改进产品的建议，从而更好地决策。例如，在线零售商可以通过将流量和销售业绩结合的实验来制定价格调整和促销活动的策略。

（3）根据客户需求来细分人群。

组织能够利用大数据对人群进行非常具体的细分，以便精确地提供产品和服务以满足用户需求。在公共部门，例如公共劳动力机构，利用大数据，为不同的求职者提供工作培训服务，确保采取最有效和最高效的干预措施使不同的人重返工作岗位。

（4）用算法取代或支持人为决策。

成熟的分析方法能够显著改善决策过程、实现风险最小化，以及揭示本来隐藏的洞见。大数据能为算法研究或者算法执行提供所需要的原始材料。这种分析方法对于从税务机关（可以运用自动化风险引擎来标注需要进一步调查的人选）到零售商（可以利用算法来优化决策过程）在内的各种组织都有用。

（5）创新商务模式、产品和服务。

大数据让企业能够创造新产品和服务，改善现有产品和服务，以及创造全新的商业模式。例如，医疗保健领域，通过分析病人的临床和行为数据创造了精准预防的保健项目；制造企业通过内嵌在产品中的传感器获取数据（数字孪生）创新售后服务，并改进下一代产品；实时位置数据的出现已经创造了一套全新的从导航到跟踪的服务体系。

6）大数据人才将备受欢迎

随着大数据的不断发展及其应用的日益广泛，包括大数据分析师、数据管理专家、大数据算法工程师、数据产品经理等在内的具有丰富经验的数据分析人员，将成为全社会稀缺的资源和各机构争夺的人才。在国内，根据清华大学经济管理学院 2018 年发布的《中国经济的数字化转型：人才与就业》报告显示，当前我国大数据领域人才缺口高达 150 万，到 2025 年将达到 200 万。在 BAT 企业招聘的职位里，60％以上都在招大数据人才。

有鉴于此，美国通过国家科学基金会，鼓励研究性大学设立跨学科的学位项目、设立培训基金以支持对大学生进行的相关技术培训、召集各学科的研究人员共同探讨大数据如何改变教育和学习等，来为培养下一代数据科学家和工程师做准备。英国、澳大利亚、法国等国家也对大数据人才的培养做出专项部署。IBM 等企业也开始全面推进与高校在大数据领域的合作，力图培养企业发展需要的既懂业务知识又具有分析技能的复合型数据人才。

从数据看机会，从产值看行业未来走向，大数据人才的稀缺已经成为亟需解决的问题。社会需求决定就业率，为了弥补缺口，目前需要大批量的大数据人才。认准时机、找到优势、掌握技能，才能走进行业。

一般而言，要成为大数据人才，应具备以下五大核心能力（见图 1-25）。

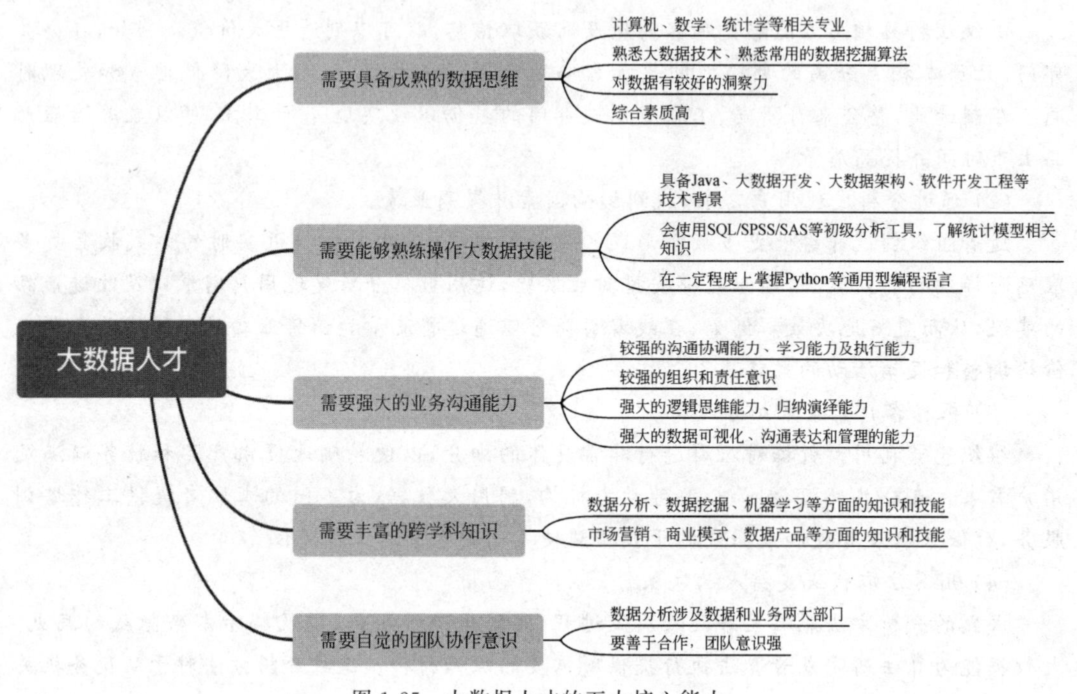

图 1-25　大数据人才的五大核心能力

4. 对"大数据"的认识

大数据研究专家舍恩伯格认为：世界的本质是数据。在大数据时代，一切事物均可数据化，如文字、空间、人类行为、心理实验、科学研究、语言识别、语音分析等各个领域都可利用智能设备进行数据采集、利用软件开发系统达到数据化的处理，数据从未显示出如此巨大的作用，人类再也没有像此时一样感到数据对生活所带来的新影响。

大数据萌发于商业领域，对于信息产业、制造业、物流业、金融产业、电子商务、城市安全治理等产生了重要影响，大数据与众多产业融合的空间十分广阔。数据可视化和数据的充分挖掘提升了大数据的价值功能，数据共享成为必然趋势，数据无处不在。但是大数据价值同样面临伦理学的责难，大数据错综复杂，涉及公众安全和隐私问题，这些因素都为大数据管理带来了新的挑战。

从"世界的本原是数"的历史渊源到今天大数据时代的兴起，数据无处不在，同物质一样具有客观性。数据属于客观世界，意识属于主观世界，数据必须靠主观世界中的意识发挥能动性来对其进行反映，数据的挖掘和处理不可避免地渗透着意识。因此，数据是主体与客体的统一。人类运用数、数据和大数据，来揭示客观事实、总结过去、预测未来，发现科学发展规律和社会进步规律。

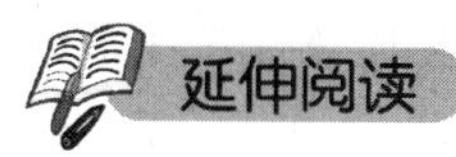

延伸阅读

互联网世界的 1 分钟

60 秒,短短 1 分钟,你能做些什么?如果你达到了播音员的水平,那么你大概可以说 300 个字;如果你是打字高手,那么你大概可以输入 150 个汉字。但这个数字在整个互联网世界里,简直是沧海一粟。美国新兴数据分析和商业智能公司 DOMO,用大数据告诉你,每 1 分钟,我们在互联网世界创造了哪些数据。

今天 90%的数据都是近两年内产生的,每天都有 2.5Eb 的信息在流通。

平均每 1 分钟内,有 1806 万人在查看天气,388 万人在用谷歌搜索,也就意味着人类在 1 小时内会有 2.16 亿次通过单一搜索引擎来获取信息。

让你讨厌的垃圾邮件每分钟会产生 1.03 亿封。如果将这些信实体化,按照 1 封信 20cm 的长度,1 分钟内产生的垃圾邮件就可以绕地球 12 圈。

与此同时,每分钟会产生 600 个维基百科新页面,433 万个 YouTube 视频被打开,产生 52.7 万张 Snapchat 照,4.9 万张 Instagram 照片,发出 47.3 万条 Twitter(Snapchat 已经在社交媒体分享量上超过 Twitter),69.4 万张 Giphy 动图生成,25.8 万美元在亚马逊上成交。

你在网络上的每一秒、每一次点击都在为这部"群体自传"添砖加瓦。

1.2 数据科学

1.2.1 数据科学的内涵及兴起

"数据科学"一词在 20 世纪 60 年代就已经出现,只是当时并未获得学术界的注意和认可。作为术语,"数据科学(Data Science)"最早的正式提出者为著名的计算机科学家、图灵奖的获得者彼得·诺尔(Peter Naur,1928—2016,见图 1-26)。他于 1974 年在其著作《计算机方法的简明调研》(*Concise Survey of Computer Methods*)的前言中明确提出了数据科学(Data Science)的含义:"数据科学是一门基于数据处理的科学",并给出了数据科学与数据学(Dataology)的区别——前者侧重基于数据的管理(The science of dealing with data),而后者侧重于数据本身的管理及在教育领域中的应用(The science of data and of data processes and its place in education)。

图 1-26 彼得·诺尔(Peter Naur)

1996 年,在日本召开的"数据科学、分类和相关方法"会议,已将"数据科学"作为会议主题词。2001 年,在贝尔实验室工作的威廉·S·克利夫兰(William S Cleveland,1943—)在国际期刊《国际统计评论》(*International Statistical Review*)上发表的题为"数据科学：拓展统计学技术领域的行动计划"(*Data Science：an Action Plan for Expanding the Technical Areas of the Field of Statistics*)一文，认为数据科学是统计学的一个重要研究方向。2010 年，德鲁·康威(Drew Conway)提出了第一个揭示"数据科学"学科定位的维恩图(Data Science Venn Diagram，见图 1-27)，认为数据科学是统计学、机器学习和领域知识相互交叉的新学科(见图 1-28)。

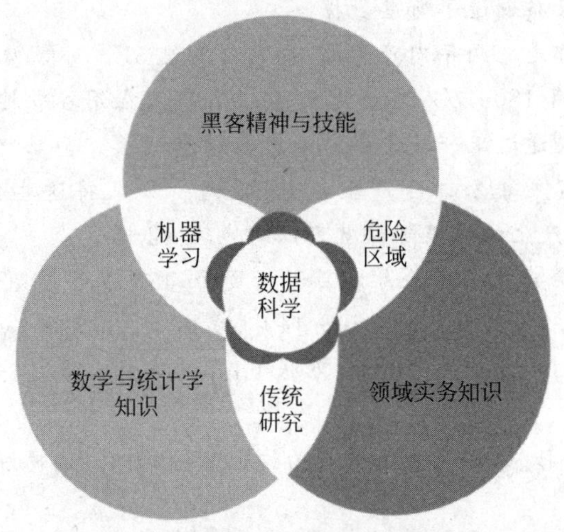

图 1-27　德鲁的数据科学维恩图[1]

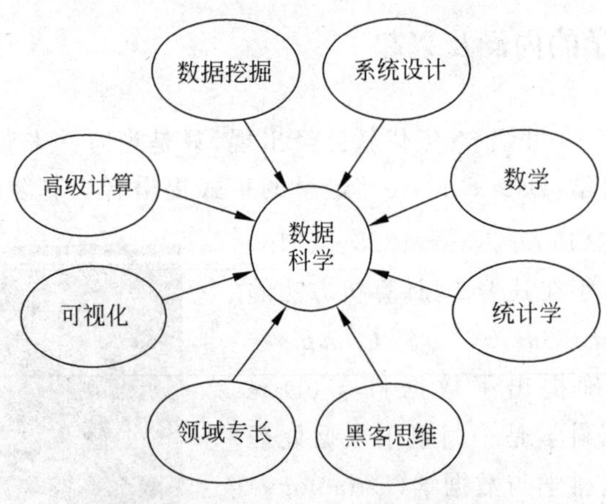

图 1-28　数据科学所涉及的领域范畴

目前，学术界已经对数据科学(Data Science)的内涵基本达成共识——**数据科学是指以"数据"为中心的科学**。它是基于计算机科学、统计学、信息系统等学科的理论，甚至发展出新的理论，来对数据从产生与感知到分析与利用整个生命周期的本质规律进行探索与认识，是一门新兴学科。**可以从以下 4 个方面理解"以数据为中心的科学"的含义。**

① 在 Drew Conway 的数据科学维恩图(Data Science Venn Diagram)的基础上提出。

(1) 是一门将“现实世界”映射到“数据世界”之后，在“数据层次”上研究“现实世界”的问题，并根据“数据世界”的分析结果，对“现实世界”进行预测、洞见、解释或决策的新兴科学。

(2) 是一门以“数据”，尤其是“大数据”为研究对象，并以数据统计、机器学习、数据可视化等为理论基础，主要研究数据预处理、数据管理、数据计算等活动的交叉性学科。

(3) 是一门以实现“从数据到信息”“从数据到知识”和(或)“从数据到智慧”的转化为主要研究目的的，以“数据驱动”“数据业务化”“数据洞见”“数据产品研发”和(或)“数据生态系统的建设”为主要研究任务的独立学科。

(4) 是一门以“数据时代”，尤其是“大数据时代”面临的新挑战、新机会、新思维和新方法为核心内容的，包括新的理论、方法、模型、技术、平台、工具、应用和最佳实践在内的一整套知识体系。

1.2.2 数据科学的学科定位

从学科定位来看(见图 1-27)，数据科学处于数学与统计学知识、黑客精神与技能和领域实务知识三大领域的交叉之处，具备较为显著的交叉型学科的特点。**其具备三个基本要素：理论(数学与统计学知识)、精神(黑客精神)和实践(领域实务知识)**。

(1) “数学与统计学知识”是数据科学的主要理论基础之一，但是，数据科学与(传统)数学和统计学是有区别的，主要体现在以下 4 个方面。

① 数据科学中的“数据”并不仅仅是“数值”。数据科学中的“数据”并不等同于“数值”，参见图 1-12。

② 数据科学中的“计算”并不仅仅是加/减/乘/除等“数学计算”，而包括数据的查询、挖掘、洞见、分析、可视化等更多类型。

③ 数据科学关注的不是“单一学科”的问题，超出了数学、统计学、计算机等单一学科的研究范畴，进而涉及多个学科(统计学、计算机科学等)的研究范畴，更加强调的是跨学科视角。

④ 数据科学并不仅仅是“理论研究”，更不是纯“领域实务知识”，更关注和强调二者的结合。

(2) “黑客精神与技能”是数据科学家的主要精神追求和技能要求——大胆创新、喜欢挑战、追求完美和不断改进。在此特别强调一个问题——“什么是黑客(Hacker)”。在国内，通常把 Hacker 和 Cracker 均翻译为“黑客”，导致人们对黑客群体的错误认识。其实，黑客(Hacker)是一个给予喜欢发现和解决技术挑战、攻击计算机网络系统的精通计算机技能人的称号，与以破坏和偷窃信息为目的的骇客(Cracker)不同。骇客(Cracker)是一个闯入计算机系统和网络，并试图破坏和偷窃信息的主体，与没有动机做破坏只是对技术上的挑战感兴趣的黑客相对应。因此，黑客精神是指热衷挑战、崇尚自由、主张信息共享和大胆创新的精神。与常人理解不同的是，黑客遵循道德规则和行为规范。例如，史蒂夫·利维(Steven Levy，1951—)在《黑客：计算机革命的英雄》(*Hackers: Heroes of the Computer Revolution*)中指出了“黑客道德准则(The Hacker Ethic)”：

① 通往计算机的路不止一条；

② 所有的信息都应当是免费和共享的；

③ 一定要打破计算机集权；

④ 在计算机上创造的是艺术和美；

⑤ 计算机将使生活更加美好。

(3)“领域实务知识”是对数据科学家的特殊要求——不仅需要掌握数学与统计知识、机器学习以及具备黑客精神与技能,还需要精通某一个领域的实务知识与经验。领域实务知识具有显著的面向领域性,不同领域的实务知识不同。因此,一方面,数据科学家需要掌握特定领域的知识与经验(或领域专家需要掌握数据科学的知识)；另一方面,在组建数据科学项目团队时,必须重视领域专家的参与,尤其是人文社科领域专家在数据科学项目团队中发挥着重要作用。

总之,数据科学并不是以一个特定理论(如统计学、机器学习或数据可视化)为基础发展起来的,而是包括数学与统计学、计算机科学与技术、数据工程与知识工程、特定学科领域的理论在内的多个理论相互融合后形成的新兴学科。

1.2.3 数据科学的研究内容

数据科学主要以统计学、机器学习、数据可视化以及(某一)领域实务知识与经验为理论基础,其主要研究内容包括数据科学基础理论、数据加工(生产)、数据计算、数据管理、数据分析和数据产品开发,如图 1-29 所示。

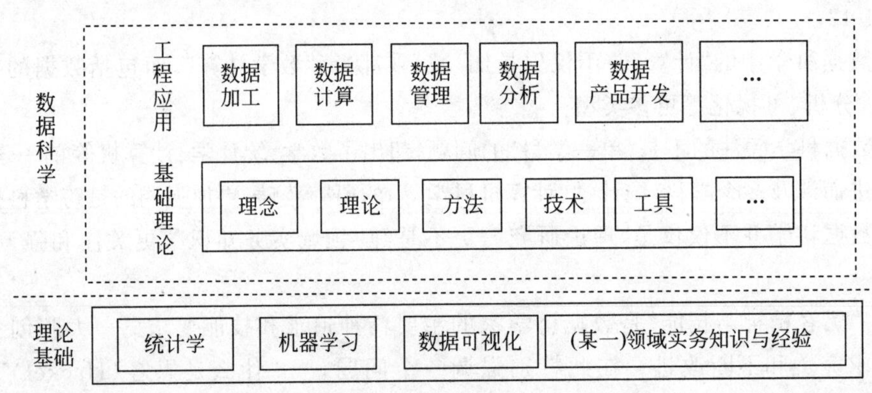

图 1-29 数据科学的研究内容

(1) 基础理论：主要包括数据科学中的新理念、理论、方法、技术及工具以及数据科学的研究目的、理论基础、研究内容、基本流程、主要原则、典型应用、人才培养、项目管理等。需要特别指出的是,“基础理论”与“理论基础”是两个不同的概念。数据科学的“基础理论”在数据科学的研究边界之内；而其“理论基础”在数据科学的研究边界之外,是数据科学的理论依据和来源。

(2) 数据加工(生产)：数据科学中关注的新问题之一。为了提升数据质量、降低数据计算的复杂度、减少数据计算量并提升数据处理的精准度,数据科学项目需要对原始数据进行一定的加工处理工作——数据审计、数据清洗、数据变换、数据集成、数据脱敏、数据归约和数据标注等，进一步还可以生产出可被再次加工利用的二次、三次数据产品。值得一提的是，与传统数据处理不同的是，数据科学中的数据加工更强调数据处理中的增值过程，即如何将数据科学家的创造性设计、批判性思考和好奇性提问融入数据的加工活动之中。

(3) **数据计算**：在数据科学中，计算模式发生了根本性的变化——从集中式计算、分布式计算、网格计算等传统计算过渡至云计算。比较有代表性的是谷歌三大云计算技术(GFS、BigTable、MapReduce)、Hadoop MapReduce、Spark 和 YARN 技术的出现。计算模式的变化意味着数据科学中所关注的数据计算的主要瓶颈、主要矛盾和思维模式发生了根本性变化。

(4) **数据管理**：在完成“数据加工”和“数据计算”之后，还需要对数据进行管理与维护，以便进行(再次进行)“数据分析”以及数据的再利用和长久存储。在数据科学中，数据管理方法与技术也发生了重要变革——不仅包括传统关系型数据库，还出现了一些新兴数据管理技术，如 NoSQL、NewSQL 和关系云等。

(5) **数据分析**：数据科学中采用的数据分析方法具有较为明显的专业性，通常以开源工具为主，与传统数据分析有着较为显著的差异。目前，R 语言和 Python 语言已成为数据科学家应用较为广泛的数据分析工具。

(6) **数据产品开发**：“数据产品”在数据科学中具有特殊的含义——基于数据开发(生产)的产品的统称。数据产品开发是数据科学的主要研究使命之一，也是数据科学与其他科学的重要区别。与传统产品开发不同的是，数据产品开发具有以数据为中心、多样性、层次性和增值性等特征。数据产品开发能力也是数据科学家的主要竞争力之源。因此，数据思维的训练目的之一是提升自己的数据产品开发能力。

1.2.4　数据科学的工作流程

从整体上看，数据科学所涉及的基本流程如图 1-30 所示，主要包括数据化、数据处理、探索性分析、数据分析与洞见、结果展现和提供数据产品。

(1) **数据化**：从现实世界中收集(捕获和记录)原始数据——零次数据。

(2) **数据(预)处理**：将原始数据(零次数据)转换为干净数据——一次数据、二次数据或三次数据。

(3) **探索性分析**：在无(或较少)先验假定的前提下，采用作图、制表、方程拟合、计算特征量等手段，初步探索数据的结构和规律，为数据分析提供依据和参考。

(4) **数据分析与洞见**：根据“干净数据”本身的特点和“探索性数据分析”的结果，设计/选择/应用具体的机器学习算法/统计模型进行数据分析。

(5) **结果展现**：在机器学习算法/统计模型的设计与应用基础上，采用数据可视化、故事描述等方法将数据分析的结果展示给最终用户，提供“决策支持”。

(6) **提供数据产品**：在机器学习算法/统计模型的设计与应用的基础上，还可以进一步将“干净数据”转换成各种“数据产品”，并提供给“现实世界”进行交易与消费。

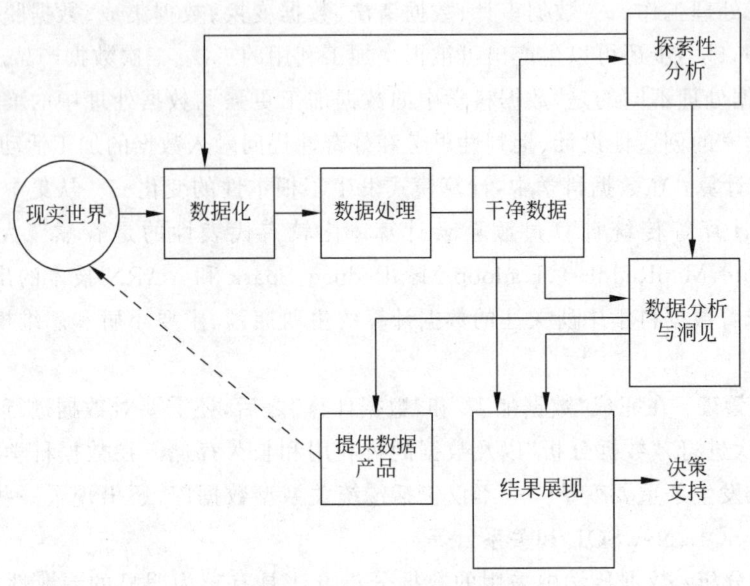

图 1-30　数据科学的工作流程

1.3　相关的"思维"范式

1.3.1　思维

1. 概念

地球上百花芬芳，争奇斗艳。然而，无论什么样的花朵，都没有人类的思维之花那样美丽，正如弗里德里希·恩格斯（Friedrich Engels，1820—1895）在《自然辩证法导言》（*Introduction to Dialectics of Nature*，见图 1-31）中所说的，思维是"地球上最美丽的花朵"。

图 1-31　《自然辩证法导言》

那么，什么是思维呢？思维作为一种心理现象，是思维主体认识世界的一种高级反映形式，是人类认识活动的前提。它以社会实践为基础，是先前认识过程及其成果在头脑中最概括最抽象的积淀。具体地说，思维（Thinking）是人脑对客观事物的一种能动的、概括的、间接的反映，它反映客观事物的本质和规律，是以表象、概念、知识与经验等为素材和基础而进行的想象、联想、直觉、分析、判断、推理等综合的认识活动。

思维由思维原料、思维主体和思维工具组成。自然界提供思维原料，人脑作为思维主体，认识的反映形式形成了思维工具，三者具备才有思维活动。

人类在认识世界和改造世界的科学活动过程中离不开思维活动。思维的作用不仅是作为个人产生了对于物质世界的理解和洞察，更重要的是思维活动促进了人类之间的互动，从而使人类获得了知识交流和传承的能力。人类对于自身的思维活动很早就展开了研究，并提出了三条原则，揭示了思维活动的关键特点。只有遵从这三条原则，文化才可以在一个可靠的背景下发展，知识沟通才可以具备一种相互信任的基础。

(1) 思维活动的载体是语言和文字，不通过语言和文字表达出来的思维是无意义的。

(2) 思维的表达方式必须遵循一定的格式，需要符合一定的语法和语义规则，只有符合语法和语义规则的表达才能被其他人所理解。

(3) 必须采取合理的表达方式来说明获得思维结论的理由，以使他人相信，这就是思维逻辑。

2. "思维"的特征

总的来说，思维具有能动性、概括性和间接性这三大特征。

1）思维的能动性

能动性是指思维不是对客观事物消极的、被动的反映，而是自觉地、主动地反映客观世界。它包含三个意思：首先，人们对客观事物的认识不是被动地等待，而是主动地探索、分析和思考。例如，天气预报和地震预测等，就是人类对客观世界的主动分析和探索。其次，人们可以根据对客观规律的认识，来对事物发展和变化的趋势做出推断和预见。如中国抗日战争初期，毛泽东发表的《论持久战》就是根据中日两国的政治、经济以及战争规律的发展变化趋势得出的预见性结论。再次，人们不仅可以认识和遵循客观规律，还能在一定条件下根据客观规律的发展变化创造出新的物质和精神。例如，宇宙飞船的上天、智能机器人的诞生、新物种的培养等，都是人类在遵循客观规律的基础上进行发明创造的结果。

2）思维的概括性

人们在能动性的基础上产生了思维的概括性。概括性是指人脑对客观事物的反映不仅是对个别事物或个别特征的反映，而是把事物的共同特点归结在一起，对事物共同的本质特性及其关系的反映。首先，客观世界中存在的事物，如建筑、植物、动物等，是形形色色、各不相同的。虽然现实中没有两棵完全一样的树，但在人脑的思维中却可以概括地呈现出事实上并不存在的一般树的表象。一般表象中的树，舍弃了形状、大小、颜色等非本质的特征，但却包含所有树的本质特征。其次，思维的概括性不只反映客观事物的本质特征，而且也反映事物之间的本质联系和规律。例如，地球围绕太阳旋转，通过感知，人们可以反映地球和太阳在空间上的关系。但经过观察发现，所有物体之间由于各自的质量关系，都具有相互吸引的作用。因而通过概括、判断和推理，人们进一步认识到了万有引力定律——这个地球围绕太阳旋转的内部联系及其规律。

3）思维的间接性

人们在概括性的基础上产生了思维的间接性。间接性是指思维不是直接反映客观事物，而是通过其他媒介来实现。这个媒介就是我们所说的表象、概念、知识和经验等。也就是说，思维不能直接加工客观事物，客观事物也不能直接进入人的大脑，进入大脑的只能是被人脑感知到的表象、符号、概念、知识等，思维是通过对这些表象、符号、概念、知识等的加工处理来实现对客观事物的认识。例如，人不能直接感知光的运动速度，但通过实验可以间接地推算出光速为每秒钟 30 万千米；医生根据医学知识和临床经验，通过病史询问以及一定程度的体检和辅助检查，能判断病人内脏器官的病变情况，并确定其病因、病情和做出治疗方案。因为人可以把握直接感觉以外的东西，所以思维的领域要比感觉的领域广阔得多。假设、想象、联想、推理等都是通过这种思维的间接性来实现的。

3. "思维"的分类

按照不同的思维划分方式，思维可大致划分为以下四种类型。

(1) 按照思维的进程方向，思维可以划分为：横向思维、纵向思维与发散思维、收敛思维等。

(2) 按照思维的抽象程度，思维可以划分为：直观行动思维、具体形象思维和抽象逻辑思维。

(3) 按照思维的形成和应用领域，思维可以划分为：科学思维与日常思维。一般来说，科学思维比日常思维更具有严谨性与科学性。

(4) 按照人对事物间关系的认识层面看，思维可以划分为两大类：科学思维和数据思维。

1.3.2 科学思维

1. 概念

科学是人类认识自然、探索自然的实践活动，从近代科学诞生以来成为一种独立的认识方式。从一定意义上说，我们这个时代人类智力所达到的高度，就是科学文化所达到的高度。近代科学不仅彻底而且不可逆转地改变了人类的生存方式，同样也极大地改变了人类的认识面貌。

科学思维是认识自然界、社会和人类意识本质和客观规律的思维活动，也是人们在科学探索活动中形成的、符合科学探索活动规律与需要的思维方法及其合理性原则的理论体系。它是人脑对自然界中事物的本质属性、内在规律及自然界中事物之间的联系和相互关系所做的有意识的、概括的、间接的和能动的反映。该反映以科学知识和经验为中介，体现为对多变量因果系统的信息加工过程。简而言之，科学思维是人脑对科学信息的加工活动，是主体对客体理性的、逻辑的、系统的认识过程，是科学认识及其成果在人们头脑中最概括、最抽象的积淀。

从西方的发展历程来看，科学思维的主要表现有以下四个方面(见图 1-32)。

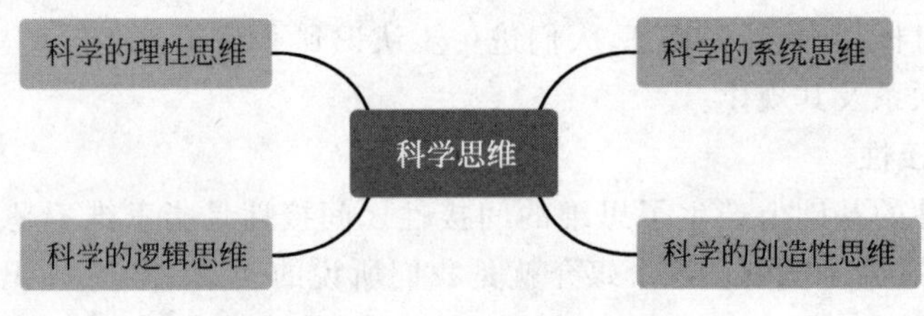

图 1-32 科学思维的表现

1) 科学的理性思维

理性思维是在直观感性的基础上，经过界定概念、客观推理、科学判断后形成的正确反映客观世界的本质和规律的认识过程。科学的理性思维，其基本前提是：承认客观世界的存在是不以人的主观意志为转移的，但认识主体可以通过直观感性处理后获得客观世界内在的、本质的信息。作为科学思维的表现方式之一的理性思维，其主要意义在于为主体认识客体的内在规律和本质提供手段。

2）科学的逻辑思维

逻辑思维是人类特有的一种思维方式，它是利用逻辑工具对思维内容进行抽象的思维活动。逻辑思维过程得以形式化、规则化和通用化，就是要求创造出与科学相适应的科学逻辑，如形式逻辑、数理逻辑和辩证逻辑等。

3）科学的系统思维

系统思维是指考虑到客体联系的普遍性和整体性，认识主体在认识客体的过程中，将客体视为一个相互联系的系统，以系统的观点来考察研究客体，并主要从系统各个要素之间的联系、系统与环境的相互作用中，来综合考察客体的认识心理过程。

4）科学的创造性思维

创造性思维指的是在科学研究过程中，形成一种不受或者较少受传统思维和范式的束缚，超越常规思维、构筑新意、独树一帜、捕捉灵感或相信直觉，用以实现科学研究突破的一种思维方式。科学思维不仅是一切科学研究和技术发展的起点，而且始终贯穿于科学研究和技术发展的全过程，是创新的灵魂。

2. 科学思维的分类

如果着眼于科学思维的具体手段及其科学求解功能，那么科学思维可分为发散求解思维、逻辑解析思维、哲理思辨思维等，如图 1-33 所示。

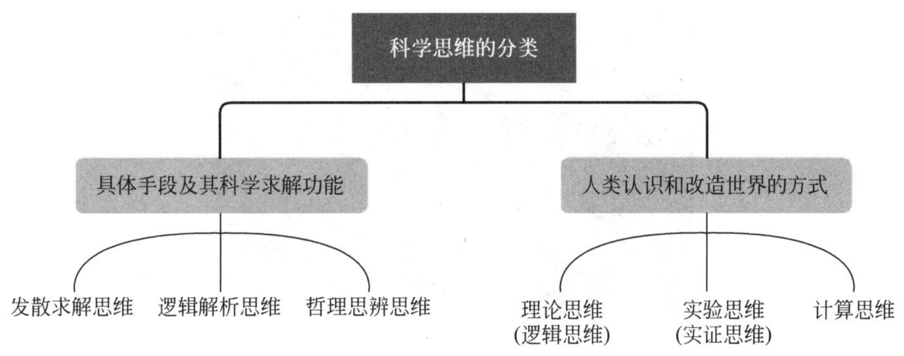

图 1-33　科学思维的分类

(1) 发散求解思维是指人们在科学探索中不受思维工具或思维定式的制约，从多方面自由地思考问题答案，其中包括求异思维、形象思维和直觉思维等。

(2) 逻辑解析思维是指人们在科学探索中自觉运用逻辑推理工具去解析问题，并由此推得问题解的思维方法，其中包括类比思维、隐喻思维、归纳思维、演绎思维和数理思维等。

(3) 哲理思辨思维是指人们在科学探索中运用不同程度的思辨性哲学思维去寻求问题答案，其中包括次协调思维、系统思维和辩证思维等。

如果从人类认识世界和改造世界的思维方式出发，科学思维又可分为理论思维、实验思维和计算思维三种。

(1) 理论思维(Theoretical Thinking)又称逻辑思维,是指通过抽象概括,建立描述事物本质的概念,应用科学的方法探寻概念之间联系的一种思维方法。它以推理和演绎为特征,以数学学科为代表。理论源于数学,理论思维支撑着所有的学科领域。正如数学一样,定义是理论思维的灵魂,定理和证明是它的精髓,公理化方法是最重要的理论思维方法。

(2) 实验思维(Experimental Thinking)又称实证思维,是通过观察和实验获取自然规律法则的一种思维方法。它以观察和归纳自然规律为特征,以物理学科为代表。实验思维的先驱是意大利科学家伽利略,他被人们誉为“近代科学之父”。与理论思维不同,实验思维往往需要借助某种特定的设备,使用它们来获取数据以便进行分析。

(3) 计算思维(Computational Thinking)又称构造思维,是指从具体的算法设计规范入手,通过算法过程的构造与实施来解决给定问题的一种思维方法。它以设计和构造为特征,以计算机学科为代表。计算思维就是思维过程或功能的计算模拟方法论,其研究的目的是提供适当的方法,使人们能借助现代和将来的计算机,逐步实现人工智能的较高目标。诸如模式识别、决策、优化和自控等算法都属于计算思维范畴。

3. 理论思维(逻辑思维)

1) 概念

理论思维,又称为逻辑思维(Logical Thinking)。逻辑思维的研究起源于希腊时期,集大成者是苏格拉底(Socrates,公元前 469—公元前 399,见图 1-34)、柏拉图、亚里士多德,他们基本构建了现代逻辑学的体系。之后又经过众多逻辑学家的贡献,例如,莱布尼茨、大卫·希尔伯特(David Hilbert,1862—1943 年)等,使得逻辑学成为人类科学思维的模式和工具。

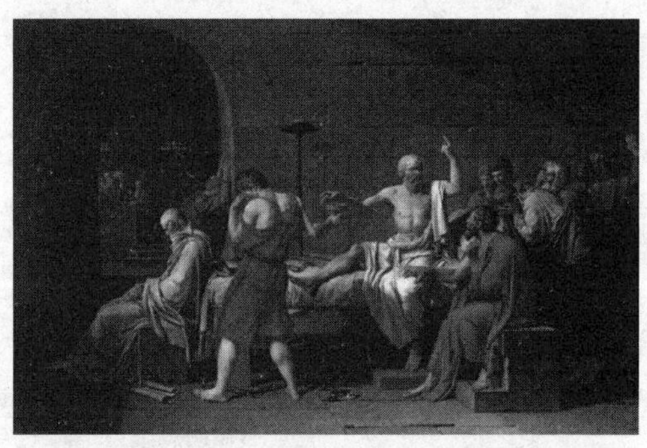

图 1-34 苏格拉底之死(The Death of Socrates)

逻辑思维,是思维的一种高级形式,是人们在认识事物的过程中借助于概念、判断、推理等思维形式能动地反映客观现实的理性认识过程。它是指符合世间事物之间关系(合乎自然规律)的思维方式。我们所说的逻辑思维主要指遵循传统形式逻辑规则的思维方式。常称它为“抽象思维(Abstract Thinking)”或“闭上眼睛的思维”。它是作为对认识者的思维及其结构,以及起作用的规律的分析而产生和发展起来的。只有经过逻辑思维,人们对事物的认识才能达到对具体对象本质规律的把握,进而认识客观世界。

逻辑思维要符合一些原则:第一是有作为推理基础的公理集合;第二是有一个可靠和协调的推演系统(推演规则)。任何结论都要从公理集合出发,经过推演系统的合法推理,得出结论。这些推理的过程必须是可验证的,而且总体上说,验证的复杂程度必须低于获得这个推理过程的复杂程度，甚至在某些领域，例如自然科学所要求的那样，验证的过程应该是可机械化、自动化的。逻辑思维的结论正确性来源于公理的正确性和推理规则的可靠性，因此结论的正确性是相对的，为了保证推理结论的可接受程度，人们往往要求，作为推理基础的公理体系应该是可证伪的。

逻辑思维是确定的，而不是模棱两可的；是前后一贯的，而不是自相矛盾的；是有条理、有根据的思维，具有抽象性与严密性、规范性与确定性、批判性与开放性、形式化与系统化的特征。在逻辑思维中，要用到概念、判断、推理等思维形式和比较、分析、综合、抽象、概括等思维方法。而掌握和运用这些思维形式和方法的程度，就是逻辑思维的能力。

2）基本方法

逻辑思维的基本方法，主要有以下四种。

（1）**分析与综合**。分析是在思维中把对象分解为各个部分或因素，分别加以考察的逻辑方法。综合是在思维中把对象的各个部分或因素结合成为一个整体加以考察的逻辑方法。分析与综合是互相渗透和转换的，在分析基础上综合，在综合指导下分析。分析与综合，循环往复，从而推动认识的深化和发展。例如，在光的研究中，人们分析了光的直线传播、反射、折射，认为光是微粒，人们又分析研究光的干涉、衍射现象和其他一些微粒说不能解释的现象，认为光是波。当人们测出了各种光的波长，提出了光的电磁理论，似乎光就是一种波，一种电磁波。但是，光电效应的发现又是波动说无法解释的，又提出了光子说。当人们把这些方面综合起来以后，一个新的认识产生了：光具有波粒二象性。

（2）**分类与比较**。根据事物的共同性与差异性就可以把事物分类，具有相同属性的事物归入一类，具有不同属性的事物归入不同的类。比较就是比较两个或两类事物的共同点和差异点。通过比较就能更好地认识事物的本质。分类是比较的后继过程，重要的是分类标准的选择，选择的好还可能导致重要规律的发现。

（3）**归纳与演绎**。归纳和演绎是人们把握事物两种相反的思维方法。归纳是由个别上升到一般的思维方法，是由个别到特殊向一般的运动。演绎则是由一般性的原则到个别性的结论的方法，是由一般到特殊向个别的运动。它们的原型在于客观世界普遍存在的个别与一般、个性与共性的关系。例如，黑马、白马，可以归纳为马；马可以演绎为黑马、白马。

（4）**抽象与概括**。抽象就是人们在实践的基础上运用思维的力量，通过“去粗取精、去伪存真、由此及彼、由表及里”的加工制作，从对象中抽取它的本质属性，形成概念、判断、推理等的思维形式，以反映事物的本质和规律。概括是科学发现的重要方法，是由较小范围的认识上升到较大范围的认识，是由某一领域的认识推广到另一领域的认识，是一种在思维中从单独对象的属性推广到该类事物的全体思维方法。抽象与概括、分析与综合一样，也是相互联系不可分割的。

3）基本规律

逻辑思维基本规律是关于思维形式的基本规律，是人们在正确运用概念、判断、推理等思维形式过程中起决定性作用的规律，包括同一律、矛盾律和排中律。逻辑思维基本规律是人们正确思维的必要条件，对逻辑思维具有普遍的规范作用。

（1）**同一律是保证思维的同一性**，其根本作用就在于从思维的同一性角度来保证思维的确定性。任何事物都处于不断发展变化的过程中，在不同时间、不同方面对于同一对象来说都是有所不同的，但在一定阶段事物也有其质和量的规定性。也就是说，事物在发展过程中也有相对的确定性，同一律就是人们对事物相对确定性的反映。人们要想表达思想和成功交际，就必须保证在正确思维和表达思想的过程中，使用的概念或命题在同一思维过程中始终要保持一致，即在同一思维过程中，运用概念时要保证其内涵和外延都是同一的，运用命题时要保证其断定的内容要一致，否则就会引起思维的混乱和交流的不畅，也会导致人们不能正确认识客观事物的规律。

(2) 矛盾律是保证思维的无矛盾性和一贯性，其根本作用就在于从无矛盾性和一贯性的角度来保证思维的确定性。矛盾律所说的思维的无矛盾性指的是，任一正确思维的过程，都必须前后一致、不包含逻辑矛盾。科学认识的任务之一就是要不断发现并排除思想中的逻辑矛盾，最终建立逻辑上无矛盾的科学理论体系。例如，伽利略正是运用逻辑思维基本规律中的矛盾律，发现了亚里士多德自由落体定律中存在的自相矛盾的逻辑错误，并在此基础上提出了新的问题，并最终通过实验等手段得出了科学的自由落体定律。这充分说明思维如果违反了矛盾律的要求，出现了逻辑矛盾，那就不能正确地认识和反映客观事物。

(3) 排中律可以消除思维的不确定性和思维的模糊性，进而保证思想的清晰性和明确性，避免思维出现模棱两可和含混不清的情况，从而帮助人们从明确性角度识别和驳斥谬误。排中律是要求在两个具有矛盾关系的思想中必须有一个是真的，正如亚里士多德所说："凡否定一个属性就等于肯定其相对的另一端，也就是说在这样一类事物中有一个中间体，例如，在数理范围内据称有既非'奇'又非'非奇'的一种数。但这从定义上看来显然是不可能的。"此外，排中律还可以作为间接论证的逻辑依据，即当我们难以从正面去证明某个命题时，常常可以通过证明该命题的矛盾命题为假，从而依据排中律，推出原命题为真。

4. 实验思维(实证思维)

1) 概念

实验思维，又称为实证思维(Experimental Thinking)。实证思维起源于物理学的研究，集大成者的代表是伽利略、开普勒和牛顿。伽利略建立了现代实证主义的科学体系，强调通过观察和实验(实验是把自然现象单纯化，以保证可以仔细研究其中的一个局部)获取自然规律的法则。约翰尼斯·开普勒(Johannes Kepler，1571—1630，见图 1-35)是现代科学中第一个有意识地将自然观察总结成规律，并把这种规律表示出来的学者。牛顿把观察、归纳和推理完美地结合起来，形成了现代科学大厦的整体框架。

图 1-35　开普勒(Kepler)

实证思维，主要是指人作为主体在探求事物运动的本质、规律过程中凝结而成并发挥其功能的，具有客观性和实证性追求的思维形式。它是在科学发展的漫长历程中形成的，然而一旦形成即对人具有某种先验性，成为人们认识和评价事物的相对固定的思维模式。

就思维规律而言，**实证思维本质上是以形式逻辑为基础的形而上学（知性）的思维方式**。以现在普遍的观点，实证思维要符合三点原则：第一是可以解释以往的实验现象；第二是逻辑上自洽，即不能自相矛盾；第三是能够预见新的现象。实证思维的结论必须经得起实验的验证。例如，阿尔伯特·爱因斯坦（Albert Einstein，1879—1955）的狭义相对论和广义相对论发表以后，尽管理论上是十分完美的，而且也能够解释当时物理学中一些困惑的问题，但是由于其预言的现象未能观测到，因此在很长一段时间，没有成为一个真正公认的物理学理论。而量子理论尽管在逻辑上还有一些不够严密的地方（但没有矛盾），但是它的结论经得起实验的检验，并且预言的一些重要现象得到了证实，因此被看作一种普遍公认的物理学理论。

2）基本特征

实证思维具有精确性、批判性、有限性等特点。

（1）实证思维具有精确性。这种精确性一方面表现为，在实证思维方式的支配下，人们对作为客体的经验对象的本质规律的探求在逐渐精细和深化，而在这个过程中，人作为主体必须尽可能排除自身对科学活动及其结果的一切“干扰”，使主观趋于符合客观并尽可能达到所谓纯粹的客观主义。另一方面表现为，在科学发展的进程中，科学概念、科学成果受到严格的实证检验，作为科学认识成果交流和传播工具的科学语言日益专业化。

（2）实证思维具有批判性。这种批判性体现在科学对经验的批判和科学自我批判两个方面。一方面，科学特别是自然科学的形成和发展都是建立在经验观察和实验的基础上，但经验仅拘于对事物表象的外在描述，并非是对事物运动的内在规律的本质性阐释。科学正是不以日常经验为满足，在经验观察和实验的基础上，按照一定的逻辑规则以抽象概括的形式建构起关于经验对象的理性解释，说明、证实或反驳经验常识，从而以确定性的科学原理取代盲目性的常识信念，这一过程即是对经验的批判过程。另一方面，科学的发展过程同时也是科学自我批判的过程。在科学发展过程中往往会产生新事实和旧理论的矛盾、不同理论间的矛盾、同一理论内部的矛盾。这几类矛盾的不断产生和不断解决在科学内部体现为“科学范式”或“科学纲领”的不断转换、理论逻辑层次的不断跃迁。这就是科学自我更新、自我批判和自我发展的过程。实证思维的批判性源于人的理性能力和对价值的超越性追求。

（3）实证思维具有有限性。任何科学研究都是以主客二分为思维前提，都是人作为主体主要运用实证方法对表象化的经验对象或抽象化的经验对象的研究。在实证思维方式的支配下，无论是宏观事物还是微观事物，无论是人类社会还是人自身，只要是作为科学对象进行分析，那么所获得的知识成果就是主客二分思维框架下的产物。这种知识成果及其应用并不必然符合人的终极目标、整体利益和价值理想。核武器的研制和使用、克隆人的制造、全球环境和资源问题、毒品问题等都是发人深省的例子。人的认识和行为的真理性和价值意义最终必须经过实践经验的证实或证伪才能得到确证。因此，各领域科学研究活动及其结果只能使人获得世界各部分和各方面的日益精细的认识，却并不必然使人得到关于自然界或人类社会的真实描述，不能必然使人获得包括人在内的真正完整意义上的世界图景，因为它不必然达到真理性和价值性相统一的人的理想境界。科学思维方式只是对于主体探求客体本质规律的科学研究活动有效，思维一旦超出这个范围，而以思存统一性问题本身为研究对象，就立刻显示出其内在的有限性和局限性。

3）基本形式

实证思维的范围很广，它涵盖了人类整个科学认识和社会实践的思维活动，是科学认识和社会实践中的智力支柱，是追求真实性的思维方式。其基本形式有以下三类。

（1）客观实证思维方式与逻辑推演思维方式。实证思维的普遍表现，是面向客观实在的客观实证思维方式，以及它在纯思维理论中的表现——逻辑推演思维方式，这是一切科学认识的思维活动都要运用的思维方式，是一般的、普遍的科学思维。

客观实证思维方式（见图1-36），它的基本特点在于排除心理维度的情感和利益干扰，排除理念维度的各种主观信念的干扰，从不唯一关注客观存在。当事实与假说相符时，谓之证实，而当事实与假说不相符时，谓之伪证。依据卡尔·波普（Karl Raimund Popper，1902—1994）的意见，一个假说不管被多少事实加以证实，而只要有一个事实表明它的不相符合，那就被证伪，就应当修正或放弃。客观实证思维方式，是将观念与事实相比较，以事实为基础逐步改善观念。

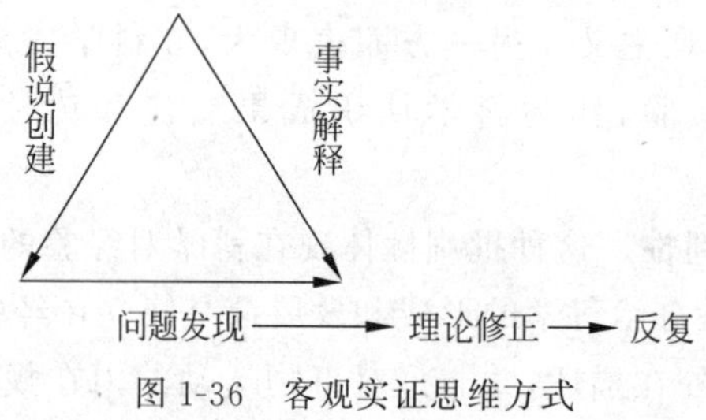

图1-36　客观实证思维方式

与此相反的是以逻辑为基础的理论推演思维方式（见图1-37），这是一切科学认识的思维活动都要运用的思维方式，是一般的、普遍的科学思维。它的特征是将观念与观念，即概念与概念、理论与理论或者说原理与原理相比较，求得原理与原理之间的逻辑制约关系，或其他相关关系，通过可关联性让它们之间形成一个严整的逻辑体系。

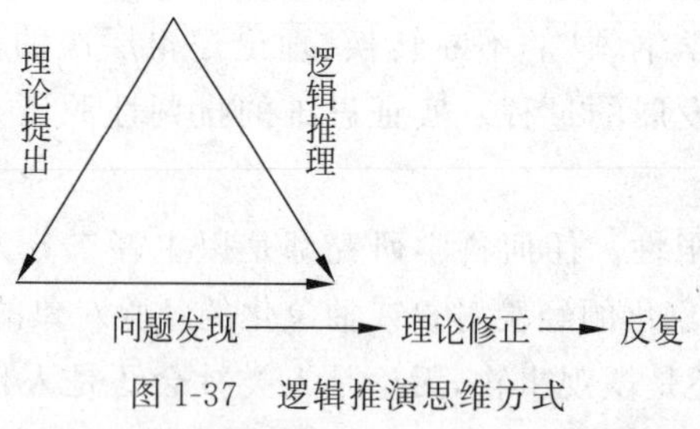

图1-37　逻辑推演思维方式

（2）具体科学思维方式与科学理论思维方式。上述客观实证与理论推演两种思维方式的相互作用，将会使人们建立各种各样的科学理论体系。而一旦某一科学理论建立之后，它就产生了某一学科的特有思维方式。它是实证思维在具体科学领域中的运用。如果把这一思维方式运用于思考其他问题，那就产生了不同的科学理论思维方式。各种具有相对独立性的学科，都有它自己的这种特有的思维方式。

具体科学思维方式，就是各种独立学科本身的思维方式。谁要掌握和研究这一门科学，谁就得运用这一门具体科学的思维方式，否则就不能科学地掌握它。例如，数学的思维方式、物理学的思维方式、系统科学的思维方式等。其特点是：这种思维方式不能脱离开具体的某门科学。简言之，具体的科学思维方式，就是某种科学的科学思维，它只在这门科学中发生作用，而不像客观实证思维方式与逻辑推演思维方式那样，可以在一切科学中发生作用。一旦把它移出做其他思考，一旦上升成为思维的一般的、可以移作它用的方法，它就转化成为科学理论思维方式了。

科学理论思维方式，就是运用某种科学的理论和方法思考其他问题的思维方式。事实上，一旦一种科学理论成熟和建立之后，它就有了方法论的意义，就会形成一种这门科学特有的理论方法。这种理论方法，可以脱离开这门科学而独立地加以运用，成为思维的方法。于是，运用某门科学的方法思考其他问题，就形成了某种特定的科学理论思维方式。

(3) 行为预期思维方式与反馈实效思维方式。前面两类实证思维方式，主要是科学研究、理论认识中的求真的思维方式。但是，人类思维更主要的任务，发生在现实生活与社会实践中。与前者相反，人在社会实践和社会行为中的思维方式，主要是求实的、追求预想实现的思维方式。它的特点在于思维方式与实践行为紧密结合，一方面从思维方式到实践行为，一方面从实践行为又到思维方式。前一过程可概括为行为预期思维方式，后一过程可概括为反馈实效思维方式。

行为预期思维方式(见图1-38)，首先开始于一个由需要产生的“行为目标”，进而，思维要按其行为目标，扫描其可能实现的“现实条件”，寻求二者之间的同一性。在这两者之上，产生出一个或多个有同一性的“行为可能”，三者构成思维活动的三维结构，通过权衡结果的“行为可能”指导实践活动，于是“行为目标”就渗透于实践中而指导着实践。它的特点在于，不断以预期目标调整现实行为，使预期目标取得成功。这种思维方式沉浸在行为目标、现实条件、行为可能的三维结构的活动之中，并通过可能的具体行为不断指导着社会实践。

反馈实效思维方式(见图1-39)，就是将行为结果这一事实，反馈到行为目标之中，反过来支配行为。这是一种反馈思维。在这里，实效追求是有方向的：它把那些符合需要的有正面价值的行为结果看作是有效的，从而产生负反馈以加强它；相反地，把那些不符合需要的有负面价值的结果，看作是无效的，从而产生正反馈以减弱它。通过实效追求这一行为目标，在观念动因与行为结果之间寻求正面同一，并反复进行，以形成追求实效的思维活动。

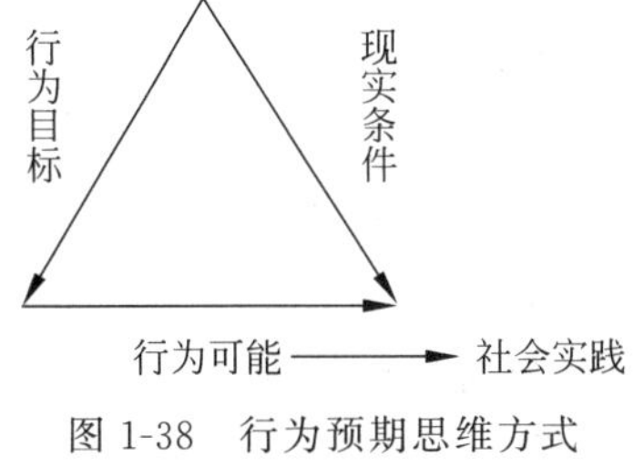

图1-38　行为预期思维方式

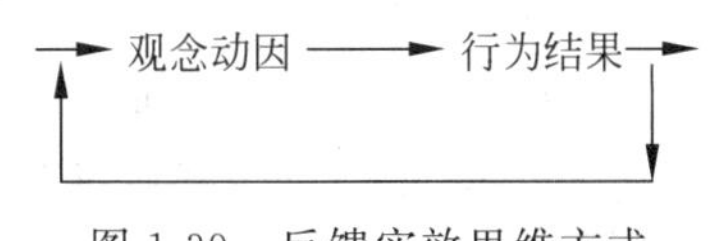

图1-39　反馈实效思维方式

5. 计算思维

1）概念

计算思维这一概念最早是由麻省理工学院（Massachusetts Institute of Technology，MIT）的西蒙·派珀特教授（Seymour Papert，1928—2016）于1996年提出的，但是把这一个概念发展为广受关注的代表人物是美国卡内基·梅隆大学（Carnegie Mellon University，CMU）的周以真教授（Jeannette M. Wing，见图1-40）。

图1-40 周以真（Jeannette M. Wing）

计算思维提出了面向问题解决的系列观点和方法，这些观点和方法有助于人们更加深刻地理解计算的本质和计算机求解问题的核心思想。特别是有利于解决计算机科学家与领域专家之间的知识鸿沟所带来的困惑。

计算思维是人类科学思维中，以抽象化和自动化，或者说以形式化、程序化和机械化为特征的思维形式。目前国际上广泛使用的计算思维概念是由周以真教授提出的，即计算思维是运用计算机科学的基础概念去求解问题、设计系统和理解人类行为的一系列思维活动。该定义主要有以下三点内涵。

（1）求解问题中的计算思维。利用计算手段求解问题的过程是：首先要把实际的应用问题转换为数学问题，可能是一组偏微分方程（Partial Differential Equations，PDE），其次将PDE离散为一组代数方程组，然后建立模型、设计算法和编程实现，最后在实际的计算机中运行并求解。前两步是计算思维中的抽象，后两步是计算思维中的自动化。

（2）设计系统中的计算思维。图灵奖获得者理查德·M·卡普（Richard M. Karp，1935—）认为：任何自然系统和社会系统都可视为一个动态演化系统，演化伴随着物质、能量和信息的交换，这种交换可以映射为符号变换，使之能用计算机实现离散的符号处理。当动态演化系统抽象为离散符号系统后，就可以采用形式化的规范来描述，通过建立模型、设计算法和开发软件来揭示演化的规律，实时控制系统的演化并自动执行。

（3）理解人类行为中的计算思维。王飞跃认为：计算思维是基于可计算的手段，以定量化的方式进行的思维过程。计算思维就是能满足信息时代新的社会动力学和人类动力学要求的思维。在人类的物理世界、精神世界和人工世界三个世界中，计算思维是建设人工世界所需要的主要思维方式。

此外，对于计算思维的理解，还有朴素计算思维、狭义计算思维和广义计算思维之分，如

表 1-3 所示。

表 1-3 计算思维概念理解

<table>
<tr><td rowspan="3">广义计算思维</td><td rowspan="2">狭义计算思维</td><td>朴素计算思维</td><td>形式化、模型化、程序化；抽象思维，逻辑思维</td><td>适应计算机科学家</td><td rowspan="2">适应计算机科技工作者</td><td rowspan="3">在各类问题的求解中，有意识地使用计算机科学家们采用的思想、方法、技术及工具，甚至环境，不仅包括思考，还包括更一般的活动</td><td rowspan="3">适应包括科技工作者在内的广大人群</td></tr>
<tr><td colspan="3">方法论（核心概念、典型方法），算法思维、系统、分层虚拟</td></tr>
<tr><td colspan="5">意识、思想、方法、技术、工具、环境、资源等不限于思考问题时的全方位、全周期的利用</td></tr>
</table>

2）特征及本质

计算思维的标志特征是有限性、确定性和机械性。计算思维表达结论的方式必须是一种有限的形式（回想一下，数学中表示一个极限经常用一种潜无限的方式，这种方式在计算思维中是不允许的）；而且语义必须是确定的，在理解上不会出现因人而异、因环境而异的歧义性；同时又必须是一种机械的方式，可以通过机械的步骤来实现。

计算思维的本质是抽象（Abstract）和自动化（Automation）。它反映了计算的根本问题，即什么能被有效地自动进行。计算是抽象的自动执行，自动化需要某种计算机去解释抽象。从操作层面上讲，计算就是如何寻找一台计算机去求解问题，隐含地说就是要确定合适的抽象，选择合适的计算机去解释执行该抽象，后者就是自动化。

计算思维中的抽象完全超越物理的时空观，可以完全用符号来表示，其中，数字抽象只是一类特例。与数学相比，计算思维中的抽象显得更为丰富，也更为复杂。数学抽象的特点是抛开现实事物的物理、化学和生物等特性，仅保留其量的关系和空间的形式，而计算思维中的抽象却不仅如此。堆栈是计算学科中常见的一种抽象数据类型，这种数据类型就不可能像数学中的整数那样进行简单的“加”运算。算法也是一种抽象，也不能将两个算法简单地放在一起构建一种并行算法。

计算思维中的抽象最终是要能够机械地一步一步自动执行的。为了确保机械的自动化，就需要在抽象过程中进行精确、严格的符号标记和建模，同时也要求计算机系统或软件系统生产厂家能够向公众提供各种不同抽象层次之间的翻译工具。

3）基本方法

计算思维的核心是计算思维方法，计算思维方法来自数学和工程学，以及计算机科学自身。当我们必须求解一个特定的问题时，首先会问：解决这个问题有多么困难？怎样才是最佳的解决方法？计算机科学根据坚实的理论基础来准确地回答这些问题。表述问题的难度就是工具的基本能力，必须考虑的因素包括机器的指令系统、资源约束和操作环境。

为了有效地求解一个问题，我们可能要进一步问：一个近似解是否就够了，是否可以利用一下随机化，以及是否允许误报（false positive）和漏报（false negative）。计算思维就是通过约简、嵌入、转化和仿真等方法，把一个看似困难的问题重新阐释成一个我们知道怎样解决的问题。

（1）计算思维是一种递归思维，它是并行处理的。它是把代码译成数据又把数据译成代码。它是由广义量纲分析进行的类型检查。对于别名或赋予人与物多个名字的做法，它既知道其益处又了解其害处。对于间接寻址和程序调用的方法，它既知道其威力又了解其代价。它评价一个程序时，不仅根据其准确性和效率，还有美学的考量，而对于系统的设计，还考虑简洁和优雅。

(2) 计算思维是一种抽象和分解思维，它是一种基于关注点分离的方法(Separation of Concerns，简称 SoC 方法)。它是选择合适的方式去陈述一个问题，或者是选择合适的方式对一个问题的相关方面建模使其易于处理。它是利用不变量简明扼要且表述性地刻画系统的行为。它使我们在不必理解每一个细节的情况下就能够安全地使用、调整和影响一个大型复杂系统的信息。它就是为预期的未来应用而进行的预取和缓存。

(3) 计算思维是从最坏情形进行系统恢复的一种思维，按照预防、保护及通过冗余、容错、纠错的方式。它称堵塞为“死锁”，称约定为“界面”。计算思维就是学习在同步相互会合时如何避免“竞争条件”(亦称“竞态条件”)的情形。

(4) 计算思维是一种利用启发式推理来寻求解答的思维，就是在不确定情况下的规划、学习和调度。它就是搜索、搜索、再搜索，结果是一系列的网页，一个赢得游戏的策略，或者一个反例。计算思维利用海量数据来加快计算，在时间和空间之间，在处理能力和存储容量之间进行权衡。

1.3.3 统计思维

1. 概念

人们在认识客观事物的过程中，仅依靠感觉、知觉等直观手段是无法把握事物的本质和规律的，只有自觉运用数学和统计学的理论和方法，对客观事物和现象的数量特征及数量关系进行正确的描述和科学的分析，从而认识其本质，把握其发展变化的规律性，这种高层次的综合性思维方式即统计思维。

统计思维类似于数学中的数感、符号感，美术中的美感，以及人们对于音乐的乐感、节奏感等，是一种对给定数据及与数据有关的量、表、图的潜意识的反映，面对与数据信息有关的问题时，本能地从统计的角度进行思考，也就是当遇到有关问题时，能想到去收集数据和分析数据。例如，球迷看球赛时，会推测所喜欢的球队是否会赢，如果仅根据喜好去做判断，那么就不具备统计观念；如果意识到判断前需要收集一定的数据，如双方队员的技术统计资料、双方队员历次比赛成绩记录等，并且相信这些数据经过适当的整理和分析，有助于了解球队，在此基础上对球队的输赢进行判断，才是比较可靠的，这就说明你具备了一定的统计观念。再如，看到我国国土面积为 960 多万平方千米时，应该认识到这种统计仅仅是把各种类型的陆地面积简单相加，如果除去沙漠、戈壁等不适宜人类居住的地区，真正有开发价值的国土面积则会缩减。人们经常对接触到的各类统计数据、统计图表进行统计的思考，自然会促其形成统计思维。

统计思维从属于一般思维，是人脑和统计学原理、方法、统计学工具交互作用，并按照一般思维规律认识各类现象的内在的批判性思维活动，它的目的在于阅读、制作、计算、理解，以及批判日常生活中所遇到的统计信息的能力。统计思维的研究对象是各类现象的数量差异以及可数量化的属性差异，其中包括自然现象、社会现象、客观事物的数量变化，自然现象的数量方面，如洪水每秒的流速；社会现象如出生率；客观事物的数量方面，如产品的优质品率。统计思维最终要知道人们如何和数据打交道，解决客观现实问题。

2. 基本特点

统计思维集分类和比较、归纳和演绎、分析和综合、抽象和具体等多种思维性于一体。它既是思维方式，又是行为方式、工作方式、决策方式。它至少有以下 9 大特点。

1）数量性

统计思维是以定量分析为主的思维方式，它关心、注重事物的数量方面。计量、运算、推断等是统计思维的特长。通过用数学和基本统计方法精确地核算客观现象；用模糊数学理论和社会测量方法测定模糊现象；借助概率统计方法推断随机现象。对于不同时间或不同地域的事物，进行静态、动态的量化比较与评价。应用抽象量化的数据分析与推断，达到对事物本质的判断与认识，这是统计思维认识事物的基本特征。

2）总体性

统计思维是对事物总体数量特征的认识，它要研究的是事物的总量、总规模、总体平均及总体内部结构等。即使是对个别事物的分析，也要将它置于总体内加以考虑，把个体的数量特征与总体平均水平加以比较。

3）客观性

统计思维以事物客观的、真实可靠的数量表现为分析依据，力求使得出的结论客观准确，符合实际情况，从根本上排斥片面性和偶然性。

4）历史性

统计思维总是将事物的过去、现在和将来结合起来分析，通过对事物在各个不同阶段表现出的数量特征的比较分析，来探究发展变化的规律，并善于以此推断其未来的发展趋势，提出科学的决策依据。这种纵向思维的特征，使我们能从历史演进的角度来分析事物变化的原因，预测事物的将来。因此，它认识事物的过程既有尊重事实的演绎，也不乏超前的预测。同时，它还十分重视对事物变化原因的分析和研究，如因素分析等。

5）对比性

统计思维的另一个特点是总喜欢对事物或现象的数量特征进行比较，除了上面讲的动态比较以外，还有横向、结构、程度等方面的比较，目的是为了观测和揭示研究对象在数量上的差异。因此，统计思维不像逻辑思维那样经常进行推理，而是经常进行相对数的测算，例如，统计分析中相对指标的广泛应用等。

6）综合性

统计思维把对客观事物的各个要素、各个部分、各个方面的分析和认识连接起来，然后从整体上加以考察和研究，得出综合性结论。这种综合性的思维方式，时时体现在统计调查、资料整理与各种分析方法的运用过程中，使我们对事物的认识更深入、更完整。因此，统计思维方法被广泛应用于国民经济各部门、各环节的考察与分析中，以综合监测国民经济的运行状况。

7）具体性

统计思维的对象是现象在一定时间、地点、条件下的数量表现，是具体的，所有抽象的理论与方法都是为认识具体事物服务的。从这一点上讲，统计思维有别于数学的抽象思维和其他纯理论分析。

8）创造性

统计思维具有自觉连贯、综合、比较、预测等创造性思维的特点。它关心事物的过去和现在，更关心事物的将来，它善长于分析事物间数量的相互关系和相互影响，它要分析某一个因素的变化会给整体带来什么影响和多大影响，要在分析的基础上研究控制影响因素和调整措施的方法和力度。

9）实用性

统计思维的数量性、综合性，以及独特的对比分析法、历史分析法、推断和预测法等，为人类认识事物，把握事物变化规律提供了捷径，具有广泛的实用性。

3. 三大要素

统计思维具有以下三大要素。

1）过程思维

任何现象的发展变化都表现为由量变到质变和质变到量变的互变过程，不同现象变化过程的轨迹、速率、振幅各不相同。为了使变化的结果达到预期的目标，人们首先需要对所研究现象的过程有所认识。横向看，任何过程都是由一系列相互联系、相互影响的因素共同作用促使其变化的，控制一个或几个因素能改变过程的变化方向和速率。纵向看，过程是由不同的阶段组成的，大量的问题产生于过程，控制问题产生的关键在于控制过程。使过程处于适当的位置是控制过程的关键，因而不同位置的临界点的确定十分重要。

2）允许波动

波动是任何现象发展过程中不可避免的，在过程控制中，一定限度内的波动应被允许，同时也要求决策目标的制定要有弹性。波动的存在一方面表明事物的发展偏离了理想状态，另一方面也表明有改善的机会和方向。波动的特征利用得好具有杠杆效应，能使事物的发展在向有利方向转化中起到事半功倍的效果。

3）数据说话

基于事物发展过程有波动的认识，大量描述数据的获得是有意义的。不同数据的获取直接影响到过程控制的有效性，因而指标或标志的选取要尽可能刻画事物发展的本质特征。数据的获取在满足全面、及时、可靠的条件下尽可能成本最小。数据的分析要科学、合理，统计资料的开发要服务于研究问题的目的。过程控制的主要手段要与所获得的相关数据相一致。统计的语言是数据，大量有效数据的正确使用是改善过程的关键。

4. 基本内容

统计思维的工作思路主要包括三个部分："资料收集""资料分析"以及"统计推断"，如图 1-41 所示。

1）资料收集

资料收集指的是想了解的整体（称之为母体）资料太庞大，所以通过统计方法去取得有用的样本。在统计上发展出了"实验设计法"（Design of Experiment）和"统计抽样方法"（Sampling Survey）两大方法。例如，今天在实验室经常开展的"眼动实验""脑电实验"等社会计算实验收集行为数据的方法，就属于实验设计法；网络用户行为调查中广泛采用的问卷调查法，如问卷星上开

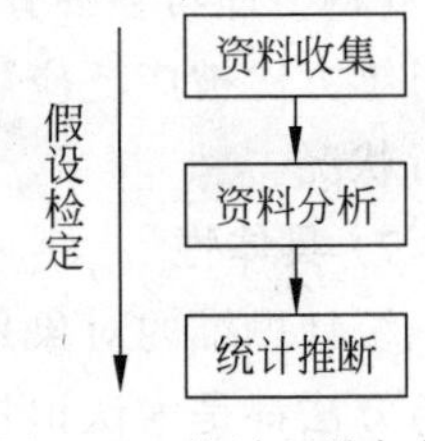

图 1-41　统计思维架构

展的网络调查,就属于统计抽样方法。

2）资料分析

资料分析指的是将已经取得的资料,加以分析、研究,乃至建立模型,主要工作内容在于Point Estimation(点估计)、Hypothesis Testing(假设检定)、Model Building(建模)以及Forecasting(预测)。从早期的描述性统计(Descriptive Statistics)求得平均值、变异数等,以及探索性数据分析EDA(Exploratory Data Analysis),到比较专业的回归分析(Regression Analysis)、时间序列分析(Time Series)、多元统计分析(Multivariate)、无母数分析(Nonparametrics)、可靠性分析(Reliability)等。针对不同性质、不同假设、不同目的的资料,可以运用许多不同的工具与方法。

3）统计推断

统计推断指的是经过统计分析建模之后,可以用来优化(Optimization)和预测(Prediction),并加以探讨此推断的可靠性如何。

这整套工作流程,即从资料收集到资料分析到统计推断,长期主宰着统计思维法。基本上从科学演化来看,它是一个“假设检定”的工作过程。也就是说,在问题或假设提出之后,才开始整个工作的推动。有了假设必须判别,于是开始收集资料；有了资料收集,开始分析资料；有了成功的资料分析,便可以得到合理的统计推论(接受或拒绝假设)。

1.3.4　数据思维

1. 概念

数据思维(Thinking in Data),这个概念虽然很早就有,但直到近几年随着大数据技术的飞速发展,又重新回到了思维认识的高度。简单来讲,**大数据时代下的数据思维是一种生产、收集、处理大数据,发现大数据的价值,并应用大数据的逻辑来发现问题、观察问题、思考问题、解决问题的思维模式**。它是一种量化的思维模式,它基于事实,注重细节,追求真相。它还是基于多源异构和跨域关联的海量数据分析产生的数据价值挖掘思维,进而引发人类对生产和生活方式乃至社会运行的重新审视。

总而言之,大数据时代的数据思维是应用数据科学的原理、方法、技术解决现实场景中的问题的思维逻辑,衔接了数据原理与大数据技术,在今天的科学问题场景中作为一种思考问题的工具。在第2章中,将对大数据时代下的“数据思维”进行细致深入的讲解。

2. 数据思维与科学思维

实际上,数据思维一直是人类的一种思维方式之一,而且应该比科学思维形成得更早,也更朴实。科学思维应该是在数据思维之上产生的,而且科学思维中也体现了数据思维,一些基于统计的学科,其实就是数据思维的体现和应用。

这两种思维方式,一直伴随着人类的生活和生产,无处不在,缺一不可。因为人类会自觉不自觉地创造一些理论和模型来“解释”通过数据思维发现的“结论”,并在此基础上做进一步的预测和分析。但我们并不能将数据思维等同于科学思维,或者认为科学思维包括数据思维,二者之间存在着本质差异。

1）认识层面不同

从对事物间关系的认识层面看，**数据思维注重事物间的相关关系，科学思维注重事物间的因果关系**。

舍恩伯格在《大数据时代》中最具洞见之处在于，他明确指出，大数据时代最大的转变就是，放弃对因果关系的渴求，而取而代之关注相关关系。也就是说，只要知道"是什么"，而不需要知道"为什么"。而科学思维是关于人们在科学探索活动中形成的、符合活动规律与需要的思维方法及其合理性原则的理论体系，更关注事物之间的因果关系。

2）研究范式不同

伴随大数据产生的数据范式，是继理论范式、实验范式和计算范式之后的第四种科学研究范式，这一研究范式的特点表现为：不在意数据的杂乱，而强调数据的量；不要求数据精准，而看重其代表性；不刻意追求因果关系，而重视规律总结。这一范式不仅用于科学研究，还更多地会用到各行各业，成为从复杂现象中透视本质的有用工具。

第一种是理论范式。理论范式以理论的演绎、推理为主要研究形式，主要是逻辑思维，其典型代表为数学学科。第二种为实验范式。实验范式以实验、观察、数据收集、分析、归纳为主要研究形式，主要是实证思维，其典型代表为物理学科和化学学科。第三种就是计算范式。计算范式以利用计算技术通过构建（系统）进行问题求解为主要研究形式，人们将此思维方式称为计算思维，以计算学科（通常称为计算机学科）为代表。这四种研究范式对应的思维方式，如表 1-4 所示。

表 1-4　四种研究范式对应的思维方式

研究范式	思维方式	应用学科	呈现的基本对象	采用的基本方式
理论范式	理论思维（逻辑思维）	理论科学	符号、定义、公式、公理、定理	演绎、推理
实验范式	实验思维（实证思维）	实验科学	定义、定律（规律）、现象、实验、定理	设计、再现、模拟、观察、归纳、分析
计算范式	计算思维	计算科学	符号、算法（程序）、模型、系统	抽象（离散化、符号化、模型化）、自动计算（程序化）
数据范式	数据思维	数据科学	大数据（无结构、半结构、巨大规模（至少为 PB 级，1PB＝1024TB＝1024×1024GB））	计算（统计、分布、并行）

延伸阅读

科学研究第四范式——"数据密集型科学发现范式"的提出

吉姆·格雷(Jim Gray)是当代数据库技术和交易处理技术的创始人之一，1998 年图灵奖得主。他认识到未来最大的数据挑战将来自于下一代的科学实验而不是商业数据库应用。他与天文学家、生物学家、海洋学家和地理学家一起工作，花费了 10 年时间系统性地探索"第四范式"。悲剧的是，他在 2007 年 1 月驾船出海途中失踪。

2007 年 1 月 11 日，吉姆·格雷在其生前最后一次演讲中阐述了"指数级增长的科学数据”背景下“数据密集型科学研究的第四范式”。他认为科学范式从过去几千年前的实验科学范式，到过去数百年的理论科学范式，到过去数十年的计算科学范式，已经到了今天数据爆炸时代的“从计算科学中把数据密集型科学区分出来作为一个新的、科学探索的第四种范式”，这种范式具有很大的价值。

2009年10月，微软出版了《*The Fourth Paradigm*，*Data-Intensive Scientific Discovery*》一书，这是“第一本、也是迄今为数不多的从研究模式变化角度来分析‘大数据’及其革命性影响的著作”。“全书以吉姆·格雷提出科学研究第四范式的著名演讲‘吉姆·格雷论 e-Science：科学方法的一次革命’开篇，邀请国际著名科学家对数据密集型科学发现的理念、应用和影响进行了全面分析。”此文作为全书的基调，具有重要的理论价值和历史意义。

第四范式的提出引起广泛的认同，已经被学界理解为“大数据范式”。例如，2012年由 Michael Goodchild 教授、郭华东院士领衔，来自美国、中国等9个国家的17位科学家在美国科学院院刊发表“*Next Generation Digital Earth*”一文，认为“大数据时代已经到来”“来自于基于卫星和地面传感器的地理信息供给在急速膨胀，鼓励我们相信一个着重于国际协作、数据密集型分析、庞大的计算资源和高端可视化的新的第四种或曰‘大数据’科学范式”。

3. 数据思维与统计思维

大数据时代下的数据思维与传统统计思维类似，都是对真实世界数据进行正确描述和科学分析，从而揭示事物的本质，并把握其发展变化的规律。然而，由于大数据自身的特点，数据思维与传统统计思维又有着本质的差异。

1）研究目的不同

在传统统计工作中，确证性研究是长期以来的主要目的之一。基于事物间的相关性、先验信息，以及统计推断方法，进行因果关系的初步研究。但是，由于样本数据的不完整性，仍需要大量的工作进行后续的因果关系验证。在大数据背景下，并不需要了解事物发展的因果关系。**大数据主要应用于探索性研究**，其主要核心是建立在相关关系之上，排除人为假设，挖掘数据深处的意义，获得更多的认知与洞见，进而可以科学地预测。由于立足于总体（大数据），我们可以观察到以往注意不到的联系及很难理解的复杂现象。

需要指出的是，数据思维并非完全否定因果关系。因果关系也是一种特殊的相关关系，基于大数据中所反映的相关关系，我们可以继续发掘更深层次的因果关系。

2）研究对象不同

总体性和样本性差异，可以说是数据思维和传统统计思维最本质的差异。在传统统计中，随机抽样一直被公认为是最有效的数据收集方法。统计学家也已经证明：抽样分析的准确性随着抽样随机性的增加而大幅提高，因此样本选择的随机性比样本量更重要。用小数据去窥探全体样本的面貌，是小数据时代处理分析数据的一条捷径。

但是从总体中进行绝对随机抽样无法展示事物全貌，调查结果可能缺乏延展性。在大数据时代，几乎所有的信息都会被存储在计算机上，这使得总体数据的获取成为可能。数据思维不再采用传统统计的随机抽样模式，而是采用“样本即总体”的全数据思维模式。不再依赖于随机抽样，就可以分析更多数据，甚至是和某种现象相关的全体数据，从而可以更清楚地发现样本无法揭示的细节信息，为我们带来更全面的认知体验。

传统统计思维模式下进行数据处理时，以概率论为基础，根据样本特征推断总体特征。这种方法推断是否正确取决于样本的代表性。**数据思维强调的是使用全体数据**。有了总体数据，我们就能清楚其实际分布的情况，而不再需要根据分布的假设来推断总体特征。和传统统计思维不同，大数据中的概率不再是事先设定，而是基于实际分布得出。

3）获取数据的方式不同

传统研究中以“定向型信息”为主，即人们通过设计调查表主动收集数据，逐个进行收集、整理。在回答一个特定的问题之前，人们会关心如何更好地收集数据，如实验设计和调查设计。因此传统数据的收集有很强的针对性，数据的提供者大多是确定的，身份特征是可识别的，还可以进行事后的核对。

而在大数据时代以“发散型信息”为主，即对数据来源和产生者无过多的要求，亦非为了特定事物收集目的而产生。更重要的是，大数据时代以人工智能及物联网为背景，事物互联互通，数据实时产生，主动连接，定向汇集，且被人共享。**数据思维模式即基于此类多源数据进行分析寻找内在规律**。例如，“淘宝”和“亚马逊”会将用户以往购买的物品和书的种类等数据主动连接和汇集起来，进行分析和判断用户需求，再将分析结果的信息反馈给老客户，方便老客户挑选自已喜爱的商品。

4）数据的性质不同

传统统计思维模式下，研究者难以容忍错误数据，非结构化数据要先结构化后再分析。在传统统计工作中，无论是在收集样本时还是在做统计分析时，统计学家会用一整套的策略来控制偏倚、减少错误发生。在结果公布之前，也会检验样本是否存在潜在的偏倚。由于所收集的样本量小，因此有必要保证数据的结构化和精确化。换言之，传统统计数据具有样本量小、信息量丰富、针对性强、准确度高等性质。

而数据思维则不同，主要体现在以下两个方面：一是**高度容错机制**。数据量越大，错误率越高，精度越低，即数据量往往与精度成反比，与错误率成正比。大数据的海量数据，不仅无针对性，而且垃圾信息多、错误多，但是错误的存在往往正是真实世界的一种体现。谷歌翻译系统是这方面较好的例证，尽管其输入源很混乱，但正是因为它可以接受有错误和混乱的数据，才使得它比其他翻译系统多利用成千上万的数据，从而使得其翻译质量越来越好。大数据正是因为这种容错机制而大大提高了其预测的精度。二是**高度非结构化**。大数据既包括文本数据，还包括图片、音频、视频、电子邮件、日志、地理位置以及聊天记录、支付记录等各种类别数据，这些数据结构混杂，格式不一。

5）分析方法的要求不同

在传统统计思维中，研究方法较为单一，主要依据统计方法，精确建模。统计模型基于一系列的假设，例如线性回归模型假设观测样本满足线性、独立性、正态性、方差齐性等条件。但是如果所提出的假设本身是不合理的，那么统计模型自然有偏差，则无法反映事物局部细节特征和内在规律。依据目的提出假设后，再通过对收集的数据进行分析来验证其是否成立。因此，传统统计思维下的分析思路是“假设→验证”。

大数据以数据挖掘及智能算法为主要研究方法，快速、高效，且容错能力强。没有既定目标，没有理论模型，无须假设，而是通过特定的算法，对海量的数据进行分析，找出重要的特征和关系，从而发现其中隐藏的规律，然后进行判断和决策。因此，**数据思维下的分析思路是“发现→总结”**。亚马逊将发货“外包”给算法，让算法自动发货，正是数据挖掘和智能算法的体现。

4. 数据思维与传统思维

大数据时代下的数据思维与传统思维的本质差异，来自于大数据本身所具有的特点，即规模大（Volume）、类型多（Variety）、速度快（Velocity）、价值大（Value）和全数据（Full Data），这些特性使得大数据区别于传统的数据概念，从而也使得数据思维区别于传统思维——从“基于知识解决问题”到“基于数据解决问题”（见图 1-42），其第四研究范式也与前三种研究范式有着本质差异。

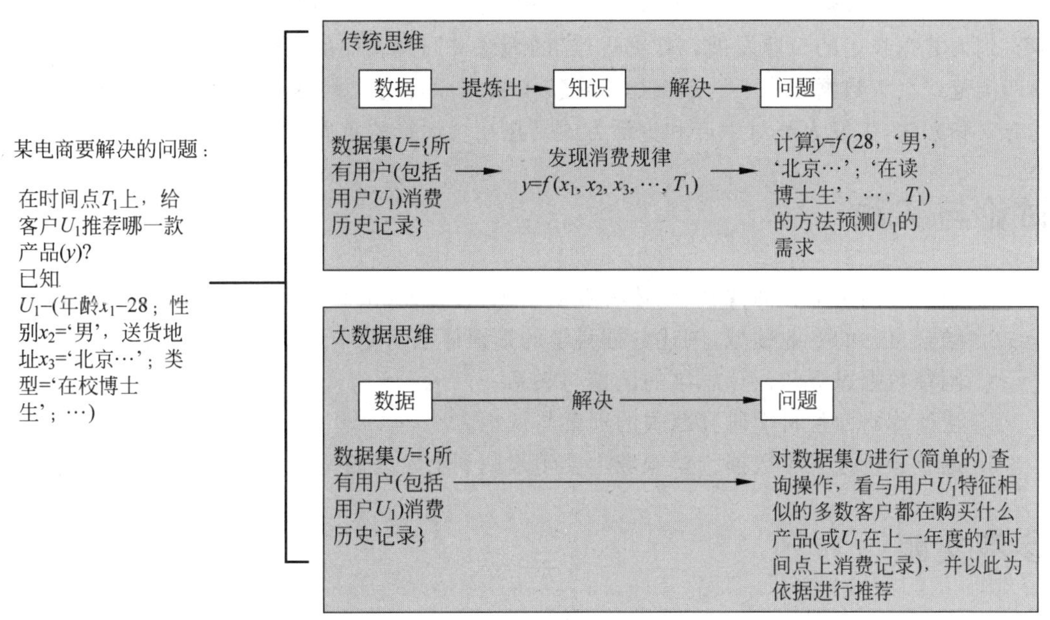

图 1-42　数据思维与传统思维的比较

但是，我们不能将数据思维与传统思维相对立。数据思维与传统思维密不可分，它们一直伴随着人类的生活和生产，无处不在，缺一不可，都是对真实世界数据进行正确描述和科学分析，从而揭示事物的本质，并把握其发展变化的规律。对于科学思维、统计思维等传统思维的把握与认识，有助于人们更好地理解数据思维的产生、发展及其特点。

小结

随着新一代信息通信技术的迅猛发展，尤其是移动互联网、大数据、云计算、物联网（Internet of Things，IoT）和人工智能（Artificial Intelligence，AI）等技术的广泛应用，数据呈爆炸式增长态势，人类社会进入到一个以数据为特征的大数据时代。大数据环境下，数据成为驱动经济和社会发展的“新能源”，并创造出更大的经济和社会效益。

而早在大数据产生之前，人类就已经开始了对“数”和“数据”的探索。“数”源自人类的计数活动，东西方古代哲学中，有大量关于“数”的观念。古代人类“万物皆数”的朴素观念，促进了近代自然科学的发展。而“数据”这一概念从某种意义上是“数”的概念的延伸和扩展，是现代自然科学，特别是信息科学发展的产物。因而可以说世界的本质就是数据，人类文明是伴随着数据而演进的。

“数据科学”是以“数据”为中心的一门新兴学科，它主要以统计学、机器学习、数据可视化以及(某一)领域知识为理论基础，其主要研究内容包括数据科学基础理论、数据加工、数据计算、数据管理、数据分析和数据产品开发。从整体上看，数据科学所涉及的基本流程主要包括数据化、数据处理、探索性分析、数据分析与洞见、结果展现和提供数据产品。

而人类在认识世界和改造世界的科学活动过程中离不开思维活动，从“数”产生之初，人类就开始借助数据思考事物、分析事物，处理各类问题，数据思维是推动人类科技进步的基石。从数、数据、大数据，再到数据科学，都体现了数据的思维方式，虽然数据思维由来已久，但直到大数据技术的飞速发展，“数据思维”的理念又回到人们的视野，成为人类科学研究的第四类范式。大数据时代下的数据思维衔接了数据原理与大数据技术，成为一种思考问题的方式和方法，引发人类对生产和生活方式乃至社会运行的重新审视。

讨论与实践

1. 结合对网络世界的观察，阐述大数据的概念、特征，试举一例大数据应用的故事。
2. 结合自己的专业领域，阐述数据科学的知识体系与基本工作流程。
3. 阐释数据思维与计算思维的区别与联系。
4. 谈谈你对四种科学研究范式的理解与认识。
5. 调查分析近三年数据科学领域主要学术期刊上发表的论文及其研究热点。

参考文献

[1] 贺天平，宋文婷.“数—数据—大数据”的历史沿革[J].自然辩证法研究，2016，32(6)：34-40.

[2] 朝乐门.数据科学[M].北京：清华大学出版社，2016.

[3] 武峰.大数据4V特征与六大发展趋势[EB/OL].(2015-11-16)[2018-10-9].http：//cn.chinagate.cn/news/2015-11/16/content_37074270.htm.

[4] 好奇心研究所.一分钟内互联网都发生了什么[EB/OL].(2017-09-21) [2018-10-10].http：//www.sohu.com/a/193564123_616077.

[5] 麦肯锡全球研究所.大数据：下一个创新、竞争和生产力的前沿[R].美国：麦肯锡全球研究所，2011.

[6] 维克托·迈尔·舍恩伯格，肯尼思·库克耶.大数据时代：生活、工作与思维的大变革[M].盛杨燕，周涛，译.杭州：浙江人民出版社，2013.

[7] 涂子沛.数据之巅[M].北京：中信出版社，2015.

[8] 弗雷格.算术基础[M].王路，译.北京：商务印书馆，1998.

[9] 辛翀.易学科学思想——宋代易学六十四卦自然观[M].北京：科学出版社，2012.

[10] 马建光，姜巍.大数据的概念、特征及其应用[J].国防科技，2013，34(2)：10-17.

[11] 朝乐门，邢春晓，张勇.数据科学研究的现状与趋势[J].计算机科学，2018，45(1)：1-13.

[12] 朝乐门，卢小宾.数据科学及其对信息科学的影响[J].情报学报，2017，36(8)：761-771.

[13] 张萍.论逻辑思维在创新过程中的作用[J].学术交流，2016，(3)：136-140.

[14] 高峰.超越的维度：反思思维、经验思维及实证思维的关系辨析[J].山东理工大学学报(社会科学版)，2005，(2)：63-66.

[15] 苗启明.论事实本位的思维方式：实证思维[J].昆明师范高等专科学校学报，1999，(1)：14-18，49.

[16] 张育铭.思维内涵之辨析[A].上海思维科学学会(筹备组).《思维科学与21世纪》学术研讨会论文

集[C].上海思维科学学会(筹备组)：云南省思维科学学会,2010：5.
[17] 蒋宗礼.计算思维之我见[J].中国大学教学,2013,(9)：5-10.
[18] 李廉.计算思维——概念与挑战[J].中国大学教学,2012,(1)：7-12.
[19] 崔青云.论统计思维及培养[J].山西煤炭管理干部学院学报,2009,22(3)：34-35.
[20] 林共进.统计思维法[J].中国统计,2002,(9)：50-51.
[21] 刘磊.从数据科学到第四范式：大数据研究的科学渊源[J].广告大观(理论版),2016,(2)：44-52.
[22] 陈超,沈思鹏,赵杨,等.大数据思维与传统统计思维差异的思考[J].南京医科大学学报(社会科学版),2016,16(6)：477-479.
[23] 新玉言.大数据：政府治理新时代[M].北京：台海出版社,2016.

第2章

数据思维基础

《纽约时报》2012 年 2 月的一篇专栏中称："大数据"时代已经降临，在商业、经济及其他领域中，决策将日益基于数据和分析做出，而并非基于经验和直觉。实际上，从"数"产生之初，人类就开始借助数据思考事物、分析事物，处理各类问题，数据思维是推动人类科技进步的基石。大数据时代下的数据思维衔接了数据原理与大数据技术，成为一种思考问题的方式和方法，引发人类对生产和生活方式乃至社会运行的重新审视。

本章在探讨"数据思维"如何产生的基础上，深入介绍数据思维的基础内容——科学范式、主要特点、现存局限、应用价值及应用流程，并进一步探讨在数据利用中产生的"数据行为"，帮助读者掌握数据思维的核心知识，为"数据思维"的实践应用提供理论基础。

2.1 数据思维的产生

大数据研究专家舍恩伯格认为：世界的本质是数据。他指出，认识大数据之前，世界原本就是一个数据时代；认识大数据之后，世界却不可避免地分为大数据时代、小数据时代。随着大数据技术的飞速发展，数据思维(Thinking in Data)这一以数据为核心的思维方式，成为当下人们思考问题、解决问题的重要手段。

一方面，信息技术的整体演进推动了大数据的产生和发展，为数据思维奠定了物质基础。传感器和社会网络是产生大数据的主要来源，云计算和数据中心提供了大数据存储，传统互联网和移动互联网实现了大数据传输，人工智能和机器学习则支撑了大数据处理。因此，大数据首先是一种技术进步，这种进步继而推动了人类认识世界和改造世界的能力，带来了思维方式的转变，创造更多价值。另一方面，数据思维的丰富完善是驾驭大数据和实现其价值的关键。

总的来说，大数据时代下数据思维的产生，或者说是得到重视，主要是由于思维的组成三要素：**思维原料、思维主体和思维工具**在大数据时代发生了质的改变，从而推进了思维方法及思维时空的变革与更新。

数据思维是先天的还是后天的?

根据科学家的研究发现,人类的大脑分成左脑和右脑,有着不同的功能。左脑的功能侧重于逻辑、语言、数学、文字、推理和分析等方面,而右脑的功能则侧重于画图、音乐、韵律、情感、想象和创造等方面。

左脑发达的人在数学和逻辑上更加有天分,而右脑发达的人在艺术和想象上更有天分。

那么数据思维属于哪边呢?数据思维要求能理性地对数据进行处理和分析,讲求逻辑推理,根据数据能够知道发生了什么,为什么会这样发生,有什么样的规律,这是左脑控制的;但数据思维还要有充分的想象力,能够将数据同问题思考与解决关联起来,并能够创造性地提出不同的见解,这是右脑控制的。

因此,数据思维是一个综合性思维,需要左脑和右脑的协同工作。

2.1.1 思维原料的变化

在大数据时代,互联网的使用越普遍,数据量激增。思维原料,即思维客体从对象、领域、研究重心、内部结构等诸多方面产生了不容忽视的变化。

1. 思维领域和对象增加

在时代更替、社会进步的大环境中,科学技术的发展以及应用不断促使着思维对象发生变化。科研学者往往以认识世界、改变世界为己任,伴随着科学技术的广泛应用,人们对客观世界从认识到深刻认识逐级递增,实践活动能力也不断提高,**思维对象从微观领域直接跃至宇宙观领域**,原有的宏观领域似乎只是昙花一现。就宏观领域而言,人类对宇宙世界的认识完成了质的跨越,研究视野已由原有的肉眼可见达到了两百亿光年;就微观领域而言,以前不为人知的微观物质,如中子、质子、电子等,逐步渗入到人们的认知领域,人们认识事物的关联不断深入和改变,也不断要求揭示同类物质的物质结构必须保持各层次之间的统一机制。从研究的方向和角度来看,无论是认知世界的横向广度或者是改变世界的纵向深度,人类思维活动的对象都发生了巨大改变。

另一方面,人们对物质的各层次结构进行研究和把控。无论是信息论、控制论还是系统论,都随着社会的不断发展而初步建立或者发展,人们也不断运用这些理论知识和实践方法将彼此缺乏沟通和联系的部分学科融合成为一个整体,综合考察和使用,使认知对象从物质、能量扩展到物质、能量和信息。人们把物理、化学和生物等完全不同的专业学科联系起来,共同揭示客观世界的多样和统一的特性,以及其内在的某种联系机制,揭示以往的传统研究对象的复杂和整体的特征,使得自然科学研究在系统思维方式的基础上加以综合集成,更能把握研究对象的内在联系和功能。

数据思维模式下的表达

通常,可以有很多定性词来描述事物的发展变化,例如,经济增速非常快,物价很稳定,老百姓的生活得到大幅度提升。这种表达方法并没有准确地说明经济增速有多快，物价有多稳定，老百姓的生活水平到底提高了多少。

如果将上面的表达转换为数据化的表达：中国 GDP 的增长速度近几年一直维持在 7% 左右，对比国际平均水平的 3% 左右，超级经济大国美国的 1% 左右和德国的 2% 左右，中国经济增速处在快速增长中；中国的 CPI 近几年一直维持 3%～4% 的年增幅，对比 GDP 每年 7% 左右的增长速度来看，物价相对稳定；我国人均可支配收入年增长幅度约 10% 左右，超过了 GDP 的增长速度，对比其他国家也处于较高的增长速度。

用数据来描述，具有较高的说服力，这就是数据化的表达。具有科学、准确的数据来支撑就是数据思维模式下的表达。

但是，数据思维并不是将事物单纯地数字化。数据思维并不排斥定性的描述和结论，但形成定性结论的基础是数据。我们经常会看到，很多报告汇报了一系列的数据，但并未形成结论，这就不叫数据思维，而只是单纯地引用数据。例如下面的例子：

"十二五"期间，全国电力工业投资规模达到 5.3 万亿元，其中，电源投资 2.75 万亿元，占全部投资的 52%，电网投资 2.55 万亿元，占 48%。

在这个例子中列举了数据，但是没有形成结论。电力工业投资规模 5.3 万亿元是多还是少？电源投资占 52% 和电网投资占 48% 是否合理？只有数据，没有结论，这不是数据思维。

将上面的例子改写为：

"十二五"期间，全国电力工业投资规模达到 5.3 万亿元，对比"十一五"期间增长 x%，远少于 GDP 的增长幅度，说明我国在电力工业投资上稍微落后于经济的增长幅度，间接说明我国经济增长正在由高能耗向低能耗转变；电源和电网的投资占比分别为 52% 和 48%，对比国际上通用的电源和电网各半的投资结构比例，我国"十二五"期间对电力工业的投资偏重电源端，对于优化我国电源产业结构起到积极作用。

2. 思维客体内部结构的全新认识

信息技术智能化、网络化、高速化正逐步实现，人们获得信息的能力逐步提升，信息的收集、处理、存储、传输等工作瞬间便可完成，时间、空间距离不断缩小，地球村的概念逐步实现和推广。随着互联网的广泛使用，各国和各地区之间互相影响、互相作用的力度不断增强，经济整体化、国际化甚至全球化都将是必然产物。区域间，甚至跨越国度相互结合，认识和改造自然与社会实践活动紧密联系，各国、各地区间的社会关系也会进一步得到改善。

思维客体从简单、单一演变成复杂、多层次，迫使人们不得不将原有思维摒弃，发展富有整体和多角度特性的综合性思维方式来迎接复杂多变的思维客体。人类逐渐意识到现如今面对的宏观客体与微观客体和传统意义上的思维客体大相径庭，在人类传统的认知里，客体内部都存在某种平衡性、有序性。但是人们通过研究发现，大数据时代呈现的大多数客体对象的内部结构并不存在传统意义上的平衡和有序，而是以混沌、错杂且无序的形态存在，这让我们对客体内部结构的无序性有了一种全新的认识，进一步证明了传统逻辑思维的不合理性及其对大数据发展的阻滞作用。只有结合大数据时代的独特优势，改变原有思维方式，这些问题方能迎刃而解。思维主体必须与客体相结合并达成统一，改变片面的、独立的传统思维模式，最终适应时代进步和科技的发展。

3. 思维客体的研究重心转移

科研学者们在早期的哲学研究及科学探索过程中，主要从空间和时间、物质和运动这四个方面入手，投入了大量的时间和精力。**随着科学研究逐渐深化，信息论、控制论和系统论等新型研究理论逐渐诞生，人们开始转移注意力到功能、系统、秩序、行为、层次、反馈、结构等全新的内容。**其实，信息论、控制论、系统论等新型理论原本就是为智能人造控制系统服务，提供设计与搭建支持和服务，因此工程技术研究和工程实践活动在当前人类思维活动研究课题中占有非常重的份量。

同时，在知识经济和现代生产力双重需求的前提下，人类必须深刻认识和掌握思维客体的转变——知识体系和科学技术所展现的自身特性、变化规律以及层次结构。科学技术的深入发展和复杂的知识结构体系都要求我们必须正确面对更多样化、多层次化和交叉化的复杂研究对象。

鉴于此，随着科技迅猛发展，思维活动对象以及思维客体都发生了翻天覆地的改变。因为思维活动的复杂多样，思维主客体均表现出综合性、系统性、复杂性和多样性等部分或全部特点，这加深了方法论和认识论在研究分析工作中的重要地位。科学技术的发展推动了思维客体和人类实践活动的更替变化，发展速度的快慢节奏也决定了思维客体和人类实践活动的改变速度和维度。社会实践活动的不断深化以及现代思维客体的复杂多变，要求我们必须改变原有思维方式来顺应时代发展，有效运用多方位、深层次、广角度的综合思维方式，扩大思维客体的维度，全面、深刻地认识和改变世界。

2.1.2　思维主体的变化

就广义而言，思维活动发起者、控制者和担当者的角色都由社会化的人类扮演，这种深处社会关系之中的人类就是思维活动的主体；就狭义而言，思维活动的主体就是某一思维活动的发起者、实行者。思维主体具有时代性、历史性的特点，随着人类社会实践水平和对事物的认识程度的变化而变化，没有实践性和时代性的思维主体是难以理解的、抽象的。

1. 思维主体综合素质提高

工业社会时期，人们往往将事物按照属性特征分门别类进行研究，科学技术逐步分化，甚至孤立，直接导致部分科研工作者片面、静止地看待问题，知识涉猎范围狭窄、受到限制。毫无疑问，这种态度极大地阻碍了科学技术发展的脚步，同时也严重限制了人们对事物的认识能力。

现代科学技术不断进步，大数据时代应运而生，各专业学科之间相互联系、取长补短、综合利用，交叉学科、综合学科和横断学科逐步呈现，很多问题和领域都需要多门学科、多种知识来共同利用、研究、分析和解决，不是简单的集体攻关或者是劳动分工就可以达到目的。我们所处的社会和时代已经实现高度综合，不仅科学技术，还包括社会应用和实践的方方面面，它们之间相互渗透和交叉体现得更加明显。无论是经济、社会还是科技等领域一旦出现问题，就不仅仅是某单一领域的问题，而是综合性的复杂问题，无法单一使用某一学科知识来解决。例如，某个问题原本就是由社会科学研究者提出的，如人口控制或者企业管理等，却需要数学知识和自然科学方法来协助解决。

实践的客体对象日趋多样化、复杂化，众多的变化使人们意识到为了追求更高的需求和更多利益，为了解决综合性的问题，必须牢牢把握时代的进步、科学技术的发展，提升自己的综合素质，丰富知识结构，增强认知能力和心理素质，变革思维模式，从容面对和处理遇到的各种新问题、新挑战。

2. 思维主体集体化、社会化

传统思维模式作用下，思维活动主要以个体为单位主体独立进行。科学技术萌芽的旧社会，绝大多数的研究学者都是以个体形式开展科研工作，其收集研究数据、分析研究数据以及进行艺术创作等诸多思维活动都带有个人色彩，因此这个阶段的思维活动个体即是思维活动主体。科技发展到近现代阶段，工业革命爆发，社会发展迈入新阶段，科学研究者开始彼此交流和渗透，思维主体从个体逐步向集体迈进。如今的大数据时代，人类的活动和探索越来越集体化、社会化和国际化，传统的思维主体已无法顺应时代的发展和进步，传统思维主体的思维活动也不具有典型代表性，无法为社会发展和时代进步提供有力支撑，反而是由思维个体组建的集体代替了思维主体的地位，推进社会发展进程。

如今我们身处的社会是科技高速发展的社会，时代是与日俱进的时代，经济全球化、知识全球化、数据全球化都是这个时代的显著特征。这就要求思维个体综合协作，完成信息的相互交流、资源的整合以及紧密的联系，通过自己所擅长的专业技术来相互协作、共同完成对某一事物的客观分析和研究。如果人们仍然按照老思想、老套路思考和解决问题，将个人能力无限化，脱离群体、单独作战，各学科工作将无法正常开展和继续研究下去。

因此，我们必须顺应时代进步、社会发展，将个体的力量聚集起来，用集体、团队代替个体成为思维主体，在某个区域，甚至跨越国界，相互协作、一起探索，这将在很长一段时间内成为不可替代的存在。

3. 思维主体从纯粹个体变成“人机”结合

随着计算机技术的进一步发展，计算机逐渐演化成一种新型的思维工具，在人工智能领域占有重要的一席之地。人作为思维主体，已经不仅仅是单纯的个体，而是与计算机紧密结合，形成“人机”复合体。“机器思维”这一新概念应运而生。

机器思维并非是指机器拥有的思维，而是模拟人类的思维方式而产生的，不过其虽无自主思维，却也有其独特之处，尤其在数据记忆、数据识别与筛选、数据存储与搜索等方面表现突出，甚至在某种程度上还克服了人类思维中的心理局限和生理局限。在这种环境下，不同种类和功能的软件研发如雨后春笋，提升机器思维运行速度以及数据准确性，帮助人们获取新知识，解决人类无法单独解决的各种难题，这种人脑和计算机相互协作、相互配合的行为模式造就了“人机”结合的智能主体。

“人机”结合不仅帮助人们获取新知识，还帮助人类认识、了解互联网世界的诸多事物。

一方面，随着人类实践的深化和科技的发展，大量数据的产生，思维客体越来越复杂化、多样化、综合化，思维客体也越来越难被人类所认识和了解，至少很难全面认识。而人类作为思维主体，随着衰老会逐渐出现记忆力衰退、精神状况不佳、观察能力弱、思维效率低等诸多问题，这些问题又必须设法解决。那么，在客观因素的影响下，改变思维主体成为当务之急，也迫在眉睫。

另一方面，随着科技水平的提高，人类思维器官得以扩展，人脑的不足被计算机及人工智能所弥补，在代替脑力劳动方面发挥的作用越来越大，成为人类思维活动中重要的一部分，极大程度上提高了人类思维的能力和效率，其所起的辅助思维主体的作用越来越不可替代，构成了人为主、机为辅的协同互补的复合思维主体。人类思维活动和精神生产的能力在"人机"相结合的思维主体下得到了极大的提高，思维主体也更容易适应新时代。

2.1.3　思维工具的变化

随着信息技术飞跃式的发展，不但思维主体、思维客体产生了巨大改变，思维工具也发生了颠覆式的改变，例如观测工具、通信工具和运算工具等，这些技术手段和工具为人们探索和考察复杂多变的客观对象提供了可能性和研究平台。

1. 思维工具的改变

思维工具，是思维主体反映思维客体的中介。人类的思维活动并不是简单地从思维客体获取某些信息，而是对所获取的信息进行加工和控制的全过程，是一个逐渐形成知识和观念等精神类产品的信息传输过程。思维客体是信息来源，思维主体是人类思维的转化系统，而思维工具则是信息加工和控制的技术手段和方法，包括某些具体的思维方法、物化手段。

随着信息技术和大数据的飞速发展，人们对事物的认识、信息的处理技术手段均发生了巨大的变更。科学技术是第一生产力，科技进步不仅为社会生产物质，还生产了一系列研究物质的技术手段和理论思维工具。人类的科学探索、思维活动步入现代化、信息化的高速发展时期。实验工具、运算工具、观察工具等思维工具，在科技研究中占有举足轻重的地位，各种各样的科学技术产物被人们利用，不仅可以轻松、有效地面对和处理各种社会实践活动中产生的复杂、难以解决的新问题和新对象，而且还能精确地定量需要研究的复杂系统，增强了人们的思维能力和实践能力，帮助人们更好地认识和了解世界。

正因为利用了数据处理设备、正负电子对撞机、加速器和各类探测器，才打开了微观世界的大门并进行深入的探索研究；微博、微信等通信工具大大拉近了不同人与人之间的距离，世界的任一角落的人都能自由及时地交流沟通。人类脑力因计算机被充分解放出来，许多复杂的工作和难解的问题，甚至需要个人倾尽一生的努力才能完成的工作，在计算机世界只需要短短几分钟就可以解决，处理信息的效率和精确度被极大地提高。

人类不断借助各种各样的技术手段与思维工具（见图2-1）来开拓、认识这浩瀚无垠的宇宙观领域、宏观领域以及微观领域。若想要充分利用这些新的思维工具，就必须改变思维方式，且必须保证二者是相互适应的。

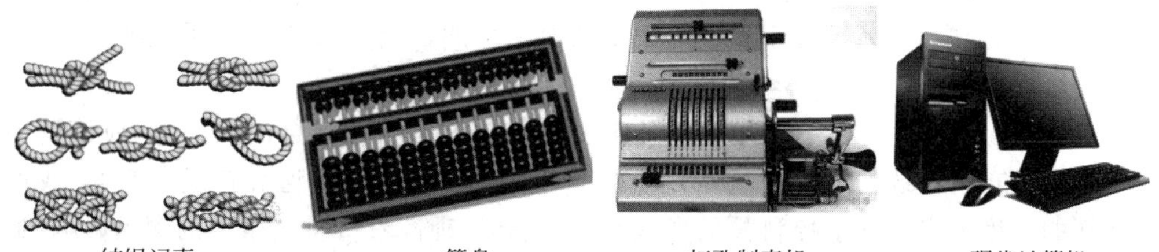

图2-1　计算工具的发展

2. 思维技术手段的改变

现代科技革命不断深化,信息技术、微电子技术、激光技术、生物技术、海洋技术等高科技技术,特别是信息技术的超强信息处理能力,大大突破了传统的科学技术手段。每秒达万亿次的高速运算计算机,大幅增加了信息的处理能力;计算机的外部存储器和内存容量在信息存储技术手段的提高后大大增加。这些量的变化终将引起质的突破,例如信息高速传输在运算速度的提高、计算机存储量的扩充以及信息传输速度的增加下得以变成现实,人们之间的交流沟通速度大大提升,资源共享程度越来越高,使人们从程式化的活动中解脱出来,人们的思维活动效率和能力被极大地提高。

2.1.4 思维形式的变化

一个严谨复杂的综合体系随着科技水平的提高逐渐形成,它的探究领域既包含宏观领域和微观领域,也渗入到浩瀚的海底世界和遥远的太空。这对科学活动的效率,及判断的准确性提出了新的要求,这些都推进了思维方法及思维时空的变革与更新。

1. 思维方法的改变

一方面,新思维方法和理论陆续出现。例如,结构功能方法、控制变量法、数学模型法、比较法、统计方法、等效法、信息方法等新的思维方法使人类思维活动变得更加科学、更加严密、更加准确。技术发明和科研过程中不断产生新的途径、新的思路、新的视角,推进科学技术更快更好地发展。除此之外,随着新兴科学及理论的产生,人们的思维活动反映出许多的新观点、新理论、新学科和新的范畴模式,最终转换为一种帮助思维主体认识和把握客体对象的新兴工具。

另一方面,思维活动依靠具体的操作过程才能够完成。原来的传统思维方法不能满足现代复杂多样的思维客体的思维活动需求,但全新的系统工程和统筹方法等为确定目标、构建模型、研究系统等提供了系统的、规则的操作流程,给人类提供了解决大型而复杂系统课题的有效方法,把成分分析研究、系统整体考察和系统各个要素密切结合,使思维活动效率得到了极大的提高。

2. 思维时空的改变

科学技术水平不断提高,人类的探索研究视野不断扩展,人类进行社会实践活动的范围日益增加,达到了一个以前任何一个时期都无法相提并论的新高度。当今世界是全球化的世界,有着不同文化习俗、种族信仰的民族和国家都将紧密联系在一起,组成一个错综复杂的整体。生产、分配、交换等许多因素组成复杂而庞大的社会化大生产体系,这一体系动态变化且持续循环。

综上,不难发现,保守、固化、单一的传统思维不能适应当今社会的快节奏,应该调整思维方式,以多角度、系统的、全方位、开放的思维来迎接新时代的机遇和挑战。为此,我们必须站在新的高度上来了解掌控科技的现状和发展趋势,理性看待科技带来的深远影响,加强对未来科技发展的推测与预见性。

2.2 数据思维的范式

2.2.1 科学方法论

2007 年，图灵奖获得者吉姆·格雷提出了**科学研究的第四范式**——数据密集型科学发现(Data-intensive Scientific Discovery)。在他看来，人类的研究活动已经历过三种不同范式的演变过程(原始社会的“实验科学范式”、以模型和归纳为特征的“理论科学范式”和以模拟仿真为特征的“计算科学范式”)。在大数据时代，衍生出了运用数据科学对数据进行采集、存储、分析和管理为特征的数据密集型科学发现的第四范式。与传统的科学研究范式相比，第四研究范式更符合当代大数据的容量大、多样性、速度快等特点。

首先，数据革命是指数据的采集与分析、处理能力的革命。数据的体量已经达到巨大，并且还在不断地增长，传统的数据采集方式与分析能力已经不能满足大数据时代的要求。而基于数据密集型研究的第四范式作为科学研究的方法论，可以通过人数据技术手段在互联网的搜索平台上，加快自身的访问速度，并且在一定条件下进行自我更新，在很多时候都可以预言性地为我们解决各种问题。

其次，应用计算机进行分析，已经成为科学研究过程中不可缺少的环节。与传统独立的、体量小的数据交换不同的是，第四研究范式通过互联网、物联网、计算机软件作为数据开放、共享与合作的平台，可以实现各个学科的融合，实现数据与传播的共享，在某种程度上，使得信息的搜索在更广的范围内达到了精确性的要求。

最后，交流拓展就是学科融合与数据的交流与传播。传统的科学研究范式无法快速、高效地达成这种大规模、多方面的整合。而第四研究范式通过对数据处理能力的变革，借助计算机技术手段，在搜索引擎与数据管理软件中增强语词关联、语义搜索的功能，提供了相关文本与数据库的关联，使科学研究能够更加合理地、有效地进行跨领域的交流拓展。这样就能在科学研究中更全面、更直接地检索和浏览不同学科、不同领域的数据与信息，拓展科学研究的范畴。

“数据密集型科学发现范式”的主要特点是科学研究人员只需要从大数据中查找和挖掘所需要的信息和知识，无须直接面对所研究的物理对象。这无论是从思维方式层面上，还是从技术应用的实际领域中都为我们的科学研究带来了方法论的变革，未来的科学研究和第四范式将在更广泛的互动中不断完善自身。例如，在大数据时代，天文学家的研究方式发生了新的变化——其主要研究任务变为从海量数据库中发现所需的物体或现象的照片，而不再需要亲自进行太空拍摄。再如，某学者在一次研究生科学研究方法的调研中发现，目前绝大部分同学的研究范式有待调整——他们往往习惯性地“采用问卷调查法等方法收集数据”，而不是“首先想到有没有现成的大数据以及如何再利用已有的数据(数据洞见)”，如图 2-2 所示。

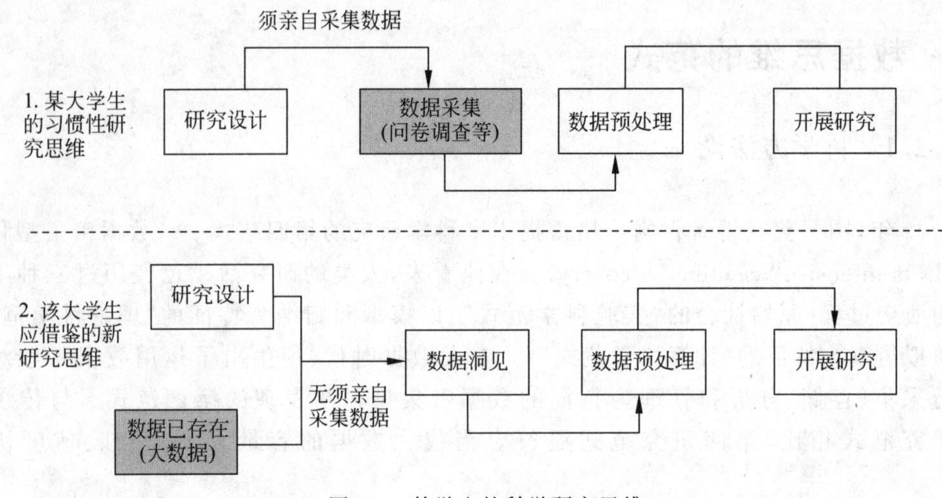

图 2-2 某学生的科学研究思维

2.2.2 科学认识论

在传统的科学研究中，是以研究目的为先，再去搜集数据，认识论往往是"基于知识"的，即从"大量实践(数据)"中总结和提炼出一般性知识(定理、模型、模式、函数等)之后，用知识去解决(或解释)问题。因此，传统问题解决思路是"问题→知识→问题"，即根据问题找"知识"，并用"知识"解决"问题"。然而在大数据时代，我们是先得到了数据，后发现其中的规律，**兴起了另一种认识论——"问题→数据→问题"，即根据"问题"找"数据"，并直接用"数据"(不需要把"数据"转换为"知识"的前提下)解决"问题"**。

在小数据时代，我们会猜想这个世界的运作模式，再通过收集、归纳和分析这些数据来证明我们的猜想。但在大数据时代，这种猜想可以变为现实。当然，我们仍然不能抛弃"科学始于观察""科学始于问题"这种传统的逻辑思维方式，它们依然对现在以及未来的科学研究起着至关重要的作用，只是"科学始于数据"又为我们提供了一种在大数据时代下知识生产的新路径和新方法。

大数据的数据规律就是从过去所发生的海量数据中发掘出来的，再用数据库中的经验数据来检验，得到了证实就是真命题，得到了证伪的就被抛弃。因此，**我们可以利用大数据来发现规律，指导现在，预测未来**。这种自成一体的系统是传统认识论所不能企及的，而且随着大数据的发展，数据规律的这种自组织、自更新的性质会在科学研究中起到愈来愈重要的作用。

2.2.3 科学行动范式

数据思维下的行动范式是对大数据创新活动的概括提炼，主要包括开放、生产、采集、连接和跨界 5 种行动范式。

1. 开放

开放是大数据得以存在和发展的首要条件和本质特性，政府、企业和个人需要克服封闭和保守思想，树立数据开放、共享和共赢的意识。

数据只有在不断应用中才能增值(殖)，通过各方数据的协同创新，才能产生聚变效应。现在广泛使用的全球卫星定位系统(GPS)最先是美军发明，并用于军事。1983 年，美国政府将 GPS 向公众开放使用，并且在 2000 年后取消了对民用 GPS 精度的限制。GPS 数据开放后，带动了一连串的生产和生活服务创新，从汽车导航、精准农业耕作到物流、通信等，极大盘活了 GPS 数据资产。

2. 生产

生产(Producing)是创造新数据或者以数据材料、原始数据、一手数据为基础加工成为新的数据或数据产品(商品)的过程。不同于数据的采集、预处理，采集是从"有"到"集"的过程，预处理的重点是对数据的清洗、净化、"提纯"等工作。

以用户评论数据为例，具有点评功能的电商平台为用户提供了一个数据生产(Data Producing)的平台，设定好了数据生产的模式(格式)，用户在平台上评论，从无到有地生成新的数据。进一步，还可以将数据作为原材料进行加工，生产出数字化的"原材料"或者数据产品，从而"制造"出具有商品属性的数据资产或数据产品。

3. 采集

采集是指尽可能采集所有数据。除了单位内部纵向不同层级、横向不同部门间的数据积累外，还应注重相关外部单位的数据储备，以实现创新性地应用所需数据全集的协同。实际上，数据只需在纵向上有一定的时间积累，在横向上有细致的记录粒度，再与其他数据整合，就能产生巨大价值。

以餐饮行业为例，绑定会员卡记录顾客消费行为和消费习惯，记录顾客点菜和结账时间，记录菜品投诉和退菜情况，形成月度、季度和年度数据，进而判断菜品销量与时间的关系、顾客消费与菜品的关系等，为原材料和营销策略等方面的调整提供决策依据。此外，餐厅可以与附近加油站建立数据分享协议，主动为就餐时间范围内加油的客户推送餐厅优惠信息，以提升利润空间。

4. 连接

基于事物相互联系的观点，**大数据建立了宽视野的连接关系，营造一个多方共赢互利的数据应用生态体系**。数据之间的连接越多，连接越快，越容易打通数据的价值链，发掘数据的价值。

美国一家气象公司通过拓展数据连接为农民提供农作物保险业务。这家气象公司积累了海量的历史气象数据，并通过遥感获取了土壤数据，再结合与土地数据相配套的农产品期货、国际贸易、国际政治和军事安全、国民经济、产业竞争等数据，打通了数据价值链，为每块田地提供精准的保险服务，创新了商业模式。类似上述案例的网络化连接思维创新，在大数据时代可以在任何行业和服务上出现，由此可能产生的服务和商业模式难以穷尽。

5. 跨界

跨界关键要**发挥数据的外部性，实现数据的跨域关联和跨界应用**。例如，分析国家电网智能电表的数据可以了解企业和厂家的用电情况，判断经济走势；分析淘宝用户的支付数据可以评估用户的信用，帮助银行降低借贷风险；分析移动通信基站的定位数据可以反映人群的移动轨迹，用于优化城市交通设计；分析微信和微博上的朋友关系和内容信息可以用于购物推荐和广告推送。

因此，**用自身业务产生的数据，去解决主要业务以外的其他问题，大胆颠覆式创新，或引入非自身业务的外部数据，解决自身遇到的问题，将产生远大于简单相加的巨大价值**。这要求我们既是专才又是全才。专才，要求把数据自身的特性即长板发挥到极致，而全才则要求清晰地知道相关领域的协作数据集和需求，还需考虑数据之间连接点的创新，更要随时准备好为协作数据集提供支持，从而实现跨界创新和自我超越。

2.3 数据思维的特点

2.3.1 整体性

由基本特征层面分析，数据思维主要特征为整体性。**整体性是相对于系统的部分或者元素讲的，数据思维要求人们将所获得的大数据作为一个系统来看待**，那么这个系统的首要特征就是整体性。

过去，因记录、存储和分析数据的工具不够好，只能收集少量数据进行分析。为了让分析变得简单，常常将数据量缩减到最少。因此，随机抽样一直公认为是一种最有效率的数据分析方法，抽样的目的是用最少的数据得到最准确的信息。大数据时代，随着信息技术的进步，可以轻易获得海量数据，数据存储、处理和分析技术也发生了翻天覆地的改变，选择收集全面而完整的数据进行分析有助于深入地透析数据，抽样则无法达到这种效果。

并且，大数据以所有样本为研究对象，而非抽样数据，这反映了以整体性眼光把握对象和研究问题。映射到数据思维上，每种数据来源均有一定的局限性和片面性，事物的本质和规律隐藏在各种原始数据的相互关联之中，只有融合、集成各方面的原始数据，才能反映事物全貌。因此，以整体性思维把握事物本身，才能真正客观而全面地把握对象的本质及其变化发展的趋势。

信用卡诈骗的预防

全数据模式提高了人们把握事物的精度，通过使用整体数据，可以发现一些可能被忽略的蛛丝马迹。

例如，为了防止信用卡诈骗，就不能放过哪怕一次异常交易记录。Xoom公司是一个专门从事跨境汇款业务的公司，它运用大数据技术分析每一笔交易的所有有关数据。2011年的一段时间，它发现用“发现卡”从新泽西州汇款的交易量比往常明显增多，于是紧急启动报警程序，从而防止了一个诈骗集团的金融犯罪。

现在，很多银行都在使用信用卡消费监测报警系统，一个正常使用的信用卡如果突然出现一次大额度消费或跨国消费情形，客服人员会马上打电话提示持卡人，这显示出银行对每张卡的消费记录不是零散的，而是整体的。

2.3.2 量化性

大数据时代“价值捕手”道格拉斯·W·哈伯德(Douglas W. Hubbard)在《数据化决策》(*How to Measure Anything*)一书中告诉我们,不论是有形之物还是无形之物,一切皆可量化。相对微观层面分析数据的思维特征,较为典型的是切合现今社会及科技发展的量化思维。

研究发现,数字信息成为时代发展的代表已成为必然趋势,而量化思维是数字化特征带来的必然思维结果。换言之,量化可以解释为**共性语言描述和解释世界**的一种方式,是具体或明确目标的一种表述。通过收集大量数据信息,运用数学、统计学、数据科学的方法,从中发现规律,帮助决策者做出正确、合理的决策。例如,2013 年,江苏沙钢集团有限公司斥资上亿元更新仪表等设备用于量化收集数据,从而实现了实时数据与业务数据高效一体化管理,实现了钢铁企业的节能管理,有效提升了企业能源调度智能化水平。

2.3.3 互联性

数据思维的互联性源于事物泛在的相关关系,任何一个事物都有其内部结构,且与同一系统内的其他事物存在广泛的联系,这种泛在的相关关系要求在面对问题时具备互联思维。

在小数据世界,由于数据不完整,只能借助于关联物或建立在假设基础上考量数据的相关性,即便如此,也常常无法甚至错误地建立数据的相关性。而在大数据背景下,特别是具有整体性大数据时,相关性分析会更准确、更快,而且不易受偏见影响。例如 2004 年,沃尔玛通过分析历史交易数据记录,发现每当季节性飓风来临前,不仅手电筒销售量增加,而且蛋挞的销量也增加。沃尔玛利用这一相关性,在季节性飓风来临之际,有意把库存的蛋挞放在靠近飓风用品(如手电筒等)的旁边,以方便顾客采购,从而增加了销量且提高了营业额。

大数据作为由各种数据构成相互联系的整体,在数据相互作用的状态中生存和发展。其自身数据间的相互作用及其与外部环境的相互作用,是大数据得以存在的基本条件,也是大数据维持自身发展的生存机制。由于事物间泛在的相关性,**互联思维将事物与其周边事物联系起来进行考察**,既注重内部各部分数据之间的相互作用,又重视大数据与其外部环境的相互作用。通过对数据进行关联分析,充分运用最新技术手段,可以实现各个领域进行信息全面定量采集以及信息互通,打通信息间隔阂。通过数据的重组、扩展和再利用,突破原有的框架,实现分析实用性及数据科学性,开拓新领域,发掘数据蕴含的价值,创造更具价值的数据应用和信息资产。

例如,现在市场上主流的地图软件,包括百度地图、高德地图、搜狗地图等,其最核心的业务是提供位置查询与路线指引服务。而后,该类软件连接了 GPS 数据,开始提供实时导航服务;连接了商店、餐馆、景区等数据,提供更深度的信息查询,如基于位置的服务(LBS);连接了点评数据,为用户查询提供筛选条件等,通过不断建立各类数据的连接,使得平面地图逐渐立体化,将真实世界打造成虚拟空间,从而带来了新的业态。

2.3.4 价值性

由数据思维的本质进行分析，数据思维具有价值化特征。数据思维渗透至各个领域及行业的不同维度，是大数据发展的初始动机和直接目的，**现今社会将其价值性总结为数据思维的本质**。

大数据时代信息的不断整合及分析，万物的量化互联性及其整体性使得其价值性向多维度的发展，由此凸显了数据及数据思维的创造性及重要性。随着数据思维的不断开发和研究，其运用不仅在处理数据分析上实行了高效率，也对于事件及数据的预测上实现了精准并具有概率性的分析结果。例如，2009 年，谷歌公司通过分析 5000 万条美国人最频繁检索的词汇，将之和美国疾病中心在 2003—2008 年间季节性流感传播时期的数据进行比较，并建立一个特定的数学模型，最终成功预测了 2009 年冬季流感的传播，甚至可以具体到特定的地区和州。该项目的成功引起了各国对于大数据的使用，同时启发了人们的数据思维及思考模式，将数据思维上升至被社会认可的高度。

2.3.5 动态性

传统思维将事物范畴界定为非此即彼、非黑即白和非对即错，这种单一、确定、机械和线性的思维方式，信奉绝对的对错判断。而世界事物的本原是以多维状态和层次形态呈现，传统的静态思维只是一维结构，无形中制约了人类对数据价值的判断和更高层次的认知。

传统的数据分析师通常花费大量精力清除数据中存在的错误和噪声，通过提升基础数据的精准度降低分析结果的错误概率。而谷歌和百度公司却利用每天处理的数十亿条搜索框中查询输入的错误拼写，借助一定反馈机制，精准获知用户实际想输入查询的内容。对这些传统上认为不合标准、不正确或有缺陷的数据稍加利用，不仅帮助谷歌和百度公司开发了好用和新式的拼写检查器从而提高了搜索质量，而且成功应用于搜索自动完成和自动翻译等服务。

一旦采用动态观点在同一时间从多个角度看问题，则可以正确看待各类数据存在的价值。这种模糊、非确定、灵活且立体型的思维决定了在多个维度上，事物亦此亦彼，亦黑亦白，即没有绝对的对错判断，必须结合具体问题和背景环境才能做出对错判断。**数据思维摆脱了静态思维的束缚，从动态视角多维且多层次认知数据的价值**，从而进一步接近事实真相，更全面地认识世界。

2.4 数据思维的局限

目前，人类社会进入到一个以数据为特征的大数据时代，“一切都被记录，一切都被分析”。大数据环境下，数据成为驱动经济和社会发展的“新能源”，并创造出更大的经济和社会效益。

在这样的大背景下，“量化一切”“让数据发声”成为时代口号，人们更加重视“全数据而非样本”的整体性思维，追求“量化而非质化”的量化思维，强调“相关性而非因果性”的相关性思维。这无疑对通过追求规律性、因果性和抽样方法来把握事物间相互关系的传统思维产生了巨大的冲击。然而，任何事物都是对立统一的，对数据思维各方面特性的过度强调，甚至摒弃传统思维，产生了一系列新的问题，其中最为突出的问题包括：全数据模式的幻像、量化思维的焦虑、相关性的过度崇拜等。在当下大数据思维热中需要保持理性，辩证地看待其带来的思维转变，认真对待其存在的局限性，探寻互补之道，从而在思维层面上更好地适应大数据时代的生存和发展。

2.4.1　全数据模式的幻像

随着各种传感器和智能设备的普及，能对事物实现实时的监测和数据的采集、传输，获取到事物的数据不只是样本数据，而是全部数据，这种模式被称为“全数据模式”。在全数据模式的基础上，可以更全面地分析和把握事物的特征和属性，也有利于决策更为客观和科学。但对于全数据模式，有学者也提出：“N＝所有”常常是对数据的一种假设，而不是现实。因此，**在追求全数据的同时，需要进行必要的审思**。

首先，我们逐渐陷入数据的爆炸增长和技术滞后的矛盾之中。在大数据环境下，数据是瞬息变化的，并不是保持静止状态。根据 IBM 的估计，每天新产生的数据量达到 2.5×10^{18}B，如果把 $1m^3$ 的水比作 1B，那么它的数据量比地球储水总量为 $1.42\times10^{18}m^3$ 还要大，其数据增量是非常惊人的。即使数据技术水平快速提高，但相对于数据增长速度仍然是滞后的。“即使我们确实收集了所有数据并用技术对其进行分析，那也只能把握点与点之间的关系，或者把握局部的相关性。但这不代表能获得事物发展的普遍性规律和趋势”。这说明，技术的相对滞后阻碍着全数据模式的实现。

其次，“数据孤岛”的客观存在，使“全数据模式”的实现受到一定的限制。要实现“全数据模式”，其重要前提是实现数据开放与共享。随着数据蕴藏的价值为企业和政府熟悉，数据开放与共享取得了一定的成效，但到目前为止，数据资源流通渠道仍未完全打通，“数据孤岛”问题仍然存在。主要表现在：其一，数据跨行业流动仍未真正实现。企业、政府在意识到数据潜在价值后，也快速地在部门间或部门内部实现数据资源的流动，以便于组织的便捷发展。然而，在各数据主体利益驱使下，部门间和部门内部的数据却没有实现真正的互动，这也成为“数据孤岛”亟需解决的又一重要问题。其二，数据交易市场的兴起在一定程度上加剧了“数据孤岛”的形成。以数据销售为盈利模式的新兴企业，在利益的驱使下，必然会提高其所收集到数据的保密程度，而这一心理和行为也将使“数据孤岛”的问题更加凸显。其三，企业对接速度慢、数据更新速度快，使“数据孤岛”问题突出。由于技术的发展速度跟不上数据的增长速度，数据更新较慢，新旧数据的共处将“蒙蔽”人的视觉，导致新层面的“数据孤岛”。因此，“全数据模式”也许会成为人们所憧憬的理想状态，是数据技术发展所架构起来的新“乌托邦”，是信息社会的投影——柏拉图的洞穴阴影。

最后，大数据的关键价值并不在于“大”和“全”，而是在于“有用”。全数据模式的追寻会造成这样一种错觉：只要能获取全部数据，就能挖掘更多的数据价值；或者，一定要获得全部数据，才能挖掘更多的价值，从而陷入“非全不可”的误区。而目前，能够被挖掘出价值的数据大多都是能被计算机识别的结构化数据，但在整个数据世界中，大多数有价值的数据都是基于文档未被标识的非结构化数据。据中国信通院《中国大数据发展调查报告(2018)》统计，87.6%的企业非结构化数据占比超过一半。与此同时，非结构数据增长的速度是结构化数据增速的两倍以上。这导致了一些因无法识别而不能被标识的非结构化数据成为“数据垃圾”，最终被抛弃。这样，“全数据模式”的实现将变得更加困难。

2.4.2 量化思维的焦虑

大数据时代，自然界和人类社会的一切现象和行为变化被数据化，“量化一切”成为现实可能。在物的数据化同时，需要注意量化思维存在的几个问题。

1. 本体与方法的混淆

当今人们的一切活动都会留下数据痕迹，整个世界也逐渐演化为一个数据化的世界，数据世界观不断凸显。在数据世界观指导下，“量化一切”便成为大数据时代的方法论。哲学家们也开始反思数据与世界的关系问题，甚至提出“世界的本原是数据”的论断。之所以会产生这样的一种观念，主要是源于对数据本质认识有所偏失，需要慎思这一问题。

首先，大数据的数据来源主要是基于人们社会生活中有意识或无意识的行为。换言之，大数据是对人们社会生活的感性活动这一客观存在的量化反映，而“量化一切”正是在大数据时代下提出的认识事物的一种理想方法。因此，本质上说，数据的根源依然是客观的物质世界，离开了物质世界，数据便成了“无源之水，无本之木”。

其次，“量化一切”的主要目的是基于人们过去的感性活动所产生的数据进行采集、传输、存储与分析，以干预和引导人们的行为。其主要作用是提高预测的客观性和科学性，更好地发挥人的主观能动性和创造性。但是，这种“量化一切”的理想方法只意识到了“数据是人类社会生活的静态数据”，却忽略了“人类社会生活是动态的数据”这一客观事实。它把整个人类社会生活当成一个没有生命力的静态数据集，忽视了整个自然界和人类社会中很多现象都是瞬息变化和复杂的。

2. 个人行为“被选择”

量化预测将使个人行为“被选择”。基于大数据技术对人们的行为、态度、性格等进行量化分析处理，能预测并帮助人们找到所谓的合适的恋爱和结婚对象，但我们也会有疑问：系统为个人找到的这一对象是否就是最为合适的呢？如果我们遵循数据量化分析而做出这一选择，那么个人的直觉和感觉是否应该摒弃？我们是让渡自己的选择权还是遵循系统使我们“被选择”？从另一个角度看，这是一个关于感性和理性关系的认识问题：感觉和灵感等感性因素是人生命之初所仅有的，是人对整个自然和社会最本能的直觉。而理性则是在感性的基础上后天逐渐发展而获得的。人们之所以更加重视理性，主要是由于理性因其清晰而严密的逻辑为人易于掌握，而感性却因其不确定性使人易于忽略。但也正因为如此，理性是有所限制的，而感性却因其不确定性能打破限制而无限延伸，也能对时刻变化发展的世界做出最本能的直觉反应。我们对基于大数据分析能找到所谓合适的恋爱或结婚对象有所疑虑，是因为犹如人脑不可能被计算机所代替一样，感性也不能被理性所代替。

大数据分析预测的对象也许是个不错的选择，但不一定是合适的或最佳的选择，而且这种预测其实对个体的选择自由已经产生了一定的影响。

3. 数据独裁的加剧

量化预测加剧“数据独裁”。数据化思维的核心是定量化，或者说“用数据说话”。量化分析所做的成功预测，会进一步加剧人们对数据资产的依赖。现在，企业和政府都更加重视数据的作用，尤其是在决策过程中更加注重用数据说话，似乎缺乏数据，其说服力便大打折扣。如果政府做任何一项决策都以数据为依据，则会产生与之期待相反的后果。例如，假设今年的 GDP 为 6%，去年的 GDP 为 6.3%，今年相比去年同比下降 0.3 个百分点，是否就可断定今年的经济一定不如去年呢？很显然，仅以此数据为标准做出这样的评估是不客观的。互联网哲学家叶夫根尼·莫罗佐夫（Evgeny Morozov）对许多“大数据”应用程序背后的意识形态提出尖锐批评，警告即将发生“数据暴政”。“词本无意，意由境生”，数据分析和预测需要与相应的场景联系，否则就会产生“歧义”。

柏拉图的洞穴隐喻（Allegory of the Cave）

在柏拉图《理想国》的第七卷中有一个著名的故事，学界称之为“洞穴隐喻”，讲的就是现象与事实的关系。

在这个故事中，柏拉图描述了一个洞穴式的山洞，只有一条长长的通道连接着外面的世界，才有很弱的光线照进洞穴。一些囚徒从小就住在洞中，头颈和腿脚都被绑着，不能走动也不能转头，只能朝前看着洞穴的墙壁。在他们背后的上方，燃烧着一个火炬，在火炬和囚徒中间有一条路和一堵墙。而在墙的后面，向着火光的地方，还有些别的人，他们拿着各色各样的人偶，让人偶做出各种不同的动作。这些囚徒看见投射在他们面前的墙壁上的影像，便错将这些影像当作真实的东西。

这时，有一个囚徒被解除了桎梏，他站起来环顾四周并走出了洞穴，于是就发现了事物的真相，原来他所见到的全是假象，外边是一片光明的世界。于是，他再也不愿过这种黑暗的生活了，而且想救出他的同伴。然而，当他回到洞中的时候，他的那些同伴不仅不相信他说的每一句话，反而觉得他到上面跑了一趟，回来以后眼睛就被太阳烤坏了，居然不能像往前那样辨识“影像”了。由于他们根本不想离开这个已经熟悉的世界，所以就把这位好心人给杀了。

在这个故事中，柏拉图所使用的都是隐喻，其中涉及的是洞穴、囚徒、太阳、影像等。如果我们详加分析，可以发现太阳隐喻的是真理，洞穴隐喻的是主观世界，影像隐喻的是人们的主观体验，囚徒隐喻的是无知的百姓，而那个站起来的囚徒隐喻的也有人认为就是苏格拉底或者柏拉图自己，是被世人所遗弃的精英，而他站起来环顾四周并走出洞穴意味着获取了自由。对“洞穴隐喻”，哲学中有许多争论，可谓见仁见智。

4. 隐私窥视与道德拷问

“量化一切”使个人隐私进一步受到窥视，同时量化预测有时也有悖于道德伦理。首先，个人隐私暴露在太阳底下。可穿戴工具、智能芯片等各种智能设备的应用，能实时监测人们的一切行为，我们裸露在“第三只眼”的监控下，成为“透明人”。例如，各种医疗传感器能实时监测个体的生理变化等。其次，数据化对隐私的泄露也加深了社会的歧视。随着个人行

为数据化，在数据利益诱导下，极易出现隐私泄露问题，也将加深社会歧视程度。例如，当医院泄露个人医疗数据，数据显示某人患有 HIV，人们便戴着有色眼镜看待此人，造成患者的心理失衡、生活受阻、就业困难等，除了个人人权遭到侵犯，社会歧视程度也进一步加深。最后，大数据预测有时也会违背人类道德。

Target（美国的一家大型连锁超市）有一个项目（见图 2-3），就是根据个体浏览和购买孕妇产品的数据分析，能提前预知怀孕的信息，并将有关的妊娠产品优惠券送给相应的客户，针对性地开展营销。但一位少女的父亲收到 Target 的优惠券后，因不知情痛骂了经理一顿。此事背后折射出两个值得深思的问题：第一，企业是如何获知该少女怀孕的？个人的隐私是如何泄露的？反言之，我们的隐私处于被窥视中，且在个人毫不知情、没有同意下被获取，这不仅是让个体感到恐慌，也是触犯法律的。第二，父亲作为该少女最亲密的人还未得知此事，而企业却先获悉并推送优惠券，这是否是对别人的一种不尊重？是否有悖于道德伦理？相关的伦理问题值得反思。

图 2-3　Target 怀孕预测指数示意图

2.4.3　相关性的过度崇拜

大数据的核心思维是相关思维，但相关思维在生活实践中也衍生出过度崇拜的问题，主要有以下几个原因。

首先，海量数据的存在，使人们无法直接从众多杂乱的数据中挖掘出真正有价值的东西，因此，人们只能通过统计学上的相关性分析来获取事物之间的关联性，再进一步挖掘出背后真正的“知识”。其次，在高度复杂和高度不确定的时代背景下，人们挖掘事物间因果性的难度进一步加大。复杂性科学告诉我们，世界是复杂的、普遍联系的，要求我们用复杂性思维去看待世界，从整体上去把握和研究整个人类社会。相关思维从宏观上去把握事物间的关联这一特性，更加剧了人们对相关思维的崇拜。最后，在瞬息变化的环境下，相关分析更适合商业运行逻辑：只重形式不求原因。对于推崇实用主义的商业活动，其追求的是在最短的时间内，用最低的成本来获取最大的利润，这进一步加剧了企业对相关思维的过度崇拜。

“大数据的本质，是一种统计学上的相关性，从现象上看，它与经典科学中的统计规律是一致的，这是它们相同的或者说是易混淆的地方”。然而，**在运用相关分析时须注意以下两点问题：**

第一，相关分析关键是要找到“关联物”。随着数据量的增长，数据的广度和深度也不断扩展，无意义的冗余、垃圾数据也越来越多，带来的更多的是数据噪声，真正有价值的数据就被淹没其中，如何从众多的数据噪声中寻找出其中的“关联物”则是大数据分析需要解决的重要问题。

第二，伪相关、虚假相关的客观存在是大数据分析的难点。统计学上，相关关系的种类很多，有正相关和负相关、强相关和弱相关，同时也有假相关、伪相关等。假相关等相关关系会导致分析结果的错误而带来严重的后果。如何识别假相关等相关关系则是大数据分析需要突破的难点所在。寻找事物的因果关系是人类长期以来形成的思维定式和习惯，也是把握事物内在本质的必要途径。著名科学哲学家赖辛巴赫认为："不存在没有因果关系的相关关系。"要防止对相关思维的盲目崇拜，突破数据思维的局限性，就要注重运用互补思维来超越数据思维的局限性。

2.5　数据思维的应用

2.5.1　数据思维的应用价值

大数据时代下数据思维的变革是大数据发展的必然结果，必将反过来影响大数据的发展与应用。数据思维给个人、国家乃至整个社会带来了巨大价值与积极影响。

1. 加快数据资产化

数据思维的变革会反过来影响人类的行为方式。大数据时代下引发的思维方式的变化让人们对大数据有了更深入的认识，让人们认识到数据在生活中的重要性，它影响着人们更积极地去利用数据为自己服务。数据已发展成为一种新的资产，成为国家基础性战略资源，日益对经济运行机制、社会生活方式以及国家治理能力产生重要影响。

就国家而言，掌握数据主权成为继边防、海防、空防之后另一个大国博弈的空间。没有数据安全就没有国家安全。美国政府在2012年3月29日公布了《大数据研究和发展计划》(*Big Data Research and Development Initiative*，见图2-4)，该计划将大数据发展提升到国家战略高度。随后美国的国防部、国土安全部、能源部、卫生和人类服务部、航空航天局等部门也纷纷推出关于大数据的各种科研项目和行动计划。更多国家开始重视大数据这一重要的战略资源，英国、加拿大、德国、法国、新西兰、日本等国相继制定了关于大数据的相关政策和发展计划，大力推动大数据的发展和应用。

Office of Science and Technology Policy
Executive Office of the President
New Executive Office Building
Washington, DC 20502

FOR IMMEDIATE RELEASE
March 29, 2012

Contact: Rick Weiss 202 456-6037 rweiss@ostp.eop.gov
Lisa-Joy Zgorski 703 292-8311 lisajoy@nsf.gov

OBAMA ADMINISTRATION UNVEILS "BIG DATA" INITIATIVE:
ANNOUNCES $200 MILLION IN NEW R&D INVESTMENTS

Aiming to make the most of the fast-growing volume of digital data, the Obama Administration today announced a "Big Data Research and Development Initiative." By improving our ability to extract knowledge and insights from large and complex collections of digital data, the initiative promises to help solve some the Nation's most pressing challenges.

To launch the initiative, six Federal departments and agencies today announced more than $200 million in new commitments that, together, promise to greatly improve the tools and techniques needed to access, organize, and glean discoveries from huge volumes of digital data.

图2-4　*Big Data Research and Development Initiative*

我国也紧抓时代机遇，积极推进大数据的发展。2012 年 6 月，国际数据公司（IDC）在它公布的《中国互联网市场洞见：互联网大数据技术创新研究》的报告中指出，中国互联网行业正在大数据的引领下开启新一轮的技术浪潮。2015 年 8 月 31 日，国务院发布了《促进大数据发展行动纲要》（见图 2-5），旨在全面推进大数据的发展和应用，加快数据强国的建设。2015 年 10 月 29 日，党的第十八届中央委员会第五次全体会议通过的《关于制定国民经济和社会发展十三个五年规划的建议》中也提出要实施国家大数据战略。

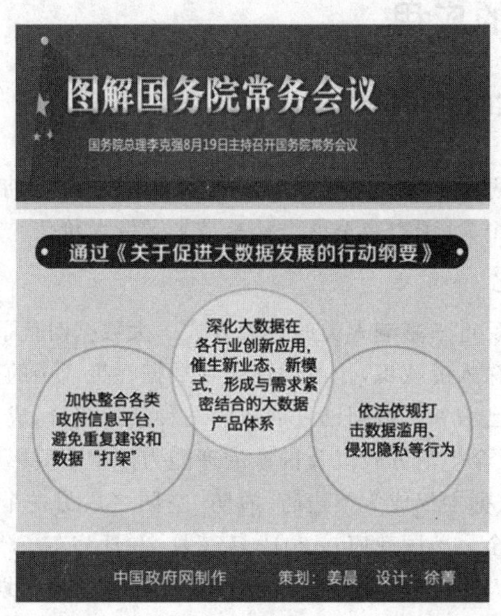

图 2-5 《促进大数据发展行动纲要》图解

就企业而言，数据资产成为企业存亡的关键因素。数据思维为企业的发展提供了新的思维模式，企业运用数据思维在发展中不断积累数据资产，这些数据资产能让企业的决策者从中发现商机并为此提供理论依据。企业通过对数据的分析可以制定有针对性的、个性化的营销方式，及时洞察客户的需求，识别销售和市场机会、消费行为的变化。例如，澳大利亚的食品公司 VEGEMITE（见图 2-6）通过对社交网络上的 105 亿条信息数据进行分析，找出关于该食品的数据信息，通过对其进行分析得出结果：消费者讨论的热点并不是该食品是不是好吃，也不是产品的包装是否精美，而是针对该食品的各种各样不同的吃法。这个信息为卡夫公司调整营销策略提供了依据，通过在该食品的网站上介绍许多食用该食品的不同方法，并邀请顾客来介绍自己食用该产品的独特方法，参与邀请的顾客还能继续参与线上的产品活动。结果该食品的销量得到了大幅提升。

通过对产品数据的深入分析，掌握客户的使用习惯和偏好，支持产品的创新。例如，耐克公司开辟了一项新的业务，即通过对客户的使用习惯和喜好来进行产品创新的业务，这个业务允许消费者以耐克的一些已有的产品为基础进行自己个性化的改造。消费者可以根据自身喜好完成自己独有的设计，公司就可以为其量身打造一款自己独有的运动鞋（见图 2-7）。通过该项业务，耐克公司收集到了大量的客户信息，利用这些宝贵的数据对公司以后研发新产品及营销提供非常重要的参考价值。

图 2-6　澳洲“国民美食”VEGEMITE

图 2-7　Nike By You 专属定制

在人才资源的管理上，应用大数据分析可以更加准确地预测人员配置需求，合理规划投入和产出比例，建立最佳合作团队，实现人员能力与岗位的匹配。IBM 公司利用数学建模来分析优化各地的销售队伍，将各个行业历史上的 IT 投资模式与公司内部的销售数据结合起来，通过数据模型进行研究分析，研究人员对销售团队的规模和人员构成进行评估，来调整各地的销售团队，从而提高了销售额。数据思维为企业在未来的发展中提供了新的生机，大数据不仅给新型的互联网企业带来新的发展机遇，而且也对传统行业带来了新的挑战。传统行业必须面对挑战，否则将会陷入被淘汰的厄运，而应对挑战的方法就是进行新一轮的产业升级。

总而言之，大数据时代下数据思维的变革推动人们更加清楚地认识大数据的重要性，数据成为一种生产要素，也是一种无形资产。不论是国家、企业还是个人，在大数据时代都需要紧紧抓住这一重要资产才能永葆发展的活力。

2. 促进数据科学发展

大数据时代思维方式的变革必然引起人们改造世界方式的变革，数据科学的兴起成为科学发展的必然。数据科学研究的内容十分广泛，可以分为两大类：一类是研究数据本身的价值，也就是用科学的方法研究数据的类型、状态、属性以及变化形式和变化规律，包括统计学、机器学习、数据挖掘、数据库等领域；另一类是用数据方法来研究自然与人文科学，揭示它们的现象和规律，包括宇宙数据学、生命数据学、行为数据学等。数据科学成为一门多学科交叉的新兴科学，其发展为大数据时代的人们提供了一种新的科学的世界观和方法论，成为大数据时代人们认识世界、改造世界的强有力的武器。

大数据时代思维方式的变革会进一步促进数据科学的发展，为我们提供认识世界的新方式，为进一步改造世界提供强有力的科学支撑。现在不少国家都运用大数据思维进行海洋勘探，通过发射海洋监视卫星来采集各种各样的海洋数据，如海浪的高度数据、海流的强度数据、海风的方向数据、海里的温度、含盐度等数据，对实时的海洋数据进行分析研究，帮助人类进一步揭开海洋的神秘面纱，使我们对海洋的认识更加深入。数据科学不仅是一门科学，而是多种学科的交叉。把数据思维运用到自然科学、社会科学领域，将为它们的发展注入新的活力。把大数据技术运用到自然科学领域，生物工程、海洋勘探、运动科学等科学的发展必然会与大数据交叉，形成带有数据学的专门科学。把数据思维运用到社会科学领域，用数据研究人的行为，将推动社会科学从以前的经验式研究向科学研究转变。

3. 推动"透明政府"创建

大数据时代思维方式的变革会进一步促进大数据在政治、社会、经济等各个领域内的发展。就政府而言，大数据时代要求各国政府开放数据，建立"透明政府"，减少政府与服务对象之间的信息不对称，促进政府工作更加高效、透明与公平。思维方式的变革将有利于政府打破旧的思维模式，认识到数据开放对于提高政府决策、提升政府公信力的重要作用。

耶鲁大学法学教授丹尼尔·埃斯蒂(Daniel C. Esty，见图 2-8)曾说"基于数据驱动的决策方法，将使政府更加有效率、更加开放、更加负责，引导政府前进的将是'基于实证的事实'，而不是'意识形态'，也不是利益集团在政府决策过程中施加的影响。"这句话旨在说明基于数据驱动的决策的前提是数据开放，只有开放的数据才能打破政府的"数据孤岛"现象，突破条块分割的数据壁垒，实现数据集成与共享。这样，利用大数据思维进行政府决策才有实现的可能性。

图 2-8 丹尼尔·埃斯蒂

从古至今，政府部门一贯尊崇的都是信息保密的行政文化。不管是在东方还是西方，无论是在历史上还是现在，各国政府往往是站在安全的角度上去考虑政府的信息。信息公开还不如信息保护来的更加便利。然而，随着大数据时代人们思维方式的变革，透明和公开已经逐渐成为人们普遍认可的价值观，政府信息的公开透明会成为政府治理的必然选择。有不少国家政府已经走上了政务透明和数据开放之路，美国政府在奥巴马执政团队的推动下推出 data.gov（见图 2-9），致力于创建一个开放政府，推动政府成为公众能够信任的政府。英国也推出了 data.gov.uk（见图 2-10），来塑造整体的、服务型的政府，打造透明开放、高效参与、合作共赢的政府平台。之后，德国、法国、加拿大、日本也相继跟随着数据公开的趋势，推出了自己国家的公共数据开放网站。

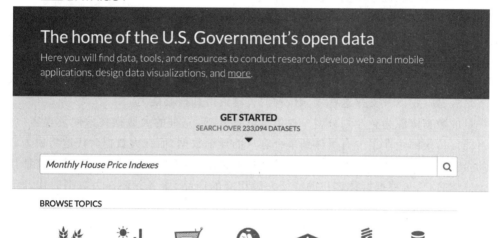

图 2-9　data.gov 官网

图 2-10　data.gov.uk 官网

4. 促使现代企业组织变革

大数据时代，运用大数据的思维和技术变革现代企业成为企业立于不败之地的核心，各种因素的共同作用使得企业的组织模式开始发生剧烈的变化，企业组织变革开始新一轮的狂潮。传统企业的组织是专门化的，通过清晰的部门划分和明确的领导分工来实现企业的高效运转，企业内部分工明确，边界清晰。而在大数据时代，这一切都在改变。企业内部的边界开始模糊，以项目或问题为导向的团队合作成为企业组织的常态，企业从原来部门明确的分工走向团队合作。决策模式也由原来的精英决策逐渐发展为数据驱动决策。

企业的内部价值链开始发生转变，“传统的价值链以企业的资产和核心能力为中心，然后投入人、财、物，提供产品或服务，通过销售渠道，最终到达客户。”而在大数据时代，海量数据的存在使得我们有了详细了解客户的可能，以客户为中心的商业模式成为企业的首选，如果一个企业没有重视客户的意识，必将在激烈的竞争中被淘汰。企业内部价值链“以客户为中心，开始于弄清楚客户的偏好，以何种方式满足客户的偏好，然后是最适合的产品或服务，最后才是人、财、物以及支撑这些人、财、物的关键资产和核心能力。”

海量的数据资源为企业划分客户提供了信息基础，先进的大数据技术使发现客户价值成为可能。传统的企业很少有具体到单个客户的详细数据，而在大数据时代这将成为必然。传统的企业在了解客户时一般都采用的是客户群体的标准化面孔，只是了解具有相同特征的一个群体客户，再根据群体客户的特征去做相应的产品、服务。而在大数据时代，客户定义已从标准化向个性化发展。在这方面，谷歌是利用大数据分析定义客户的先驱，它通过免费的软件及服务来更精确地发现和理解客户的行为习惯和喜好，在精确分析理解客户的基础上为企业提供精准的广告服务，使得公司获得了高额利润。

大数据时代思维方式的变革不仅使得企业更加注重“以客户为中心”，也使得企业的人力资源管理模式发生了巨大的变化，开始运用数据思维来进行人才的选拔和培养。从传统的基于岗位的人力资源管理模式向基于能力为核心、能力与岗位结合的人力资源管理模式转变。总之，大数据时代思维方式的变革将进一步推动现代企业组织变革，企业将运用数据思维去更好地发展。

5. 影响社会结构重组

大数据时代思维方式的变革给人们的生产和生活带来了重大影响，将可能改变人们长期以来形成的社会集群模式和互动模式，打破原来以地域为基础的社群组织。随着移动互联网、物联网、云计算、各种传感器的广泛发展和应用，人与人、物与物、人与物之间的联系越来越紧密，世界变得越来越小。人们之间的联系模式不仅仅是以往的依靠地域来开展了，更多的是基于互联网而形成的更广泛的连接。

传统的社会组织与条块单元之间的边界越来越模糊，逐渐形成了以价值观、文化、利益等为基础的社群组织，这种社群组织与传统的社群组织有着迥然不同的特征。这种内部非等级化、去中心化、开放性更强的社会结构会越来越深地植入到社会成员的思维方式中，更加促进人们接受和巩固大数据的思维方式，并重塑人们的行为模式。人们更加倾向于利用互联网、大数据这种多元化、更加平等化的模式去参与社会活动。这就预示着对数据、信息和知识的占有将会取代过去对资源和资本的占有，在大数据时代谁能掌握数据和知识，谁才能成为真正的赢家。因此，在大数据时代思维方式的变革会直接影响到人们的行为模式，进而影响社会结构的变革。

2.5.2　数据思维的应用流程

数据思维的应用是一个全局性、整体性的过程，总的来说包括提问、洞察、执行和沟通四个环节，见图 2-11。

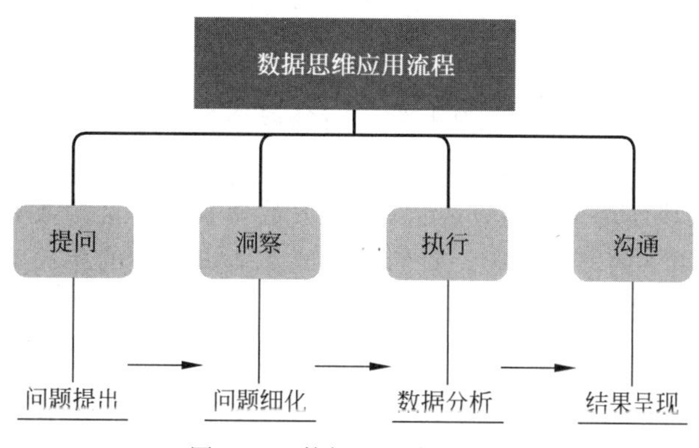

图 2-11　数据思维应用流程

1. 提问：提出数据问题(问题的提出)

提出一个问题往往比解决一个问题更重要，因为问题直接决定着研究的方向，制约数据分析的过程，影响数据分析的结果。如何从一堆数据中找到新的研究问题，找到满足现实的需求，找到新的机会，在过去的数据中找到未来的发展趋势并对未来做出预测？这些虽看似困难而神秘，但有一定的方法和规律，需要观察与实践经验。

1）寻找关键要素

研究事物时寻找决定该事物的关键要素是最简洁、最直接的方法。有时，在一头雾水的状况下，很难找出问题的核心。于是，我们需要对模糊的直觉和预感进行聚焦，将提问指向真正的痛点。例如营销问题，核心是客户需求的满足，如果不把核心聚焦在客户需求满足上，则市场营销活动就会产生浪费。

2）寻找差异

寻找差异是我们认知事物最基本的方法。看到一组数据的第一反应就是数据间的差异，差异会引导着我们去思考差异背后存在的原因。例如，上个月销售额是 5000 万元，这个月销售额是 4500 万元，差异 500 万元，为什么少了？是行业下行趋势还是行业的季节性波动？哪些方面没有做好？哪些产品的销售额减少了？哪些业务员的销售额减少了？哪些区域市场的销售额减少了？寻找差异是我们的第一反应，这种反应就是数据思维的反应，但需要在这个反应中更加理性化地去看待数据。除了寻找差异，还会比较差异的大小，根据差异的大小(可以设定一个阈值)来区别对待，看是否需要采取更加深度的分析。

除了量化的差异之外，还有定性方面的差异比较。例如，客户的需求、评价、关注点、行为、地理位置等，这些差异的比较也会给我们很多启发，从而找到数据问题。对于任何事物，都可以从其属性和要素的角度进行差异对比。当然在选择要素和属性的时候，每个或者每一类事物都有其独特的属性需要关注,重点属性和要素是我们认识事物的关键点。

3）寻找关系

人们希望知道的是因果关系,如果我们知道做好了 A 必然得到 B,就太幸福了,可是事物的发生和发展都不是这种直接的因果关系。例如,一个企业投入 100 万元做广告时,是否能够得到 1000 万元的产出,这个谁也无法保证,因为在做广告的时候,预计和实际差异总有偏差,广告效果受多种因素的影响,所以无法精确估算广告产生的效果,但是人们一直没有停止探寻这个关系。在大数据时代,统计学的计算方法和全数据集的计算方法,大部分仍适用。例如事物的相关性,虽然大数据力求给我们全数据集,但是对样本数据集的算法,在相关性计算的算法上,还是有着高度的相似性的。

大数据给我们提供了更多的数据,可以利用大数据集中丰富的数据来构建多种事物之间的关系,从而获得更多的产出关联。我们可以从大数据集中的相关关系上获得对事物的认知。当了解到两个现象之间具有较强的相关性之后,就可以利用一个简单的、容易获取的数据来评测另一个数据,将复杂问题简单化,从而能够更快地采取相关的措施来应对事物的变化,或者采取必要的手段抓住一些机会。通过一个较早的数据信息来评测另外一个未知或者难知的数据,就能够做好更多的准备。

4）寻找特征

人类认知事物一般是通过比较识别事物的差异,比较事物的特征。当我们识别其他事物的时候,也是根据事物的特征来识别的。例如植物学中,根据识别植物所体现出来的各种特征而将其分成了门、纲、目、科等不同层级的分类,同一种分类下有相同的特征,不同的子分类间有相关的差异。

例如,对企业积累的大数据进行分析或者解读的时候,分析数据的特征是一个初级但有效的方法。在识别一个数据的特征时,通过数据的可视化特征来体现数据的特征。可以利用统计学描述统计的方法对数据进行特征探寻,如图 2-12 所示。在观察数据的特征时,第一步要做的就是评判这组数据的分布情况,我们用描述统计的方法来进行。通过做数据值的分布图,可以了解其集中的数据是如何分布的,偏度是大(正)还是小(负),以及是否符合正态分布的特征等。

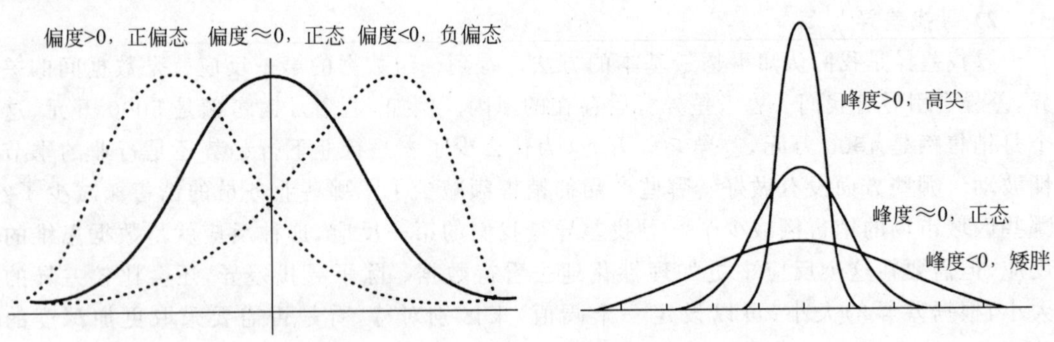

图 2-12　数据集的偏度(左)和数据集的峰度(右)

通过观察事物的变化状况来了解数据背后的特征。将数据放到线图上,可以看出该数据随着时间变化的趋势,包括季节性和长期增减趋势,如图 2-13 所示。通过分析长期数据的变化特征，可以从长期变化特征中找到事物变化的规律。例如行业发展的S曲线、新技术应用的波峰曲线等，这些都是人们在长期观察一个新事物中得到的，并在过程中逐步验证。

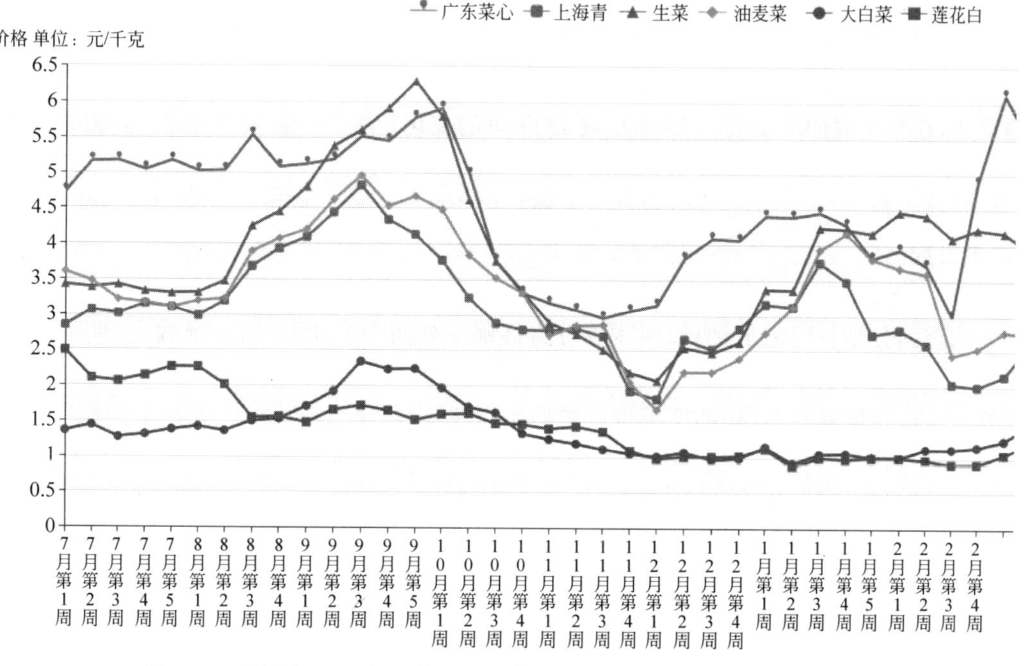

图2-13　贵州省2018年7月—2019年2月叶菜类蔬菜平均价格走势图

5）寻找奇异点

与统计学的思路和方法不同，大数据时代更加关注奇异点或者叫作特殊点。大数据是全面的数据，所有的奇异点都会被发现，而奇异点是人们发现新方法和新思路的重要地方。在统计学的方法中，经常先把奇异点去除掉之后再进行相关数据的分析计算。而在大数据的方法中，人们会给予奇异点更多的关注，并试图理解奇异点的奇异之处，从而为研究创新寻找机会。例如，在企业管理活动中会经常碰到奇异点，例如有几十个业务员，那么总有几个业务员有着超越其他人的业绩，也总有几个业务员业绩排名在最后。通过对优秀业务员业绩和活动的分析，来总结实现优秀业绩的方法，从而指导企业进行业务人员的招聘、培训和日常的管理活动。

在大数据时代，我们能够采集更多的信息和数据，记录更多的行为和活动过程，可以通过解剖活动和过程，详细分析最好和最差的区别，然后在最重要的区别上进一步尝试和分析，也可以根据需要采集新的数据，分析特定资源的转换活动以及转换方法。一个事件的存在，必然有其产生的根源，奇异点的出现也有其产生的土壤。对于奇异点的分析，能够带来更多创新的思路，给我们更多的启发。

2. 洞察：拆解数据问题（问题的细化）

第一步，数据问题往往较为综合和复杂，往往因为宏观而无法直接着手解决。我们就需要对所研究的问题进行分析，将其拆解和转换为更微观的细节问题。通过对其进行细化，以确定该问题不同的研究侧面及维度，进而再去寻找细分问题的解答方法。将定义好的问题分解为若干可求解的子问题，就是洞察，即拆解数据问题。

对拆分出来的子问题中不能或很难进行量化分析的部分进行数据化思维转换。例如，竞争力是个定性概念，只能用高低、强弱来形容，需要将竞争力转换为可以量化考察的概念。首先竞争力强弱是企业间对比出的结果，竞争力强就会对应于成功企业，弱就是失败企业，那么强弱就可以落实到成功和失败企业样本上。而衡量成功、失败企业发展过程中的差异可以从多种企业外在表现因素上得出，例如股价、利润、市场占有率等某个或某些量化指标的复合，在某个时间周期如 3 年、5 年或 10 年里的变化。

拆解和转换问题，其实质上就是对复杂问题的简化，使得每个子问题都能通过设计实验收集数据或利用已有的数据进行证明、发现和构建解决方案。同时，这个过程也可以对第一步“提出数据问题”进行反馈和修正。

1）从整到分，从分到整

从整到分是一门艺术，但如何才算分得好呢？如图 2-14 所示的一堆数字，你是不是有点儿眼晕。如果它们是以如图 2-15 所示的方式呈现，是不是就一目了然了？因为各元素之间具有内在逻辑联系，这样的联系可以帮助我们理解看到的现象。

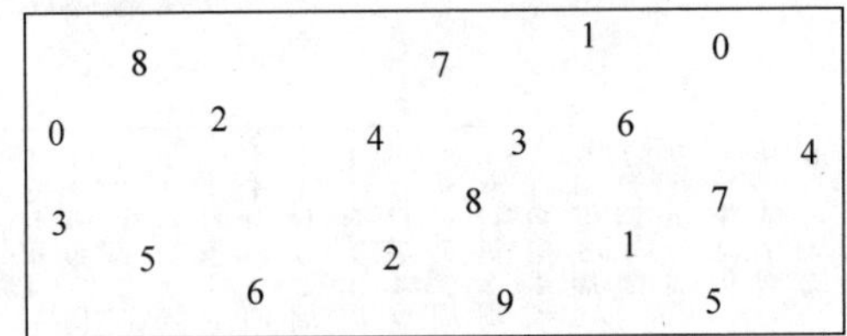

图 2-14　让人眼晕的无序数字

0	1	2	3	4	5	6	7	8	9
0	1	2	3	4	5	6	7	8	9

图 2-15　同样的数字按数字顺序排列

再看看图 2-16。是不是觉得有点儿乱，也没什么意义，并不愿意多看几眼？那么我们换种更复杂一些的样式，如图 2-17 所示。你是不是反而觉得看着更舒服，更有意思，而愿意多看几眼了呢？尽管图里各元素之间不像前面的数字那样有直接的逻辑联系，但它们可以被安放在一个分类体系中的不同位置，从而构成一个有结构的信息图。虽然第二幅图的信息量明显大于第一幅图，但反而使得我们更容易也更愿意识读图中的信息。而且随着时间的推移，相对第一幅动物图，我们对第二幅图中信息的记忆优势会越来越明显。

为什么会这样呢？因为我们大脑的工作是靠刺激神经元之间的联系来进行的。相关刺激越多，对应的神经元之间的联系越强，记忆、识别、处理相关信息的能力就越强。而有联系的、有结构的信息，则可以形成一个体系，好比是组团来刺激大脑。相对于孤立信息，组团的信息更容易反复刺激大脑相关神经元的联系。

虽然上述所说的是对多元素的归纳，与对问题的拆解貌似方向相反，但原理却是相同的。而且在拆解问题时，往往还是要结合归纳一起来用。因此，以结构化的方式去把问题拆解分为有逻辑联系的多个部分是最好的方法。

图 2-16　不知何意的各种动物图片集

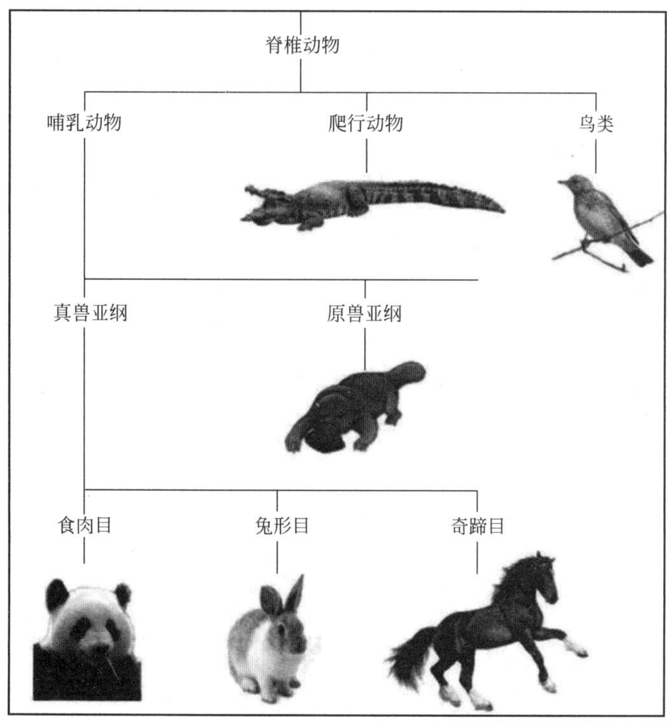

图 2-17　动物分类图谱

2）结构化拆解问题的方法

那么在对问题进行拆解时，应该采用什么样的逻辑或者结构呢？当然最直接的办法就是采用前人已经总结好的问题思考框架，例如在战略分析领域有经典的 SWOT 框架①、BCG 矩阵或 GE 矩阵②（见图 2-18）等。

---

① SWOT 框架，即基于内外部竞争环境和竞争条件下的态势分析，S(Strengths)是优势、W(Weaknesses)是劣势，O(Opportunities)是机会、T(Threats)是威胁。

② GE 矩阵，又称通用电气公司法、麦肯锡矩阵、九盒矩阵法、行业吸引力矩阵，是美国通用电气公司(GE)于 20 世纪 70 年代开发的新的投资组合分析方法，可以用来对事业单位进行评估和制定战略规划，是对 BCG 矩阵的一种改善。

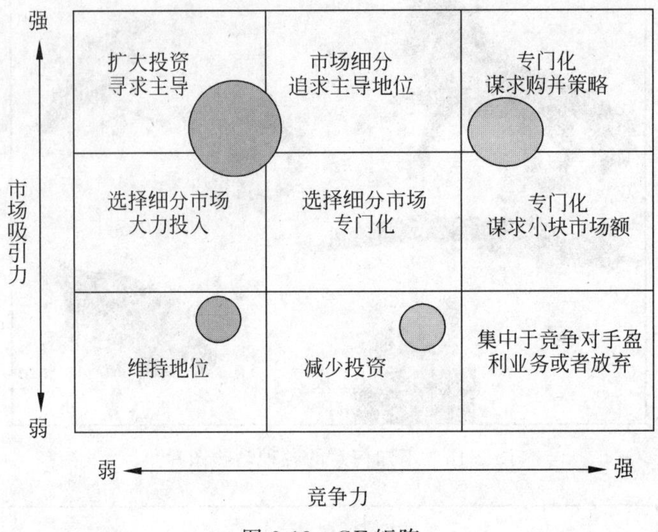

图 2-18 GE 矩阵

在外部环境分析时有波特五力模型[①]（见图 2-19）、PEST 框架[②]等。在研究市场、用户时有马斯洛需求层次[③]（见图 2-20）、营销 4P 理论[④]等。应该说在几乎所有领域里，通用性的问题都有前人的研究给出的分析框架来引导我们去拆解、分析问题。

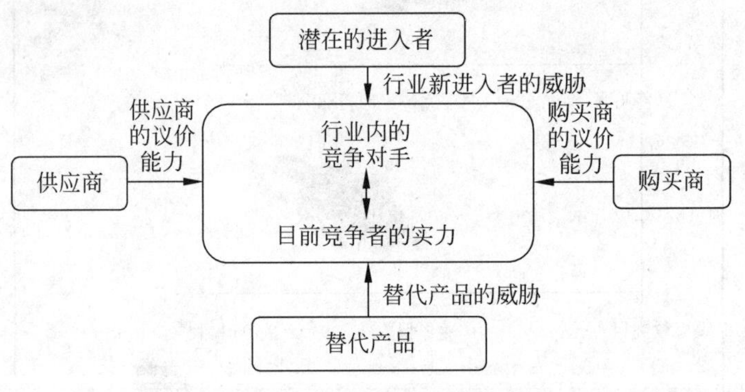

图 2-19 波特五力模型

但是一方面，根据上述框架拆解出的子问题可能仍然太大而不能马上着手操作，还需要进一步细分；另一方面，在大部分个性化的具体问题上，还是需要自己来找到拆解问题的框架[⑤]。而这个过程就要遵循**"逐层分解，不漏不重"**的原则。

---

① 波特五力模型（Michael Porter's Five Forces Model），又称波特竞争力模型，是迈克尔·波特（Michael Porter）于 20 世纪 70 年代初提出的，用于竞争战略的分析，可以有效地分析客户的竞争环境。

② PEST 分析是指宏观环境的分析，P 是政治（Politics），E 是经济（Economy），S 是社会（Society），T 是技术（Technology）。在分析一个企业所处的背景时，通常通过这四个因素来分析其所面临的状况。

③ 马斯洛需求层次理论是美国心理学家亚伯拉罕·马斯洛于 1943 年在《人类激励理论》论文中提出的。他将人类需求像阶梯一样从低到高按层次分为五种，分别是：生理需求、安全需求、社交需求、尊重需求和自我实现需求。

④ 营销 4P 理论（The Marketing Theory of 4Ps）产生于 20 世纪 60 年代的美国，即产品（Product）、价格（Price）、渠道（Place）、宣传（Promotion），再加上策略（Strategy），简称为"4Ps"。

⑤ 拆解形成的结构图现在也常被称为思维导图。有很多软件工具可以帮助我们去做出这样的图，软件中也常会内置一些通用问题的结构供用户直接使用。但工具本身不是学习数据思维的重点。

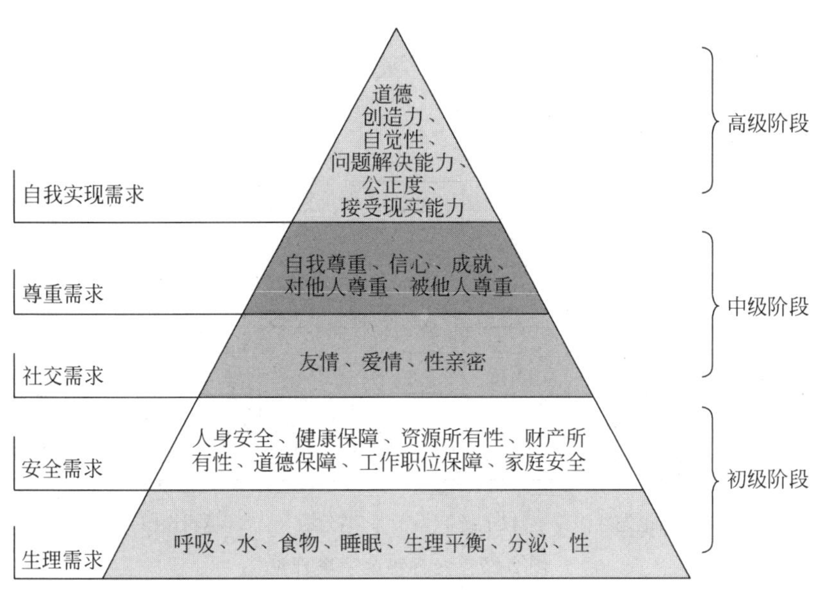

图 2-20 马斯洛需求层次

"逐层分解"的意思就是拆解问题要一步一步进行，每一步只分出同一层的子问题。例如将用户划分为男、女，男、女就是同一个层次的概念。如果把用户划分成男、少女就错层了，少女是从女性中分出的一个子类，处在男、女的下一层。要保证同层，就是拆解问题时一层只能使用一个维度或一个标准(见图 2-21)。

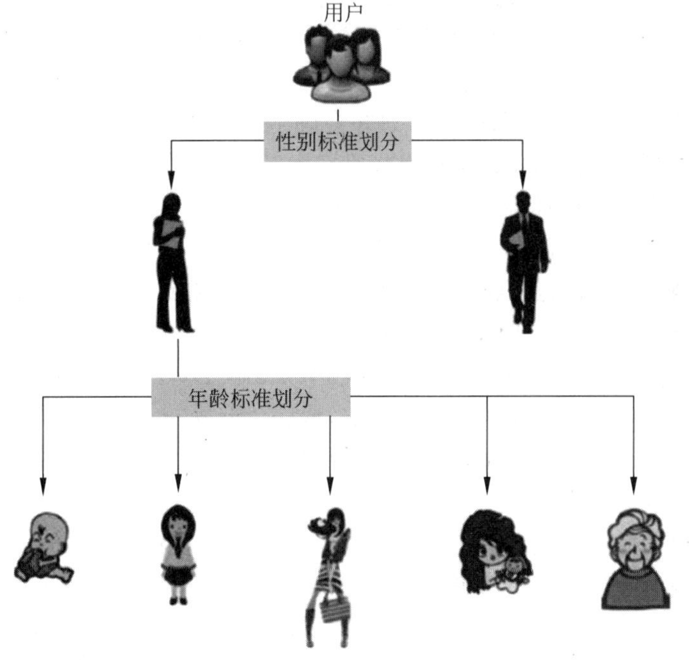

图 2-21 用户的逐层划分示意图

"不漏不重"也就是麦肯锡金字塔理论中提到的 MECE(Mutually Exclusive Collectively Exhaustive，相互独立，完全穷尽)原则(见图 2-22)。

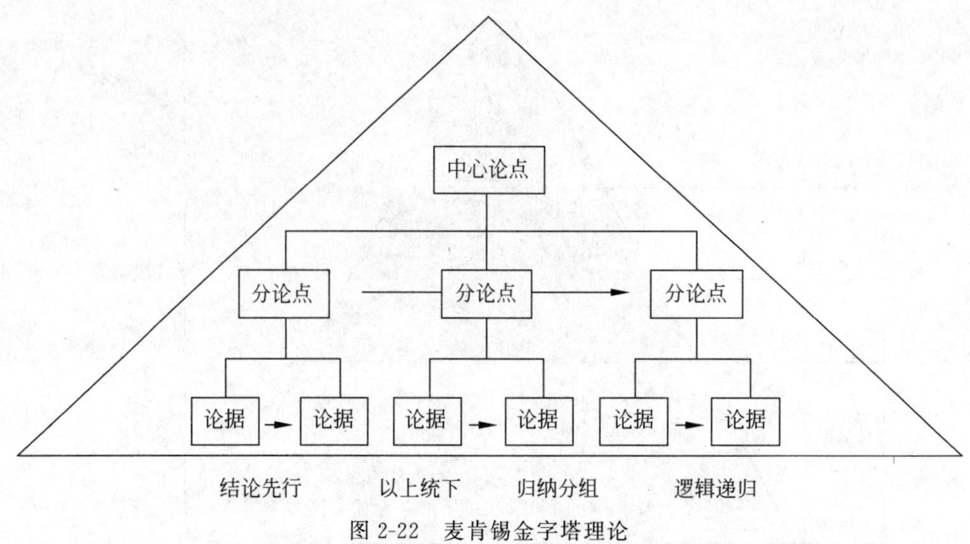

图 2-22　麦肯锡金字塔理论

这种原则从集合的概念来讲，就是拆解出的所有子问题必须是父问题的一个部分，既彼此互斥，合并起来又是全集。例如把人分成老、中、青就有遗漏，而把美女分成瓜子脸和鹅蛋脸，既有遗漏又可能有重叠。在多步骤、多层拆解中，每一层都要遵循“不漏不重”。例如，要解决“如何开好一个会议”的问题，问题的拆解示意如图 2-23 所示。

第一层，可以从产品角度切入，即从会议工作流程角度来切分问题。第一层 5 个子问题为：如何策划好会议主题，如何做好时间、地点、场地等确认和嘉宾邀请，如何做好会议现场布置和设施，如何组织和管理好会议召开，如何做好会后效果评估。这 5 个子问题基本覆盖一场会议工作的全流程，当然可能有些商业会议还有招商、广告等工作。

第二层，第一个一级子问题，如何策划好会议主题，可以分为下面 4 个子问题：本领域近期热点和未来趋势是什么，本次会议目标嘉宾和听众是谁，他们在本领域内当前的关注是什么，作为会议主办单位的优势是什么。

第三层，第一个二级子问题，本领域近期的热点和未来趋势是什么，又可以大体分为下面 4 个子问题：媒体报道的热点有哪些，研究机构关注的热点有哪些，研究机构和专家对未来的趋势判断如何，自己分析的未来趋势是怎么样的。这其中最后一个问题如果没有现成分析出的成果，那又是一个比较大的课题，再往下分三层、四层都没问题。

由此不难看出，对一个复杂问题进行拆解，最后会形成一个数量巨大的细分问题群。如果没有严格地按照“逐层不漏不重”原则进行，细分出的问题将很难形成合力来完整有效地支撑解决原问题。

最后一个疑问是问题要分到第几级结束，或者分到什么程度才算完成。拆解的层数是不一定的，问题复杂分的层级就会多，反之则少。从程度上来说，分到子问题本身已经可以确定使用哪些指标，去采集什么数据，用什么方法去操作。例如，“我今天晚上吃什么?”这个问题显然没指标，没数据，没方法，那就需要对它进行拆分，分为“我喜欢吃什么”“我的预算是多少”“等待时间承受是多少”，选择办法是寻找上述条件的交集，如结果不止一种就抓阄。这三个问题都是指标化的，可以直接用数据表示，后面的方法是直接可以操作的。因此“我今天晚上吃什么”问题分到第二层就可以解决了。

- 如何开好一个会议
  - 如何策划好会议主题
    - 本领域近期热点和未来趋势是什么
      - 媒体报道的热点有哪些 ……
      - 研究机构关注的热点有哪些 ……
      - 研究机构和专家对未来的趋势判断如何 ……
      - 自己分析的未来趋势是怎么样的 ……
    - 本次会议目标嘉宾和听众是谁 ……
    - 他们在本领域当前的关注是什么 ……
    - 作为会议主办单位的优势是什么 ……
  - 如何做好时间、地点、场地等确认和嘉宾邀请 ……
  - 如何做好会议现场布置和设施 ……
  - 如何组织和管理好会议召开 ……
  - 如何做好会后效果评估 ……

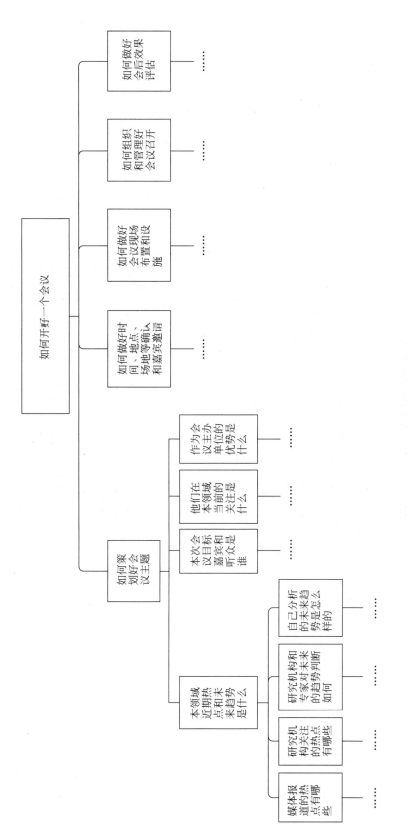

图 2-23　开好一个会议问题的拆解

3）相关问题的转换

有些问题理论上有答案，有数据，但实际上不存在或不可得。例如，全球人口数量理论上在某个特定时间点一定存在一个确定的数据，但在实际上并没有一个全球机构可以做到对人类所有居住地区实现普查，所以这类数据只可能有个估计值（事实上，即使是普查也做不到完全覆盖）。还有如核武器库存，这种军事机密一般人也很难获知。所以解决问题时往往会面对有指标、没数据的情况。这样的问题就需要进行转换，把没数据的指标转换为有数据的指标进行估算。那如何进行转换呢？

生物学家查尔斯·R·达尔文（Charles R. Darwin，1809—1882，见图 2-24）在他最重要的著作《论依据自然选择即在生存斗争中保存优良族的物种起源》（*On the Origin of Species by Means of Natural Selection, or the Preservation of Favoured Races in the Struggle for Life*，简称《物种起源》，见图 2-25）中写入了英国“猫与牛”的生态链故事。

图 2-24　达尔文（Darwin）

图 2-25　《物种起源》

达尔文发现了一个有趣的现象，在英国农村凡是猫多的地方，牛羊的饲养就会比较好，畜牧业就兴旺。深入调查后，才发现原来这个现象既不是巧合，也不存在什么猫牛间童话般的友谊。英国的牛主要靠红三叶草为饲料，而红三叶草的兴衰与给它传粉的丸花蜂有很大关系。奇妙的是，丸花蜂的多少，又决定于田鼠的数量，因为田鼠吃蜂房和蜂幼虫，田鼠势旺丸花蜂便衰败。而猫吃田鼠，猫多了，田鼠就少了，丸花蜂就多了，红三叶草就兴盛了，牛就养壮了。这个故事实际上就是定性地说明了事物之间的内在联系，如果把这种联系进行量化，就有可能从猫的数量来预测牛肉的产出量了。

这种将原本无解的问题转换为有解问题的方法，主要是依靠事物之间的关系来转换，或者是因果关系，或者是相关关系。而后者更容易，也更普遍地存在，给了转换问题很大的空间。尤其在大数据技术快速发展的今天，数据挖掘技术已经能从巨量的数据中自主发现一些超出人们想象的相关关系。

例如，在《魔鬼经济学》一书中，作者举了个英国警方通过数据分析识别恐怖分子的例子。在对恐怖分子的各种行为，尤其是经济行为进行大量分析后，发现恐怖分子显著不同于普通人的一个行为竟然是不买保险。在英国的福利体系下保险是一个年轻人必不可少的投资，可以说是小投入，大回报。但对恐怖分子来说，保险则是多余的。因为保险赔付的一个重要条件就是你不能是恐怖分子，所以恐怖分子就会认为买保险是一项没有任何收益的行为。于是他们就这样给自己贴上了一个恐怖分子的标签。因此，利用事物的普遍联系进行相关性探索是进行问题转换的关键。

4）问题的时空转换

有些问题可以利用事物在时间、空间上的联系来进行转换，这类方法很常见。

（1）一叶知秋。《淮南子・说山训》（我国西汉时期创作的一部论文集，由西汉皇族淮南王刘安主持撰写）："见一叶落而知岁之将暮，睹瓶中之冰而知天下之寒；以近论远。"这段文字的意思是：看到一片叶子凋零，就知道一年就快要结束，看到瓶子中的水结了冰就知道所有地方都寒冷了。这就是拿眼前事推断远处事的道理。

除了可以"以小明大"来转换问题，还有更多情况需要"以近论远"。因为我们更容易获得当前的、近处的信息，而很难或根本无法得知未来的、远方的信息。而要实现这种问题的转换，就要求我们去时间长河里观察对象的变化，或者空间范围内各事物间的联系。前一个是纵向的时间序列分析，后一个是横向的空间分布分析。

在互联网产品中最常见到的"以近论远"就是推荐，如"猜你喜欢"这类产品。在网站或App里如果把当前页面看成近处，那用户可能要的东西就是在远处。或者说把用户正在看什么、买什么当作现在的事，那么还想看什么、还想买什么也就能看成将来的事。虽然远处的、将来的用户需求我们不知道，但是也能"以近论远"把问题转变为根据近处、现在的行为进行推测。当然这样的问题转换相对容易，但之后的实际推测却并不容易，必须以吃透"近""远"之间的关系为基础，否则就很容易出现用户买完马桶后，网页上满是马桶在飞的尴尬。

（2）正反相成。《庄子・杂篇・让王》（道家经文，由战国中期庄子及其后学所著）："以人之言而遗我粟；至其罪我也，又且以人之言"。这说的是春秋时，列子（本名列御寇，战国时期郑国人，著名的思想家、文学家）的一则小故事。列子家境贫困，常常忍饥挨饿。一位客卿对郑子阳（郑国的宰相，也有说法是郑国国君）说"列御寇是位有道之士，住在您的国中却很穷，君王恐怕有些不爱护贤能的人吧？"郑子阳于是就命令手下的官吏给列子送去许多谷子。列子见到使者后却婉拒了。使者离开后列子进屋，他的妻子埋怨他说："我听说有道的人，妻子儿女都能得到安逸快乐。可如今我们都在挨饿，君王送你粮食你还不接受，难道真的命该如此吗？"列子笑着对她说："郑子阳并没有亲自了解我，只是因为别人的一番话就给我谷粮。那将来也可能听信别人的谗言就来定我的罪，所以我不能接受这种馈赠。"后来，果然郑子阳因为对人过于严苛而被其门客所杀。常人看到了事情的正面，列子则看到了反面。正反两面虽然方向相反，实则一体，这是一种视角的转换，也可以看作心理空间的转换。

所有的转换都是一个目的，就是将不易了解、不能了解的问题，转换成容易了解、可以了解的问题，而问题的实质不变。

3. 执行：使用数据技能（数据分析）

对所定义的数据问题进行拆解后，就要通过数据分析来从数据中发现信息的故事。一个完整的数据分析过程是非常复杂并且难以预测的，但是大致的流程和步骤是相同的，并且一般都是易于理解的。你可以在脑中把这一整个数据分析过程看作一枚钻戒的发现、挖掘、准备、打磨、处理、包装等过程。

数据分析的主要步骤可以总结为以下 6 步，包括：数据准备、数据探索、数据表示、数据发现、数据学习和生产数据产品。了解这些步骤流程以及熟练地在数据分析中运用它们，是数据思维的重要体现。

1）数据准备

数据准备(Data Preparation)是一个非常重要的步骤，如果这个阶段不够用心，会导致数据质量不高，后续的所有步骤都会受到影响。简单来说，**数据准备包括数据读入和数据清洗**。这一步的作用是将原始数据准备成便于后续处理的数据集。

数据读入是一项相对比较直观而简单的工作，但是如果要处理的数据量很大，也许需要使用 Hadoop 分布式文件系统(HDFS)来存储数据(见图 2-26)，这就意味着需要使用 MapReduce 系统来读入数据。MapReduce 系统不仅可以帮助把数据读入到 HDFS 集群中，而且可以使用集群内的多台机器的并行运算来大大缩减后续运算所需的时间。如果需要读取一个非常大的数据集，可以先提取出这批数据中的一小部分作为样本，然后试着用系统去读取、存储这个样本，来确定最后得到的数据集是可用无误的。在此过程中，使用一些可视化方式来观察这个数据集的准确性是很必要的，因为必须确保这个样本数据集可以适用于之后的各种统计分析流程。

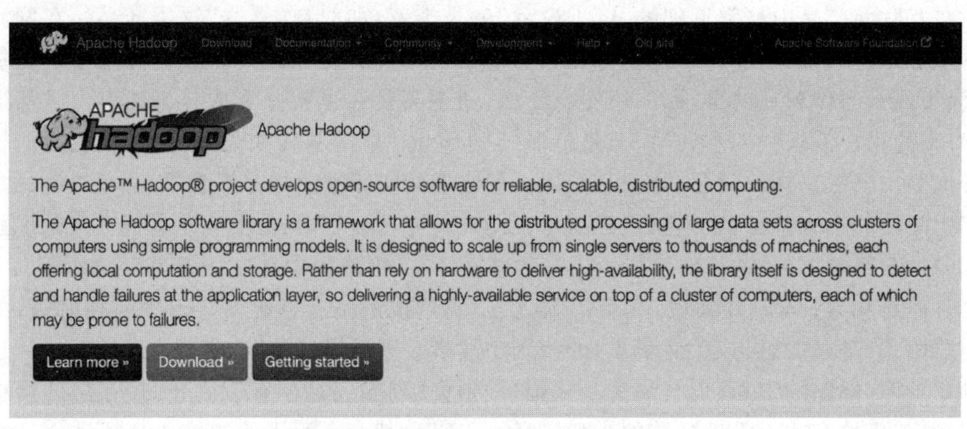

图 2-26　Apache Hadoop 官网

(https://hadoop.apache.org)

数据清洗是数据准备中一个非常耗时的步骤，需要对数据本身有一定的理解。这一过程包括填补缺失值、删除污损或者错误数据以及将数据进行标准化，以便于它能适用于之后的一系列分析操作。为了更好地理解标准化这一点，让我们来探索标准化背后的原理以及数据分布会对数据分析造成的影响。

提到数据，尤其是大量的数据，经常使用分布这一概念来描述这一批数据的性质。最为常用的分布是正态分布，但其实还有很多其他分布，例如，均匀分布、T 分布、泊松分布以及二项分布等(见图 2-27，其中没有二项分布的图像，因为二项分布是正态分布的一种特殊形式)。当然，有时候我们的数据并不一定完美地符合其中的任何一个分布，这是完全可能的情况。但是我们会尽量地用这些分布中的某一项作为模板，去描述数据的分布。标准化可以让我们更好地查看数据，并且发现数据中的异常值(数据分布中的极大极小值)。值得注意的是，标准化一般来说只是针对数值数据的，而且往往是连续变量。

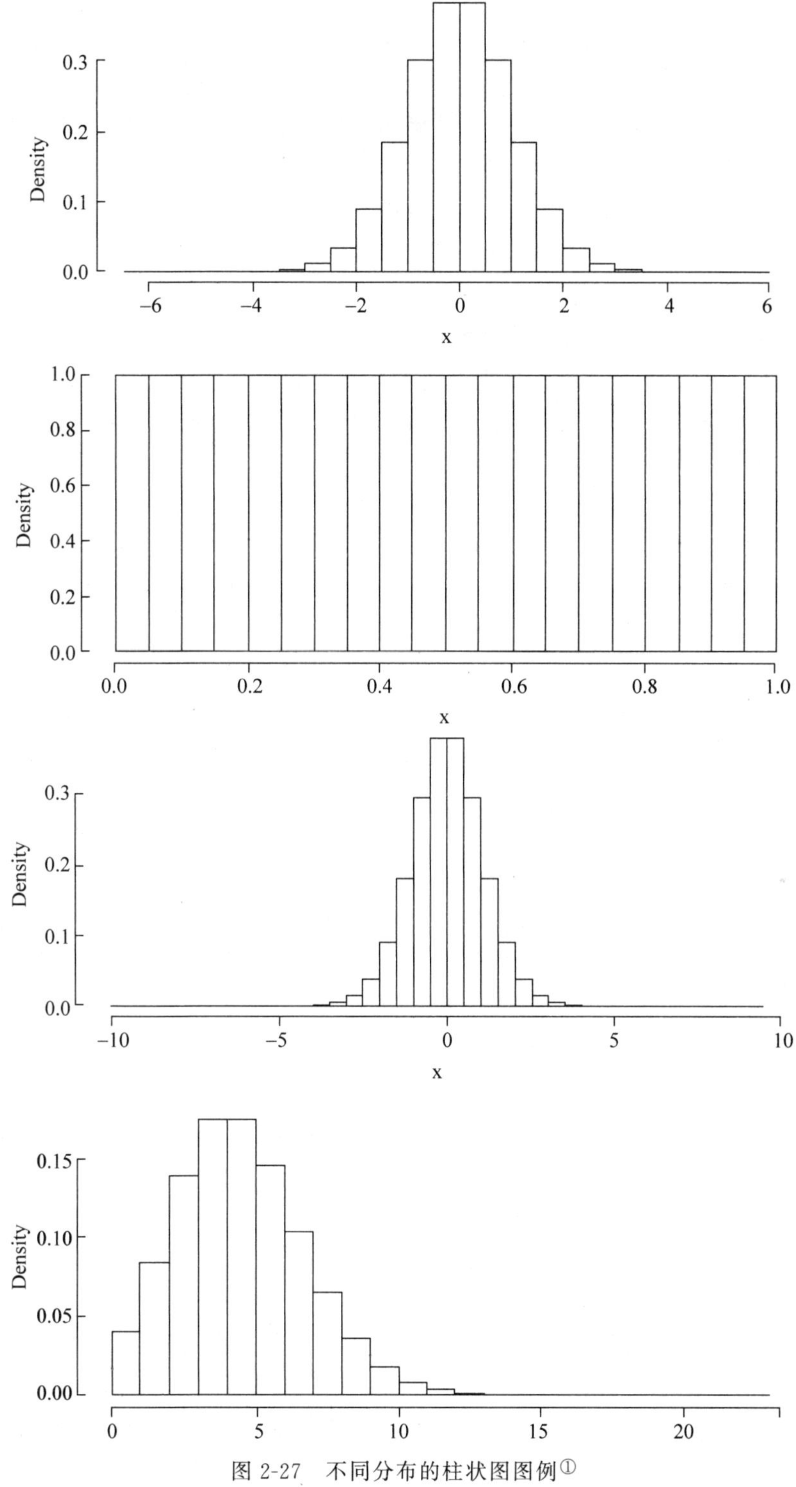

图 2-27　不同分布的柱状图图例①

① 从上到下依次是正态分布、均匀分布、T 分布、泊松分布，可参考统计学教科书。

数据清洗涉及大多数异常值的处理工作，意味着这些异常值被删除、替换或者被规整到其他的位置上等。这一步需要小心视之，因为并没有任何通用方法来适用于所有情况，而且有时候异常值也是有用的，它们应该被包含在研究过程中。至于异常值的取舍原则和方法，应该源自于异常值的数量以及数据变量的类型。同时，是否需要移除异常值也与之后采用模型的敏感度有关，如果模型对异常值比较敏感，可能需要删除异常值。一般来说，如果处理大数据的话，异常值不应该是一个问题，但是这也视情况而定。极大值或极小值都会影响数据集的基本统计过程，特别是有大量极大极小异常值的情况。

对数据的标准化有时会改变数据的分布形态，所以在做最终决定之前，可能需要尝试不同的标准化方法来比较它们之间的不同。下面列举了一些比较常见的数据标准化方法。

(1) 数据中的每一个值都减去均值然后除以标准差。这个标准化方法对于正态分布数据特别有效，标准化过后，绝大部分数据都将被标准化到－3～3。

(2) 数据中的每一个值都减去均值然后除以极差。该方法通用于各种数据，标准化后，绝大部分数据都被标准化到－0.5～0.5。

(3) 数据中的每一个值减去最小值然后除以极差，这也是一个非常通用的方法，而且可以把数据标准化到0～1。

如果需要处理的数据是文本文件，例如，常见的日志文件以及社交媒体网页帖子等，也需要做一定的数据清理工作，包括以下内容。

(1) 删除一些特殊字符，例如，@、* 以及其他标点符号。

(2) 把所有的字母都转换为大写或者小写。

(3) 删除包含很少量信息的词语或者文字，例如，“一个”“这”“的”等。

(4) 删除多余的空格与空行。

2）数据探索

在数据被清洗并且整理成为易于处理的形式之后，就可以开始分析了。使用数据探索步骤来查看数据中的内容，绘制一些简单图形等，可以帮助我们找出数据集中的潜在信息并且确定数据分析的大致方向。

根据 Techopedia 网站(www.techopedia.com)的描述，数据探索是数据分析者通过有效的信息搜索过程来整合信息，并得到真实可信的分析结果的过程。数据探索的简单描述就是认真小心地从你拥有的数据库中做出决定和选择，来确定什么数据适合用来做什么分析。它可以被看作一个人工检索数据的过程，为的是在数据中找到不同变量之间的关联性以及重要的信息。另一个比较类似的步骤，是使用前人已经开发好的算法来处理数据对象的过程，叫作数据挖掘。数据探索与数据挖掘都可以用来对大量的未经处理的数据进行探索。在大多数情况下，数据探索是伴随数据准备同时完成的，这一步骤同样是继续做任何深入数据分析之前的一个先决条件。

使用人工手段进行数据探索的巨大优势在于，可以充分使用分析者自身的直觉。使用数据挖掘手段以及工具虽然可以很快地使用复杂的算法来很高效地处理不同类型的数据，但鉴于其分析模式完全一样，导致数据挖掘也许无法准确看出数据中的关键结论以及相关关系，而这些通过人工却可以很快观察出来。尤其是当数据科学家对于数据所属的领域相当熟悉的时候更是如此，分析员的直觉会变得越来越无可替代。在理想情况下，一个数据科学家既会进行数据探索，也会进行数据挖掘。但是更多的会依赖于数据探索过程，来保证最大量地找出数据中的潜藏信息。

总之，这一过程包括通过检索数据来找到有用的模式和隐藏规则，发现重要的变量特征，画出简单的图，以及识别出这一批数据中有什么有意思的信息以及确定之后的研究方向。

3）数据表示

数据表示(Data Representation)是紧跟数据探索之后的步骤。根据《McGraw-Hill 科技辞典》(*McGraw-Hill Dictionary of Scientific and Technical Terms*)一书，它是"数据在计算机中以二进制的形式存储的方法"。它的意思是**使用了特定的数据存储结构来整理存储不同的数据**，而其中有两个意义：完成从原始数据到数据集的转换，以及为后续的分析操作最优化内存消耗存储容量。例如，如果有一个包含 1、2、3 这 3 个值的变量，那么相比于以双精度浮点数(double)和单精度浮点数(float)来存储在计算机内部，通过整型数(int)来存储是更为合适的。同理，如果变量只有两种值(true 或者 false)，那么使用布尔数(bool)存储是最好的。值得注意的是，无论当前使用什么方法存储数据，总是可以根据需要迅速将一批数据转换为其他格式(例如，可以把布尔变量与数值向量混合在一起去做回归分析)。

这一切对于没做过数据分析的人来说是非常抽象而且难以理解的，但是在开始使用 R 或者其他统计软件开始分析数据以后，就能明白上面的陈述。以 R 为例，在 R 程序中数据集的常见格式是数据框，在这样的格式里可以很快找到各种描述数据的有用的信息(例如姓名、形状等)，而一些 Python 库同样也提供类似的结构便于研究者进行分析。与此同时，与 Python 中的字典类似，R 提供了使用变量名作为从数据框中提取变量的方法来使数据分析变得更加容易。

总之，这一过程就是将各种原始变量数据，通过特定的计算机存储结构高效地转换存储的过程，在存储空间利用和之后的利用过程中都尽量达到最优化。

4）数据发现

数据发现是数据分析的核心步骤。虽然数据发现的定义因人而异，但是总体而言，**数据发现是提出假设、完成验证，从而从数据集中发现特定的规律和模式的步骤**。该过程通过使用不同的统计方法来检验数据之间关联的显著性，通过分析同一个数据集中的不同变量或者不同的数据集中的交叉信息来得到确信可靠的信息。在本质上，大数据分析现在面临的一大问题就是：不同变量其中有太多的关联。例如，n 个变量，就会有 $n(n-1)/2$ 组直接可能的关联，更不用说其中某些变量可能合并在一起，对其他变量或者变量组产生关联关系。数据发现就是要求分析人员使用统计方法来剔除那些不明显相关的关系，最终得到显著关联的信息，并最终做出真实可信的结论的过程。

遗憾的是，虽然当下有一些工具能方便地用于数据分析，并且在一定程度上实现通用化，但现在依然没有针对数据发现的很好的通用解决方案。完成一整套数据科学分析的速度与效率依赖于人们的经验、直觉和所投入的时间长短。而熟悉各式各样的数据分析工具，尤其是机器学习工具，毫无疑问会提高工作效率。

数据发现的重要性是不言而喻的，而其中的复杂程度和难度也可见一斑，尤其是当需要处理非常复杂的数据集的时候。在数据发现过程中，最好是实现比较初级的数据可视化，这样分析人员可以很直观地看出数据之间的关联。另外，有一个好的统计学功底对于大数据分析也非常有帮助，因为这样的基本功可以让你愿意花费更多的精力去验证你的直觉，而不是花太多的时间在数据处理环节。另外,如果曾经在科研工作中有过数据处理经验,这也同样是非常宝贵的经验。

总之,这一过程旨在通过提出假设和统计检验的方式来发现数据中的各种潜在模式、关联关系等。这其中要用到很多统计知识以及个人直觉,来从大量无规则数据中找到真正有显著意义的结论。

5）数据学习

数据学习是数据分析的一个重要步骤,该过程需要较多的知识储备(包括创意),主要是使用统计方法和机器学习算法来分析数据集。**一般来说,数据学习分为两类:有监督式学习和无监督式学习**。两者的区别在于,前者是通过使用计算机针对训练数据进行学习,然后对新的数据进行识别、分类或者预测,训练数据就是一批我们已经完全了解的数据集,计算机就是用这一批数据来找到规律和通则,从而将新的数据使用这些找到的规律和通则进行分类和识别。但后者并不依赖任何已知知识或者训练数据,单纯通过计算数据集自身的结构来揭示数据集自身的关系。无监督学习的模式就是通过计算与衡量数据集自身的一些统计量,用计算机进行计算分类预测,从而得到有意义的结论。无监督学习方式经常跟在有监督学习方式之后被使用。

表面看来,使用无监督学习方法有更少的约束,从而可以更加"自动化"而不需要过多的人工准备。相比之下,有监督学习就麻烦一些,也不那么"自动化"。但是如果学习过程没有用户或者程序员的反馈(反馈信息可以通过有效问卷调查,或者通过对比微调程序或模型得到的结果来实现),在大多数情况下,这样的过程很难确保得到很好的结果。有些时候,如果想要研究的问题或者模型已经被广泛地研究过,那么这些过程就会变得更加快速而且"自动化",例如,深度学习网络模型。时刻要记住的是,无论一个工具有多么全能和有效,终究是使用这些分析工具的数据科学家自身的能力使它们发挥作用,才能得到有用的结果。例如,人工神经网络(ANNS)是一种非常流行的人工智能工具,该工具的特点是使计算机像人脑一样运算,在有监督学习领域占有重要的一席之地。但是如果分析员自己不太清楚其原理和功能,就生搬硬套地用它们处理一些数据,往往只会产生比较差的结果。

另一个需要注意的问题是,虽然世界上有很多的学习工具与学习方法,而且它们中的大多数都可以同时针对同一批数据进行运算,但效果却是不同的,有一些工具会比其他的工具更好用。更好地了解这些工具,可以帮助科学家们更高效地选择学习方法与工具,从而得到更好的结果。

总之,这一过程主要是通过统计学和机器学习的方法在数据中找到有用的模式和规律。它的目标是使找到的结论尽量地能被运用到更多的数据和实际生活中,并且形成一个数据产品的雏形。

6）生产数据产品

到目前为止,上述提到的所有步骤都是为了能从数据中提取对分析有用的结果,并且完成可靠的统计检验。而数据思维的最终目的是将之前得到的结果开发成一个数据产品。至于什么是数据产品,著名数据科学家希拉里·梅森(Hilary Mason)的描述是"一个由数据和算法组合而成的产品"。

数据产品的例子有很多,例如,LinkedIn 网站针对所有用户(尤其是高端客户和金牌会员)所提供的网络统计和图片分析结果。搜索引擎可以根据用户的输入词条和特定的信息指标(例如信息的流行度、搜索量、可信度等指标)给出最终的推荐列表。MapQuest以及其他地理信息系统(GIS)提供了非常有用的地理信息,涵盖了绝大多数用户想要查询的地图信息。目前的很多数据产品都是免费的,提供者没有利用产品换取任何费用,并且它们中的绝大多数都是在线的。

基于所使用数据的不同,并不是所有学习算法的结果都可以被包装成数据产品。一个数据科学家需要挑选出结果中最有价值的相关数据,然后把它们包装成为最终用户可以看明白的形式。例如,通过谨慎而细致的分析来自汽车厂商的不同维度和变量的数据,得到汽车配置与路况之间的关系。但是一名普通的用户可能没有兴趣去了解一辆SUV汽车有多少个气缸。但是,如果告诉用户车的平均油耗量是X,且油耗量与其他变量之间的关系,再告诉他如果在上班下班的路途中,通过避免一些难走的路,可以减少每周若干汽油消耗,就可以根据当下的石油价格,计算出每周节省的费用。这样的话,他可能会很有兴趣,付钱买下这一信息。

为了创造这样的数据产品,需要了解最终客户的需求,同时需要不断训练准确选择数据分析算法和数据分析工具的能力。在此基础上,需要尽量把太过于专业的科研术语去掉,然后用简单直观的方式呈现数据,图表(尤其是可交互的图表)是呈现信息的非常有用的形式,简洁易用的应用同样也会受到用户的青睐。当然,上面谈到的这些都只是冰山一角,一旦拥有了足够有价值而且非常有趣的数据分析结论,可以想出非常多的方法和呈现方式去展示结论,并开发出不同的数据产品。

4. 沟通:表达数据结论(结果呈现)

数据分析的其他步骤都是为了让数据分析结果尽量的全面可靠,而沟通和可视化呈现的目的是让分析结果能尽量地被更多的人理解,并且能适用于更多的情况。数据科学家需要考虑除了研究数据之外的很多东西,因为研究数据的目的在于想要了解在大量数据的背后隐藏了什么样的变量关联与信息,思考如何才能通过数据分析来让更多的人获益,考虑如何才会让用户接受一个数据产品以及数据产品的维护等。

在数据分析的最终阶段,数据科学家需要将自己的数据产品展现出来,并且观察它是否会被更多的人所接受。在此过程中,用户的反馈有重要的作用,因为这些反馈会告诉数据科学家们他们的结论在哪些方面不够全面,哪些地方需要改进,以及如果必要的话,可能需要他们完全从头重做一整套数据分析工作。另外,用户的反馈也会给数据科学家新的灵感,让他们想到开发新的数据产品来满足客户需求。这是数据科学研究领域一个非常需要创造力和想象力的环节,因为与客户交互中积累到的经验,正是数据科学专家与新手的区别(新手可能同样具备了与专家一样的知识技能,假以时日可以成为大师,但他们暂时缺少了一些数据专家所具有的直觉)。

数据可视化涉及数据的图像化展现,借此让更多的用户明白其中信息的意义(观看者往往就是数据产品的使用者)。可视化一般在数据产品的开发过程中就完成了,但也有在其之后完成的。这一过程就是以交互的方式,使用开发者的直觉、智慧来将数据分析结论的本质展现出来。在最终的可视化阶段,必须要对数据处理的目的和数据的分析结论有深入的理解。例如,数据科学家做了一批针对橘子质量的研究,并最终发现,体现橘子质量好坏的最显著的指标是橘子的重量和柔软度,而茎秆的长度就是一个比较无关的指标。当在可视化数据的时候,就可以很明确地使用有效指标来分辨出橘子的好坏,同时揭示出这样的分类背后的机制和原理。

通过可视化,也可以更清楚没有做什么研究,还有什么是不知道的(通过可视化,可以发现到以前没有注意到的方面),并且可以更好地研究数据中的遗漏或者不够清楚的地方。换句话说,更好地感知模型的局限和数据的价值。简单来说,可视化模型走进大家的生活,让数据可以讲故事,而可视化的结果比起最初所获得的原始数据包含了更多的信息。

总之,沟通和可视化会赋予数据科学家对数据更深更好的理解,这其实是一种灵感与精神上的拔高与进化。这一过程的作用是将产品呈现给最终的用户,并且接受用户的反馈、微调程序以及计划产品升级的方案。通过突出重点来完成数据产品的可视化并从中获得灵感,进而开始完成新一轮的数据科学工作。

2.5.3 数据思维的应用方法

1. 事物认知的基本方法

如何在生活中应用数据思维,这是一个很重要的问题。下面将从事物认知的基本方法层面来讲解数据思维的应用。

1）描述事物的基本方法

用数据描述事物时,需要恰当的方法对事物进行记录,并能够回溯回去,还原事物的原貌,且能够与相关的数据进行结构化,以方便我们对数据进行处理。现在经常采用的方法是“要素＋属性＋方法”的模型。

(1) 要素。要素,就是事物的构成部分,可以是可见的,即显性的,也可以是不可见的,即隐性的。例如,一个企业组织有员工、资金、生产材料、土地、厂房、设备等可见的要素,也有隐性的要素,如制度、流程、员工关系、岗位、架构、管理诀窍、技术、专利等。梳理事物显性的要素比较容易,直接拆分即可,但梳理隐性要素则需要对存在的隐性要素进行分类。例如,制度和流程本身就是对公司管理方法的分类,制度和流程之间并没有明显的界限,在某些企业,制度是用流程的方式来限定的,把制度也看作流程的一部分,而有些企业则把流程看作制度的一部分。其实,具体的分类名称并不重要,重要的是企业在经营和管理过程中能够很好地处理好资源配置和资源转换的推动力。

(2) 属性。属性,就是描述要素特征的维度。例如,对企业的“员工”这个要素进行描述,“员工”有如下几个属性:姓名、性别、年龄(出生日期)、入职日期、学历、工作背景、专业背景、民族、身高、血型、体重等,根据具体的管理需求,可以对要素进行各种描述。显性要素的属性比较容易描述,数据也比较容易采集,但对隐性要素的属性描述将有较大的难度。

(3) 方法。方法,就是基于要素和属性的行为或者产生的结果。就像灯泡有灯丝、电极等要素,灯丝有耐高温、导电(有一定的电阻)等属性,而这些要素和属性决定了灯泡通电即亮的行为,即为方法。要素、属性和方法的模型框架是人类数据化描述事物时使用的一种有效的方法。在计算机程序编写中描述外界事物,通过设定“类”,实现了面向对象编程方法的设计。面向对象的程序设计思想让软件产业得到快速发展,从而实现了软件的并行和并发,一改过去面向流程和过程的程序设计,最终成就了现在软件市场的繁荣。

要素是事物的构成部分，而属性是对要素的特征描述，方法是事物具有此要素和属性之后所具备的行为能力、行为特征或者状态特征。软件是对现实事物运行的描述，可以用要素、属性和方法的模型来开发。在实际的大数据构建过程中，要素和属性并不要求划分得很清楚，甚至可以归为一类。

2）认知事物的基本方法

（1）**对比法**。对比是人们认知事物的基本方法，在大数据应用中，我们用对比法作为数据分析与挖掘的基础。对比的结果是描述两个事物的差异。对比必须要有对比的标准，这个标准叫对比维度，从不同的维度对比，得出的结论常有差异。

首先，对比要有公认的对比基础，不能以个人的偏好作为基础。就像我们无法对比苹果和梨子谁好谁坏一样，不同的人会有不同的喜好。类似地，在企业管理中，对比两个员工的业绩，也需要从员工实际的业绩出发进行对比，但也要考虑到两个员工所处的环境、进入公司的时间长短、耗用公司的资源不同等来比较。其次，对比要在相似的对象之间进行，可以是完全并列的两个对象，也可以是同一个对象在不同的历史时期进行对比，这涉及对比主体的可比性问题。错误对比对象的选择会导致错误的对比结果。

经常用到的对比是同比和环比。同比能够消除季节性的影响，但同比的周期很长，在中国经济快速发展、市场快速变化的环境下，因为同比时间跨度大，往往并不能反映当期的实际变化情况，所以会用前 x 月累计同比来看两年间的变化。如果一个行业或市场有较强的季节性，使用环比就容易导致结论偏颇。在进行同比时，用季节性指数消除季节性规律后再比较增减趋势。

（2）**类比法**。类比是人类认知新事物的第一反应。当我们碰到新鲜事物时，第一反应就是这个像什么，我们在脑海里寻找曾经经历过、看到过、学到过、读到过、听说过的事物，然后对比特征，找到相似点和差异点，然后分析相似点和差异点，以及对是否给我们带来威胁，做出本能的判断。类比是一种思维方法，在一个方面积累了经验，在碰到类似的事情时，利用所积累的经验；针对一种事物用了一种分析方法，同理类比，可以用这些分析方法做针对其他对象的分析。

类比的方法也是进行数据分析和挖掘时经常用到的方法。当我们面对大量新的数据集时，需要寻找之前类似或者相似的数据集，然后拆解开来，寻找新的数据集与之前数据集或者分析方法的雷同之处，这样可以大大加快了解一个新的数据集。例如，在研究智能汽车行业时，会类比到智能手机。智能手机行业在发展的时候经历了一个 S 曲线，这与其他新兴的市场类似，那么智能汽车也会经历这样一个发展周期，这就是类比的方法。当然，我们在做类比分析的时候，需要在分析相同点、相似点的同时，也要关注不同点。例如，智能手机与智能汽车行业的分析，手机价值较低，使用周期较短，相关技术发展较快；而智能汽车作为大件，置换速度慢，投资大，使用周期长，在其替代常规的功能汽车时，必然有更长的周期。

类比的方法还可以给我们带来新的想象空间。例如，对客户的分析可以使用客户地图，而对于供应商的分析，也可以把供应商放到地图上，只要是有地理位置信息的资源及资源活动，都可以放到地图上去看看会发生什么，有什么地理分布特征。基于地理位置的地图分析法就可以延展到其他方面，这就是用类比方法来延展的分析方法。

（3）**分类法**。分类法也是人们认知事物的基本方法，与类比法类似，当把很多事物归到一个类别的时候，就容易处理或者对待这些事物，这样处理事物就变得简单了。

用到数据分析领域，例如在营销领域，我们会对客户进行细分，将客户分成不同类型后，可以针对同一类客户采取同一类的服务方式，大幅度降低服务成本，能够对客户的需求把握得更加精准，在产品设计上也可以针对不同的用户研发更有针对性的产品。我们用类比的方法来延展分类的思维方法，例如可以对客户进行分类，也可以对产品进行分类，可以对供应商进行分类，还可以对合作伙伴进行分类等。只要是公司内部的资源，就可以用分类的思路考量，通过分类之后，管理起来更容易，寻找突破点和机会点也更容易。

分类不仅是数据分析和挖掘的方法，更是一种思维模式。分类有分类标准，所谓的标准，是描述资源的属性或者构成要素。对事物进行分类的标准可以是一个或多个。用一个分类标准来分类的，叫作单维度分类法。用两个分类标准来分类的，叫作矩阵分类法。把两个标准分别放到横纵两个坐标轴上，就可以做出一个散点图。可以在两个维度上分别用高和低来评价，这样就有了四个象限，叫作象限分析法；如果在每个轴上再分成高、中、低档，则有了 3×3 的九宫格，如图 2-28 所示。

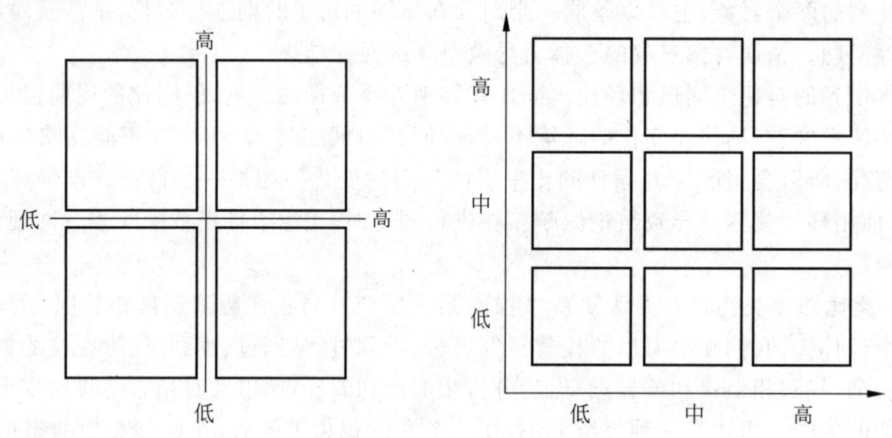

图 2-28　象限分析法(左)和九宫格(右)

著名的波士顿矩阵①就是将业务的相对市场占有率和市场需求增长情况放到两个坐标轴上，形成业务选择矩阵。横坐标代表业务在市场上的竞争力——相对的占有率；纵坐标代表该业务未来的发展潜力，如图 2-29 所示。

三个维度或以上的分类，就是多维度分类。多维度分类可以用扇形图或者其他更加具有创意的信息图来表达。多维度分析重点在于维度选择的合理性上，维度的选择决定着分类的结果。维度可以是事物的属性、构成要素，也可以是事物的发展变化。

(4) 聚类法。分类法是先把事物看作整体，再细看各个事物的不同特征，然后寻找事物特征间的差异，按照一定的标准将事物区分成不同的类。而聚类法则是先把事物都看作个体，然后按照个体的特征进行分析，按照事物间的差异大小，将事物聚集成不同的类。

聚类分析法在大数据挖掘中应用很广泛，其本身就是用来处理大量数据集的。针对存在的大量的“对象”，根据对象的多维度特征描述，寻找对象间的相似性。

使用聚类法时要注意：①选择正确的聚类变量，即聚类的维度，不同的分类维度决定了

---

①　波士顿矩阵(BCG Matrix)，又称市场增长率-相对市场份额矩阵、波士顿咨询集团法、四象限分析法、产品系列结构管理法等，由美国著名的管理学家、波士顿咨询公司创始人布鲁斯·亨德森于 1970 年首创。

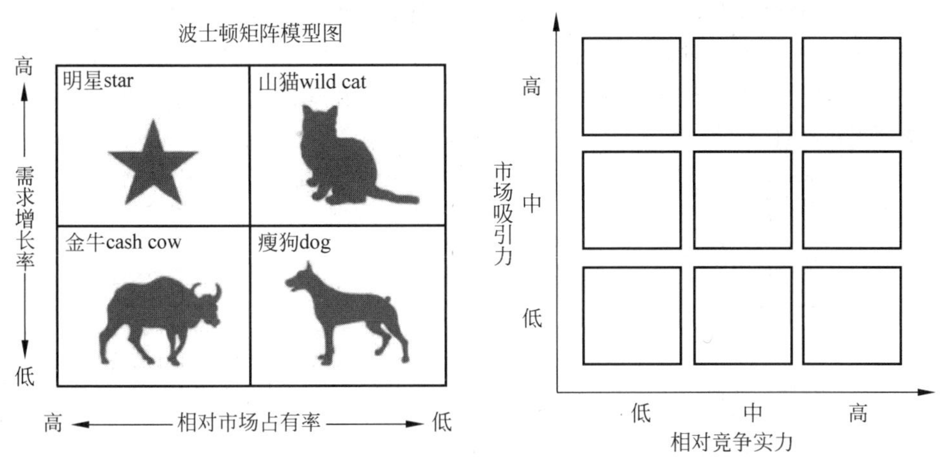

图 2-29　波士顿矩阵

分类的数量，不同的聚类维度会有不同的分类，这种分类是否能够帮助我们实现研究目的，关键在于对聚类的维度标准的选择。②聚类有很多种算法，常见的是 K-Means 法，但不是所有的聚类方法都适合用 K-Means 法，在实践中可以多尝试，然后再验证哪种聚类方法更适合。③关注奇异点。在统计学的一般方法中都对奇异点进行特殊处理，往往过程中会忽略奇异点，而在大数据模式下，对奇异点有更多的关注。根据经验，越是奇异点，越能找到更多可以创新的地方。④在过程中不断修订模型。在大数据应用中，不仅追求快速，更追求快速的迭代，完善数学模型和分析方法，并在过程中追踪数据的变化。大数据时代，数据集更加动态，在动态数据集上进行的分析方法也要与时俱进，跟着变化来调整聚类，让聚类更好地满足产品开发、客户服务、资源配置等，形成良性的动态反馈机制。

(5) 树形法。分类法是人类认知世界的基本方法，在分类的时候会有大类、小类、细类，对分类会有不同的层级。组织也一样，随着组织的扩大，需要设计更细的组织架构才能把团队管理起来。这种层级分类会形成各种层级，从最高层级到最低层级形成一个倒立的“树”，这种从上到下的分类方法叫作“树形法”。常规的倒立的树形组织架构如图 2-30 所示。

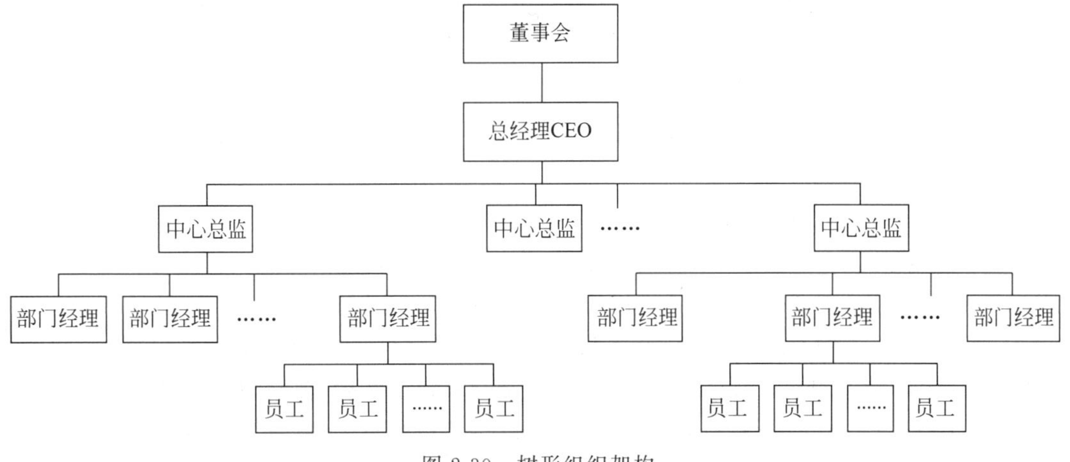

图 2-30　树形组织架构

树形结构的分析思路是对事物先总后分的思路。生产制造类企业在查找品质问题或者寻找品质提升解决方案的时候，也是按照总→分的树形结构来进行的。首先，把工厂里影响品质的要素分为四大类：人、机、料、法（方法）；然后，再在这四大类要素中拆解影响质量提升的要素，如图2-31所示。

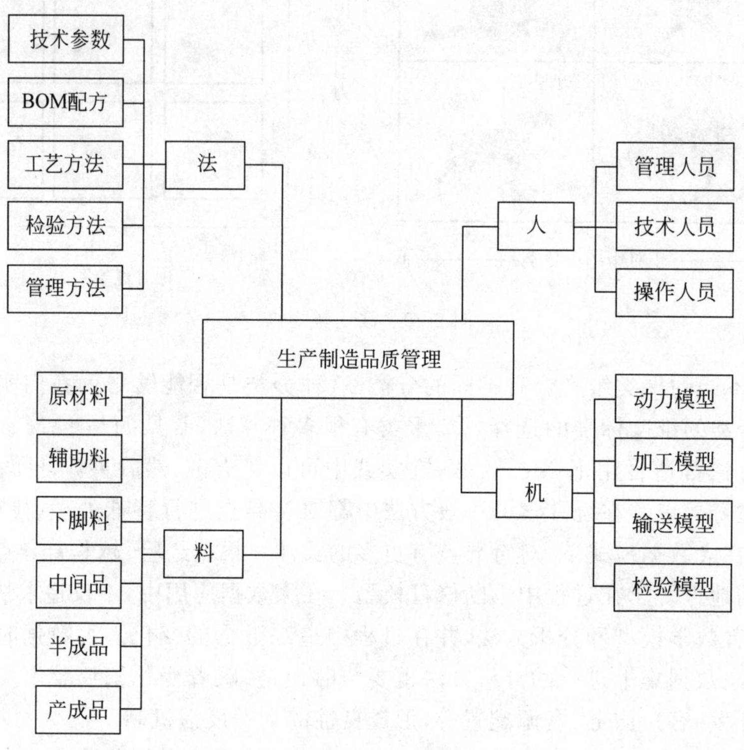

图2-31 树形结构分类

思维导图又称脑图、心智地图、脑力激荡图、灵感触发图、概念地图、树状图、树枝图或思维地图，是一种图像式思维的工具以及一种利用图像式思考的辅助工具。它通过先总后分，对问题或者事物进行不断拆解，在数据分析和挖掘领域有很广泛的应用，能够很好地帮助我们梳理分析问题的思路。

2. 数据思维的常见应用工具

从国内外数据科学家岗位的招聘要求及著名数据科学家的访谈结果可看出，数据思维常用工具有以下几种。

(1) R、Python、Clojure、Haskell、Scala等数据科学语言工具。

(2) NoSQL、MongoDB、Couchbase、Cassandra等NoSQL工具。

(3) SQL、RDMS、DW、OLAP等传统数据库和数据仓库工具。

(4) Hadoop MapReduce、Cloudera Hadoop、Spark、Storm等支持大数据计算的架构。

(5) HBase、Pig、Hive、Impala、Cascalog等支持大数据管理、存储和查询的工具。

(6) Webscraper、Flume Avro、Sqoop、Hume等支持数据采集、聚合或传递的工具。

(7) Weka、Knime、RapidMiner、SciPy、Pandas等支持数据挖掘的工具。

(8) ggplot2、D3.js、Tableau、Shiny、Flare、Gephi、ECharts等支持数据可视化的工具。

(9) Xmind、Mindmanager、MindMapper、iMindMap、百度脑图等思维导图编辑工具。

(10) SAS、SPSS、Matlab 等数据统计分析工具。

2.6 数据行为

"数据行为(Data Behavior)"这一概念学界尚没有给出清晰的定义,但是数据行为却已经深入到了人类生产生活的各个领域和各个方面,这部分将对数据行为进行初步探讨。数据思维是指导数据行为的行动范式,而数据行为也为数据思维的深化提供了现实依据和实践基础。掌握数据思维的最终目的是实现人类数据行为更为科学化、高效化和价值化,以提高人类生产生活效率,推动社会进步。

2.6.1 数据行为的概念

根据有无目的性,**数据行为可分为广义的数据行为与狭义的数据行为**。广义的数据行为是指一切与数据相关的行为,即在数据采集、生产、转移、变换、销毁等过程中的行为模式。狭义的数据行为是指为了特定目的,出现在整个数据生命周期过程中的行为活动,即因某一目的而进行数据采集、生产、转移、变换、销毁等的行为。两者的不同在于数据行为是否出于数据活动主体的主观目的性,例如,视频监控中的车辆,其参与了监控视频这一数据的生产,但由于其并非主动生产数据,故在狭义层面不能算是数据行为。

思维用以指导行为,数据思维用以指导数据行为,故本书中的数据行为,均指狭义的数据行为,即为了特定目的而参与整个数据生命周期的行为活动。

2.6.2 数据行为的分类

数据行为涉及整个数据活动的生命周期。用户数据行为作为数据研究和用户研究的重要领域,对其深入研究有助于更好地把握用户对数据的采集、生产、查询、利用等行为的特征,并探索用户在生产数据这一过程中所运用的数据思维的特征等。数据行为一般可以从数据加工程度、数据行为主体和数据生命周期三个角度来进行分类。

1. 按数据加工程度分类

按照数据加工程度的不同,数据行为可以划分为三类:一次数据行为、二次数据行为和三次数据行为。

1) 一次数据行为

一次数据行为是指产生第一手数据过程中出现的行为模式。这类行为主要以数据生产和数据采集为主,是客观世界数据化的过程,例如,监测水文数据、个人聊天语句数据等,其结果是相对零散的数据。不同行为主体呈现的行为模式不同,因此第一手数据结果也表现出一定的差异。例如,进行产品评论时,对同样的商业服务具有不同的体验,也给出了不同的评论。目前,数据量正在激增,其直接原因就是被记录下来的一次数据行为的普遍增加,使得产生与采集的数据量激增。

2) 二次数据行为

二次数据行为是在一次数据的基础上,将现有的数据进行清洗、加工、归集等操作,将零散的数据变换为有序数据集的行为活动。例如，将一年的水文监测数据整理成册，或将聊天数据按照时间顺序整理成聊天记录等。同样，不同行为主体的二次数据行为也呈现出不同的特点与结果。其结果是有序化的数据集，代表性方法是统计方法。

3）三次数据行为

三次数据行为是以数据分析、挖掘、可视化等方式得到数据深层含义、数据智能乃至智慧的行为。与二次数据行为的不同在于，三次数据行为从数据所表达的含义角度来获得能够用以指导行动的知识、智慧。例如，通过水文数据分析得出水质报告，进而支撑水体治理；通过聊天记录数据认定人物关系，进而设计营销策略、游说策略等。代表性技术包括社会网络分析、知识图谱、主题识别、情感分析、舆情分析、趋势预测等。

2. 按数据行为主体分类

从数据行为的发生主体来看，可以将数据行为大致划分为个体数据行为、企业团体数据行为、政府数据行为等。

1）个体数据行为

个体数据行为是指某一用户在不同地点、通过不同平台（如搜索引擎、社交媒体等线上平台和各类实体场景中）进行各类数据及信息的发布、检索、浏览与获取，并利用这些数据和平台所提供的服务来进行新一轮的数据生产以及相关附加活动的行为。例如，在不同的场景中，因个体行为而产生了行为轨迹数据、地理位置数据、社交关系数据、兴趣信息数据等。

2）企业团体数据行为

数据行为的参与者涉及广泛，并出现在数据生命周期的各个环节。企业在数据生产方面的行为与个体相似，但由于企业与个体性质不同，企业可以收集、存储并使用个体用户的数据，从而出现了企业团体为主体的数据行为。以今日头条为例，个体用户在使用今日头条App时会在服务器上记录下交互的数据，这些数据构成了用户的属性画像和特征偏好。字节跳动公司（今日头条、抖音等App的母公司）则会根据这些数据进行数据分析和挖掘，推测并向用户推送其可能喜欢的内容、需要的信息和相应的购买服务等。这就是一个典型的企业数据应用的行为和场景。今日头条App自带的数据基因（DNA）、算法自动更新的基因，在新闻内容聚合平台上表现出很强的竞争能力。

3）政府数据行为

政府数据行为与个体和企业的数据行为不同，其行为本身是为了回应市场、社会、公民、社区、媒体组织等社会需求的数据提供行为。政府作为城市和地区的调控者和服务者，可以通过与交通管理局、水利局、电力局、财政局等各个部门联合监督，获取民生、交通等各个方面的行为数据和动态，并据此做出利于民生和社会发展的决策等。政府数据行为包括政府数据管理、数据监督、数据开放、政府数据治理等多个方面。

3. 按数据生命周期分类

从数据生命周期的全流程来看，数据行为包括数据生产、数据采集、数据存储、数据预处理、数据分析、数据展示、数据治理等过程行为。

1）数据生产

如果说数据是一切工作的起点，那么数据生产（Data Producing）则是利用数据开展工作的起点。简单来说，数据生产就是创造新数据或者以数据材料、原始数据为基础加工成为新的数据或数据产品(商品)的过程。数据生产主要有两个主要模式,一种是用户生成内容模式(UGC模式),另一种是将原始数据加工再生产的模式。

数据生产过程中的数据行为主要体现为三种类型:①全量数据行为。数据生产面向的是全量数据,即尽可能采集所有数据。②用户需求发现行为。数据生产过程需要考虑内部、外部用户的需求,以满足用户需求来生产数据。③数据价值创造行为。数据生产的目的之一是发现数据的新价值,挖掘、整合、创造出新的数据产品。

2)数据采集

数据采集(Data Acquisition)又称为"数据获取"或"数据收集"。随着信息技术和数字信号技术的发展,数据采集更多的是指通过社交网络、(移动)互联网、摄像头、拾音器、传感器、RFID(Radio Frequency Identification)射频识别等方式与工具获得各种类型的结构化、半结构化以及非结构化的海量数据。

数据采集需要多渠道的多数据源,既包括从不同终端设备上采集的数据,也包括如社交媒体等交互型记录数据、各种联网机器运行的后台数据等不同种类的数据。大数据时代采集数据常用的方法有:系统日志、传感器、网络爬虫等。

3)数据存储

数据存储(Data Storage)则是指将收集到的数据选择合适的介质和位置进行存储。大数据时代存储要求存储系统容量大、扩展性高、可用性高、安全性高等,并且产生了分布式存储和云存储来解决海量数据下的异构存储问题。此外,数据库存储技术也得到了发展,除了传统的关系数据库外,还出现了NoSQL,泛指非关系型数据库,来适配更多种类、更复杂关系的数据。

4)数据预处理

数据预处理(Data Preprocessing)是指在利用数据进行分析之前对数据进行降噪、去除脏数据的过程,目的是为了提高数据质量、减少数据冗余等情况带来的干扰。具体过程包括数据清洗、数据变换、数据集成、数据规约、数据脱敏、数据标注等。数据清洗包括对数据去重、修补、纠正;数据变换包括数据大小和数据类型上的转换;数据集成则是从内容和结构两方面对数据进行统一,其他还有很多数据预处理的活动和内容,在本书的后续章节会详细介绍。

5)数据分析

数据分析(Data Analysis)需要通过对现状、原因等的分析最终实现预测分析,挖掘数据背后的潜在含义,确保数据分析维度的充分性和结论的合理有效性。数据分析包括结构化数据分析、文本分析、多媒体数据分析、移动网络数据分析等,其方法包括分类算法、聚类算法、关联分析、回归分析和深度学习等。数据分析方法要从业务的角度分析目标,并在熟悉各类分析方法特性的基础之上进行选择。由于数据多样、业务复杂,数据分析中需要注意避免几类错误:错误理解数据关系、错误选择比较对象、错误进行数据抽样等。

6)数据展示

数据展示(Data Display)指的是将数据以一种新的形式呈现,以便于直观理解。由于人们对图形化的数据更为敏感,且图形化提炼后的数据能更直观地展现数据的隐藏含义,因而数据可视化(Data Visalization)成为数据展示的主要形式。

数据可视化涉及数据的图像化展现,这一过程就是以交互的方式将数据分析结论的本质展现出来，借此让更多的数据用户（观看者）明白数据的隐藏含义，以帮助人们提高理解与处理数据的效率。常用的数据可视化工具有 Microsoft Excel、Tableau、ECharts、R-ggplot2、D3.js 等。

7）数据治理

数据治理（Data Governance）主要关注数据的安全性与使用数据的规范性等问题。在大量数据产生、收集、存储和分析的过程中，会面临数据保密、用户隐私、商业合作等一系列问题。随着数据价值越来越受到重视，数据受到恶意的破坏、更改、泄漏等越来越频繁，这些威胁到了个人的信息安全，数据安全已经上升到了国家战略。数据应用中的威胁主要来自数据基础设施、存储设施、网络、权属这几个方面，相对应的数据安全技术也在逐步加强，包括隐私保护、数据加密、备份技术、身份认证和访问控制等。

2.6.3 数据行为的基本原则

在大数据时代（或者前智能时代），越来越多的数据行为在（移动）互联网、物联网、数字平台上出现、活跃，要保障数据行为的效率、效果、效益需要遵循如下基本原则。

1. 目的性

任何数据行为都首先要确认目标需求。大数据时代海量数据下，如果在数据采集、预处理之前没有一个明确目的，那么在进行数据采集时就会浪费大量财力、时间和资源，而获取的却是错误数据和不必要的数据。数据分析阶段也不知对获取的数据该如何下手，期望达到什么样的分析效果。因此，一个明确的数据行为目的是提高数据行为效率的起点。

2. 客观性

一方面，数据行为以数据为起点，这要求用户在这一过程中必须遵循数据所展现的特征和属性进行决策和行为选择，从海量数据中筛选出有价值的数据，发现数据背后的隐性信息，以发挥数据价值，促进个人能力和企业、社会的快速发展。但另一方面，数据也并非全部准确和正确，数据也面临着被伪造、篡改等风险。因此，在利用数据进行任何行为之前，都应该要结合实际情况来判断数据与事实是否相符，以此来决定之后的数据行为的轨迹，不能一味地偏信数据。

3. 边界性

行为应当有确定的边界。数据行为更多的是涉及网络空间中的数据，数字和信息技术在给我们带来各种方便的同时，网络犯罪和道德行为的失范也在逐渐膨胀、发展。首先是数据行为中涉及最多的道德行为失范，如言论自由的滥用、侵犯他人数据隐私权等，以及色情信息数据传播的泛滥、只重视数据而带来的情感冷漠现象和网络中的数据犯罪行为，如盗用贩卖个人信息数据、恶意的知识产权侵权现象、传播计算机病毒、盗取商业机密等，这些都是行为主体在数据利用过程中所面临的法律和道德问题。

为了避免这些问题和犯罪的发生，一方面，行为主体需加强自身道德修养，具有一定的道德认识，就能够明是非、知善恶，就会自觉地维护网络信息伦理的道德规范和相关要求，做到善用而不滥用数据；另一方面，国家要从法律上界定数据行为犯罪的概念，将不断出现的新的犯罪形式修订到相关的法律之中，加强个人数据保护的相关法律规定，明确数据犯罪行为的认定和细分，从法律上遏制住数据犯罪行为的源头。

小结

随着大数据技术的飞速发展，“数据思维”重新回到了人们的视野。大数据时代下数据思维的产生，或者说是得到重视，主要是由于思维的组成三要素：思维原料、思维主体和思维工具在大数据时代发生了质的改变，从而推进了思维方法及思维时空的变革与更新。

在大数据时代，衍生出了运用数据科学对数据进行采集、生产、存储、分析和管理为概念的数据密集型科学发现的第四范式，这是“数据思维”的科学方法论。与传统的科学研究范式相比，第四研究范式更符合当代大数据的容量大、多样性、速度快等特征。数据思维下的行动范式是对大数据创新活动的概括提炼，主要包括开放、采集、连接和跨界 4 种行动范式。

根据当下社会的需求及社会的快节奏发展，数据思维已然在各领域处于主导地位，其具有整体性、量化互联性、价值性、动态性、相关性和多样性等突出特点。并且数据思维给个人、国家乃至整个社会带来了巨大价值与积极影响，例如，加快数据资产化、促进数据科学发展、促进现代企业组织变革等。同时，数据思维的应用是一个全局性、整体性的过程，总的来说包括提问（提出数据问题）、洞察（拆解数据问题）、执行（使用数据技能）和沟通（表达数据结论）四个环节。数据思维也是指导数据行为的行动范式，而数据行为则为数据思维的深化提供了现实依据和实践基础。

在大数据时代背景下，“量化一切”“让数据发声”成为时代口号，人们更加重视“全数据而非样本”的整体性思维，追求“量化而非质化”的量化思维，强调“相关性而非因果性”的相关性思维。然而，任何事物都是对立统一的，在当下大数据思维热中需要保持理性，辩证看待其带来的思维转变，认真对待其存在的局限性，探寻互补之道，从而在思维层面上更好地适应大数据时代的生存和发展。

讨论与实践

1. 结合自己的经历，谈谈对“数据思维”的理解与认识。
2. 结合自己的理解，阐述数据思维的范式及特点。
3. 结合自己的思考感悟，谈谈数据思维的局限性及其应对策略。
4. 结合某个实例，阐述数据思维的应用价值及应用流程。
5. 结合自己的经历，谈谈对数据行为概念的理解与认识。
6. 整理 1～2 个数据思维的应用实例。

参考文献

[1] 陈禹壮. 大数据思维探析[J]. 电子技术与软件工程，2018，(3)：186.

[2] 崔湧. 大数据思维引发的哲学思考[J]. 中外企业家，2017，(28)：159-160.

[3] 刘平. 从日常数据开始培养运营的数据思维[J]. 计算机与网络，2017，43(13)：42-43.

[4] 刁生富，姚志颖. 论大数据思维的局限性及其超越[J]. 自然辩证法研究，2017，33(5)：87-91，97.

[5] 云晴.大数据驱动要有革命性思维[N].通信产业报,2017-05-12(011).
[6] 郑征征.大数据对思维方式的改变研究[D].成都：成都理工大学,2017.
[7] 朝乐门.数据科学[M].北京：清华大学出版社,2016.
[8] 陈超,沈思鹏,赵杨,等.大数据思维与传统统计思维差异的思考[J].南京医科大学学报(社会科学版),2016,16(6)：477-479.
[9] 李育卓.大数据时代思维方式的变革及其影响[D].北京：北京邮电大学, 2016.
[10] 张维明,唐九阳.大数据思维[J].指挥信息系统与技术,2015,6(2)：1-4.
[11] 张联义.强化数据思维[N].学习时报,2015-07-30(007).
[12] 邬贺铨.大数据思维[J].科学与社会,2014,4(1)：1-13.
[13] 赵兴峰.企业数据化管理变革——数据治理与统筹方案[M].北京：电子工业出版社,2016.
[14] VOULGARIS ZACHARIAS.数据科学家修炼之道[M].吴文磊,田原,译.北京：人民邮电出版社,2016.
[15] 仓剑.数源思维：业务导向的数据思维秘籍[M].北京：电子工业出版社,2017.
[16] 尹奇超.公民个人信息刑法保护问题思考[J].吉林广播电视大学学报,2019,(9)：104-105.
[17] 杨豹.论网络信息时代的伦理问题及其实质[J].北京石油管理干部学院学报,2018,25(3)：61-66.
[18] 安小米,白文琳.云治理时代的政务数据管理转型——当前我国档案事业发展的问题与建议[J].人民论坛·学术前沿,2015,(16)：72-84.
[19] 孙璐.个人信息在互联网商业运用中的隐私保护[D].2014.

第3章

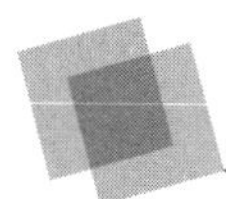

数据思维原理：信息学视角

数据时代，“数据思维”作为“数据密集型科学发现第四范式”的思维方式，需要一些普遍意义的、基础性的思想和原则来主导其在各领域的应用和发展，从而成为其应用的基本原理或逻辑起点。数据思维的基本原理由数据产生及应用过程的特征和规律决定，是其他思维不具备的性质，它又反过来影响数据的产生、处理和利用过程，从而对数据思维产生重大影响。对这些基本原理进行探讨与学习，可以帮助我们更好地理解与运用数据思维来解决问题。

本章将从信息学视角出发，来探讨数据思维的基本原理——最大熵原理、最小努力原理、信息生命周期理论、对数透视现象和小世界现象，帮助读者更加深入地理解数据思维。

3.1 最大熵原理

3.1.1 熵及信息熵的概念

熵在不同的学科中有着不同的表达方式。热力学中，对于每一个热力学平衡状态，都有状态函数——熵(S)：从一个状态 O 到另一个状态 A，S 的变化定义为：

$$S - S_o = \int_O^A \frac{\mathrm{d}Q}{T}$$

其中，$\mathrm{d}Q$ 为流入系统的热量，T 为热力学温度，积分可以沿着连接 O 与 A 的任意可逆变化过程进行。S_o 为一常数，对应于状态 O 的熵值。通常取 O 为绝对零度状态，此状态 $S_o=0$。对于一个给定的孤立系统，任何变化不可能导致熵的总值减少，即 $\mathrm{d}S \geqslant 0$——这就是利用熵概念表述的热力学第二定律。通过玻尔兹曼关系式 $S=k \cdot \ln W$(k 为玻尔兹曼常数，W 为与某一宏观状态所对应的微观状态数)，宏观量熵 S 与微观状态数 W 联系起来，明确表达出了熵函数的微观意义(统计解释)，解释了熵的本质：熵代表了一个系统的混乱程度。

1948年，美国电气工程师香农在其《通信的数学原理》一书中首次提出了“**信息熵**”的概念，把熵作为一个随机事件的“**不确定性**”或**信息量**的量度，从而奠定了现代信息论的科学理论基础，大大促进了信息论的发展。

信息量是信息论的中心概念。信息论量度信息的基本出发点是把获得的信息看作用以消除不确定性的东西。因此信息数量的多少，可以用被消除的不确定性的大小来表示，而随机事件不确定性的大小可以用其概率分布函数来描述。

考虑一个随机实验 A，设它有 n 个可能的(独立的)结果：$a_1,a_2,\cdots,a_n$；每一个结果出现的概率分别是：$p_1,p_2,\cdots,p_n$；它们满足以下条件：

$$0\leqslant p_i\leqslant 1\quad(i=1,2,\cdots,n)\quad 及\quad \sum_{i=1}^{n}p_i=1$$

对于随机事件，其主要性质是：对它们的出现与否没有完全把握，当进行和这些事件有关的多次实验时，它们的出现与否具有一定的不确定性。随机实验先验地含有的这一不确定性，本质上是和该实验可能结果的分布概率有关的。为了量度概率实验先验地含有的不确定性，引入了函数：

$$S=S(p_1,p_2,\cdots,p_n)=-K\sum_{i=1}^{n}p_i\ln p_i$$

作为随机实验 A 的结果不确定性的量度。式中，K 是一个与度量单位有关的正常数，因此 $S\geqslant 0$。上式中的 S 称为信息熵或 Shannon 熵。

它具有这样的意义：**在实验开始之前，它是实验结果不确定性的度量；在实验完成之后，它是从该实验中所得到的信息量**。S 越大，表示实验结果的不确定性越大，实验结束后，从中得到的信息量也越大。

例如，设在实验 A 中，某个 $p_i=1$，而其余的都等于0，则 $S=0$，这时可以对实验结果做出确定性的预言，而不存在任何的不确定性；反之，如果事先对实验结果一无所知，则所有的 p_i 都相等($p_i=1/n,i=1,2,\cdots,n$)，这时 S 达到极大值 $S_{\max}=K\ln n$。很明显，在这一情况下，实验结果具有最大的不确定性，实验结束后，从中得到的信息量也最大。

基于此，**可以类推对数据所包含的“信息”或“价值”的度量方法**。

3.1.2 最大熵原理的内涵

Shannon 很好地解决了关于不确定性的度量问题，但没有解决如何进行概率分配的问题。后一个问题是由 Jaynes(杰恩斯)解决的。

设想有一个可观测的概率过程，其中的随机变量 X 取离散值 $x_1,x_2,\cdots,x_n$。如果从观测的结果知道了这个随机变量的均值与方差等值，怎样才能确定它取各离散值的概率 $p_1,p_2,\cdots,p_n$ 呢？一般地，满足可观测值的概率分配，可以有无限多组。那么究竟应该选哪一组呢？即在什么意义下，所选出的一组概率才是最可能接近实际的呢？

Jaynes 在《信息论与统计力学》一文中提出一个准则：“在根据部分信息进行推理时，我们应使用的概率分布，必须是在服从所有已知观测数据的前提下，使熵函数取得最大值的那个概率分布。这是我们能够做出的仅有的无偏分配。使用其他任何分布，则相当于对我们未知的信息做了任意性的假设。”这一理论称为**最大熵原理**，它为我们如何从满足约束条件的诸多相容分布中，挑选“最佳”“最合理”的分布提供了一个选择标准。尽管这个准则在性质上也有主观的一面，但却是一个最“客观”的主观准则。因此，由此得出的估计，人为偏差最小。

在数学上，把最大熵原理表示为如下的优化问题。

$$
(E_0)\begin{cases}
\max\limits_{p} \quad S=-k\sum\limits_{i=1}^{0} p_i \ln p_i & (1)\\
\text{s. t.} \quad \sum\limits_{i=1}^{0} p_i g_i(x_i)=E[g_i(x)] \quad j=1,2,\cdots,m & (2)\\
\sum\limits_{i=1}^{0} p_i=1 & (3)\\
p_i \geqslant 0 \quad\quad i=1,2,\cdots,n & (4)
\end{cases}
$$

其中，$g_i(x)$代表可观测的函数值，$E[g_i(x)]$代表相应的均值。

Tribus 曾经证明，正态分布、伽玛分布及指数分布等都是最大熵原理的特殊情况。例如，在知道均值与方差的情况下，求解问题 E_0 得到正态分布。这就是说，正态分布包含与观测量一致的最大的不确定性，即含有最大的熵。如果对一个随机过程，任何可观测量也得不到时，则约束(2)不再存在，由问题 E_0 得到的解是一个均匀分布，这与人们的直观认识是相等的。

3.1.3　最大熵原理的应用

最大熵原理和方法的应用范围非常广泛，目前它已经渗透到信息论、工程优化、气象学、热力学、统计力、天文学、生物学、社会学、管理学、经济学等各个领域，在学科交叉和结合中起到了桥梁和纽带的作用。下面以统计力学为例，来讲解最大熵原理的应用。

在统计力学中，研究由大量分子组成的系统，设系统可以处于编号为 $1,2,\cdots,i,\cdots$的微观状态，并设 $P_i(i=1,2,\cdots)$是发现系统处于状态 i 的概率，每一种概率分布都对应着一个熵值，这个熵值反映了其内部分子热运动的不确定性。

对于处在给定宏观条件下的系统，它按微观状态的分布概率是与某些约束条件有关的，这些约束条件就是某些给定的宏观物理量，而宏观量是相应微观量(随机变量)的统计平均值。当然，当一个或几个随机变量的平均值给定时，还可以有许多的概率分布与这些平均值相容，问题是如何从这些相容的分布中挑选出“最佳”的分布作为系统处于平衡时的最常见分布。根据最大熵原理，最佳分布应是具有最大熵的分布，由此可以求出处于各种宏观条件下的系统按其微观状态的分布概率。下面以正则系统为例。

正则系统的研究对象是与大热源相接触而达到平衡态的系统。由于与热源相互作用，系统的能量是可变的(随机变量)，但其温度受热源控制，所以系统的平均能量是给定的，设系统的微观状态由能量 E_i 确定，E_i 还可以是某一参数 y 的函数：$E_i=E_i(y)$。分布概率满足的约束条件是：

$$\sum_i p_i=1 \qquad (\text{归一化条件}) \tag{5}$$

$$\sum_i E_i p_i = U \quad \text{（给定的恒量）} \tag{6}$$

系统的信息熵为

$$S = -K \sum_i p_i \ln p_i$$

在约束条件(5)和(6)下，引入 Lagrange 乘子 α 和 β，由熵的极值条件可得分布概率为：

$$p_i = \frac{1}{Z} \mathrm{e}^{-\beta E_i}$$

上式就是吉布斯正则分布，式中，Z 为正则配分函数 $Z = Z(\beta, y) = \sum_i \mathrm{e}^{-\beta E_i}$。

最大熵原理可以用来解决随机性或不确定性问题。**应用其解决问题的思路是**：先将所研究的问题转换为一个概率模型。这样，问题的随机性就表现为概率分布(每种概率分布对应一个熵值，熵值的大小就表示了不确定性的大小或状态的丰富程度)，问题的解决就归结为求一种最佳的概率分布，然后采用最大熵原理求出最佳分布。**由此得到启发**：凡是带有随机性的问题(不论是哪一领域的)，都可以尝试用最大熵的方法加以解决。这就为一些优化、决策、预测问题的解决提供了新的途径和方法。

大数据时代，事物状态的量化数据更为丰富，应用最大熵原理的场景也更加广泛。

3.2 最小努力原理

3.2.1 最小努力原理的内涵

最小努力原理是人类生态的基本规律之一，它体现在人类社会的各个方面。心理学家们对人类行为进行了大量深入的研究，其研究结果对于人类行为的控制提供了方法论的指导。

学术界通常认为，美国哈佛大学教授、著名语言学家和心理学家乔治·金斯利·齐夫(George K. Zipf，1902—1950)在研究自然语言词汇使用时提出了“最小努力原理”(Principle of Least Effort)。1948 年 4 月，46 岁的齐夫完成了他的专著《人类行为与最小努力原则——人类生态学引论》(*Human Behavior and the Principle of Least Effort*：*An Introduction to Human Ecology*，见图 3-1)。这部著作影响很大，有些学者用了一句古老的拉丁语称它为 Magnumopus(巨著、杰作)。齐夫在书中引用了大量的统计数据，对“最小努力原理”做了精辟的阐述。

齐夫认为，每一个人在日常生活中都必定要在他所处的环境里进行一定程度的运动，他把这样的运动视为走某种道路。然而，人们在自己的环境里所走的道路并非就是他的全部活动。对于一个处于相对静止状态的人来说，他要完成新陈代谢，就要有连续不断的物质和能的运动，进入、通过和输出他的系统，这个物质和能的运动也是在一定的道路上进行的。的确，人的全部机体都可以视为物质的聚合，正以不同的速度在不同的道路上穿过人的系统。而人的系统继而又作为一个整体在他的外部环境的道路上运动。齐夫强调道路和运动的概念，是要证明每一个人的运动，不管属于哪种类型，都将是在一定的道路上进行的，而且都将受到一个简单的基本原则的制约。齐夫把这样一个简单的基本原则称为“最小努力原理”。在这一原则的制约下，人们力图把他们可能做出的平均工作消耗最小化，即人类行为建立在最小努力原理的基础上。

怎样理解齐夫的“最小努力原理”？下面举个简单的例子。一个人在解决他面前的问题时，要把这个问题放到他所考虑到的将来还会出现的问题的整体背景中去考虑。这样，当他着手解决这个问题时，就会想方设法寻求一种途径，以至于把解决面前的问题和将来可能出现的问题所要付出的全部工作最少化。也就是说，他要把他**可能会付出的平均工作消耗最小化**。做到了这一点，就可以把他的努力最小化了。这就是“最小努力原理”，是指一个人努力把他可能的平均劳动支出额降低到最低限度。该理论认为，人们的各种社会活动均受此原则支配，总想以最小的代价获得最大的效益。注意，这里的努力的概念，是齐夫专门定义的努力，所谓最小努力是最少工作的变种。

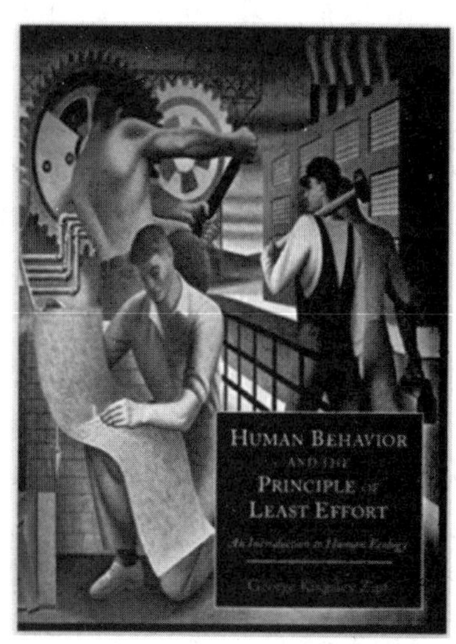

图 3-1 *Human Behavior and the Principle of Least Effort*

3.2.2 最小努力原理的应用

1. 齐夫定律及应用

人类交流、获取和利用信息（Information）、知识（Knowledge）、情报（Intelligence）总是趋向简捷、方便、易用、省力。研究和揭示人类情报行为追求易用与省力的特征、规律可以使情报获取和情报服务的成本最小，效益最大。这里的情报与信息具有不同的含义，是为实现主体某种特定目的，有意识地对有关的事实、数据、信息、知识等要素进行劳动加工的产物。目的性、意识性、附属性和劳动加工性是情报最基本的属性，它们相互联系、缺一不可，情报的其他特性则都是这些基本属性的衍生物。

齐夫在“最小努力原理”思想的指导下，首先对语言学进行了研究，因为这是人类活动很重要的一个方面。按齐夫的说法，当我们用语言表达思想时，就像受到两个方向相反的力的作用——“单一化的力”和“多样化的力”的作用。这两种力的作用表现在人的谈话或写文章时，一方希望尽量简短，另一方面又希望尽量详尽。如从这一观点出发，说话者以只用一个词表达概念最为省力，而听话者以每个概念都能用一个词表达理解起来最为省力。“单一化的力”和“多样化的力”相互作用，取得平衡，使自然语言的词汇出现频次呈双曲线。在现实生活中，人们在读写时越来越多地使用缩略词便是信息交流追求省力的一个很好的例证。

齐夫通过对较长文章中的词进行统计，发现词在一篇文章中的出现次数（频率）按照递减的顺序排列起来（高频词在先，低频词在后），并用自然数从小到大给词频的倒顺序给予等级（高频词等级值小，低频词等级值大），就会发现，等级值和频率值相乘是一个常数，即：

$$fr = c$$

（f 表示词在文章中出现的频数，r 表示词的等级序号，c 为常数）

当然，这里的常数并不是绝对不变的恒等值，而是围绕一个中心数值上下波动的，有时相差很大。

齐夫揭示的这种词频规律，后来被人们称为“齐夫定律”。不过，当时齐夫本人是按“最小努力原理”去解释的。其理由是，在任何语言中，凡是高频使用的词，功能总是不会太大，即词意本身在这个场合中价值小，因而传递它们所需要的努力就不大。

长期以来，**齐夫定律被视为文献计量学的基本规律之一被广泛应用**。研究证实，齐夫定律不仅适用于自然语言，而且适用于人工语言，因而又被应用于情报的组织、存储和检索领域。例如，怎样进行词汇控制、编制什么规模的词表、选用多少词、根据什么选词都必然涉及齐夫定律。学者们按照齐夫的词频分布方法，通过标引实验，找出被标引文献与叙词使用频率的分布特征，最后确定符合使用频率的词，编入词表，再不断根据标引实践反馈修改，使词表既满足实用，又不致规模过大。在自动分类（Automatic Classification）和标引（Indexing）中，频率太高的词和频率太低的词因其在检索中的价值不大都不能用于标引或词表编制，也需要通过对词频进行统计分析，筛选出适于标引的词，或者与一个特定的分类系统比较，进行分类处理。在情报组织中，不同属性的字段（著者字段、篇名字段、主题字段等）都是由词组成的，为了控制一个倒排档的大小，就要考虑倒排档中每一个词在不同记录中出现的次数，加以统计排序，选出最适合的词，将倒排档控制在对信息组织和用户来说都是“最省力”的规模。

齐夫定律所描述的省力法则虽然发源于语言应用领域，但他实际上注意到了这一法则更为一般的意义，各个不同领域中最短路径（Shortest Path）的选择和确定问题都与此有关。例如，企业供应商和库存地点的选择、社区供货点的位置、交通路线安排、通信路线架设等，都涉及最短路径寻求的解决方法。就是在图书情报领域，齐夫定律也不仅应用于语言文字有关的问题，也涉及最短路径的选择问题。已有学者将其应用于设计图书馆、文献中心资料库的排架，以使得资料出纳员在存取资料时所走路径最短。这方面最富想象力和创意的就是提出图书馆或文献中心不按传统的分类排架，而按资料使用次数多少以出纳员为中心按辐射状排架，使用频率最高的资料离出纳员最近，使用频率较少的资料则放到离出纳员较远的位置。齐夫定律还可以帮助我们合理地选择公共图书馆和情报中心的地点位置，使得各类用户能方便到达。现代运筹学已经介入这些问题的研究，并取得了很好的成果，使得齐夫描述的省力法则，可能从经验观察统计上升到严密的科学抽象。

2. 穆尔斯定律及应用

“最小努力原理”一出现，国内外的学者们，尤其是西方的学者纷纷对此进行研究。有的提出了异议，有的则运用于实践，涉及包括信息科学在内的很多领域。在信息研究领域，可以将“最小努力原理”理解为：**人类总是通过信息进行交流，并千方百计采取简单、方便、快捷、易用的手段来获取和利用信息、知识和情报**。

在研究信息用户与用户信息需求过程中，信息的易用性是一个重要因素。为此，美国著名情报专家穆尔斯（Calvin N. Mooers，1919—1994 年）在研究用户利用情报检索系统时概括出一条定律：**“一个情报检索系统，如果用户从它取得情报比不取得情报更伤脑筋和麻烦的话，这个系统就不会得到利用。”**这就是著名的穆尔斯定律。该定律揭示了用户利用情报检索系统的规律。导致用户这种选择规律的原因在于：

(1) 使用情报资料首先必须获得情报资料，这是情报资料的有效性的前提和基础。

(2) 情报资料的有效性对用户来说是一个模糊的概念，用户不可能确定一个关于有效性的明确的检索目标，检索结束以后也无法断定是否检索到最有用的资料。

(3) 用户存在取得的资料总有用的观念。虽然经常发生误检，用户的这种观念却不易改变。

用户对信息的选择几乎都是建立在易于存取、易于利用基础之上的，最便于存取的信息源(或渠道)首先被选用，对质量的要求则是第二位的。可以说，穆尔斯定律完全是依据最小努力原理演化出来的。

许多典型的信息用户调查表明，用户对信息源的选择几乎都是建立在易用性的前提下，便于接近的信息源，将被优先利用，而该信息的质量乃至可靠性却成了次要问题。1996 年，艾伦·福斯特(Allen Foster)建立了寻找情报行为的模型。该模型主要有以下几点结论。

(1) 易用性是用户利用情报的一个决定性因素。

(2) 易用性和明显的技术质量影响着用户对情报源的选择。

(3) 用户对易用性的认识受经验影响，用户熟悉的情报渠道，易用性比较强。

(4) 对一份情报是利用还是谢绝，在易用性后考虑的是质量标准。如果质量上不符合要求，易用性就要贬值。由此可见，情报质量可能而且势必反作用于易用性的评价和看法。

显然，最小努力原则在艾伦模型中得到了集中体现。

1972 年，索普(M. E. Soper)的研究与艾伦的结论也并行不悖。索普利用引文分析法逐一检查、分析了自然科学与社会科学中的每条引文，弄清受引论文位于何处。根据调查结果，受引论文的位置不外乎是：个人藏书、服务单位馆藏、所在单位馆藏、所在城市藏书、外地藏书等。他们采用信函方法，得到 178 件回函，包括受引论文 5175 篇。其中，用户使用的情报资料中有 57%来源于个人信息库，大约 26%来自其单位的图书情报中心，大约 10%来自地理上较难存取的图书情报中心。用户搜寻情报的过程常常是，首先从自己已有的资料中查找，然后转向非正式渠道，取得同行帮助，在用尽了这些办法还不能解决问题之后，才考虑求助于图书馆或情报中心。

1975 年，美国建筑师沃尔曼(Richard S. Wurman，1935—)提出“信息构建”(Information Architecture)这一概念，强调清晰、美观和易用。随后很快将此概念用到互联网上，人们更强调信息构建的可用性，例如，可记忆、可学习、可靠、有效、满意，并将信息构建定义为“组织信息和设计信息环境、信息空间或信息体系结构，以满足需求者的信息需求的一门艺术和科学”。信息构建的核心要素是信息组织系统、信息标识系统、信息导航系统、信息搜索系统。现在，人们又在知识构建上努力，使人们以最小的努力获取、利用信息、知识和情报。

3.3 对数透视现象

3.3.1 对数透视现象的内涵

人类获取和接收信息、知识和情报的认知过程遵循对数转换机制。研究这一转换机制可以揭示物理空间的信息与进入认识空间中的信息、知识和情报之间，信息载体和信息内容之间在数量和特征上的差异，为情报、情报学的定量化提供理论、方法和途径。这一原理看起来似乎很神秘，实际上是普遍存在的人类感官系统对外界物理刺激的反应机制，它描述物理空间的对象特征在人的感觉系统中的影像之间的差异符合对数转换律。

对数透视原理实质上源于实验心理学中的韦伯-费希纳定律。19世纪中叶，德国著名心理物理学家韦伯(E. H. Webor)和费希纳(G. T. Fechner)通过实验验证后提出心理量是刺激量的对数函数，具体公式可表示为：

$$S = k\lg R$$

其中，S 是由外部物理刺激引起的人的感觉量质，R 是物理刺激量，如声音高低、光的强弱、颜色深浅等，k 是常数。

这个定律说明在人类运用感官系统或者神经系统进行认识的过程里，**人的一切感觉，包括视觉、听觉、味觉等，都与对应物理量的强度的常用对数成正比**，而非与对应物理量的强度成正比。

受韦伯-费希纳定律的启发，20世纪70年代末，贝特拉姆·C·布鲁克斯(Bertram C. Brookes，1910—1991)在研究人的信息获取和吸收过程时，引入韦伯-费希纳定律，并进行了大胆的拓展。他写道："如果我们的感官系统按照对数规则工作，那么我们所有的神经系统，包括脑神经系统，都可能按某种对数方式工作。"布鲁克斯称之为**"对数透视原理"(Logrithmic Perspective)，即对象的观察长度 Z 与从观察者到被观察对象之间的物理距离 X 成反比**，并提出了 $Z=\log X$ 的对数假说，在一定程度上较好地说明了知识、信息传递中随时间、空间、学科(领域)的不同而呈现的对数变换。

同时，布鲁克斯假设了一个抽象的信息空间，其潜在的情报均匀分布在其物理线的线性尺度上。令潜在的情报密度为 ρ，观察者处于该空间，并感知过程受到对数透视原理的影响。观察者在物理线上由 a 到 $a+n$，长度为 n 的区间里，该区间的感知信息量为：

$$I_1 = \rho[\log(a+n) - \log a]$$

上式为一维物理线的情报容量计算公式，同理，二维平面、三维空间的感知信息量计算公式分别为 $I_2 = 2\pi\rho[\log(a+n) - \log a]$；$I_3 = 4\pi\rho[\log(a+n) - \log a]$。

事实上，布鲁克斯提出的对数透视原理是建立在一系列假设前提之上的，归纳起来有：

(1) 宏观上信息空间密度均匀，微观上每篇文献包含的知识、信息量相等。

(2) 知识、信息获取者的接受能力相同。

(3) 知识、信息的获取没有其他辅助工具或技术的支持。

(4) 知识的继承性好。

很明显，这些假设都是在当时的信息环境下提出的，属于对数透视原理的经典理论，它很好地解释了传统信息环境下人们信息行为的现象和规律。但是，当前信息网络的出现与信息环境的变化会导致这些假设前提的改变，但传统对数透视原理在解释网络环境下的信息现象和规律方面仍然具有一定的客观性与普适性，而且会有新的表现形式和发展趋势。

简言之，**对数透视原理解释了人们遵循最小努力原理进行信息、知识、情报的获取和吸收这一现象，即时间上寻求最新、空间上寻求最近、学科(领域)上寻求从自己最擅长和最熟悉的领域来查询并获取知识和信息**。产生对数透视的根本原因在于信息的功利性。一般来说，人们最关心、最重视的是与自己的切身利益有关的信息。因此，如果时间上、空间上、学科知识方面或是经济利益方面，距 R 越近、关系越密切，被重视的可能性就越大，信息的表现感觉也就越高。

3.3.2　网络环境下的对数透视现象

1. 空间对数透视现象

空间对数透视描述信息流经由一定空间到达信息接收者 R 后，R 对信息产生的主观感觉。R 在接收信息时一般只关心来自最近的信息源的信息。布鲁克斯的对数假说同样适用于社会信息空间。在社会信息空间中，社会信息流流动的距离不仅是物理空间中的物理距离，而且还包括随信息流从 S 流至 R 所经历的信息栈的多少。根据对数透视原理，在获取信息时，人们平衡物理距离的远近和获取信息的难易程度，来选择一个最佳路径。

传统的空间对数透视原理揭示了在信息空间无论是物理空间还是社会信息空间，人们都对较近的信息给予了较大的关注。一般情况下，人们不会接收较远的信息，其根本原因是功利性决定了人们在获取信息时会遵循最低消耗原则。获取较近信息的比例较高，获取较远信息的比例较低。这个原理是建立在上述提到的 4 个假设条件之上的。但在现代网络环境下，信息和信息环境都发生了很大的变化。**归纳起来，主要有以下一些变化：**

(1) 信息的不同。在传统的信息环境下，信息的更新换代较快，信息呈指数增长，而传统媒体环境则相对成熟，使人们对信息质量有了一定的要求和规范；而在网络环境下，网络信息的数量是急剧增长的，网络的开放性和不规范性，又使信息的质量很难得到保证。

(2) 信息交流条件的不同。在传统信息环境下，人们之间的交流方式受到空间上的限制，随着现代通信技术和网络技术的发展，人与人之间的交流变得越来越便利，越来越高效。越来越多的人通过网络联系，如电子邮箱、MSN 等。交流便利的同时，信息获取和信息共享也变得更加方便，越来越多的信息可以直接通过网络传播。

(3) 信息获取方式的不同。在传统信息环境下，人们获取信息的渠道是有限的，而且效率较低。在网络环境下，获取信息的途径越来越多，如搜索引擎、网络数据库等。而且随着技术的不断进步，搜索工具的检索效率会越来越高。

(4) 信息接收者的能力不同。社会的不断发展也促使信息接收者的能力不断地发生变化，现代社会人在接收信息时具有与较早时期的人不同的特点。

在传统条件下，人们获取信息主要是通过报纸、杂志等纸质载体，想要了解某个知识需要去书店购买或到图书馆借阅某方面的书籍。因此，物理距离的远近是人们选择获取信息渠道的条件之一。例如，对于同样的书籍，人们会选择路程最近的本单位图书馆去借阅，而不会浪费时间去其他远距离的图书馆。而在今天，由于计算机和互联网日新月异的发展，使人与人之间的沟通变得更为便捷，各种各样的信息充斥在网络中，人们足不出户就可以遨游信息的海洋。人与信息源的物理距离已经不再是人们选择信息源的先决条件。在网络条件下，空间的距离可以表现为获得某信息的超级链接的多少以及在搜索结果中的排名等。

根据最小努力原理，通过越多的链接才能获取到的信息，被需求者关注到的概率就越小。也就是说，获取到某信息所经过的超级链接的多少与它被获取到的次数成反比。人们利用搜索工具检索相关信息时，都倾向于先查看排在检索结果中前几页的信息，如果这些信息能够满足检索者的需要，他们就往往就不会再去浏览之后的信息。这就是说，信息在检索结果中排名的先后与它被获取到的次数成反比，排名越靠前的信息，被获取的几率就越大。

因此，空间对数原理在网络条件下同样适用，只是空间的表现形式与传统条件下的空间表现形式有所不同。网络环境对传统的空间对数透视提出了挑战，我们现在的研究已经不能再局限于物理空间和社会信息空间，应该把注意力转移到网络信息空间上来，即研究人们在网络上获取信息的具体行为。

2. 时间对数透视现象

时间变换主要是描述信息沿时间轴的变换。**假定时间轴上的信息都是均匀分布的，根据收信者 R 对信息的接收情况，R 对时间较远的信息接收较少，而对时间轴上较近的信息接收较多**。虽然客观上各时间点上的信息是均匀分布的，但是通过对数变换，比较“年轻”的信息仅仅由于时间较近，在 R 接收信息时就获得了更大优先级。

由于时间的对数变换，会出现两种情况，一是虽然两种或几种信息客观上具有相同的重要性，但在 R 接收时，因为时间相关性的差异，会产生不同重要性的主观感觉。如在人类航天史上，滑翔机的研究成功与喷气式飞机的研制成功具有相当的重要性，但是对于现代科技人员而言，滑翔机的技术信息相对于喷气式飞机的技术信息在重要性方面就相差很多。二是由于对数变换，现代或近代的一些并不重要的信息会被视为与古代的重要信息同等重要。例如，在计算机发展史上，人们常将公元前 1100 年发明的算盘、1642 年 Pascal 发明的加法机以及 IBM8100 相提并论，而事实上，算盘之于人类较之 IBM704 FORTRAN① 更加重要。

随着网络的发展，网络信息的更新速度是传统条件下所不能及的。互联网上每天都有海量的信息产生，同样也有大量的信息老化。在网络条件下，人们对信息的新颖性和时效性相比以前要求更高。

下面做一个简单的抽样统计，从情报学核心期刊《情报杂志》2008 年刊载的所有论文中随机选取 20 篇论文作为样本，统计分析其引用文献的时间，统计结果如表 3-1 所示。通过统计数字可以看出，作者引用距离时间较近，也就是较新的论文篇数较多，发表时间在 5 年之内的引文数目占了总数的大部分比重，而发表时间越长的论文被引用的次数越少。其中，引用 2008 年发表的文章少是由该刊物发文的时滞性引起的，2008 年度刊载的许多论文是 2007 年或更早的时间截稿。

这些数字可以从一方面反映现在的网络环境中，人们对信息的选择依然是符合时间的对数透视原理，在选择信息时，人们依然首先关注到较新颖的信息。因此，无论是过去还是现在，时间对数透视原理都是适用的。

---

① 1954 年，IBM 704 计算机的诞生，是计算机历史上最伟大的进步，并催生了 FORTRAN 语言。FORTRAN 源自于“公式翻译”(FormulaTranslation)的英文缩写，是一种编程语言。它是世界上最早出现的计算机高级程序设计语言，广泛应用于科学和工程计算领域。

表 3-1 《情报杂志》2008 年载文的引文统计

时间(年)	引文篇数	时间(年)	引文篇数
2008	1	1998	6
2007	23	1997	1
2006	45	1996	1
2005	35	1995	1
2004	31	1994	0
2003	14	1993	1
2002	8	1988	1
2001	12	1980	1
2000	4	1977	1
1999	1	1972	1
论文总数	20	引文总数	188

3. 学科对数透视现象

学科对数透视的直接解释是：**各行各业及各种类型的信息接收者 *R* 在选择信息时，最常先选择的是本行业、本学科、本领域的信息，其次是关系最紧密的邻近学科、行业或领域，再次是有一定关系的学科、行业或领域，最后是那些关系很疏远的领域。**如果我们将这种学科(行业或领域)根据相关性做成一幅学科行业地图，同样会发现，在信息交流中，对接收者 *R* 而言，它们也都符合对数透视原则。研究学科对数透视，主要分析的是它与学科知识相关性的关系。

表 3-2 给出了情报学文献引用其他学科文献统计结果。从表 3-2 中可以看出，在情报学中，情报学研究人员在获取信息时，66.76%的信息来自于学科自身，18.51%来自于关系最密切的图书馆学、计算机科学、经济学、哲学、数学及系统科学，余下的 14.73%来自于近 48 个学科，这种分布正是对数透视原理的具体表现。学科的对数变换和科技情报中的核心期刊效应是不谋而合的。它描述了信息接收者在获取信息时的不均匀性，而这为我们根据读者或用户群选择文献或馆藏提供了理论依据。

表 3-2 情报学文献引用其他学科文献统计表

被引学科名称	引文数/条	被引学科名称	引文数/条
情报学	1553	软科学	5
图书馆学	147	生理学	5
计算机科学	76	时事	5
经济学	70	统计学	5
哲学	54	机器翻译	4
数学	44	光学技术	4
系统科学	41	运筹学	3
信息科学	39	思维科学	3
科学学	39	化学	3
语言学	37	工业技术	3
管理学	29	文化	3
中文信息处理	27	传播学	2

续表

被引学科名称	引文数/条	被引学科名称	引文数/条
知识学	18	潜科学	2
社会学	16	历史	2
心理学	15	政治学	2
马列毛著作	13	法律	2
综合科学	11	逻辑学	2
物理学	10	预测学	2
社会科学	9	医学	1
专利	9	档案学	1
声像技术	8	军事科学	1
控制论	7	教育学	1
未来学	7	地球科学	1
新三论	7	文学	1
行为科学	7	摄影技术	1
文献学	6	人才学	1
通信技术	6	其他	1
咨询学	5	—	—

在网络环境下,很多科研工作者已经习惯了从网上直接获取学术资源。由于网络上的信息关联性更强,学科之间的交叉融合就更为明显。同时由于获取工具的影响,与所要检索的主题相近的文献也更容易被检索到,这也增加了利用的可能性。通过互联网可以很方便地查阅各个学科领域的知识,学习和利用其他学科的知识也更为便捷。互联网加速了学科之间的交叉和相互渗透,也使各学科之间的联系更密切。而在传统的信息环境下,实现这些功能是不太可能的。因为人们在查询信息时,会直接查找相关度高的文献源,例如本领域的专业期刊等,而不会费力去找其他专业领域的信息源,所以一些或许有价值但相关度较低的文献不会被利用,例如所谓的"睡美人文献"。

因此可以认为在网络环境下,某学科获取信息时引用其他学科的信息比例会相对较高。为此,可参考一个简单的实证研究。从情报学学科的权威期刊《情报学报》的 2006 年下半年发表的全部文献中随机抽取 20 篇,对其后的参考文献进行初步分析,见表 3-3。

表 3-3 随机抽取《情报学报》20 篇文章参考文献分析结果

统计项	引文数/条	占引文数总数的比例/%
引文数总数	135	100
属于本学科的引文数	60	44.4
不属于本学科的引文数	75	55.6
直接从网络获取的引文数	51	37.8
不从网络直接获取的引文数	84	62.2

由表 3-3 可以得出,情报学领域的科研人员在获取和利用信息时,引用本学科领域的文献数占总的引文数的 44.4%,而引用其他学科的引文数占到 55.6%,并且,直接从网上获取的文献引文数比例就达 37.8%。这说明了网络环境对传统学科对数透视产生了重要影响。

学科之间引文数量越来越多，学科交叉趋势越加明显。

3.4　信息生命周期理论

3.4.1　信息生命周期的内涵

生命周期是生命科学的术语，其本义是指生物体从出生、成长、成熟、衰退到死亡的全部过程。20世纪50年代中期，美国的波兹（Booz）和艾伦（Allen）在《新产品管理》（*New Products Management*）一书中，首次将"生命周期"引入企业管理理论中，提出"产品生命周期"，并将其分为投入期、成长期、成熟期和衰退期等不同销售时期。而后，英国的戈波兹（Kuznets）等人，提出了戈波兹曲线数学模型，开启了产品生命周期理论定量研究阶段。1966年5月，美国哈佛大学的雷蒙德·弗农（Raymond Vernon，1913—1999）教授在《产品周期中的国际投资与国际贸易》（*International Investment and International Trade in the Product Cycle*）一文中提出国际产品生命周期理论，并将新产品的生命周期划分为产品创新、产品成熟和标准化三个阶段。

信息生命周期研究始于20世纪80年代。1981年，美国学者列维坦（K. B. Levitan）首次将"生命周期"引入信息管理理论中，认为**信息或信息资源是特殊的商品，也具有生命周期特征，其包括信息的生产、组织、维护、增长和分配**。1982年，美国学者泰勒（R. S. Taylor）认为信息生命周期应该是包含数据、信息、告知的知识、生产性知识和实际行动的过程。

1985年，美国学者霍顿（F. W. Horton）在《信息资源管理》（*Information Resources Management*）一书中指出，信息是一种具有生命周期的资源，其生命周期由一系列逻辑上相关联的阶段或步骤组成，认为信息资源生命周期体现了信息运动的自然规律，并据此定义了两种不同形态的信息生命周期：**一是由需求、收集、传递、处理、存储、传播、利用7个阶段组成的信息利用和管理需求信息生命周期；二是由创造、交流、利用、维护、恢复、再利用、再包装、再交流、降低使用等级、处置10个阶段组成的信息载体与信息交流信息生命周期。**

然而，信息生命周期理论真正进入主流视野还是源于ISO/TC171文件成像应用技术委员会于2000年10月12日召开的伦敦年会，会议通过的405号决议将ISO/TC46"信息与文献技术委员会"的一个分委员会改为"信息生命周期管理"技术委员会。该决议进一步明确了信息生命周期的概念。指出：**"信息无论是以物理形式还是数字形式管理，其信息生命周期均包括信息的生成、获取、标引、存储、检索、分发、呈现、迁移、交换、保护与最后处置或废弃。"**

此后，EMC（易安信，一家美国信息存储资讯科技公司）、StorageTek、DC等存储服务商也纷纷基于组织管理需求与数据服务层级变化，提出面向企业级数据/信息存储的信息生命周期管理理念，并推出了基于该理念的数据存储与管理解决方案。例如，2004年，世界知名的IT设备生产商EMC公司开始将信息生命周期管理（Information Lifecycle Management，ILM）引入数字存储领域，推出了一系列具有ILM特征的IT产品（存储设备和存储系统）。EMC认为，**数据价值与管理成本随时间发生变化，信息生命周期包括数据的创建、保护、访问、迁移、归档以及回收（销毁）6个阶段。**

信息生命周期理论在信息管理领域得到了蓬勃的发展，各种生命周期模型及基于生命周期的信息与数据资源管理策略与手段纷纷出现。

3.4.2 信息生命周期运动的认识

信息是物质内部结构与外部联系运动的状态和方式。实际上,信息运动既是客观存在的,又是极其复杂的,它由信息内在价值和外部环境等多重因素决定,并具有抽象性、多样性、周期性和阶段性的特征。

1. 信息运动的抽象性

信息运动的抽象性是指信息运动更多的是一种抽象运动而非具体的载体形式变化或物理空间改变,因此无法通过观察直观地看到信息运动,而只能通过信息运动过程中一些外部特征的变化间接对其进行研究。例如,承载信息的图书、期刊从甲地被移动到乙地,此时信息只是随载体介质发生了物理位移,其内容及所包含的价值并未发生变化,信息并未发生运动;而如果图书、期刊所包含的内容被阅读、参考与引用,则认为信息发生了运动。

2. 信息运动的多样性

虽然目前还无法完整地解释信息在其生命周期中的运动轨迹,但从本质上讲,信息生命周期中的信息运动是一种客观状态。在实际信息活动中,这一抽象运动过程又表现为载体变化、空间移动、价值衰减等多种具体形式。因此,通过考察信息在其生命周期中的多样化运动方式,可以分析出信息生命周期运动的阶段性特征与内在运动规律。

3. 信息运动的周期性

信息生命周期之所以被称为“周期”,在于它并非单向单次运动,而是一个周期性循环往复的运动过程。信息自创建到传播再到利用直至处置的完整生命周期中,其价值始终随着生命周期阶段的演进不断发生变化。总体而言,该趋势应当是一个价值逐渐衰减的过程,但此种规律性变化并非一成不变的,而是存在许多不确定性。如处于生命周期晚期价值已严重衰减的信息随时有可能随着某一学科领域甚至某一知识点的突破创新而在极短时间内重新跃迁至活跃期,从而开始一轮新的生命周期循环。随着信息资源数字化与网络化趋势的日益深入,这一现象在数字资源中可能体现得更为明显。因此,要完整地理解信息生命周期,就必须动态地看待信息运动,将其视为一个不断变化的周期性循环过程。

4. 信息运动的阶段性

以往研究者大多是将信息作为一种具有生命的资源,并从管理角度将信息生命周期划分为若干相互关联的阶段。事实上,信息生命周期与信息管理周期就内部阶段组成而言,显然是有差异的;但就其周期的时间跨度来说,通常却是一致的。因此,许多人往往将信息管理阶段混同为信息运动阶段。从本质上讲,两者既存在显著差异,又有着一定关联。

一方面,信息管理活动的阶段性是由信息运动的阶段性决定的,信息的阶段性管理必须依据信息运动的阶段性规律来进行;另一方面,尽管信息运动是客观的,是由内因决定的,但对信息实施不同管理方式与手段却可以影响信息的运动过程。例如,印刷型文献经过数字化加工并通过互联网发布后,其传播方式、范围、速度均会有所改变。

总之,信息生命周期考察的是信息在生命周期不同运动阶段的内在规律,信息生命周期管理探究的则是信息在生命周期中不同阶段的管理方法与策略。与此同时,由于信息生命周期与信息管理周期以及信息生命周期管理均存在着相互关联,因此信息运动阶段与信息管理阶段也存在着密切联系。

3.4.3 信息生命周期理论

1. 信息生命周期的研究对象

信息生命周期的研究对象是信息，其核心是对信息从产生到消亡整个生命周期过程中的运动与变化规律进行研究。

万里鹏的《信息生命周期研究范式及理论缺失》一文认为，**信息生命周期的研究对象是信息运动**。然而信息运动作为信息存在的表现形式，即信息如何随时间、空间而运动变化，其主体归根结底仍然是信息，因此信息生命周期本质上观察的也仍然是信息。所以可以认为，信息生命周期的研究对象既不是信息运动，也不是信息管理，而就是信息本身。

2. 信息生命周期的研究内容

目前来看，**信息生命周期的相关理论问题主要包括**：①不同类型信息的生命周期有何异同；②信息生命周期存在哪些阶段；③信息在生命周期中的阶段递进与跃迁机理如何。对于上述问题，目前还缺乏深入研究，仅停留在初级探索阶段。

信息生命周期的核心在于如何科学地揭示信息运动的内在规律，具体内容包括信息自产生到消亡生命周期中的内在运动规律、运动轨迹及描述方式等。具体来讲，信息生命周期至少应包括以下几方面研究内容。

(1) 信息生命周期运动阶段性理论研究。关于信息生命周期阶段的理论研究始终是信息生命周期研究的热点问题；Taylor、Horton 等相关学者以及国际科技信息委员会、ISO/TC171 文件成像应用技术委员会等国际机构乃至 EMC 等信息存储服务商均对此有过论述。目前，该领域研究的核心问题包括：信息生命周期的阶段划分及依据、阶段之间的内部关联、阶段递进与跃迁的机理、信息生命周期与信息管理周期各阶段的异同等。

(2) 信息生命周期运动影响因素分析。由于信息运动的抽象性、多样性特征，目前还无法直接地改变信息的运动轨迹，但却能够利用信息运动的影响因素分析，结合信息利用结果以及信息之间的显性与隐性关联等，分析信息的生命周期运动并通过改变其影响因素间接对其施加积极影响，从而最终实现科学有效的信息生命周期管理。

(3) 信息生命周期测度研究。目前国内外对于信息生命周期测度问题的研究还相对较少，然而该领域既是信息生命周期理论研究的重要内容，同时也是研究的关键性难点。如果不能在信息生命周期测度领域有所突破，那么相关研究就难以深入开展。既然信息从最初产生到最终消亡构成了一个完整的生命期，那么该生命期的长度应该是多少，如何对其进行测度，这些问题都值得探讨。

(4) 不同类型信息生命周期差异性研究。信息依据其内容、载体形式、传播渠道等可分为多种类型，不同类型信息的生命周期存在显著差异。具体来说，不同载体类型信息的运动轨迹有何异同，不同学科领域信息的生命周期存在何种差异，不同类型信息生命周期的影响因素存在哪些区别，都是需要研究的问题。

(5) 信息生命周期理论的应用领域研究。信息生命周期理论科学地揭示了信息的内在运动规律，为基于生命周期的信息管理与信息利用奠定了坚实的理论基础，因此具有广阔的应用领域。例如,基于信息生命周期内的运动规律对信息采取科学的管理方式和手段,可以改变信息的传播与利用状况,从而促进信息的价值实现,提高信息利用效率。

3. 信息生命周期的研究方法

信息生命周期的研究对象涵盖多种印刷型与数字资源类型,同时研究内容涉及信息老化测度、影响因素分析、信息内在关联的揭示描述等多个领域,因此研究对象的多样性与研究内容的广泛性要求我们必须综合运用各种定性与定量研究方法推进信息生命周期研究,具体方法如下。

1)因素分析法

信息运动及其生命周期均受多种因素影响,如学科领域范围与发展状况、信息增长与老化规律、信息介质类型、信息管理方式方法、用户利用习惯等。因此,必须借助因素分析方法针对各种纷繁复杂的影响因素及其作用方式与影响效果展开综合分析,从而揭示信息运动与生命周期的内在机理,具体分析方法包括:层次分析法、模糊分析法、因子分析法、灰度关联分析法等。

2)信息计量学方法

信息生命周期与信息老化、半衰期之间存在密切关系,同时信息老化曲线也是信息生命周期变化的最直观表征。因此,可以借助引文分析法、电子资源在线使用统计等信息计量学方法,观察和测度信息的老化速度、价值变化趋势等问题,从而为信息生命周期测度进行前期准备与探索。

3)社会网络分析法

社会网络研究发端于二十世纪二三十年代的英国人类学研究,其基本事实是每个行动者都与其他行动者有或多或少的关系,社会网络分析就是要建立这些关系的模型,力图描述群体关系的结构,研究这种结构对群体功能或者群体内部个体的影响。发展至今,社会网络分析已被广泛应用于网络社会关系发掘、支配类型发现(关键因素)以及信息流跟踪,通过社会网络信息来判断和解释信息行为和信息态度。作为一种跨学科研究方法,在社会学、心理学、经济学、信息科学、系统科学与计算机科学的共同努力下,社会网络分析已从一种隐喻成为一种现实的研究范式。利用社会网络分析,能够针对信息生命周期中信息单元之间的内在关联展开分析,从而构建基于信息生命周期的知识网络。此外,还能够研究知识生产者在信息生命周期运动中的角色关联,考察信息价值在生命周期中的转移与流动情况等。

3.4.4 大数据与信息生命周期理论

信息时代下,大数据与信息生命周期理论的联系主要在于以下几点。

(1)大数据技术是一系列收集、存储、管理、处理、分析、共享和可视化技术的集合。而纵观信息生命周期理论的发展及其定义,信息生命周期总会经历信息采集、处理、存储、传播、利用和处置等阶段。大数据的各项技术是信息生命周期阶段推进和周期更替的动力,大数据时代下离开大数据技术,信息生命周期将无法运行,可以说:大数据时代下,大数据技术是信息生命周期的动力和技术支撑。

(2)信息生命周期是以信息采集开始,信息采集最关键是选取合适的信息源,从中获取满足个人需求或企业决策的信息。而在庞大的数据中,对每个信息采集者来说,大部分信息是没有价值的，有用的信息只是其中的很小部分，采集到需要的信息越来越难。并且庞大的数据量仅仅是大数据的重要特征之一，大数据的集成价值、处理效率和持续存取才是关键。大数据技术则会实现对动态、异构、庞大数据的存储和管理，并从中提取出简约的数据集，从而节约信息采集时间，提高信息采集的效率和所得信息的质量，为信息采集人员提供了有别于传统信息源的大数据时代信息源。

(3) 理论指导实践，实践又会反作用于理论。信息生命周期理论揭示了信息价值或利用率在时间上变化的客观规律。而大数据进行信息处理是致力于采用数据实时处理技术，尽早尽快地处理最新鲜的数据，对其进行数据分析，最终输出处理结果。例如，流处理，是大数据信息处理技术之一，其理论支撑便是随着时间的推移数据的价值会不断减少，这些数据所蕴含的知识价值往往也在衰减。而随着大数据时代的到来，离线数据分析向在线实时数据处理分析转变。很多实例则证实，数据的价值会随着不断地被利用而增长，有违信息生命周期理论中有关信息价值的阐述。由此可见，大数据是信息生命周期理论的实践，信息生命周期理论是指导大数据理念产生及其发展的基础理论之一。

3.5　小世界现象

3.5.1　小世界现象的由来

1967年，美国哈佛大学斯坦利·米尔格拉姆(Stanley Milgram，1933—1984，见图3-2)在《今日心理学》杂志上提出了“六度分隔”(Six Degrees of Separation)理论，大意为任何两个欲取得联系的陌生人之间最多只隔着6个人，便可完成两人之间的联系(见图3-3)。今天，该理论也被称为“六度空间理论”“小世界理论”等。

图3-2　米尔格拉姆(Milgram)

图3-3　小世界现象

米尔格拉姆的这一假说是在其完成了一项实验的基础上提出的。当年，米尔格拉姆给内布拉斯加州奥马哈市随意选择的三十多人发信，要求他们把他的这封信寄给波士顿市一个独一无二的“目标”人，分别由每个人独自联系。米尔格拉姆告诉每个发信人通过人传人的送信方式来统计人与人之间的联系程度。首先把信交给实验者 A,告诉他信件最终要送到目标人 S 那里,如果他不认识 S,那么便把信送到某个他认识的人 B 那里,理由是 A 认为在他的交际圈里 B 是最可能认识 S 的。但是如果 B 也不认识 S,那么 B 同样把信送到他的一个朋友 C 那里,……以此类推,信件一步步到达 S 那里。于是信件从 A 到 B 到 C 到……最后到 S 连成一条链,链条上的每个成员都力图把信件寄给他们的朋友、家庭成员、商业同事或偶然的熟人,以便使信件尽快到达目标人。米尔格拉姆发现 60 个链条最终到达目标人,链条中平均步骤大约为 6,由此得出结论:任意两个人都可通过平均 6 个熟人联系起来。这就是六度分隔理论的产生经过。

从严格的科学角度讲,六度分隔理论猜想的成分居多。米尔格拉姆的实验并不十分理想,实验的结果是有 4/5 的信件没有到达目标人。多年来,六度分隔理论虽然一再被提及,但一直没有获得颇具说服力的佐证,六度分隔与其说是一种理论,不如说是一种假说。

2002 年 1 月,也就是在米尔格拉姆进行实验的 30 年后,为了验证"六度分隔"理论,纽约州康乃尔大学的社会学家邓肯·瓦茨(Duncan Watts)和哥伦比亚大学社会学系(Department of Sociology,Columbia University)合作开展了一个"小世界研究计划"(Small World Research Project,SWRP),准备再次重复米尔格拉姆当年的实验。不同的是,这次实验借助的是现代高科技互联网,而且实验规模也扩展到了全球范围。

来自全球 16 个国家超过 6 万人参与其中。所有这些参与者的任务就是,发送成千上万封 E-mail,并让这些 E-mail 最终能够到达指定的 18 名"目标接收者"。但前提是,每封邮件你只能发给认识的人,而且每次只能发一封,而这 18 名"目标接收者"全都是随机选出来的,他们的职业、性别、地理位置各不相同,其中包括一名美国教授、一名澳洲警察,以及一名挪威兽医。

研究人员发现,在绝大多数情况下,人们只需通过 5～7 封 E-mail 就可以联系到"目标接收者",显然"六度分隔"理论所言不虚。不仅如此,实验还表明 E-mail 和互联网的出现并未令人类传统的社交关系发生根本的改变。在这个实验里,互联网只是我们用于传递信息的一个简单工具而已。和那些网络之外的人际关系——例如工作、学校、家庭和社区等相比,E-mail 作为一种社交媒介并无任何特别之处。研究人员还发现,到目前为止,人们用得最多的人际关系是工作关系,而且如果 E-mail 是被转送到某个同性那里,它到达"目标接收者"的可能性会更大。

当"六度分隔"假说被提出的时候,互联网的前身才刚刚诞生,米尔格拉姆可能没有想过有朝一日互联网能够被用于验证他的理论。不论"六度分隔"的确切数字到底是多少,这个世界看上去确实很小,"小世界"由此得名。**小世界现象提示了客观生物运动中某种最为快捷的信息传达传递方式和传导路径**,可用来描述在一定时期内发生的、引人关注的诸多生活事件。小世界现象实质上揭示的是人类信息联系和信息对象之间的相关性,亦即无论世界多么大,人口怎样多,分布如何广,网络结构多么复杂、节点数量如何巨大,都可以通过相关的信息达到最短的路径联系。

3.5.2 小世界现象的研究类型

"六度分隔"现象在学术上称为小世界效应(Small World Effect)。小世界效应的定义是:若网络中任意两点间的平均距离 L 随网络节点数 N 的增加呈对数增长,即 $L\sim \text{In}N$,

且网络的局部结构上仍具有较明显的集团化特征，则称该网络具有小世界效应。这里的平均距离具有广泛的含义，例如，在信件传递实验中，平均距离就是平均传递次数6，具有“六度分隔”现象的网络的 L 值都是6。

对于小世界效应的研究大致可分为两类：一是随机网络；二是著名的W-S小世界网络模型[①]及转化类型。

1．随机网络

对小世界效应最简单的解释是用到已在数学领域得到深入研究的随机网络原理，即网络中节点间的平均距离 L 随网络大小 N 呈对数增长，则随机网络具有小世界效应。因此也有人将小世界效应定义为：具有小世界效应的网络其节点间的平均距离与随机网络中的平均距离之比。

然而，要将随机网络作为现实网络的抽象模型尚存在很大的问题，假设随机网络中某人A有2个熟人，每个熟人又分别有 Z 个熟人，那么A有 Z^2 个熟人，以此类推。但在现实生活中，人们的朋友圈子在很大程度上有重叠性，也就是说，你的两个朋友有可能互相又是朋友。这个重叠特征被称为集团化，而随机网络没有显示集团化或者集团化程度很低，不符合现实网络特征，因此无法用随机网络研究现实网络。

2．W-S小世界网络模型

随机网络不是小世界网络，我们将既具有小世界效应，又具有集团化特征的网络称为小世界网络(Small-World Network，SWN)，它是具有高度的局部集团化和较短的全局平均路径长度的网络，介于高度有序和高度随机之间的一种抽象图。研究者通过理论分析和数值模拟证明：只要使大世界中各连接以很小的平均概率“断链重连”，就可以实现大世界向小世界的渡越，从而基本保持大世界的结构而实现小世界的功能。

W-S模型实质上是具有一定随机性的规则点阵。构建方法是：在环状规则点阵中用“断链重连”的方法，即顺序浏览每条边，以较小的概率 $p(p\approx0.1)$ 将边的一端移到另一个随机选取的位置上，即形成了所谓的小世界网络(SWN)，如图3-4所示。

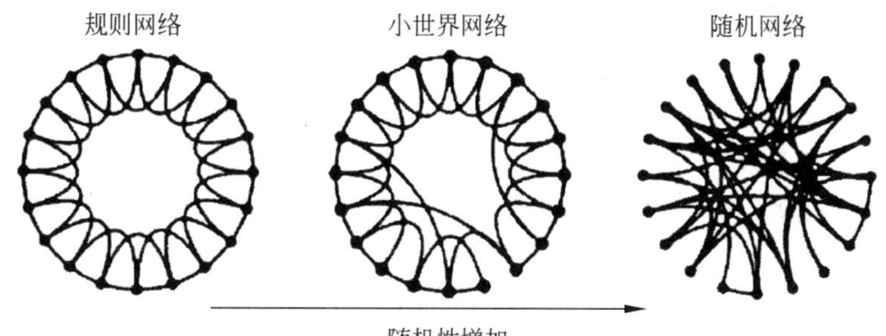

图3-4　规则网络、小世界网络与随机网络示意图

虽然少数边伸展到较远的地方(这些较长的边称为捷径)，但由于 p 很小，模型仍大致维持规则结构，具有较高的聚类系数。另一方面，加入捷径使特征路径长度下降很快，这使得小世界网络的特征路径长度与随机网络的特征路径长度相当。研究显示，现实网络(例

① W-S是两位发现者的名字的首字母。

如，神经网络、社会关系、输电线路）当中，出现远距离连接的捷径的现象很普遍。通过对特征路径长度和聚类系数的测量，瓦茨和史蒂文·斯托加茨（Steven Strogatz）发现，许多领域的合作网络都存在小世界现象，于是断定小世界现象是大型现实网络的内在属性。后来许多学者对 W-S 模型加以改进，提出以较小的概率 p 在网络中将少量边“断链重连”或直接加入少量捷径，保持网络基本不变，而节点之间的特征路径长度则下降很快。这种网络就同时具有短特征路径长度和高聚类系数，实现了由大世界向小世界的转换。

研究表明，小世界网络可以较好地反映现实网络特征，有助于探讨网络结构对网络功能的影响。小世界网络之所以引起各学术界的关注，是因为研究小世界模型有助于理解大型系统的动态属性和其结构特征之间的关系，如小世界网络理论等。

3.5.3 小世界网络现象的应用

小世界网络提出后引起各学术界的关注，在物理、数学、生物等自然科学领域都有较广泛的应用。SWN 以全新的理论思路和有效的技术工具，展现出很强的适用性和广阔的发展前景。

1. SWN 在物理学中的应用

小世界问题研究在物理学上取得了丰硕的成果，例如，传播介质在一个要素间平均分离为 6 的网络中扩散要比在平均分离度为 100 或一百万的网络中快得多，这对于研究信息、疾病等传播具有指导意义。除了理论研究方面，科学家们发现在小世界网络中研究物理问题能够解释许多实际现象。

莫纳森（Monasson）用转移矩阵的方法研究了小世界网络结构上的拉普拉斯算子（Laplace）特征谱。这个特征谱告诉人们，建立在小世界网络结构上的动力体系的普通形式以及动力扩散在小世界网络中的产生方式，而扩散运动可能提供某种社会网络信息传播的简单模型。国内研究者朱陈平和熊诗杰提出了无序量子小世界网络模型，发现存在局域化——退局域化相变，并以此解释了掺杂高聚物中电导变现象。

2. SWN 在生物学中的应用

研究人员通常运用 Bak-Sneppen 物种进化模型（模拟大数量物种间相互作用对进化产生的影响）来描述生态系统，库尔卡尼（Kulkarni）建立了小世界网络结构模型对相同的问题进行了研究，结果表明，基于网络的网络结构，其小世界网络结构模型比 Bak-Sneppen 低维规则模型更接近真实的生态网络。

2000 年，费尔南德克（Lago Fernandek）等研究了 Hodgkin-Huxley 神经元系统的各种基本图形，发现由于网络结构的高度集团化引起系统相干振荡，网络中各点间较短的平均间隔距离使得网络对外部刺激快速做出反应。同时，具有这两个特征的小世界网络（高度的局部集团化和较短的全局平均路径长度）是他们发现的唯一的、但同时具有相干性和快速反应的网络结构形式。

3. SWN 在医学中的应用

目前，运用小世界理论最多、最具成效的研究是疾病传播问题，研究表明：病毒在小世界网络中传播很快，这与实际情况很接近。

库珀曼(Kuperman)和阿布拉姆森(Abramson)建立了 SIRS 动态模型,研究社会结构对疾病动态传播的影响。他们发现对应于一定的人群结构,网络中的连接依概率 p 断开并重新与其他点相连时,被传染的人数从不规则的、小幅度的增加(p 很小)发展到自发的、大范围的振荡状态(p 较大)。其中,当 p 值在 0.1 附近时,传染人数明显增加,显示出小世界效应。由于小世界网络结构是目前描述社会网络结构较好的工具,因此,在小世界网络中研究疾病传播问题极具现实意义。

4. SWN 在经济学中的应用

长期以来,许多经济与管理学家致力于从纷繁多变的经济、管理现象中寻找可能存在的定量规律来指导实践。研究表明,小世界现象同样广泛存在于经济与管理领域中,因此,SWN 模型也是研究经济与管理问题的有效工具。

人们可以将经济与管理等抽象问题转换为 SWN 模型,运用 SWN 分析方法研究模型中网络结构参数对网络功能的影响,以寻求网络功能优化的途径。例如,①分析动态联盟企业的内外部合作关系,其结果表明动态联盟企业具有小世界效应,这是在该领域运用 SWN 进行深入研究的基础;②通过对 SWN 结构及数字特征的分析,人们能定性定量地解释现实博弈问题,解释了双方合作是最佳联合策略的前提下,人们仍会选择背叛的原因,并对不同博弈策略进行了比较;③提出了动态有向 SWN 新产品市场扩散随机响应模型,并对其进行了定量分析。

5. SWN 在交通管理中的应用

我国学者将 SWN 模型引入交通管理领域,以研究小世界网络的数量特征。用成熟的数学与物理理论方法,结合我国社会交通网络的特征,提出符合国情的降低网络平均路径长度的策略方案,开发并实现了基于网络效率理论的网络评估方法和辅助规则技术。这表明:小世界网络理论可以对现实生活中的交通网络规划和测评起到极好的辅助效果。

小结

数据思维需要一些普遍意义的、基础性的思想和原则来指导其在各领域的应用和发展,从而成为其应用的基本原理或逻辑起点。从信息学视角来看,其基本原理主要有最大熵原理、最小努力原理、信息生命周期理论、对数透视现象和小世界现象。

最大熵原理的应用范围非常广泛,可以用来解决随机性或不确定性问题。应用其解决问题的思路是:先将所研究的问题转换为一个概率模型。这样,问题的随机性就表现为概率分布,问题的解决就归结为求一种最佳的概率分布,然后采用最大熵原理求出最佳分布。由此得到启发:凡是带有随机性的问题(不论是哪一领域的),都可以尝试用最大熵的方法加以解决。这就为一些优化、决策、预测问题的解决提供了新的途径和方法。

最小努力原理是人类生态的基本规律之一,它体现在人类社会的各方面。齐夫所描述的省力法则虽然发源于语言应用领域,但各个不同领域中最短路线的选择和确定问题都与这一法则有关。例如,企业供应商和库存地点的选择、社区供货点的位置、交通路线安排、通信路线架设等,都涉及最短路径寻求的解决方法。

对数透视现象则解释了人们遵循最小努力原理进行信息、知识、情报的获取和吸收这一现象,即时间上寻求最新、空间上寻求最近、学科(领域)上寻求从自己最擅长和最熟悉的领域来查询并获取知识和信息。

信息生命周期理论的研究对象是信息,其核心是对信息从产生到消亡整个生命周期过程中的运动与变化规律进行研究。信息时代下,大数据与信息周期理论联系紧密。大数据时代下,大数据技术是信息生命周期的动力和技术支撑,大数据是信息生命周期理论的实践,信息生命周期理论则是指导大数据理念产生及其发展的基础理论之一。

小世界现象广泛存在于信息生产、信息系统、信息获取、信息传递和信息利用过程及信息对象的分布特征中,具有普遍意义和广泛应用性。互联网上的各类网站、网页、网络目录和上网用户之间的有效链接更加展现了任何一种信息载体和信息传递方式都构成小世界网络的强大功能。

讨论与实践

1. 结合自己的思考与理解,谈谈对"熵""信息熵"及"最大熵原理"的认识。
2. 结合自己的思考与理解,谈谈大数据时代"齐夫定律"的应用场景。
3. 你认为"信息生命周期"应该划分为哪几个阶段?数据也有生命周期吗?
4. 举 2～3 例说明大数据时代"对数透视原理"的应用场景。
5. 结合医学和生物学的应用,分析"随机网络"及"小世界网络"对实践的指导作用。

参考文献

[1] 程鹏,李勇.情报概念及相关问题之辨析[J].情报学报,2009,28(6):809-814.
[2] 梁战平.开创情报学的未来——争论的焦点问题研究[J].情报学报,2007,(1):14-19.
[3] 彭知辉.数据:大数据环境下情报学的研究对象[J].情报学报,2017,36(2):123-131.
[4] 李建东,王永茂,胡林敏.最大熵原理及其应用[J].硅谷,2009,(4):42-43.
[5] 曲英杰,孙光亮,李志敏.最大熵原理及应用[J].青岛建筑工程学院学报,1996,(2):94-100.
[6] 王姿砚.论最小努力原则及其应用[J].中国图书馆学报,1991,(4):6-8,87.
[7] 王洵.最小努力原则与齐夫定律[J].情报科学,1981,(2):32-36.
[8] 马费成.论情报学的基本原理及理论体系构建[J].情报学报,2007,26(1):3-13.
[9] 杜彦峰,相丽玲,李文龙.大数据背景下信息生命周期理论的再思考[J].情报理论与实践,2015,38(5):25-29.
[10] 索传军.试论信息生命周期的概念及研究内容[J].图书情报工作,2010,54(13):5-9.
[11] 张俊娜.浅谈网络环境下的空间和学科对数透视原理[J].科技情报开发与经济,2007,(25):116-117,124.
[12] 肖楠,任全娥,胡凤.网络环境下的对数透视原理[J].图书情报知识,2007,(3):60-64.
[13] 翟文姣.网络条件下的对数透视原理[J].中国商界(下半月),2010,(11):383,385.
[14] 朱亚丽."六度分离"假说的信息学意义[J].图书情报工作,2005,(6):59-61,32.

第4章

数据思维模式

质量管理大师爱德华兹·戴明(Edwards Deming,1900—1993)认为:“除了上帝,任何人都应该用数据说话。”随着大数据价值被广泛认识,世界各国纷纷鼓励大数据技术的发展与应用,大数据时代已然到来,改变了以往统计时代(小数据时代)科研、管理、生产、服务的思维模式和创造理念。在我国,《促进大数据发展行动纲要》(国发[2015]50号)提出建立“用数据说话、用数据决策、用数据管理、用数据创新”的管理机制,各个领域都在尝试应用大数据技术与方法探索更符合科学规律的工作与思维模式。

本章将探讨数据思维的模式——全数据思维、容错性思维、实时性思维和相关性思维,以帮助读者更好地理解和运用数据思维。

4.1 全数据思维

在科技水平不够发达的小数据时代,人们发现由于事物内在的联系,可以从少量的数据中总结出事物的特征,从而推动科学技术的发展。然而这种对数据的处理方法很难普适于所有的情况。当我们不得不使用大量的或者全部的数据来寻求事物之间的规律时,时间和统计成本往往又成为工作的难点。缺少大数据的支撑,事物间的关系就难以被发现,特别是当假设条件变化导致因果关系不成立时,使用传统的以小见大的处理方法也就束手无策。但是在大数据时代,数据处理技术、时间成本和存储成本变得很低,无须再被纳入考虑的范畴,我们可以对使用大数据进行研究和分析,利用相对简单的相关关系来反映因果关系中包含的信息,将“以小见大”转变为“以大见小”。

4.1.1 抽样数据:以小见大

大数据提出之前,人们对事物或数据之间的关系了解甚少。但出于认知和解释世界的需要,人们在长期研究分析的过程中,归纳了统计学原理,通过随机抽取一部分数据来进行研究和分析，探寻整体和部分之间的联系，部分地弥补了小数据时代数据分析方式的不足。

统计学原理是基于数据不完全或者数据过于庞大导致无法全面研究和分析的情况，利用事物或数据整体与部分之间的内在联系，通过研究挖掘部分数据的某些特征，达到推测整体特征的目的。当统计的数据规模巨大到无法完全收集全部数据时，人们采用了从总体数据中随机抽取一部分数据进行分析的方法，也就是抽样分析法，这种方法可以根据对采取样本进行分析而推测总体的结论。但是，在越来越多的实验分析中，人们发现这种方法最关键的部分就是样本的采集，样本的类型与研究结论存在正相关的关系。于是，样本采集的随机性越来越被重视，甚至比样本数量更重要，这种采样分析法逐渐成为当时的主流统计方法。随机抽样不仅可以推算、分析整体数据，而且其精确程度很高，这在数据不能被全部收集和分析的情况下算是令人满意的结果。然而，这是小数据时代面对技术水平低下的无奈之举，各种各样的不足也很明显，采样的绝对随机性成为随机采样成功的关键因素，而绝对的随机性却是一件非常困难的事情，分析结果常常因为采样过程的偏差而相去甚远。

另外，随机采样的局限也影响数据的深入分析，特别是在微观领域能发挥的作用有限，采样数据更适用于宏观分析。总之，随机采样是在无法收集和处理大规模（大）数据情况下的折中办法，虽然不能掌握全面的数据，但在把握分析对象的宏观特征方面仍具有优越的性价比。随机采样分析法虽是折中办法，但也是时代的必然产物，而在算力、存储能力、传输能力高速发展的今天，其局限性已显而易见。

4.1.2 全数据：以大见小

大数据时代，我们具有了大规模数据的收集和处理能力，随机采样分析法这种“以小见大”的分析方法逐渐被严谨的科学和应用研究舍弃。把全数据作为对象进行研究分析，得出精准结论的概率更高，在科研、产业、经济、生活中也更具价值。

小数据时代依靠抽样数据的主要缺陷是由于科技水平的限制，即使采取了随机样本，抽样、采集、录入、清洗等操作细节上的疏忽也在所难免，要得到精确的结果也具有很大的随机性，其产生的结论与大数据时代的以全部数据进行研究得出的结论相比，不过是一种无奈的妥协。但**大数据分析数据的思维不同，其处理数据的对象不是随机抽取的部分数据而是研究对象的全部数据，数据的采集、存储、加工、分析，乃至数据挖掘、机器学习等技术日益成熟，通过对全体数据的分析研究，可以更容易把握事物的全貌。**

对于这种全新的分析和研究数据的方法使我们不得不转变思维方式，开启“以大见小”的逆向数据处理方法。另外，此处所说的“**大”不一定特指研究对象绝对意义上数据量的大，本质上是多源、异构、互证、互补的全数据的概指，是某一个系统范围内的所有数据，甚至是跨越多个系统而存在的，是一个理论上的概念。**

因此，“以大见小”运用的数据思维就是通过丰富、全面、多源、互补、互证的大数据构建研究对象的全面信息，勾勒研究对象的完整画像（不同于盲人摸象），探索分析对象间的客观联系的思维方式。近年来的应用表明，“以大见小”的数据处理方法在大数据时代分析事物之间的相关关系方面具有明显的优势，应该善加利用以发掘更多事物之间零碎的、看似毫不相关的联系。

小数据时代的数据思维

1948年辽沈战役期间，司令员要求每天要进行例常的“每日军情汇报”，由值班参谋读出下属各个纵队、师、团用电报报告的当日战况和缴获情况。那几乎是重复着千篇一律枯燥无味的数据：每支部队歼敌多少、俘虏多少；缴获的火炮、车辆多少，枪支、物资多少……

有一天，参谋照例汇报当日的战况，司令员突然打断他：“刚才念的在胡家窝棚那个战斗的缴获，你们听到了吗？”大家都很迷茫，因为如此战斗每天都有几十起，不都是差不多一模一样的枯燥数字吗？司令员扫视一周，见无人回答，便接连问了三句：“为什么那里缴获的短枪与长枪的比例比其他战斗略高？”“为什么在那里俘虏和击毙的军官与士兵的比例比其他战斗略高？”“为什么那里缴获和击毁的小车与大车的比例比其他战斗略高？”

司令员大步走向挂满军用地图的墙壁，指着地图上的那个点说：“我猜想，不，我断定，敌人的指挥所就在这里！”果然，部队很快就抓住了敌方的指挥官，并取得这场重要战役的胜利。

4.1.3　大数据：还原事物间的联系

多数情况下，事件间的联系和规律往往是复杂的、分散的、零碎的，“以小见大”的方法使用抽样数据，无法统观全局，可能难以得到科学的结论。科学研究进展表明，这些分散的现象、事件间并非毫无联系，亦非无法研究其中的联系。如果还依靠传统思维模式的研究方法，根据抽样数据来提出假设、得出结论来探索事物的奥秘，必然失败。

而大数据不仅意味着数据来源多、类型多，更加重要的是，随着各种传感器数据获取能力的大幅提高，人们获取的数据越来越接近原始事物本身，数据维度越来越高。**这些数据形成了针对同一对象的多维描述，能够尽可能客观地还原事物的全部属性**。传统的抽样数据对原始事物进行了一定程度的抽象，数据维度低，数据类型简单，数据的单位、量纲和意义基本统一，造成事物某些属性的丢失。因此，通过分析与挖掘大数据，可以发现时间与空间维度下的人与物、人与人、物与物之间复杂的关联关系，还原事物原貌、探究规律机理、预判发展变化。

这就要求我们必须转变思路，改变思考、分析、研究的思维方式和研究方法，使用“以大见小”的方法来分析数据量庞大、复杂以及分散的事物间的某种联系和规律，全面探索事物之间的联系。通过借助大数据的技术手段，收集与事物相关的全部数据，并以跨视角、跨媒介、跨行业的海量数据为基础，对这些数据进行融合和关联分析，深入挖掘数据间的联系和规律，以能够尽可能还原事物之间的联系。这种方法有别于传统的科学研究方法，是以相关关系为基础来探究大数据的规律和联系。

探索事物之间的联系，关键就在于找准关联物，关联物决定了研究结果的方向和准确性。在以往的研究工作中，想要在庞大的数据量中准确地找出关联物非常困难。但在大数据时代，这个难点在智能机器强大的功能中迎刃而解，智能机器可以通过对数据进行处理直接给出准确度高的研究结果。例如，Google公司利用计算机对5亿个数据模型进行测试，从而准确地检索到与流行感冒相关的词条，来对流行感冒进行趋势性分析。

4.2 容错性思维

目前，人类计算机可以对量级非常大的数据进行存储、传输和分析等，这其中，5%是结构化数据，另外95%都是非结构数据。传统数据执着于精确性的特征导致科学研究数据范围狭小，并且传统思维模式和分析方法无法有效地对非结构数据进行探索研究，无法满足人类现阶段的需求。只有扩大数据研究范围，忽略数据的精确性而接受数据的混杂性，才能真正满足人类生产生活的需求。

4.2.1 允许出现错误

在小数据时代无法收集大量数据来进行研究，在数据量有限的前提下，数据的质量成为保证研究结果准确性的关键。因此，数据的精确性成为信息收集中最重要的指标。在小数据时代，科学家往往在数据测量、收集上花费大量时间和精力，力求精益求精，在此基础上分析出准确的结果。减少误差、避免错误是科学研究中严谨性特征的要求和导向。

在小数据时代，人们对研究数据的要求非常苛刻，严格要求数据的正确性。然而在大数据时代，当数据量达到一定规模和数量时，数据的精确性将不再成为筛选和分析的重点，传统的数据处理方法也不再适用。在数据量庞大的数据库中，只要数据量大到可以保证错误数据对研究结果的影响可以忽略不计，这些错误数据将不再被苛求。所以，大数据时代对数据进行研究和分析，部分数据的错误是可以被接受的。其实，数据量庞大并不只是有数据错误的情况，还有格式错乱等数据混乱的情况，但这也不影响数据分析的研究结果。

互联网信息包罗万象，同一事物不同层面含义各不相同，研究事物就必须研究和分析该事物的所有信息和数据，不可断章取义。**接受混杂，即接受混乱和错误，这是大数据时代的显著特征**，因为大数据时代人们收集的数据种类庞大、信息量广，部分数据的错误及混乱无法影响人们的研究结果，原先对数据准确性的要求已不能适应当下时代的发展。在大数据时代，需要转变思维方式，接受数据的混杂，用概率替代小数据时代对数据准确性的要求，从而适应大数据带来的变革。

4.2.2 混杂的大数据也可能更精确

小数据时代，数据收集因数据总量较少而非常受限，这就要求人们必须提高数据的精确性。同时，为了避免出现偏差，大多数学者还致力于研究各种复杂的计算方式，来帮助提升数据研究结果的合理性和正确性。

20世纪30年代初的"机器翻译事件"就是一个很好的例子。当时，很多科学家将语言的语法规则、词句含义等输入计算机，想让计算机将词句和语法规则自行组合来达到翻译的目的，但结果却差强人意。无论输入的语法规则和词句含义数量有多少，计算规则有多复杂，都始终无法将语言翻译流畅。这个机器翻译，还曾被美国科学院的语言自动处理咨询委员会(Automatic Language Processing Advisory Committee，ALPAC)一度否定并叫停。反复实验证明了一个结论，那就是算法再复杂的小数据始终没有办法解决某些实际需求的问题。

但率先利用大数据的谷歌翻译给了我们一个满意的答案。2006 年，谷歌公司开始进入机器翻译领域。它最早是依靠一个巨大的、繁杂的互联网数据库，也就是全球的互联网，而不再是只利用两种语言之间的文本翻译。各种各样的网络词条，只要是能够在网络上搜索到或者在网络上出现过，都被谷歌翻译系统吸收。到 2012 年年中，谷歌翻译的数据库涵盖了六十多种语言的对等翻译，而且翻译流利、质量最好。其实，谷歌的翻译质量之所以比其他翻译系统更好，并不是因为它拥有一个更好的算法机制，而是因为互联网这个规模巨大的数据库。

事实证明，高精确度的研究数据即使在小数据时代，也无法帮助人们完成数据分析和研究任务，虽偏离不了方向，却也达不到预期。就数据分析而言，混杂的数据必定带来诸多的不确定性，如果只是分析其中的一小部分数据，就必须考虑混杂数据对整个研究结果的巨大影响。但如果分析的数据足够多、足够广，数据的错误和混乱便不再是问题焦点，无法影响和误导我们的研究方向和分析结果。

由此可见，**数据的规模对研究结果的推动作用远高于数据的错误和混乱**。在大数据时代，数据的错误和混乱对研究结果的影响微乎其微，这对社会发展、科技进步、时代更替有着非常重要的影响和意义。当数据量达到一定规模时，混杂不可避免，我们要正确地面对，接受混杂带来的影响，以及由此引发的生产生活方式、思维方式和行为方式的变化，推进整个社会创新、改革、进步的新进程。

4.2.3 接受混杂是趋势

从前，在图书馆借书的体验是不便的，人们必须使用带有精确分类和统计特征的图书馆目录卡片来寻找自己想要的书籍。但是现在图书馆给书籍增加了多个标签，只需搜索某个标签便可以顺利找到所需的相关书籍。由此可见，精确性在某些方面并不是我们所需要的，反而会带来一些烦恼。在常用的图片或者视频分享网站中，每个上传者都可以为上传的图片、视频增加多个标签，以使人们可以方便快捷地查找、搜索和浏览。

互联网已经成为家家户户了解世界、认知世界的快捷通道，互联网应用也层出不穷。人们使用互联网查找某一事物，如果仅依靠事物的精确性去查找，可能会困难重重，由此带来的不便将影响人们对互联网的使用体验。SQL 等结构化查询语言已不再适合大数据时代发展的要求，非关系型、非结构化数据库将是大数据时代数据的主流，其没有固定结构反而方便处理超大量的各种数据。这种数据库更能够接受混杂，也更能够达到我们的预期效果。较为有名的有 Hadoop 及其变种，虽然 Hadoop 没有关系型数据库那么精确，但其运行速度大大提升，信用卡 VISA 公司用 Hadoop 大大缩减了基础业务量工作时间，由原来的 1 个月缩减到 13 分钟。虽然其特性决定了分析结果不够精确，无法用于记录账目，但是当时间成为最重要的考量因素时，Hadoop 就是毫无悬念的不二选择。

接受混杂就是接受海量数据，就意味着人们的数据研究达到了全新的高度。在大数据时代，思维方式也应该随之发生改变，要勇于接受错误和混乱的数据。“以大见小”的逆向思维不仅可以帮助人们认识世界、了解世界和解释世界，还将是一种改变世界的新方法，接受混杂便是“以大见小”的显著表现。接受混杂的数据可以使我们更好地利用大数据，发掘其内在价值，监控、操作和掌控全局。

4.3 实时性思维

以往的档案、广播、报纸等传统数据载体不同，大数据的交换和传播是通过互联网、云计算等方式实现的，远比传统媒介的信息交换和传播速度快捷。大数据对处理数据的响应速度有更严格的要求，实时分析而非批量分析，数据输入、处理与丢弃立刻见效，几乎无延迟。

数据不是静止不动的，而是在互联网络中不断流动。大数据以数据流的形式产生、快速流动、迅速转换，且数据流量通常不是平稳的，会在某些特定时段突然激增，数据的涌现特征明显。这类数据的价值是随着时间的推移而迅速降低的，如果数据尚未得到有效处理就失去了价值，大量的数据就没有意义。此外，在许多应用中要求能够实时处理新增的大量数据，例如有大量在线交互的电子商务应用，就具有很强的时效性。在这种情况下，需要对大数据进行快速、持续的实时处理，而不是延迟、周期性的成批处理。

4.3.1 成批处理方式

成批处理(Batch Processing)是一种把事物集合成组(或成批)，然后一起处理的技术，也是一种操作模式。即对需要处理的数据不做立即处理，待积累到一定程度、一定时间，再将数据成批地输入计算机进行处理。例如，每个月的工资处理需要将请假扣款、加班补助等数据积累到一定时间后，在需要发工资前，进行成批处理；订货系统将一天内收到的订货订单在计算机处理之前集中起来，并做一定的汇总工作，然后加以处理。

成批处理方式包括两个步骤：累积数据或工作、顺序处理数据或工作。因为会在一段时间内收集并累积数据，所以被处理的数据可能不会是最新的。在进行处理过程时，因为没有出现空间、时间，资源会更有效地被利用。成批处理方式适用于固定周期的数据处理，需要收集数据累积到一定程度后再做处理，需要收集大量不同方面的数据后再做的综合处理，多适用于没有通信设备而无法采用联机实时处理的情况。

成批处理系统是成批处理方式的体现和应用，其目的是提高系统吞吐量和资源的利用率。**它的工作方式是：**用户将作业交给系统操作员，系统操作员将许多用户的作业组成一批作业，之后输入到计算机中，在系统中形成一个自动转接的连续的作业流，然后启动操作系统，系统自动、依次执行每个作业。最后由操作员将作业结果交给用户。成批处理系统具有多道(在内存中同时存放多个作业，一个时刻只有一个作业运行，这些作业共享 CPU 和外部设备等资源)、成批(用户和他的作业之间没有交互性，用户自己不能干预自己的作业的运行，发现作业错误不能及时改正)等特点。

4.3.2 实时处理方式

在某些情况下，数据需要立即处理，不能有任何延误，这种就为实时处理，它也是一种操作模式。**实时处理是指计算机对现场数据在其发生的实际时间内进行收集和处理的过程。**

它要求计算机能及时响应外部事件的请求,数据直接从数据源输入中央处理机进行处理,在规定的严格时间内完成对该事件的处理,并由计算机即刻做出回答,将处理结果及时反馈给用户,保证所有实时设备和实时任务协调一致地工作。一般来说,实时处理的程序反应时间是以微秒来作单位。例如,机票订购系统,客户在网络上订购机票,后台服务系统便会检查该航班是否已经被订满,如果已被订满,则显示该航班不可订购,如果并未订满,则接受用户继续订购,并在用户订购后即刻显示预订信息、立即出票。

实时处理方式在实时数据处理的过程中,实时数据库首先要提供高速的数据采集和数据处理,为了适应不同的集成系统,实时数据库要提供高精度的存储格式:对实数型数据点采用双精度表示,对于整数型数据点采用四字节长整型,对时间的存储也必须表示到毫秒一级,时间戳的存储要采用格林威治标准时间以避免时区和夏令时所带来的问题。

实时处理的特点是:接受了工作立即执行,反应时间非常短;系统中的数据是最新的;因为系统要等候使用者的输入,所以系统会有较多的空闲时间。实时处理方式追求的目标是对外部请求在严格时间范围内做出反应,有高可靠性和完整性,资源的分配和调度首先要考虑实时性,然后才是效率。此外,实时处理还有较强的容错能力。实时处理适用于需要迅速响应的数据处理、负荷易产生波动的数据处理、数据收集费用较高的数据处理。

实时处理操作系统(Real-Time Operating System,RTOS)是实时处理方式的体现和应用,是保证在一定时间限制内完成特定功能的操作系统,工作流程如图 4-1 所示。它有硬实时和软实时之分,硬实时要求在规定的时间内必须完成操作,这是在操作系统设计时保证的;软实时则只要按照任务的优先级,尽可能快地完成操作即可。通常使用的操作系统在经过一定改变之后就可以变成实时操作系统。例如,可以为确保生产线上的机器人能获取某个物体而设计一个操作系统。在“硬”实时操作系统中,如果不能在允许时间内完成使物体可达的计算,操作系统将因错误结束。在“软”实时操作系统中,生产线仍然能继续工作,但产品的输出会因产品不能在允许时间内到达而减慢,这使机器人有短暂的不生产现象。

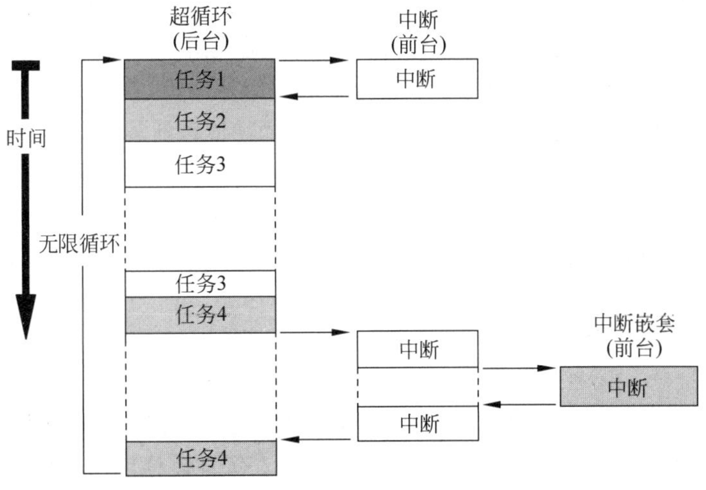

图 4-1 实时操作系统工作流程

一般来说,实时处理系统比成批处理系统的运作更为复杂,它具有以下三个主要特点。

(1) **高精度计时系统**。计时精度是影响实时性的一个重要因素。在实时应用系统中,经常需要精确确定实时地操作某个设备或执行某个任务,或精确地计算一个时间函数。这些不仅依赖于一些硬件提供的时钟精度,也依赖于实时操作系统实现的高精度计时功能。

(2) **多级中断机制**。一个实时应用系统通常需要处理多种外部信息或事件,但处理的紧迫程度有轻重缓急之分。有的必须立即做出反应,有的则可以延后处理。因此,需要建立多级中断嵌套处理机制,以确保对紧迫程度较高的实时事件进行及时响应和处理。

(3) **实时调度机制**。实时操作系统不仅要及时响应实时事件中断,同时也要及时调度运行实时任务。但是,处理机调度并不能随心所欲地进行,因为涉及两个进程之间的切换,只能在确保"安全切换"的时间点上进行,实时调度机制包括两个方面,一是在调度策略和算法上保证优先调度实时任务;二是建立更多"安全切换"时间点,保证及时调度实时任务。实时操作系统工作流程如图 4-1 所示。

4.3.3 两种处理方式对比

成批处理方式的优点是资源利用率高,系统吞吐量(系统在单位时间内所完成的总工作量)大;缺点是平均周转时间(从作业进入系统开始,直至作业完成并退出系统为止所经历的时间)长,且无交互能力(用户一旦将作业提交给系统,直至作业完成,用户都不能与作业进行交互,这对修改与调试程序均是不方便的)。

实时处理方式强调人机交互,能够边运行边修改。允许多个用户通过自己的终端,以交互的方式使用计算机,并共享计算机的资源。当用户使用计算机时感觉是自己独占主机,不仅能够随时与计算机进行交互,并且感觉不到其他用户也在使用该计算机。目前,实时处理系统中,人与系统的交互仅限于访问系统中某些特定的专用服务程序,而不是所有服务程序。同时,实时处理要求系统具有高度的可靠性。因为任何差错都可能带来巨大的经济损失。实时处理操作系统中往往采用多级容错机制,来保障系统的安全性及数据的安全性。

实时处理系统区别于成批处理系统的是,作业不是先进入磁盘,再调入内存,而是直接进入内存。其次,成批处理系统中为一个作业长期占用处理机,直至它运行结束或者是出现I/O 请求时,方才用处理机来处理其他作业,从而调度其他作业运行。而实时系统中采用每个作业只运行一个时间片,然后立即调度另一个程序运行,因此如果在不长时间内保证所有的用户都执行了一个时间片的时间,那么便可使得每个用户都能够及时地与自己的作业进行交互,从而可以使得用户的请求得到及时响应。

4.4 相关性思维

大数据的思维方式根据实践活动的改变而产生变化,那么,如何解释和改变世界成为研究的突破口和切入点。哲学研究领域及应用范畴中,"有因必有果,有果追其因"的"因果理论"出现频繁,该理论已经成为人类解释和认知世界的一个必不可少的重要工具。"因果理论",即"因果关系",通常是指世界上客观事物在普遍联系中存在的一种相互影响、相互制约、承前启后的关系。无论是哲学研究还是生活应用，因果关系通常被人们用来解释某件事情的原因和结果，应用非常广泛。可以说，因果关系在人类思维模式中占据着重要地位。然而，在科学技术发达、大数据盛行的时代，因果关系并不能完全发现和解释诸多客观事物、客观数据之间存在的普遍联系，相关关系逐渐替代因果关系登上舞台。

4.4.1 相关关系

小数据时代，当对整个环境和所有对象进行研究分析时，人们追求真理的常规思路与解答数学题惊人相似，即大胆假设，小心求证。只有这样，客观规律才能被不断地发现，并加以利用推动科技的发展，因果关系在整个社会发展的过程中功不可没。但这种方式的局限性在信息时代、大数据时代越来越突显。究其原因，这种既知结果反过来寻找原因最普遍的做法就是大胆的猜测和假设，为了证明假设的合理性，不仅工作量巨大，花费时间较长，而且假设一旦出现偏差，将会是差之毫厘谬以千里。为了节约时间，提出的假设往往并不是想当然的将两个毫无关系的事物联系在一起，而是根据其变化规律、因果关系和已经存在的因素来大胆地提出比较合理的假设方向，并用大量的证据和事实来验证假设是否成立。

然而在大数据时代，这种因果关系假设法存在诸多弊端，许多看似无关，但实际上有着复杂的、深层关联的和隐藏较深的规律会因为这种假设而被遗漏，难以被发现和研究。更不容忽视的是，环境是复杂多变的，如果存在因果关系的两个事物被转移到不同的环境下这种因果关系随之消失了，我们该怎样通过这种假设方法进行研究呢？所以，许多的研究都是在某种假设出来的完全理想的环境中被证明的，而如果这种理想环境消失而导致研究结论不符，人们又只能再提出一个个假设来验证，才能确定到底是哪一种因素的变化引起结论的改变。

由此可见，因果关系有其无法弥补的缺陷，不能用来解决所有事情。因果关系推动了现代科学技术的发展，具有重要的意义。但在大数据时代，因果关系已经无法满足人们探索世界和认知世界的诉求，只能将注意力转移到具有全面性和科学性的相关关系中去。《大数据时代》一书中指出，**相关关系的核心就是量化和研究两个或多个数据值之间存在的数理关系**。相关关系强，则是指当一个数据发生增减变化时，另一个数据也会随之发生变化的情况。相关关系弱，是指当一个数据发生增减变化时，另一个数据没有引起相应变化的情况。

大数据时代，诸多事物之间的关系得以被发现和挖掘。例如，"物联网"就是在传感器的广泛应用中形成的，任何相关或者无关的数据，不但可以被收集起来加以分析处理，而且还可以清晰地看到数据间存在的任何强相关或者弱相关的相关关系。我们不仅可以直接从数据中挖掘事物间存在的某种联系，还可以直接从数据分析中来获得这种联系的具体方向和类型，无须假设求证，可节约大量时间和精力。我们甚至还可以将大量数据集中在一起去分析，即使看似毫无联系的数据或者是某范围之内的全部数据都可以被集中起来加以分析，这是小数据时代无法实现的。身处大数据时代，必须创新、变革研究技术和研究方法，充分挖掘数据之间的相关关系，简要分析并得出有效结论，以求获得重大的进步和突破。

4.4.2 相关性思维的应用

相关关系带来的新思维模式既帮助我们重新认知和解释世界，也推动了我们改变世界的进程。在诸多领域，如生产学习、生活应用，甚至是企事业单位及政府的运作方式中，都得到广泛应用，并产生了巨大影响和变革。看似毫不相干的事物之间因相关关系而被联系和集中到了一起，推翻了“隔行如隔山”的传统理论，打破了传统思维方式的枷锁。

数据是一种新的生产资料，在社会高速发展的今天，多数企业已经将具有相关关系特征的诸多数据分析应用于企业内部各个领域，例如，亚马逊购物网站的图书推荐系统、各知名汽车 4S 店推行的 UPS 汽车修理预测系统，以及国际卖场沃尔玛超市商品的分类及摆放顺序。这些行为方式都是对消费者的诉求和实际情况做数据统计和分析，发掘事物之间的某种联系，即相关关系，并进行具体应用。

亚马逊购物网站的图书推荐系统是依靠分析消费者在阅读、浏览和购买的书籍之间的相关关系，来预测其他阅览同类书籍的消费者的购买需求，进行页面位置调整和图书推荐。这个推荐系统提升了亚马逊图书的销售业绩，创造了三分之一的销售额。而 UPS 汽车预测系统则是通过对汽车监控系统收集到的数据进行分析，并预测汽车的具体使用情况，从而帮助汽车所有人了解汽车可能出现的隐患，防患于未然，可以节省几百万美元的车辆维修和检查费用。沃尔玛作为全球最大的连锁超市，对商品销售的周期性，或者与其他商品摆放在一起的销量变化等数据进行研究分析，合理利用这些相关关系以提高销售业绩。与此同时，使用相关关系分析事物之间的联系不仅对生产生活有着巨大的作用，对政治上的巨大影响和改变，也受到了美国奥巴马政府及其大数据分析团队的高度认可。

不难看出，在大数据应用中使用相关关系分析得出的结果都是可以被直接运用的，这些结果既是准确的又是有效的，不论环境怎么改变都是适用的。并且人们可以省去用因果关系的思维方式去假设和验证其合理性和内在规律准确性的烦琐环节。大数据时代的到来，使许多行业的行为方式发生了重大改变，依靠挖掘数据间的相关关系来提升工作效率，简单来说是优化了人类的生产生活方式，但究根溯源，实质上还是人们思维方式的改变，**采用相关关系的思维模式来认识和解释世界，运用大数据分析等诸多相关关系衍生手段来改变和创造世界**。

4.4.3 如何处理两种关系

在实践的指导下，大数据时代思维方式的改变是辩证的、革命的，对于各种思维方式，我们应“取其精华，去其糟粕”，吸收保留其优势。

对于如何处理因果关系和相关关系二者之间的关系，我们不能以片面、偏激的态度去处理，而应当正确地运用和处理两种关系。虽然相关关系是科技发展到今天的必然成果，但我们不能因此舍弃因果关系证实的理论体系。这两种研究方法在不同的领域和研究对象上可以结合实际情况进行择优选用，扬长避短，以发挥自身的优势。我们可以把这两种关系结合，**利用相关关系对大量数据进行分析处理挖掘出正确的结论，再利用因果关系深入探索其中的因果联系**。

因果关系是社会发展和科技进步的基石，推动了科学技术的不断进步和创新，甚至对人类进步都有着不可磨灭的功劳。相关关系是大数据发展的产物，同时又推动了大数据的研究工作，其优势显而易见，我们应该更加积极地去发掘和应用它的潜力。因此，为了加快科研和社会进步的步伐，我们既不能因为当下相关关系的兴起而完全否定因果关系的重要性，也不能不负责任地对这两种关系进行优劣批判，我们应该辩证地看待这两种关系各自的优缺点，选择合适的思维模式去发现并解决问题，以发挥二者之间相辅相成的作用。

小结

大数据开启了重大的时代转型。在大数据时代，人们在处理数据的理念上发生了四大转变：要全体不要抽样，要效率不要精确，要实时不要累积，用相关理解因果。这些理念上的变化引起了人们认识世界和改造世界的思维方式的变革。

首先，要分析与某事物相关的所有数据，而不是依靠分析少量的数据样本。在小数据时代，因为记录、存储和分析数据工具、方法的局限，人们只能收集少量数据进行分析，随机采样方法应运而生。而在大数据时代，数据处理技术发生了革命性变化，我们具有了大规模数据采集和处理能力。随机采样分析法这种“以小见大”的分析方法逐渐被严谨的科学和应用研究舍弃。我们需要的是所有的数据，即“样本＝总体”。把全数据作为对象进行研究分析，得出精准结论的概率更高，在科研、产业、经济、生活中也更具价值。在某些特定的情况下，我们依然可以使用样本分析法，但这不再是我们分析数据的主要方式。

其次，我们乐于接受数据的纷繁复杂，而不再刻意追求数据的精确性。执着于精确性是数据缺乏时代和模拟时代的产物，大数据研究的数据范围广、数量庞大。只有少量的数据是结构化数据且能适用于传统关系型数据库的，存在错误的数据在所难免，例如数据格式的不同。如果不接受混乱的数据，可能95%以上的非结构化数据都无法被利用。所以，对大数据的研究在数据的精确性和混杂性方面都放宽了要求。在大数据的研究方法下，以前难以解决的问题变得清晰明了，只有接受数据的混杂性，才能打开新世界的窗户。

再次，要对大数据进行快速、持续的实时处理，而不是延迟、周期性的成批处理。互联网络中数据流的不断产生、快速流动、迅速消失，且数据流量通常不是平稳的，数据的涌现特征明显。这类数据的价值是随着时间的推移而迅速降低的，如果数据尚未得到有效处理就失去了价值，大量的数据就没有意义。这就要求我们用实时性思维看待某些数据问题，追求数据处理的时效性，以更好地挖掘数据价值，满足用户需求。

最后，我们的思想发生了转变，不再探求难以捉摸的因果关系，转而关注事物的相关关系。“有因必有果，有果追其因”的“因果理论”是人类解释和认知世界的重要工具，推动了科技发展和人类社会的进步。然而，在科学技术发达、大数据盛行的时代，因果关系并不能完全发现和解释诸多客观事物、客观数据之间存在的普遍联系，用相关关系来理解因果关系的思维登上舞台。透过更细粒度的相关关系，理解事务之间因果关系的焦点，理解事务之间的广泛、细微、有机与动态的联系。但我们不能因此舍弃因果关系证实的理论体系，这两种研究方法在不同的领域和研究对象上可以结合实际情况进行择优选用，应该正确处理好这两种关系，以发挥二者之间相辅相成的作用。

讨论与实践

1. 结合自己的思考与理解，谈谈对“全数据思维”的认识。
2. 结合自己的思考与理解，谈谈对“容错性思维”的认识。
3. 结合自己的思考与理解，谈谈对“实时性思维”的认识。
4. 结合自己的思考与理解，谈谈对“相关性思维”的认识。
5. 结合案例，谈谈应如何处理“因果关系”和“相关关系”二者之间的区别与联系。

参考文献

[1] 张安法. 大数据时代要有大数据思维[N]. 中国国防报，2015-06-25(003).

[2] 郑征征. 大数据对思维方式的改变研究[D]. 成都理工大学，2017.

[3] 新玉言. 大数据：政府治理新时代[M]. 北京：台海出版社，2016.

[4] [英]维克托·迈尔·舍恩伯格，肯尼思·库克耶. 大数据时代：生活、工作与思维的大变革[M]. 盛杨燕，周涛，译. 杭州：浙江人民出版社，2013.

第5章

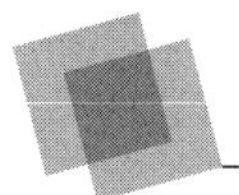

数 据 生 产

近年来，随着云计算、互联网、物联网等新兴信息技术的发展，社会的数据规模在急速增长，人类社会进入了“大数据时代”。据国际数据公司(IDC)预测，到 2025 年，全球数据圈(数字化存在，即地球在任何一年时间内创建、捕捉和复制的全部数据总和)将扩展至 163ZB(1ZB 等于 1 万亿 GB)，相当于 2016 年所产生 16.1ZB 数据的 10 倍，这些数据将带来独特的用户体验和众多全新的商业机会，成为数据生产工作面临的机遇与挑战。现如今，数据生产的现象、场景越来越多，主动生产数据的重要性越来越高，构成诸多组织转型升级的基础。可以断言，任何组织都有数据生产的必要性和能力，成功与否则取决于其数据思维的养成。

本章将探讨数据生产的概念、数据生产的特点、数据生产的目标、数据生产的阶段、数据的生产源等内容，以使读者对数据生产有深刻的理解和认识。

5.1 数据生产的概念

简单来说，**数据生产就是创造新数据或者以数据材料、原始数据为基础加工成为新的数据或数据产品的过程**。

对于数据采集，读者想必并不陌生，而对于数据生产，却是一个新鲜概念。数据采集与数据生产的不同在于，生产数据是从无到有的过程，而数据采集则是从有到获取的过程。

那么，该如何具体理解数据生产呢？可以从数据生产的形式来理解其含义(见图 5-1)。数据生产有不同的形式。

第一种，用户生成内容形式(User Generated Content，UGC)。例如，淘宝的用户评论，就是一个用户数据生产的过程。淘宝提供了一个数据生产的平台，设定好了生产的模式，用户在淘宝平台上评论，从无到有地生成新的数据。类似的数据生产还发生在不同的场景下，例如人们因为支付行为创造的支付记录数据，搜索信息时生成的浏览记录，微信微博等社交媒体自发的评论数据等，这些都是用户参与数据生产的形式。可以说，UGC 是典型的数据生产模式。

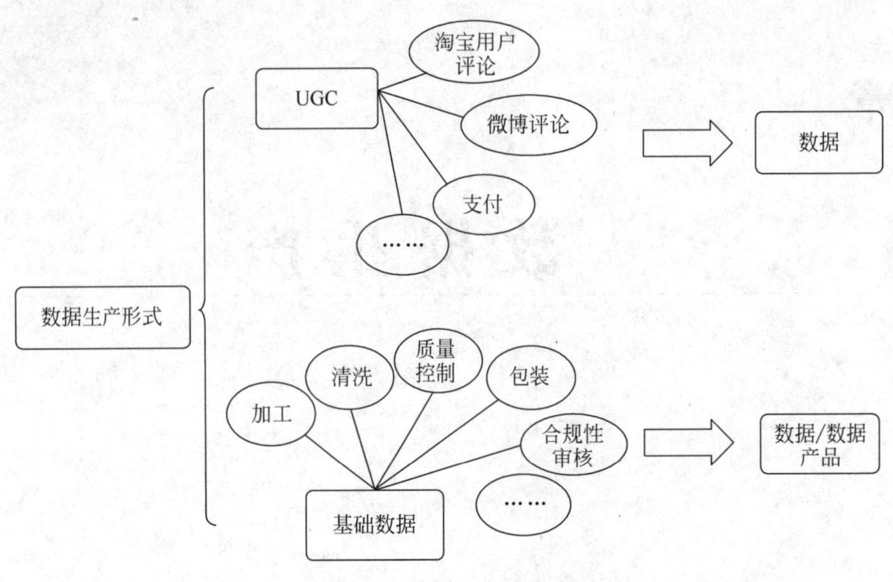

图 5-1　数据生产的形式

第二种，数据产品生产，是将数据材料或者原始数据加工成为数据或数据产品的过程。在数据的分析过程中，常常需要一些数据的基础产品，如清洗过的数据集。从杂乱的数据到形成清洗过的数据集，也可以认为是一种数据生产的过程。这样就大大丰富了数据加工的内涵。人们既可以对数据进行加工，也可以对它清洗，还可以对它包装、质量控制、合规性审核等，从而形成新的数据产品。事实上，这个过程可以进行的工作很多，用生产来代替采集，将"采集"的内涵更多地挖掘出来，让人们更清楚采集的过程中有哪些创新性的工作，进一步改变和改进生产模式，让数据价值的创造更加有深度。

政府开放数据是数据生产的一个典范。政府部门作为最大的数据生产者和收集者，掌握大量的社会(或公共)数据。随着大数据时代的到来，拥有丰富数据的各国政府开始从信息公开走向数据开放。美国是政府数据开放的领导者，2013 年，美国数据开放门户网站 Data.gov 上线，美国联邦政府在网站上公开了包括农业、经济、医疗等来自美国联邦政府各个机构的全面数据。美国联邦政府收集数据的类型主要有三种：一是业务数据，如公民的户口身份信息、企业注册信息等，这部分数据在政府的业务管理中被动产生；二是民意、人口等统计数据，以投入人力、财力、物力的方式主动收集产生；三是气象等环境数据，以传感器等设备主动收集。这三类数据形成了美国政府开放数据的原始数据，联邦政府将各个部门的数据，经过数据脱敏、解密等技术，整合加工形成一个个机器可读、标准化、高价值的开放数据集。

从原始数据到开放的数据集，形成了政府的数据产品。这些开放数据公开供用户进一步开发使用，例如，美国的 GPS 数据开放后，带动了汽车导航、精准农业、通信等一连串的生产和生活服务创新；美国首都华盛顿，利用公安部犯罪记录和交通部门开放共享的数据，开发出了提示公众避免进入犯罪高发区域和提高警惕的手机短信应用，从而降低犯罪发生概率，维护社会治安。

大数据研究专家托维克托·迈尔·舍恩伯格曾说：**"世界的本质是数据，千千万万不起眼的小数据组成了大数据"**。随着大数据浪潮来袭，"人无我有""人有我优"的数据源成为打通大数据应用落地过程中的关键点，拥有原始数据也就具备了数据生产的基础。以百度、阿里巴巴、腾讯(简称 BAT)为代表的中国互联网企业,在数据领域各有千秋,百度的搜索数据、阿里巴巴的电商数据、腾讯的社交数据,即便放到世界范围来看,我国数亿网络用户产生的数据规模都不容小觑。这些互联网企业利用自己的原始数据生产出各自的数字产品,如百度公司以百度海量网民行为数据为基础,打造了百度指数这一数据分享平台,它能够告诉用户某个关键词在百度的搜索规模有多大,一段时间内的关注度涨跌态势、相关的新闻舆论变化、关注这些词的用户的人群画像,包括其地域分布、年龄、性别、兴趣分布,以及关键词的相关需求图谱,帮助个人用户和企业用户优化数字营销活动方案等,百度指数自发布之日便成为众多企业营销决策的重要依据。阿里巴巴利用网站每日运营的基本数据,包括每日网站浏览量、每日浏览人次、每日新增供求产品数、新增公司数和产品数这 5 项指标,开发出阿里指数数据分析平台,帮助人们观察并预测电子商务平台市场动向。百度指数、阿里指数搜索界面如图 5-2 所示。

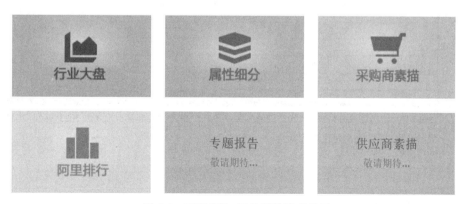

图 5-2 百度指数、阿里指数搜索界面

“数据”作为企业和公共组织越来越重要的资产,就像当年“知识产权”对于企业资产形态的突破以及由此带来的企业进步发展一样,将历史性地改变着企业资产的理念和进步发展的历程。如何利用原始数据生产出新的数据或数据产品，在获得经济利益的同时，让数据价值得到充分发挥，已经成为大数据时代重要的能力之一。

5.2 数据生产的特点

大数据时代数据的产生与生产模式都发生了变化。数据产生的时间、空间、场景等要素更加细密，呈现全时段、大空间与多场景的特征。

1. 数据生产的实时性和移动性

大数据时代的数据呈现出移动性和实时性的特点。随着各种信息技术的发展，联网设备每时每刻都在运作、在线的人们随时随地都可以生产数据。以流文件数据、传感器数据和移动设备数据为代表的实时数据快速流动，速度成为区分大数据与传统数据的重要特征。从电网、供水系统到医院、公共交通及道路网络，实时数据的增长在数量和重要性上都显得极为引人注目。数据已成为消费者、政府和企业日常各方面顺利运作的关键要素。无论何时何地需要数据，人们都希望数据即时可用，这一趋势正变得越来越明显。在实时的海量数据面前，更要求实时分析。

据IDC报道，未来几年，移动数据和实时数据都将呈现出强劲的增长势头。移动数据将继续保持自身在数据创建中的占比，实时数据在总体数据创建中的占比则将增长1.5倍。实时数据的使用可能(但并非必然)涉及移动设备。例如，生产车间的自动化机器虽然固定不动，但也有赖于实时数据以实施工艺控制和改进。实际上，绝大多数实时数据的使用将由物联网设备驱动(见图5-3)，到2025年，在全球数据圈创建的数据中，超过四分之一的数据在本质上都是实时数据，而物联网实时数据将占这部分数据的95%以上。

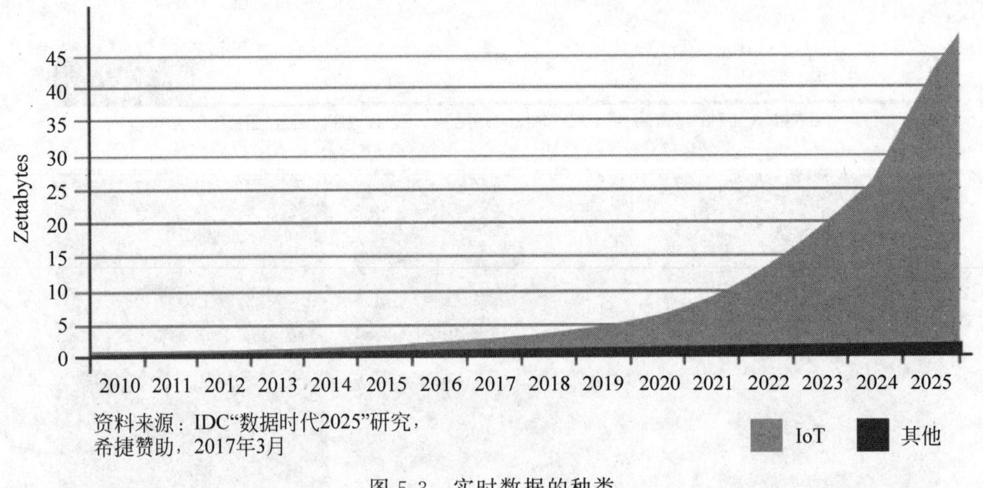

图5-3 实时数据的种类

2. 数据生产的空间跨度大

大数据时代产生了大量描述在不同时空下不同个体行为的空间大数据，例如手机数据、出租车数据、社交媒体数据等。这些数据为人们进一步定量理解社会经济环境提供了一种新的手段。借助于各类空间大数据，可以研究人类的时间、空间行为特征，进而形成解释社会经济现象的时空分布、联系及过程的理论和方法。例如，通过社交媒体数据获取人们对某个场所的感受、评价，得到人们对地理环境的情感和认知；再如，基于出租车行驶记录、签到打卡等数据获取海量移动轨迹，得知人们在地理空间中的活动和移动范围；以及基于手机数据获取用户之间的通话联系信息，了解个体之间的社交关系。由于空间大数据包含海量人群的时空间行为信息，使得人们可以基于群体的行为特征揭示空间要素的分布格局。

3. 数据生产的场景多

数据的产生与使用呈现出多场景的特点。以淘宝评论为例，商品交易完成，用户对产品进行评论，一方面，其他用户在购买这一产品时可以查看评论，根据评论的好坏来决定自己购买与否；另一方面，淘宝可以收集所有的评论，将评论数据以一定的价格出售给需要的商家用户，商家对评论进行数据分析，从中挖掘出用户对产品的使用体验，获得该产品的优缺点，以不断改进及时调整自己的产品战略。同样都是评论数据，在不同场景下对不同用户发挥着不同的作用。

5.3 数据生产的目标

5.3.1 采集全量数据

数据是对人类生活和客观世界的测量和记录。过去，因记录、存储和分析数据的工具较为落后，故只能收集少量数据进行分析。数据的采集与生产多以业务为导向，即根据需求去收集所匹配的数据，并且为了让分析变得简单，通常会将数据量缩减到最少。因此，随机抽样一直被公认为是统计时代最有效率的数据分析方法，抽样的目的是用最少的数据代表最准确的信息。大数据时代，随着信息技术的进步，各种传感器和智能设备的普及，能实现数据的实时监测和数采集、传输，人们可以轻易地获得海量数据，选择收集全面而完整的数据进行分析，有助于深入地透析数据，更全面地分析和把握事物的特征和属性，这是传统的随机抽样法无法达到的效果。

1948年，杜鲁门和杜威竞选，盖洛普通过抽样调查预测杜威将当选，结果让所有人都大跌眼镜。其失败的原因在于，抽样调查需要经过问卷设计、信息收集、数据分析等多个步骤，导致其数据滞后于真实情况。在最后两周里，盖洛普不得不停止调查，而杜鲁门恰恰在最后的关头扭转了乾坤。在大数据时代，对谁将当选总统的预测已经出现了新方法：在投票前后，对社交媒体的数据进行挖掘，可以较为准确地预测出谁能当选，如有人通过挖掘Twitter、Facebook等数据，准确预测到奥巴马的当选。这种基于网络数据的挖掘，不需要制定问卷，也不需要逐一调查，数据获取的成本低廉。更重要的是，这种分析是实时的，没有滞后性，所以有越来越多的科学家相信，因为大数据的出现，统计科学将再次发生革命，进入统计2.0时代。**事物的诸多真相往往藏匿于细节之中，而随机抽样方法无法捕捉到这些细节**。因而要采集全量数据，把数据材料、原始数据中有价值的数据尽量全都保留下来。

全量数据采集指尽可能采集所有数据。除了单位内部纵向不同层级、横向不同部门间的数据积累外，还应注重相关外部单位的数据储备，以实现创新应用所需数据全集的流畅协同。实际上，数据只需在纵向上有一定的时间积累，在横向上有细致的记录粒度，再与其他数据整合，就能产生较大价值。以餐饮行业为例，绑定会员卡记录顾客消费行为和消费习惯,记录顾客点菜和结账时间,记录菜品投诉和退菜情况,形成月度、季度和年度数据,进而判断菜品销量与时间的关系、顾客消费与菜品的关系等,为原材料和营销内容、策略等方面的调整提供决策依据。此外,餐厅还可以与附近加油站建立数据分享协议,主动为就餐时间范围内加油的客户推送餐厅优惠信息,以提升利润空间。当然,将世界上所有产生的数据全部记录下来是不现实的,因而这里的全量数据采集是指在满足应用需求前提下,基于适当的成本,把观测对象在连续时空里的数据全部记录下来。

5.3.2 发现数据的新价值

大数据呈现出了数据的新价值。原先,人们收集数据,是把数据作为资料、档案或者是辅助工作的参考,也就是做一些统计、归纳、检索和归档的工作。数据量相对较小,数据量是分散的、局部的、不成系统的,所以数据所起的作用也是极为有限的。虽然在最近的几十年里,科技发展有了长足的进步,数据处理技术也同步获得巨大的发展,但是整个社会对数据价值的认识和利用还是局限在一个非常狭小的范围内。由于社会对数据价值的漠视,绝大多数的行业对数据价值仍然认识不清。

近年来,随着数据量的急剧膨胀,高新技术的研发和运用越来越依靠数据。社会生活中,数据扮演的角色也越来越重要,一些"大数据先行者"所获得的极大成功,使"数据为王"的观点被越来越多的人接受。大数据应用真正要实现的是"用数据说话",而不是依靠直觉或经验。大数据应用价值体现在以下三个方面:

一是,发现过去未被挖掘出的价值。在大数据应用的背景下,一些企业开始关注过去其不重视、丢弃或者无能力处理的数据,从中分析潜在的信息和知识,用于客户拓展、市场营销等。例如,企业在进行新客户开拓、新订单交易和新产品研发的过程中,产生了很多用户浏览的日志、呼叫中心的投诉和反馈,这些数据过去一直被企业所忽视。通过大数据的分析和利用,这些数据能够为企业的客户关怀、产品创新和市场策略提供非常有价值的信息。

二是,通过不同数据集的整合创造出新的数据价值。在互联网和移动互联网时代,企业收集了来自网站、电子商务、客户积分卡、移动应用呼叫中心、企业微博等不同渠道的客户访问、交易和反馈数据,把这些数据整合起来,形成关于客户的全方位属性,构建完整的用户画像,将有助于企业给客户提供有针对性、更贴心的产品和服务。

三是,把在一个领域已经发挥过价值的数据再次应用在其他领域创造出新价值。数据是企业的宝贵资源,特别是客户数据、行业数据等。当企业把这些数据从一个业务领域向另一个业务领域拓展进行再利用,这就以低成本的复制发挥了数据的增值价值。很多成功的互联网企业就是基于原始用户群的数据再利用,不断进行业务创新,以在新的领域挖出更高的价值。

5.3.3 考虑外部用户的需求

许多组织内部的部门拥有大量数据,其能产生的作用对本部门来说可能微乎其微,但对于组织外部用户来说,却能产生极大的效益。如视频监控的例子,银行、地铁、电力设施等一些敏感部门或者地点,摄像头都是 24 小时运转,产生了非常丰富的数据。通常情况下,大部分视频拍摄的是正常行为,没有长期保留的必要;只有小部分内容包含比较重要的事件,将来或许需要调用;在交通摄像机生成的数据中,地方交通管理部门重视的是交通违法或交通异常的视频,而其会在创建适当的元数据之后丢弃大部分正常的、合法的交通记录;对于娱乐场所的视频监控系统来说,运营商仅重视和保留含有可疑行为的视频,其余部分在创建好元数据和经过一段时间后也会被丢弃;也许保存了一年的视频数据,只有一帧是有用的,但是在研究人类行为的社会学家眼中,这些视频可能就是难得的第一手资料,可以借此窥探和解释人类的某些行为特征。

5.4 数据生产的阶段

大量数据的产生是计算机和信息通信技术(ICT)广泛应用的必然结果,特别是互联网、云计算、移动互联网、物联网、社交网络等新一代信息技术的发展,起到了催化剂的作用。

由于数据是可被计算机读取的信息抽象,ICT 是使得信息可读并且产生或捕获数据的主要驱动力。因此跟随 ICT 的发展与应用历程,阐述数据爆炸式生成与增长的演变过程。概括而言,**人类数据的产生大致经历了三个阶段:数据运营阶段、用户生成内容阶段和感知生产阶段**,如图 5-4 所示。

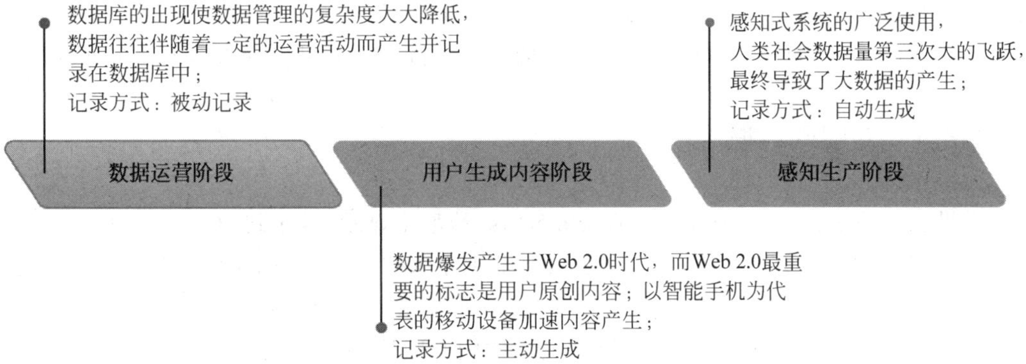

图 5-4 数据产生方式的演变

阶段一:数据运营阶段。该阶段大致开始于 20 世纪 90 年代。随着数字技术和数据库系统的广泛使用,许多企业以及组织的管理系统存储了大量的数据,如大型零售超市销售系统、银行交易系统、股市交易系统、医院医疗系统、企业客户管理系统等大量运营式系统,都是建立在数据库基础之上的,数据库中保存了大量结构化的信息,用来满足企业各种业务需求。在这个阶段,数据的产生方式是被动的。只有当实际的业务发生时,才会产生新的记录并存入库。例如,对于股市交易系统而言,只有当发生一笔股票交易时,才会有相关记录生成。

阶段二:用户生成内容阶段。互联网的出现,使得数据传播变得更加快捷,不需要借助于磁盘、磁带等物理存储介质传播数据。网页的出现进一步加速了网络内容的产生,从而使得人类社会数据量开始呈现"指数级"增长。但是,真正的数据爆发产生于以"用户生成内容"为特征的 Web 2.0 时代。Web 1.0 时代主要以门户网站为代表,强调内容的组织与提供,大量上网用户本身并不参与内容的产生。而 Web 2.0 技术以 Wiki、博客、微博、微信等自服务模式为主，强调用户参与，大量上网用户成为内容的生成者。这个阶段数据的产生方式是自动生成的，尤其是随着移动互联网和智能手机终端的普及，人们更是可以随时随地使用手机发微博、传照片，数据量开始急剧增加。

阶段三：感知生产阶段。主要是物联网的发展，导致了人类社会数据量的第三次跃升。物联网中包含大量传感器，如温度传感器、湿度传感器、压力传感器、位移传感器、光电传感器等。此外，视频监控摄像头也是物联网的重要组成部分。物联网中的这些设备，每时每刻都在自动产生大量数据，与 Web 2.0 时代的人工数据产生方式相比，物联网中的自动数据产生方式，将在短时间内根据所有者需要生成合规、全量、密集的数据，使得人类社会迅速步入"大数据时代"。

5.5 数据的生产源

自从发明文字以来，各种数据就被记录在不同的载体上。早期数据保存的介质一般是纸张，汇总困难且无法直观地加以分析加工。随着现代信息技术与存储设备的发展以及万物互联的过程，数据爆发的趋势势不可挡。普通大众也时时刻刻深处数字信息的环境之中，在互联网上查阅信息，每次用数码相机拍照，通过电子邮件、社交软件把信息、照片、文件发送给朋友和家人等，人类的种种行为都可能产生数字信息。

一般来说，数据的生产源根据数据生产场景和设备的不同可以分为以下几个部分。

5.5.1 互联网数据

世界互联网统计中心(Internet World Stats)的数据显示，截止到 2019 年 6 月 30 日，全球互联网用户数量已达 44.22 亿，亚洲、欧洲、非洲是人口密集区，同时也是互联网用户的集中区域(见图 5-5)。以中国为例，中国互联网络信息中心(China Internet Network Information Center，CNNIC)发布的第 49 次《中国互联网络发展状况统计报告》显示，截至 2019 年 6 月，中国网民规模已达到 8.54 亿，互联网普及率达到 61.2%。规模庞大的网民数量，在网络上留下多种多样的"使用痕迹"，生产出大量的互联网数据。

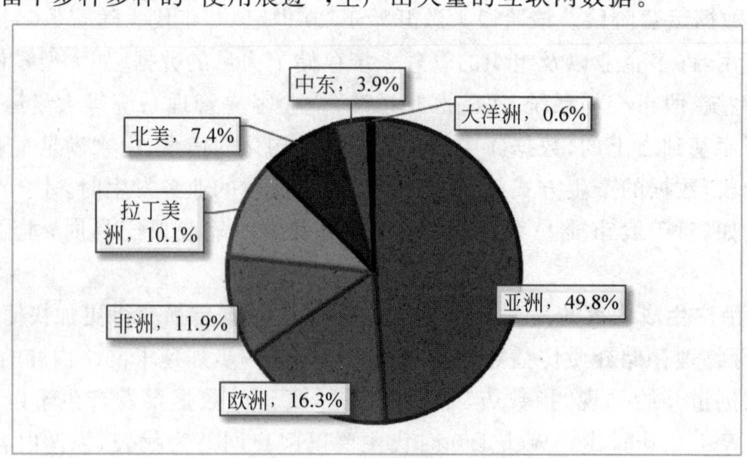

图 5-5 世界互联网用户集中区域

互联网数据由搜索引擎记录、互联网论坛社区动态、聊天记录、社交评论等组成，具有高价值、低密度等相似特征，网络应用如搜索引擎、社交网络平台、网站和点击流是典型的大数据源，这些数据总价值高，数据的价值分散在数据源的各个部分。随着社交网络的发展，互联网进入了 Web 2.0 时代，每个人既是数据的使用者又是数据的生产者，数据规模迅速扩大，数据在每分每秒中被大量创造出来，用户的每一个网络状态，阅读的每一篇文章，上传和分享的每一张照片，都在创造一个数字踪迹，讲述一个故事，而用户可能本身并没有察觉，这其实就是数据生产的过程。

5.5.2　移动网络数据

"生命在于运动，通信在于移动"。移动通信技术的介入已经将世界带到互联网的下一站——移动互联网。得益于更快、更好的连接，移动互联网将成为真正个性化和移动化的网络，它势必会改变人们使用互联网的方式，甚至改变互联网的本质。移动通信和互联网的融合，正在改变全世界人民的生活。

第 44 次《中国互联网络发展状况统计报告》显示，截至 2019 年 6 月，我国手机网民规模达 8.47 亿，较 2018 年年底增长 2984 万，网民使用手机上网的比例达 99.1%，较 2018 年年底提升 0.5 个百分点。在移动互联网的加持下，人们与网络的连接更加密切，更多的数据被生产出来。

移动互联时代，数以百亿计的机器、企业、个人随时随地都会获取和产生新的数据。即便是在"摩尔定律"的支撑下，硬件性能进化的速度也早已赶不上数据增长的速度，并且差距越来越巨大。随着传统互联网向移动互联网发展，全球范围内，除了个人计算机、平板、智能手机、游戏主机等常见的计算终端外，更广阔的、泛在互联的智能设备，例如智能汽车、智能家居、工业设备和可移动手持设备等都联接到网络之中。基于社会化网络平台和应用，让数以百亿计的机器、企业、个人随时随地都可获取和产生新的数据。

联网的数字设备逐渐取代了独立的模拟设备，产生了大量的数据，而这些数据体验反过来又让用户得到改良和改进系统、流程和用户体验的机会。大数据和元数据（数据的数据）最终将触及人们生活中几乎每一个方面，并带来深远的影响。预计到 2025 年，全球平均每人每天与联网设备互动的次数将达到近 4800 次，基本上每隔 18s 一次。

5.5.3　物联网数据

除了互联网，数据的产生源仍需要说到能量更大、影响更深的物联网世界。1999 年，麻省理工学院自动识别中心创始人凯文·艾什顿（Kevin Ashton，见图 5-6）首次提出"物联网"的概念。物联网是新一代信息技术的重要组成部分，也是"信息化"时代的重要发展阶段。其英文名称是"Internet of Thing"，即 IoT。**顾名思义，物联网就是物物相连的互联网**。它是通过射频识别、红外感应器、全球定位系统、激光扫描器等信息传感设备，按约定的协议把需要联网的物品与网络连接起来，进行信息交换和通信，以实现智能化识别、定位、跟踪、监控和管理的一种网络。这有两层含义：其一，物联网的核心和基础仍然是互联网，是在互联网基础上延伸和扩展的网络；其二，其用户端延伸和扩展到了任何物品与物品之间，进行信息交换和通信，也就是物物相联。物联网通过智能感知、识别技术与普适计算等通信感知技术，广泛应用于网络的融合中，也因此被称为继计算机、互联网之后世界信息产业发展的第三次浪潮。

图 5-6 物联网之父——凯文·艾什顿

根据物联网中数据采集和传输的过程，其网络架构可分为三个层，即感知层、网络层和应用层（见图 5-7）。感知层由各种传感器以及传感器网关技术架构而成，包括各种传感器（如二氧化碳浓度传感器、温度传感器、湿度传感器等）、二维码标签、RFID 标签和读写器、摄像头、GPS 等感知终端。感知层是物联网识别物体、采集信息的来源，其主要功能是识别物体，采集信息。网络层由各种私有网络、互联网、有线和无线通信网、网络管理系统和云计算平台等组成，相当于人的神经中枢和大脑，负责传递和处理感知层获取的信息。应用层是物联网和用户（包括人、组织和其他系统）的接口，它与行业需求结合，实现物联网的智能应用。

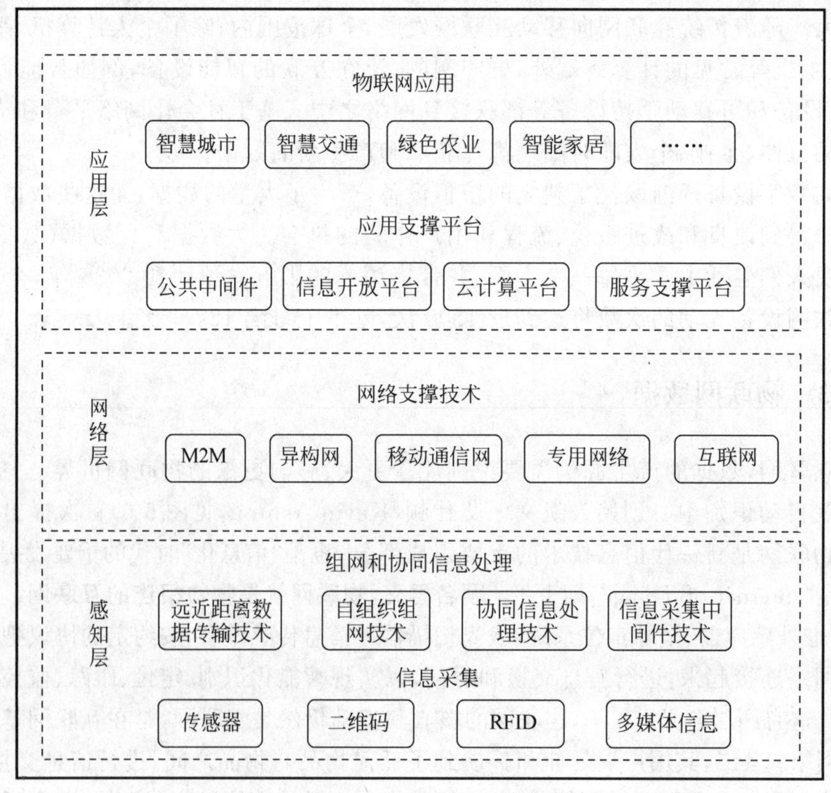

图 5-7 一般物联网架构

物联网的行业特性主要体现在其应用领域内，绿色农业、公共安全、城市管理、远程医疗、智能家居、智能交通和环境监测等各个行业均有物联网应用的尝试，某些行业已经积累了一些成功的案例，真正实现了物联网的功能。

以农牧业为例，1990年以来，全球各地陆续爆发动物疫情。2003年12月，美国发现了第一宗疯牛病病例，2004年起联邦政府农业部启动了“全国动物身份识别系统”的项目，为全国新生牲畜建档立户、安装射频识别耳标。通过这个医用传感器，对牲畜进行连续跟踪，一旦家畜疫情爆发，就能通过数据库追踪溯源，快速确定传染源和传播范围。目前，美国已经装备射频识别耳标的家畜总数无从得知，但可以肯定这个数据库也是海量级的。

一架波音787飞机，每一次飞行所产生的物联网数据量大约有500GB。在物联网领域，有超过3000万的物联网传感器工作在运输、汽车、工业、家电、公用事业和零售部门并产生数据，而这些传感器每年仍将以超过30%的速率增长。据著名咨询公司Gartner预计，到2020年全球将有250亿台的设备通过物联网连接，这些联网设备中存在着各式各样的音频采集器、视频采集器、多样的虚拟感官系统(视觉、听觉、嗅觉)等。未来几年内，传感和移动设备将更深入延伸至人们的日常生活，导致数据爆发。另根据相关研究统计，物联网中产生的来自传感器的数据逐步超越互联网的数据量，如果算上工业企业自动化生产线及设备上的运行数据，特别是随着工业4.0推进而带来的数据爆炸，物联网数据的量更是呈现几何级数增长。可以说，未来人们谈到或研究“大数据”，无疑物联网将是主要的数据来源。如此的物联网世界，其数据产生速度不可避免地会大于人的互联网世界。

除了按照上述数据来源架构和设备的不同对数据生产源进行分类，数据生产源还可以按照用途和目的大致分为不同行业数据和科学研究数据。

行业数据生产是指不同的行业如电信、银行、金融、医药、教育、电力等行业在每天的运转过程中产生的数据，如医疗行业产生的数据集中在患者的数据，通过对患者数据的分析，可以更精确地预测病理情况，从而对患者采取恰当的措施；再如银行业产生的数据包括用户存款交易流水、利率市场投放信息、业务信息等。此外，这些行业的信息化系统如自动化办公系统(OA)、企业资源计划(ERP)、客户关系管理系统(CRM)等，每一天都会有大量的数据产生并沉淀下来。例如，OA系统中各种办公流程所产生的人事、财务、业务、项目等方面的数据，以及后台的日志数据；ERP系统中关于企业人、财、物、时间、空间等资源与企业供应链方面的数据。

科学研究数据是指科学家为了获取准确的数据通过观测、监督、实验、记录、计算等科学研究行为而产生的专业数据。例如，在计算生物学领域，自人类基因组计划启动以来，以新一代测序技术和质谱技术为代表的各类组学技术的飞速发展，推动了基因组、转录组、表观遗传组、蛋白质组、代谢组等海量生命科学组学数据的指数级的增长。同时，机器学习和人工智能技术极大提升了医学影像和分子影像技术的分析能力，正在改变这些专业的科学研究数据的应用方式。

物联网无处不在

20世纪90年代，一群卡耐基·梅隆大学的程序员去楼下自动售货机买可乐时，经常会碰上缺货或可乐不是很凉的情况，这群懒家伙灵机一动，写了个程序来监控可乐的状态：是否有货，是否够凉，并把这台自动售货机连进网络——这台自动售货机，大概算是物联网的鼻祖之一。

可能，目前你的家用电器还不够智能；可能，你的信息数据还不能完全被收录；可能，你觉得万物互联的时代还要等到2049年才有眉目；但其实，你早已成为物联网中的一员，并且受益良久。

你网购过没有？当你下单后，产品安排出库，通过RFID技术便拥有了射频标签。这些标签上传至网络，经读取应用后就以物流信息形式出现在你的眼前。近年来，有了GPS的加入，你便可以清晰地看见货物随着卡车跑到了何地，将由哪位送货小哥亲自送到你的府上，而商家也知道何时会收到你的货款。如果从技术的角度出发，物联网就是把所有的物品通过射频等信息传感设备与互联网连接起来，实现智能化识别和管理。因此你的这次消费就是物联网中一次成功的操作。

你打过滴滴没有？那些成天被你呼来唤去的滴滴用车也是物联网的一个例证。当你发布信息的一刻，手机就是镶嵌在滴滴网络上的一个传感器。在数据中心历经1000次运算后，你的信息就会推送给当前合适的司机。他对你的目的地了如指掌，你对他的行踪也尽在眼里。你不担心他放你鸽子，他也不怕你不付车费。最终，你们相视一笑，一辆别人的车就为你这件特殊的"货物"开启了在物联网信道里的行程。

你骑过共享单车没有？只要打开手机对着车上的二维码"扫一扫"，即可解锁骑车，开启一次动感单车之旅。共享单车的智能锁采用的正是物联网的"手机端-云端-单车端"的架构。你在手机端使用着查看单车、预约开锁等功能；云端控制整个共享单车系统，与所有的单车进行数据通信，收集信息指令，响应你的需求和管理员的操作；单车端的智能锁内部集成了GPS和物联网卡SIM，将车辆的所在位置和电子锁的状态数据传输给云端，物联网卡通过装置在单车上的二维码，经过接口和无线网络连接，实现人与车、车与车之间的沟通和对话。

小结

近年来，随着云计算、互联网、物联网等信息技术的发展，数据的规模在快速增长，人类已经进入了"大数据时代"。大量数据的产生能够让各行业更好地了解客户需求，提供个性化的服务，并催生出数据生产这一概念。

数据的产生和收集本身并没有直接产生价值，最具价值的部分在于：当这些数据在收集以后，会被用于不同的目的，数据被重新再次使用，从而创造新数据或者以数据材料、原始数据为基础加工成为数据产品，从而为人们提供全新的服务。

大数据时代数据的产生与生产模式也发生了变化，数据产生的时间、空间、场景等要素更加细密，呈现实时性、大空间与多场景的特征。以物联网数据的实时数据在大规模的增长，给采集和处理实时数据的系统提出新的要求；具有时空标记、能够描述个体行为的空间大数据使得人们可以研究人类时空行为特征，进而形成解释社会经济现象的时空分布、联系及过程的理论和方法；同一种数据也可能在不同场景发挥着不同的用处。

大量数据的产生是计算机和网络通信技术广泛应用的必然结果，受各种信息技术的影响，数据经历了从数据运营阶段数据的被动产生，到用户生成内容阶段的数据的主动产生，再到数据感知生产阶段的数据自动产生，每一阶段都呈现出不同的特点。

讨论与实践

1. 结合自己的思考，谈谈对数据生产的理解。
2. 阅读相关文献，理解大数据时代数据生产的特点。
3. 结合自己的理解与思考，对数据生产源进行进一步的探究。

参考文献

[1] 霍雨佳，周若平，钱晖中. 大数据科学[M]. 成都：电子科技大学出版社，2017.

[2] 李学龙，龚海刚. 大数据系统综述[J]. 中国科学：信息科学，2015，45(1)：1-44.

[3] 郑英豪. 大数据与企业大数据的来源[J]. 上海经济，2015(Z1)：98-100.

[4] 庄红韬. 2 年生成人类史上 9 成数据，迅猛增长的"大数据"将改变未来[EB/OL]. (2012-12-20)[2018-11-30]. http://finance.people.com.cn/n/2012/1220/c348883-19959503.html.

[5] 佚名. 物联网[EB/OL]. (2018-06-16)[2018-12-01]. https://baike.so.com/doc/53278345563006.html#5327834-5563006-3.

[6] 曹洋，王建平. 物联网架构及其产业链研究[J]. 技术经济与管理研究，2013，(2)：98-101.

[7] 王伟军，刘蕤，周光有. 大数据分析[M]. 重庆：重庆大学出版社，2017.

[8] 张国庆，李亦学，王泽峰，等. 生物医学大数据发展的新挑战与趋势[J]. 中国科学院院刊，2018，33(8)：853-860.

[9] 宁康，陈挺. 生物医学大数据的现状与展望[J]. 科学通报，2015，60(Z1)：534-546.

[10] 郎为民. 漫话大数据[M]. 北京：人民邮电出版社，2014.

[11] Min Chen, Shiwen Mao, Yin Zhang, et al. Big Data Related Technologies, Challenges and Future Prospects[M]. Springer Cham Heidelberg New York Dordrecht London, 2014.

[12] Jose' Marl'a Cavanillas, Edward Curry, Wolfgang Wahlster. New Horizons for a Data-Driven Economy[M]. SpringerLink.com, 2016.

[13] 中国互联网络信息中心. 第 44 次《中国互联网络发展状况统计报告》[EB/OL]. http://www.cnnic.net.cn/hlwfzyj/hlwxzbg/hlwtjbg/201908/t20190830_70800.htm，2019-08-30.

[14] 苏商会. 凯文·艾什顿：物联网的一个世纪也是中国的一个世纪，它给中国带来了什么？[EB/OL]. (2017-12-12)[2018-12-01]. http://www.sohu.com/a/210048786_465557.

[15] 佚名. 阿里指数[EB/OL]. (2018-12-30)[2019-01-05]. https://baike.so.com/doc/559846-592727.html.

[16] 波金金. 百度指数[EB/OL]. (2018-11-20)[2019-01-05]. https://baike.so.com/doc/5347819-5583266.html.

[17] 张铭睿，谢安. 美国政府开放数据的实践及启示[J]. 中国统计，2015，(5)：24-26.

[18] 21 世纪经济报道. BAT 大数据野心：数据生产全链条浮现[EB/OL]. (2016-07-04)[2019-01-06]. https://finance.sina.cn/usstock/hlwgs/2016-07-04/tech-ifxtrwtu9775904.d.html? from=wap.

[19] 涂子沛. 数据之巅：大数据革命，历史、现实和未来[M]. 北京：中信出版社，2014.

[20] 王桂玲，王强，赵卓峰，等. 物联网大数据处理技术与实践[M]. 北京：电子工业出版社，2017.

[21] 赵国栋，易欢欢，糜万军，等. 大数据时代的历史机遇：产业变革与数据科学[M]. 北京：清华大学出版社，2013.

[22] 娄岩. 大数据技术应用导论[M]. 沈阳：辽宁科学技术出版社，2017.

[23] 赵刚. 大数据技术与应用实践指南[M]. 北京：电子工业出版社，2013.

[24] 刁生富，姚志颖. 论大数据思维的局限性及其超越[J]. 自然辩证法研究，2017，33(5)：87-91，97.

第6章

数据采集

数据是进行各种数据分析或者数据处理的关键组成部分。在大数据时代,数据成为多数分析工作的基本起点。但是,如何获取到数据,即数据的采集,是进行大数据分析的基础,同时也是数据思维不可或缺的一环。

本章将探讨大数据时代采集数据的方法,从数据来源到数据选择再到数据采集,主要介绍系统日志、传感器、网络爬虫三种采集数据的方法,以使读者深入了解大数据时代的数据采集方法。

6.1 数据采集的概念

数据采集(Data Acquisition)又称为“数据获取”或“数据收集”,传统的数据采集是从传感器和其他待测设备等模拟和数字被测单元中自动采集非电量或者电量信号,送到上位机中进行分析、处理;如今,**数据采集更多是指通过RFID(Radio Frequency Identification)射频识别、传感器、社交网络、(移动)互联网、摄像头、拾音器、数码相机等方式与工具获得各种类型的结构化、半结构化以及非结构化的海量数据**。

在日常生活中,就医时使用水银体温计或者电子体温计进行体温测量,在驾驶车辆时使用倒车雷达,马路旁边正在运转的视频监控,包括使用键盘打字,都可以成为一个个数据采集过程。在数据采集过程中,被采集的数据通常是已经通过各种传感器或者是用其他物质的特有性质转换为电信号的各种物理量,例如,常用的电子体重秤的压感传感器,电子体温计的热敏传感器,智能声控灯的声敏传感器等。

如今,数据采集的数据量巨大,信息来源广泛,可以是页面数据、交互数据、表单数据、会话数据等线上行为数据,也可以是应用日志、电子文档、机器数据、语音数据、社交媒体数据等内容数据。采集的数据类型丰富,既可能是传统的结构化数据,也可能是半结构化和非结构化数据。

6.2 数据来源

数据采集能力的大小受制于数据来源及数据渠道两个方面。基于现有的研究成果，将数据采集源综合分为微博、博客、BBS、移动设备 App（QQ、微信）等用户生成内容在内的社交媒体等交互性数据源；公共门户网站、新闻媒体网站等传播类数据源；系统日志、视频监控等机器运行产生的数据等。

1. 社交媒体等交互型数据源

社交媒体是指人们彼此之间用来分享意见、见解、经验和观点的工具和平台，主要包括博客、微博、社交网站、微信、论坛等。社交媒体类数据多为用户生成内容，以文本、图像、音频、视频等多种虚拟化方式展现，具备使用者众多、冗余度高、难以组织等特点，主要被关注的数据源有博客、微博、即时聊天工具等。

2. 传播类数据源

传播类数据源主要由报告、新闻类网络数据源构成，为人们提供各种较为权威的数据，包括各种公共门户网站以及新闻媒体网站。例如，中国互联网信息研究中心网站发布各种互联网信息报告，艾瑞网发布的有关网络媒体、电子商务、网络游戏等新经济领域数据报告以及网易新闻、凤凰新闻、QQ 新闻等。

3. 机器运行类数据源

互联网以及物联网的快速发展，各种网联的机器在运行过程中产生的数据不容忽视，系统日志、各种传感器数据也成为人们采集数据源的一部分。

Carfax 数据采集的曲折历程

Carfax 是美国一家领先的车辆历史信息提供商，拥有超过 60 亿条历史数据记录，其主要业务是通过互联网向美国、加拿大和欧洲的个人消费者和企业提供二手车市场上轿车和轻型卡车的车史报告。计算机专家巴尼特和会计师罗伯特·克拉克于 1984 年在美国哥伦比亚市成立 Carfax。该公司成立的初衷，即巴尼特意识到有些车主在出售汽车时恶意回拨汽车里程表。巴尼特和克拉克看到了这个问题的严重性及其可能产生的巨大商机，决心用计算机技术来揭穿这种欺骗并以此为契机创立了自己的公司。

在创业之初，Carfax 的两位创始人巴尼特和罗伯特的数据采集之路却异常曲折。起初，Carfax 的两位创始人认为通过汽车身份证号、颜色、种类、系列、车身类型、厂商、数据类型、使用对象、使用形式、汽车购进日期、汽车卖出日期、里程表读数、数据记录、日期、数据来源，就可以用来检查一辆二手车的车主历史记录。

带着自己的创意，巴尼特和罗伯特信心十足地敲响了拥有汽车数据的政府服务机构——密苏里州哥伦比亚市的车管所的大门。可惜巴尼特和罗伯特的首战失败，按这个州的法律，除非有法庭介入，任何人都不能轻易获得车主的隐私信息。

巴尼特和罗伯特没有放弃。他们打听到密苏里州当地的一些汽车经销商协会（属非盈利组织)有部分这方面的数据,并对他们讲的故事感兴趣,两人随即和这些协会取得联系。由于汽车经销商协会是非盈利机构,他们对这种数据要价不高。就这样,通过改变数据采购渠道及与这些汽车经销商协会的创造性合作,即以购买源数据和交换数据的方式,巴尼特建立了简单的数据库并创造出美国历史上第一个汽车史档案报告。Carfax 与这些协会通过数据交换的方式,在免费分享二手车报告的同时,又通过这些协会向其会员宣传。很快,当地消费者在购买二手车时对这个报告的需求越来越多。

由于 Carfax 的业务量持续增加,声誉和影响逐渐传出州外,不断有外州消费者和公司联系,希望他们也提供相关报告。Carfax 开始考虑向全美国推广这项服务。Carfax 这时采取了几个重大有效的策略,包括雇用职业律师向谷州法院安求各州政府在保护车主个人隐私信息的前提下,允许其开放二手车数据;雇佣职业游说经理人到法律严格的州议会,说服其通过相关法律使各地政府车管所、公路通安全官理局、警察局和消防局开放其二手车数据。

在市场推销方面,公司成功通过"口碑推荐"的营销方式,将全美各地汽车经销商协会逐一攻破。他们以收购和数据交换的方式,拿到了这些汽车经销商协会掌握的所有二手车数据。美国加州保护消费者隐私的法律比较严,他们寻求公开汽车信息数据迟迟未果,最后只好诉诸法庭,控告加州政府阻挠数据公开,经过整整 4 年时间,最终于 2004 年达成一个双方都满意的解决方案。时任州长的施瓦辛格最后在法律文件上签字,他们获得梦寐以求的、除去用户隐私的汽车大数据,业务也因此在加州蓬勃展开。

6.3 数据选择

在数据分析领域流传着这样一种说法:"数据分析最诱人的地方在于'数据越多越好'"。收集所有能想到的数据,找到所有数据库中的数据,将所有社交媒体数据、能负担得起的数据资源以及其他来源数据统统收集起来,这通常是人们购买数据集(湖)的场景。但是,这种"数据越多越好"的思维真的是正确的吗?

一个简单的事实就能证实其错误之处:在大多数分析项目中,数据的处理占据了总项目成本的 80%~90%。这意味着,仅有 10%~20%的资金留给实际的数据思考和分析部分。这样一来,大部分用例都能被精简至几个重要的数据维度,例如,项目分析只需要数据仓库中 20%的高相关度数据,即近 80%相关度低的数据能够从分析中排除。如果花时间将这些低相关度数据也计入,按要求执行数据结构化和清理,那就浪费了项目总时间的 64%~72%(项目成本 80%~90%的 80%)。除此之外,数据分析人员还面临着某些数据过载改变其特征的更大风险,这将花费大量下游的保养成本。

因而在采集数据的时候,有以下 11 个避免上述不必要浪费的简单规则。

规则 1:创建一个问题树(Issue tree)。这可能是地球上最古老的咨询方式。一代又一代的咨询顾问都曾受过这种方式的训练。在麦肯锡公司,这个概念已经成为咨询内核的一部分。它是指,将整体的商业问题分解为易处理且逻辑独立的子问题,并将该问题通过两至三个层次呈现。最终,问题树末端的每一片叶子都代表着需要被收集的数据或信息,树的节点中包含关于应当如何分析数据的模型,至此,问题分析完成。分析用例能够以类似的方式被分解。这种方式的一个优点在于能够强制用户提出可测试假设,由此自动地使数据领域的选择变得严谨。

规则 2：定义最低限度可用的数据集(Minimum a Vailable Dataset，MVD)。MVD 需要基于问题树的初始数据集，尽量维持最小的数据集，也必须同时保证囊括高度相关、最有价值的数据，也就是第一个最小可行数据集(MVD1)。MVD1 的概念意味着提高速度并降低复杂度，一旦成功引入了第一个核心数据集，则附加的数据集就能逐渐被引入。

规则 3：面向大数据，但尽量避免大数据。大数据有很大益处，但是只针对 5%的用例有益。因此运作的假设前提是：首先使用小数据，除非确实需要大数据——类似法庭上的"无罪推定原则(innocent untilproven guilty)"。问题树能帮助限定需要大数据的数据领域。虽然处理大数据对于数据存储和基于工具的数据处理来说并不会消耗太多，但是对于结构化、清理、构建跨职能的界面、管理数据流和质量、融合其他数据来源、授权以及风险来说，这种说法并不正确。这一切都需要数据科学家和大量的决策时间。

规则 4：当需要大数据时，以专业的方式进行操作，并对投资回报率进行度量。5%的用例确实需要某些层次的大数据。然而经验证明，许多数据领域并没有真正地赋予这种分析的预期价值。或许这种信息不存在数据集中，质量不过关，无法修复，也可能数据中有过多垃圾信息。无论什么原因，必须注重投资回报率，消除无价值的大数据字段，仅保留有价值的字段。未用的数据字段会在后续环节耗费大量的时间和财力成本。

规则 5：扩展 MVD 之前使用数据子集作原型。MVD 是一种最低限度可用的数据集。需要警惕非公开数据的扩展、随处都有的数据字段，否则用例投资回报率可能急速下跌(nose-dive)至负值。在正式实施分析用例之前，要证明所有的附加数据都应当是合理的，并建立原型。

规则 6：建立用例的数据质量硬性标准。数据质量不过关仍是分析过程中的最大问题之一。数据缺失、数据集结构不一致、数据类型不同、相似的数据域名以及其他简单问题可以导致计算有问题。其次，也有一些较为"高级"的问题，以金融数据序列中的周末问题为例，交易在周末停止，但是时间戳仍在继续，因此为了计算正确的增长率和统计分布，需要清除周末的数据。

规则 7：维持数据来源，并且避免备份。基本上，只要能向数据来源的所有者保证数据在分析中是受控制的，那么这些所有者最终将接受用例结果。创建临时(interim)备份将破坏这种"责任关系"，并且带来了否认用例所有产出的机会。

规则 8：保证知识产权并遵守法规要求。确定各种数据集都允许使用、准备好所有正确的合同和许可证以及了解会影响数字集的法规。这些步骤对利用数据设计商业产品很重要，否则会因侵犯知识产权或违反法规而损失惨重。

规则 9：为数据源在未来的变化做计划。数据集并不会一成不变，事实上，数据来自于多个地方，而数据用例所有者无权使用发生变化的新数据，那么数据源的后续相关业务将变得毫无价值。因此当开始处理一个数据集时，要确保有一个流程可与用例所有者一起来检查变化，不能做数据完美的假设。

规则 10：审计轨迹留痕，并记录所得结果。由于处理数据存在风险，因而有必要确保处理团队以正确的方式处理数据集。重要的是，需要一个端对端的审计轨迹来处理数据集、数据所有权以及质量的问责、引入过程、是否利用以及如何利用数据的决策，还有数据的积累和变化。即使出现负面结果并且将数据集排除在外，也应该对处理数据集中的重要发现或原因进行记录。

规则 11：监控数据和数据工作的端对端成本。由于 80%～90%的分析用例最终都变成了第 1 级数据工作，监控投资以及收集数据、结构化数据、清理数据的运营成本就非常重要。需要寻找方法来减少成本，腾出有价值的资源，例如，让数据科学家或者数据分析师去做可创造更多价值的工作。

数据湖是什么？

Data Lake 这个术语由 Pentaho 公司的创始人兼首席技术官詹姆斯·狄克逊(James Dixon)发明，他对数据湖的解释是：把你以前在磁带上拥有的东西倒入到数据湖，然后开始探索该数据。只把需要的数据倒入到 Hadoop；如果你想结合来自数据湖的信息和客户关系管理系统里面的信息，我们就进行连接，只有需要时才执行数据结合。

维基百科对 Data Lake 的解释是：数据湖是一种在系统或存储库中以自然格式存储数据的方法，它有助于以各种模式和结构形式配置数据，通常是对象块或文件。数据湖的主要思想是对企业中的所有数据进行统一存储，从原始数据(这意味着源系统数据的精确副本)转换为用于报告、可视化、分析和机器学习等各种任务的转换数据。湖中的数据包括结构化数据(关系数据库的行和列)，半结构化数据(CSV，XML，JSON 的日志)，非结构化数据(电子邮件，文档，PDF)和二进制数据(图像，音频，视频)从而形成一个集中式数据存储容纳所有形式的数据。

6.4 数据采集的方法及工具

正所谓“巧妇难为无米之炊”，没有数据，数据分析的后续工作就难以进行，因而具备数据采集的能力在当今社会十分重要。**数据采集是从真实世界对象中获得原始数据的过程**。然而不准确的数据采集将影响后续的数据处理并最终得到无效的结果，因此数据采集方法的选择不但要依赖于数据源的物理性质，还要考虑数据分析的目标。接下来将详细介绍大数据时代常用的几种数据采集方法：系统日志、传感器、网络爬虫等。

6.4.1 系统日志采集方法

随着各种数字设备的发展，日志已经成为一种广泛使用的数据收集方法。**日志文件是由数据源系统自动生成的记录文件，以指定的文件格式记录活动**，几乎所有在数字设备上运行的应用都有日志数据。例如，Web 日志，它是由 Web 服务器产生的，服务器在日志文件中记录 Web 用户的单击次数、点击率、访问次数和其他属性记录。通过这些 Web 访问日志可以知道用户单击了哪一个链接，在哪个网页停留的时间最多，采用了哪个搜索项，总体浏览的时间等，对这些数据进一步分析，可以获知许多网站的运营数据。以获取电商网站的日志数据为例，在实际的操作中，可以采集以下几个方面的数据：访客的系统属性特征，例如所采用的操作系统、浏览器、域名和访问速度等；用户的访问特征，包括用户停留时间、单击的链接等；来源特征，例如网络内容信息类型，内容分类和来访链接等；用户所访问的产品编号、产品类别、产品样式、产品价格、产品利润、产品数量和特价等级等产品特征数据等。

为了捕获 Web 站点上用户的活动，Web 服务器主要包括以下三种日志文件格式：公共日志文件格式（NCSA）、扩展日志格式（W3C）和 IIS 日志格式（Microsoft），这三种日志文件都是 ASCII 文本格式的。除了用文本文件来存储日志，也可以用数据库来存储日志信息，以提高大规模日志存储的查询效率。

任何一个系统在运行的过程中都会产生大量的日志，日志往往隐藏了很多有价值的信息。在没有分析方法之前，这些日志在存储一段时间后就会被清理。随着技术的发展和分析能力的提高，日志的价值被重新重视起来。在分析这些日志之前，需要将分散在各个生产系统中的日志收集起来，能够实现大规模数据采集与处理的日志收集工具就发挥出重要的作用。下面介绍几种大数据时代广泛应用的日志收集工具，见图 6-1。

图 6-1　主流系统日志工具

1. Flume

Flume 是 Cloudera 公司一款高可用、高可靠、分布式的海量日志采集、聚合和传输的系统，支持在日志系统中定制各类数据发送方，来收集数据。同时，Flume 具有通过对数据进行简单的处理，并写到各种数据接收方的能力，是 Apache 下的一个孵化项目，其官方网站（http：//flume. apache. org/）如图 6-2 所示。

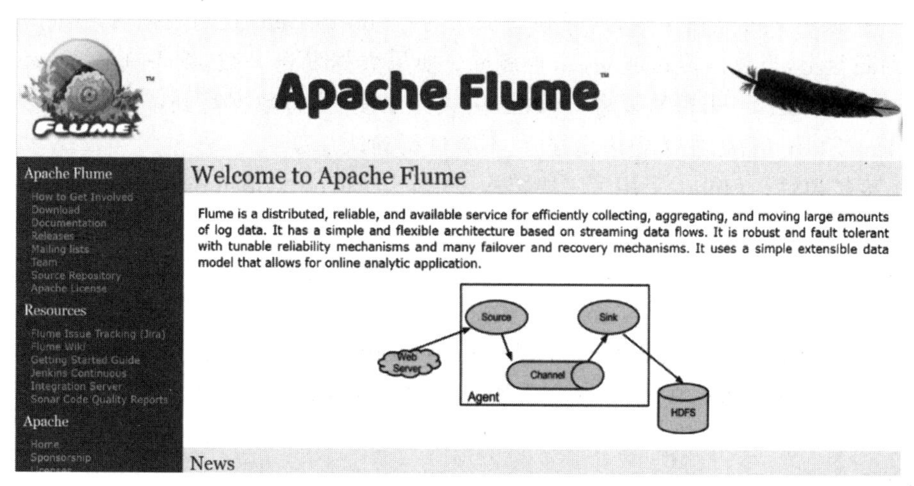

图 6-2　Flume 官网界面

Flume 初始发行版本被通称为 Flume OG(Original Generation),属于 Cloudera 公司。但随着 Flume 功能的扩展,Flume OG 代码工程臃肿、核心组件设计不合理、核心配置不标准等缺点逐渐暴露出来,尤其是在 Flume OG 的最后一个发行版本 0.94.0 中,日志传输不稳定的现象尤为明显。为了解决这些问题,Cloudera 于 2011 年完成了对 Flume 的里程碑式改动,即重构核心组件,核心配置以及代码框架,形成了 Flume NG(Next Generation)。此外,这次改动还将 Flume 纳入 Apache 旗下,Cloudera Flume 更名为 Apache Flume。Flume 的体系架构如图 6-3 所示。

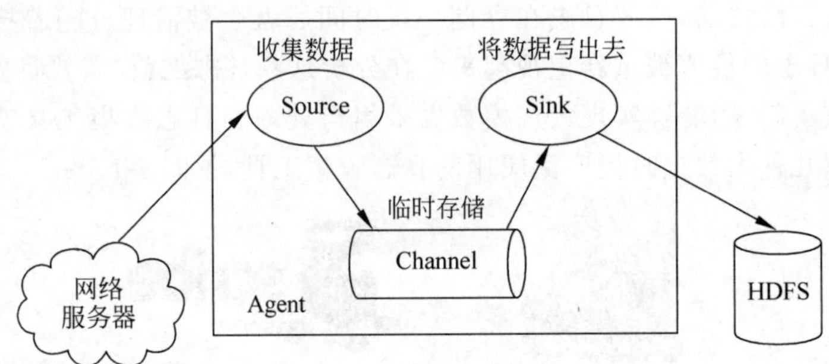

图 6-3 Flume 的体系架构

Flume 采用了三层架构,分别为 Agent、Collector 和 Storage。其中,Agent 和 Collector 均由两部分组成:Source 和 Sink。Source 是数据来源,Sink 是数据去向。

(1) **Agent**。Agent 的作用是将数据源的数据发送给 Collector,Flume 自带了很多直接可用的数据源(Source),同时提供了很多 Sink。

(2) **Collector**。Collector 的作用是将多个 Agent 的数据汇总后,加载到 Storage 中。它的 Source 和 Sink 与 Agent 类似。此外,当某个 Collector 出现故障时,Flume 会自动探测一个可用 Collector,并将数据定向到这个新的可用 Collector 上。

(3) **Storage**。Storage 是存储系统,可以是一个普通文件,也可以是 HDFS、Hive、HBase 等。

Flume 系统的特点如下。

(1) **可靠性**。当节点出现故障时,日志能够被传送到其他节点上而不会丢失。Flume 提供了三种级别的可靠性保障,从强到弱依次为:End-to-End(收到数据后,Agent 首先将事件写到磁盘上,当数据传送成功后,再删除;如果数据发送失败,则重新发送),Store on Failure(这也是 Scribe 采用的策略,当数据接收方崩溃时,将数据写到本地,待恢复后继续发送),Best Effort(数据发送到接收方后,不会进行确认)。

(2) **可扩展性**。Flume 采用了三层架构,分别为 Agent、Collector 和 Storage,每一层均可以水平扩展。其中,所有的 Agent 和 Collector 均由 Master 统一管理,这使得系统容易被监控和维护。并且 Master 允许使用多个 ZooKeeper 进行管理和负载均衡,这样就避免了单点故障问题。

(3) **可管理性**。当有多个 Master 时,Flume 利用 ZooKeeper 和 Gossip 保证动态配置数据的一致性。用户可以在 Master 上查看各个数据源或者数据流执行情况,并且可以对各个数据源进行配置和动态加载。Flume 提供了 Web 和 Shell Script Command 两种形式对数据流进行管理。

(4) 功能可扩展。用户可以根据需要添加自己的 Agent、Collector 或 Storage。此外，Flume 自带了很多组件，包括各种 Agent(如 File、Syslog 等)、Collector 和 Storage(如 File、HDFS 等)。

2. Scribe

Scribe 是 Facebook 开源的日志收集系统，在 Facebook 内部已经得到大量的应用，能够从各种日志源上收集日志，并存储到一个中央存储系统上，从而对数据进行集中统计分析处理，为日志的"**分布式收集，统一处理**"提供了一个可扩展的、高容错的方案。Scribe 的容错性较好，当中央存储系统的网络或者机器出现故障时，Scribe 会将日志转存到本地或者另一个位置，当中央存储系统恢复后，Scribe 会将转存的日志重新传输给中央存储系统。作为一个开源系统，其源码可以在 GitHub 上查看，供感兴趣的读者参考(Scribe 的源码地址为 https://github.com/-facebookarchive/scribe)。

Scribe 的架构比较简单，主要包括三部分，分别为 Scribe Agent、Scribe 和存储系统。其体系架构如图 6-4 所示。

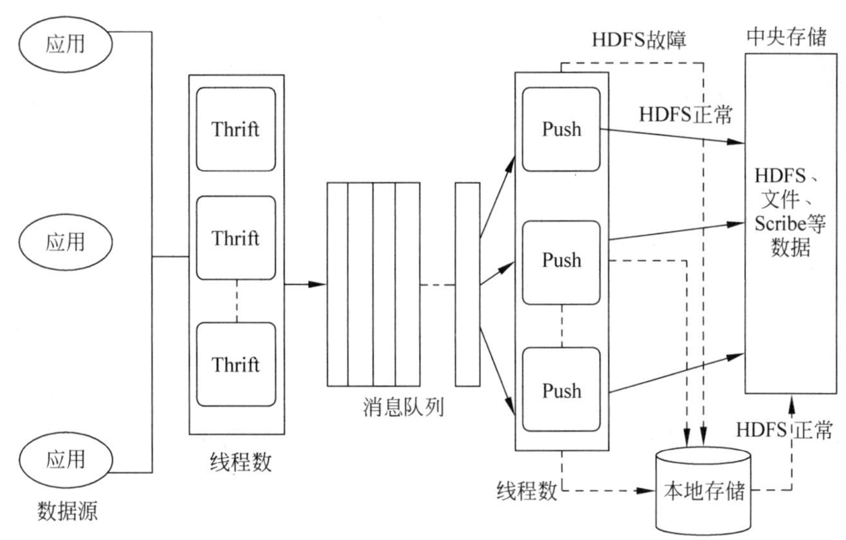

图 6-4 Scribe 架构

(1) Scribe Agent。Scribe Agent 实际上是一个 Thrift Client。向 Scribe 发送数据的唯一方法是使用 Thrift Client，Scribe 内部定义了一个 Thrift 接口，用户使用该接口将数据发送给 Server。

(2) Scribe。Scribe 接收到 Thrift Client 发送过来的数据，根据配置文件，将不同 Topic 的数据发送给不同的对象。Scribe 提供了各种各样的 Store，如 File、HDFS 等，Scribe 可将数据加载到这些 Store 中。

(3) 存储系统。存储系统实际上就是 Scribe 中的 Store，当前 Scribe 支持非常多的 Store，包括 File(文件)、Buffer(双层存储，一个主储存，一个副存储)、Network(另一个 Scribe 服务器)、Bucket(包含多个 Store，通过哈希的方式将数据存到不同 Store 中)、Null(忽略数据)、Thriftfile(写到一个 Thrift TFile Transport 文件中)和 Multi(把数据同时存放到不同 Store 中)。

Scribe 为日志收集提供了一种容错且可扩展的方案。Scribe 可以从不同的数据源、不同机器上收集日志，然后将它们存入一个中央存储系统，便于进一步处理。当采用 HDFS 作为中央系统时，可以进一步使用 Hadoop 进行数据处理，于是就有了 Scribe ＋HDFS ＋ MapReduce 方案。

3. Chukwa

开源项目 Hadoop 被业界广泛认可，很多大型企业都有了各自基于 Hadoop 的应用和扩展。当 1000＋以上的节点 Hadoop 集群变得常见时，Apache 提出了用 Chukwa 的方法来解决。

Chukwa 是一个开源的用于监控大型分布式系统的数据收集系统。它构建在 Hadoop 的 HDFS 和 Map/Reduce 框架之上的，继承了 Hadoop 的可伸缩性和鲁棒性(系统的健壮性)。Chukwa 还包含一个强大和灵活的工具集，可用于展示、监控和分析已收集的数据。在一些网站上，**Chukwa 被称为一个"日志处理/分析的 full stack solution"**。Chukwa 的官网主页(http：//chukwa. apache. org/)如图 6-5 所示。

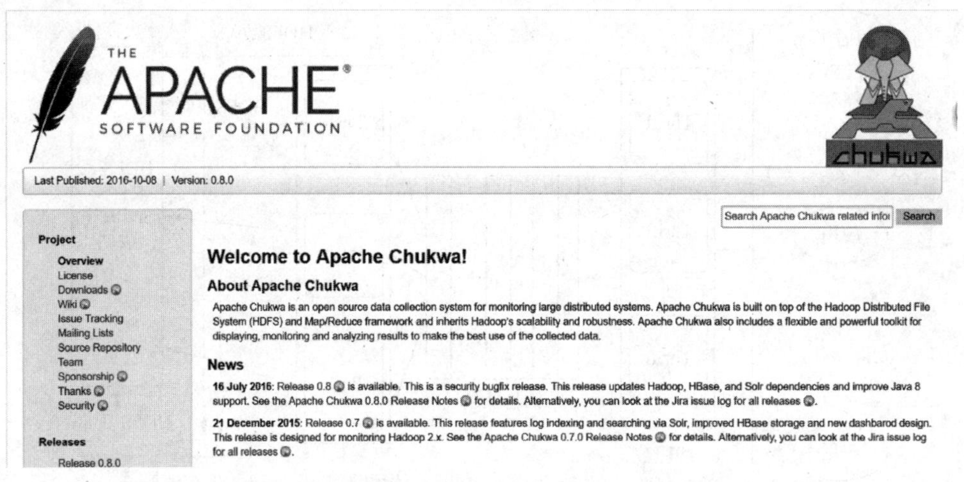

图 6-5　Chukwa 官网主页

如图 6-6 所示，Chukwa 主要的部件如下。

(1) **Agents**：负责采集最原始的数据，并发送给 Collector。

(2) **Adaptor**：直接采集数据的接口和工具，一个 Agent 可以管理多个 Adaptor 的数据采集。

(3) **Collectors**：负责收集 Agents 发送来的数据，并定时写入集群中。

(4) **Map/Reduce Jobs**：定时启动，负责把集群中的数据分类、排序、去重和合并。

(5) **HICC**：负责数据的展示。

具体而言，Chuwka 致力于以下几个方面的工作。

(1) 可以用于监控大规模(2000＋以上的节点，每天产生数据量在 TB 级别)Hadoop 集群的整体运行情况并对它们的日志进行分析。

(2) 对于集群的用户而言：Chuwka 展示他们的作业已经运行了多久，占用了多少资源，还有多少资源可用，一个作业为什么失败了，一个读写操作在哪个节点出了问题。

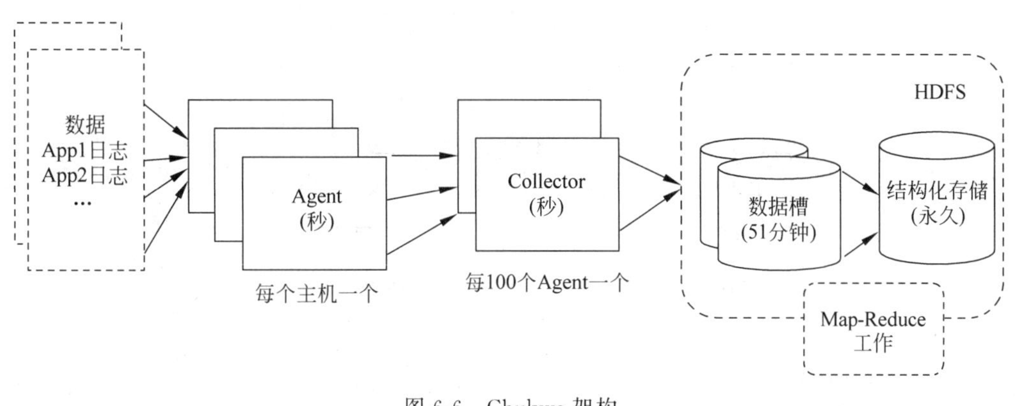

图 6-6 Chukwa 架构

(3) 对于集群的运维工程师而言：Chuwka 展示了集群中的硬件错误，集群的性能变化，集群的资源瓶颈在哪里。

(4) 对于集群的管理者而言：Chuwka 展示了集群的资源消耗情况，集群的整体作业执行情况，可以用以辅助预算和集群资源协调。

(5) 对于集群的开发者而言：Chuwka 展示了集群中主要的性能瓶颈，经常出现的错误，从而可以着力重点解决重要问题。

Chukwa 需要灵活、动态可控的数据源，且有着高性能、高拓展性的存储系统，同时它需要合适的框架来对收集到的大规模数据进行分析。

4. Kafka

Kafka 是由 Apache 推出的一种高吞吐量的分布式发布订阅消息系统，采用 Scala 语言编写，采取了多种效率优化机制，架构新颖，可以处理大规模网站中的所有动作流数据，这些数据通常是由于吞吐量的要求而通过处理日志和日志聚合来解决的，具有高稳定性、高吞吐量、容错性好、支持 Hadoop 并行数据加载等特点，并在数千家公司的生产中运行。

Kafka 实际上是一个消息发布订阅系统。Producer 向某个 Topic 发布消息，而 Consumer 订阅某个 Topic 的消息，进而一旦有新的关于某个 Topic 的消息，Broker 会传递给订阅它的所有 Consumer。在 Kafka 中，消息是按 Topic 组织的，而每个 Topic 又会分为多个 Partition，这样便于管理数据和进行负载均衡。同时，它也使用了 ZooKeeper 进行负载均衡。

Kafka 中主要有 3 种角色，分别为 Producer、Broker 和 Consumer，其拓扑结构如图 6-7 所示。

(1) **Producer**。Producer 的任务是向 Broker 发送数据。Kafka 提供了两种 Producer 接口，一种 low-level 接口，使用该接口会向特定的 Broker 的某个 Topic 下的某个 Partition 发送数据；另一种是 high-level 接口，该接口支持同步/异步发送数据，基于 ZooKeeper 的 Broker 自动识别和负载均衡。

(2) **Broker**。Broker 采取了多种不同的策略来提高对数据处理的效率，包括 sendfile 和 zero copy 等技术。

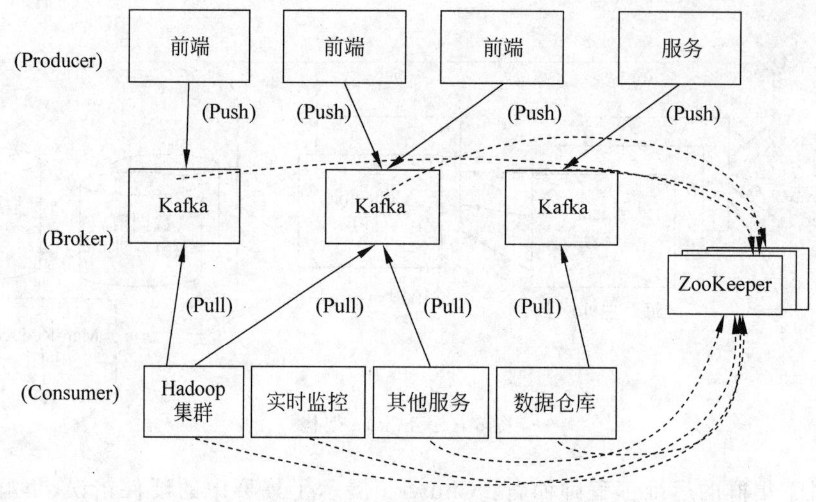

图 6-7 Kafka 拓扑结构

（3）**Consumer**。Consumer 的作用是将日志信息加载到中央存储系统上。Kafka 提供了两种 Consumer 接口，一种是 low-level 的，它维护到某一个 Broker 的连接，并且这个连接是无状态的，即每次从 Broker 上 pull 数据时，都要告诉 Broker 数据的偏移量。另一种是 high-level 接口，它隐藏了 Broker 的细节，允许 Consumer 从 Broker 上 push 数据而不必关心网络拓扑结构。更重要的是，对于大部分日志系统而言，Consumer 已经获取的数据信息都由 Broker 保存，而在 Kafka 中，由 Consumer 自己维护所取数据信息。

5. 常用 4 种日志系统对比

4 种日志系统的简单对例如表 6-1 所示。

表 6-1 4 种日志系统对比

	Flume	Scribe	Chukwa	Kafka
公司	Cloudera	Facebook	Apache/yahoo	LinkedIn
开源时间	2009 年 7 月	2008 年 10 月	2009 年 11 月	2010 年 12 月
实现语言	Java	C/C++	Java	Scala
框架	push/pull	push/pull	push/pull	push/pull
容错性	Agent 和 Collector，Collector 和 Store 之间均有容错机制，且提供了三种级别的可靠性保证	Collector 和 Store 之间有容错机制，而 Agent 和 Collector 之间的容错需要用户自己实现	Agent 定期记录已送给 Collector 的数据偏移量，一旦出现故障，可根据偏移量继续发送数据	Agent 通过 Collector 自动识别机制获取可用 Collector，Store 自己保持已经获取的数据偏移量，一旦出现故障，可根据偏移量继续发送数据
负载均衡	使用 ZooKeeper	无	无	使用 ZooKeeper
可扩展性	好	好	好	好
Agent	提供了各种非常丰富的 Agent	Thrift Client 需自己实现	自带一些 Agent，如获取 Hadoop logs 的 Agent	用户需要根据 Kafka 提供的 low-level 和 high-level API 自己实现

续表

	Flume	Scribe	Chukwa	Kafka
Collector	系统提供了很多Collector,可以直接使用	实际上是一个Thrift Aerver	—	使用了Sendfile, zero-copy等技术提高性能
Store	直接支持HDFS	直接支持HDFS	直接支持HDFS	直接支持HDFS
总体评价	非常优秀	设计简单,易于使用,但容错率和负载均衡方面不够好	属于Hadoop系列产品,直接支持Hadoop,目前版本升级较快,但还有待完善	设计架构非常巧妙,适合异构集群,但产品较新,其稳定性有待验证

6.4.2 传感器采集方法

对于传感器,想必人们并不陌生,如今的智能手环、智能手机以及共享单车中都内置了许多传感器。**传感器(Transducer/Sensor)又叫感应器,它是一种检测装置,能感受到被测量的信息并能将感受到的信息按一定规律变换成为电信号或其他所需形式的信息输出,以满足信息的传输、处理、存储、显示、记录和控制等要求**,实现利用传感器采集数据。

传感器常用于测量物理环境变量并将其转换为可读的数字信号以待处理,包括声音、振动、化学、电流、天气、压力、温度和距离等类型。传感器网络通常可分为有线传感器网络和无线传感器网络,通过有线或无线网络,信息被传送到数据采集点。

有线传感器网络通过网线收集传感器的信息,这种方式适用于传感器易于部署和管理的场景。例如,视频监控系统通常使用非屏蔽双绞线连接摄像头,摄像头部署在公众场合监控人们的行为,如偷盗和其他犯罪行为。而这仅仅是光学监控领域一个很小的应用示例,在更广义的光学信息获取和处理系统中(例如对地观测、深空探测等),情况往往更复杂。

无线传感器网络利用无线网络作为信息传输的载体,适合于没有能量或通信的基础设施的场合。近年来,无线传感器网络得到了广泛的研究,并应用在多种场合,如环境研究、水质监测、土木工程、野生动物习性监测等。无线传感器网络通常由大量微小传感器节点构成,微小传感器由电池供电,被部署在应用指定的地点收集感知数据。当节点部署完成后,基站将发布网络配置/管理或收集命令,来自不同节点的感知数据将被汇集并转发到基站以待处理。基于传感器的数据采集系统被认为是一个信息物理系统(Cyber-Physical System),实际上,在科学实验中许多用于收集实验数据的专用仪器(如磁分光计、射电望远镜等)可以看作特殊的传感器。

欧莱雅宣布推出一款可穿戴设备可以收集个人紫外线暴露数据

测量个人紫外线(ultraviolet,简称 UV)暴露程度在以前并不容易,因为一般可穿戴设备、智能手机或人们外出携带的其他物品都没有内置紫外线传感器。而据了解,UV 辐射可能会严重损害到人们的皮肤、眼睛甚至还可能引发皮肤癌。得益于欧莱雅,这一切即将改变。欧莱雅宣布推出了"My Skin Track UV"(皮肤追踪紫外线),这是一种可穿戴设备,可以收集个人紫外线暴露数据,可与安卓手机和 iPhone 手机共享数据,不需要蓝牙或电池。

这款可穿戴设备是外观厚 2mm、直径 9mm 的天蓝色聚合物,由传感器、电容器、天线三部分组成。功能原理也很简单:紫外线 UVA 和 UVB 的能量会激活传感器,之后测量的数据经电容器保存,最后测量数据通过 NFC(近场通信)技术传送到智能手机的 App 上。用户可以将它像"美甲贴"一样粘贴在你的指甲上,也可以贴在手表、太阳镜等直接接触阳光的配饰上,以便测量身体接受紫外线照射的情况。

这款微型传感器一次可以存储长达 3 个月的紫外线数据,还可以将其传输到手机上,而不需要电池的支持。内部的 LED 由阳光供电,使用 NFC 共享数据,只需轻敲手机就可以开始传输。紫外线数据与苹果的健康应用程序兼容,使用户能够确定当前的最大光照暴露百分比。

6.4.3 网络爬虫采集方法

目前,网络数据的获取是通过网络爬虫程序来完成的,这也是主流的一种数据采集方法。**网络爬虫即 WebSpider,又称为网络蜘蛛、网络蚂蚁、网络机器人等,是一个模拟人类请求网站行为的程序,按照人们事先制定的爬取规则,可以自动采集与抓取网页中的信息。**

在大数据时代,在进行大数据分析或者是数据挖掘时,可以考虑去一些大型站点下载数据源。但这些数据源比较有限,那么如何才能获取更多更高质量的数据源呢?此时,就可以编写自己的爬虫程序,利用爬虫技术自动地从互联网中获取感兴趣的数据内容,将这些数据内容提取后作为新的数据源,从而进行更深层次的数据分析,获得更多有价值的信息。同时,数据的采集是一项重要的工作,如果单纯地靠人力进行数据采集,不仅低效烦琐,搜集的成本也会大大提高。在这种情况下,就可以使用网络爬虫对数据信息进行自动采集,例如应用于搜索引擎中对站点进行爬取收录,应用于金融分析中对金融数据进行采集。除此之外,还可以将网络爬虫应用于舆情监测与分析、目标客户的收集等各个领域。

1. 基本原理

网络爬虫是搜索引擎抓取系统的重要组成部分。**爬虫的主要目的是将互联网上的网页下载到本地,形成一个互联网内容的镜像部分**。网络爬虫的性能直接决定了系统的及时更新程度和内容的丰富程度,直接影响着整个搜索引擎的效果。可以把网络爬虫想象成一个在网格上爬来爬去的虫子,网页中的 URL 就相当于网格的边框,网络爬虫通过一个网页的 URL 爬取到另一个网页,就相当于虫子从一个网格沿着边框爬到另一个网格,这样就完成了一次网络爬取。通用的网络爬虫原理如图 6-8 所示。

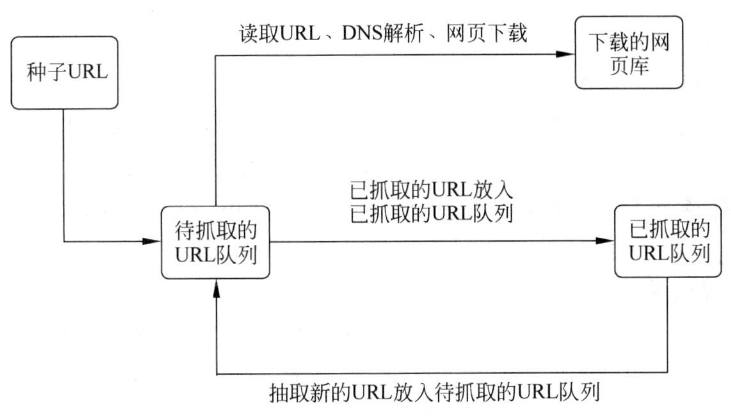

图 6-8　网络爬虫原理

网络爬虫的基本工作流程如下。

(1) 首先选取一部分种子 URL。

(2) 将这些 URL 放入待抓取的 URL。

(3) 从待抓取 URL 队列中取出待抓取的 URL,解析 DNS,得到主机的 IP,并将 URL 对应的网页下载下来,存储到已下载的网页库中。此外,将这些 URL 放入已抓取的 URL 队列。

(4) 分析已抓取到的网页内容中的其他 URL,并将 URL 放入待抓取队列,从而进入下一个循环。

2. 爬取策略

爬取策略是指网络爬虫的爬取规则,即网络爬虫在获取 URL 之后,在待抓取的 URL 中应该采用什么策略进行内容的爬取。常见的爬取策略有深度优先遍历策略、宽度优先策略、反向链接数策略、OPIC 策略、大站优先策略、Partial PageRank 策略等。下面重点介绍几种常见的爬取策略。

1) 深度优先遍历策略

深度优先遍历策略是指网络爬虫会从起始页开始,一个链接一个链接地跟踪下去,处理完这条线路之后再转入下一个起始页,继续跟踪链接。如图 6-9 所示,假设有一个网站,A～G 分别为站点下的网页,图中箭头表示网页的层次结构。假设此时网页 A～G 都在爬行队列中,按照深度优先策略去爬取,那么此时会首先爬取一个网页,然后将爬取这个网页的下层;链接依次深入爬取完再返回上一层进行爬取。所以,若按深度优先爬取策略,图 6-9 的爬行顺序可以是:A→D→E→B→C→F→G。

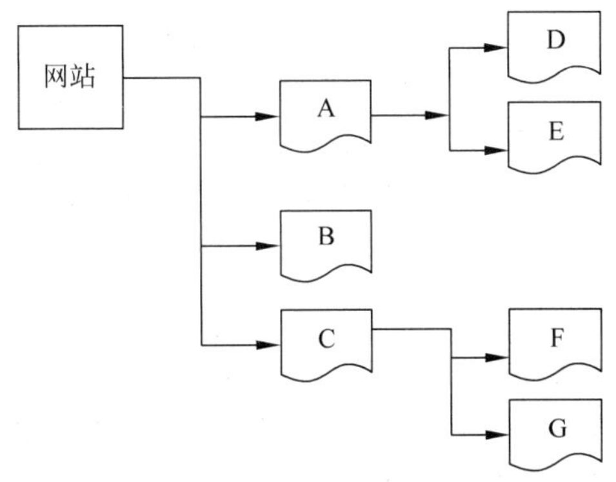

图 6-9　某网站的网页层次结构示意图

2）宽度优先策略

宽度优先策略按照树的层次进行搜索，如果本层还没有搜索完成，不会进入下一层搜索。即首先抓取完一个已抓取网页中的所有 URL，然后抓取所有这些 URL 对应的页面，然后再进入下一个网页，以此类推，一直抓取完成。就好像在一个大型企业中，总公司把通知下发到各个分公司，各个分公司再把通知发到各个分支结构中一样。例如，在如图 6-9 所示的网站中，如果按照广度优先的策略去爬取的话，爬取的顺序可以是：A→B→C→D→E→F→G。

3）反向链接数策略

一个网页的反向链接数，指的是该网页被其他网页链接的次数，这个次数在一定程度上代表着该网页被其他网页的推荐次数。所以，如果按照反向策略去爬行的话，那么哪个网页的反链数量越多，则哪个网页将被优先爬取。但是在实际情况中，如果单纯按反链策略去决定一个网页的优先程度的话，那么可能会出现大量的作弊情况。例如，做一些垃圾站群，并将这些网站互相链接，如果这样的话，每个站点都将获得较高的反链，从而达到作弊的目的。作为爬虫项目方，当然不希望受到这种作弊行为的干扰，所以，如果采用反向链接策略去爬取的话，一般还需要考虑可靠的反链数。

4）OPIC 策略

OPIC 策略的全称是 Online Page Importance Computation，即在线页面重要性计算，该策略实际上也是对页面进行重要性打分。在策略开始之前，给所有页面一个相同的初始值，即认为此时网页的重要程度相同。当下载了某个页面 P 之后，将 P 的值平均分摊给所有从该页中分析出的链接，对于待抓取 URL 队列中的所有页面按照值的大小进行降序排序，值大的优先抓取。

5）大站优先策略

大站优先策略基于这样一个前提，即一般情况下影响力较大的网站网页的质量会比其他影响力较小的网站网页质量高。例如，日常生活中购物时用户总是会潜意识中认为在亚马逊或京东购物会比一些名不正经传的小型购物网站购物要安全可靠得多。大战优先策略就是对网页中待爬取的 URL 依照所属网站的影响力或者其他量化标准进行排名，影响力大的优先爬取，其网页质量一般较高。

6）Partial PageRank 策略

Partial PageRank 策略借鉴了 PageRank 策略的思想：对于已经下载的网页，连同待抓取 URL 队列中的 URL，形成网页集合，计算每个页面的 PageRank 值；计算完成后，将待抓取 URL 队列中的 URL 按照 PageRank 值的大小排列，并按照该顺序抓取页面。

如果每次只抓取一个页面，则要重新计算 PageRank 值。一种折中的方案是：每抓取 K 个页面后，重新计算一次 PageRank 值。但是这种情况还会产生一个问题：对于已经下载下来的页面中分析出的链接，也就是未知网页部分，暂时是没有 PageRank 值的。为了解决这个问题，会赋予这些页面一个临时的 PageRank 值，将这个网页所有入链传递进来的 PageRank 值进行汇总，这样就形成了该未知页面的 PageRank 值，从而参与排序。

3．更新策略

一个网站的网页在数据更新后，需要对这些网页进行重新爬取，那么什么时候去爬取合适呢？如果网站更新过慢，而爬虫爬取的过于频繁，必然会增加爬虫及网站服务器的压力；若网站更新较快，则爬取的内容版本会过老，不利于新内容的爬取。显然，网站的更新频率与爬虫访问网站的频率越接近，则效果越好。当然，爬虫服务器资源有限的时候，此时爬虫也需要根据对应的策略，让不同的网页具有不同的更新优先级，优先级高的网页更新，将获得较快的爬取响应。

具体来说，常见的网页更新策略有三种：用户体验策略、历史参考策略、聚类分析策略。

1）用户体验策略

在搜索引擎查询某个关键词的时候，会出现一个排名结果。在排名结果中，通常会有大量的网页，但是大部分的用户都只会关注排名靠前的网页，所以在爬虫服务器资源有限的情况下，爬虫会优先更新排名结果靠前的网页，这种更新策略，称为用户体验策略。那么在这种策略中，爬虫到底何时去爬取这些排名结果靠前的网页呢？此时，爬取中会保留对应网页的多个历史版本，并进行对应分析，依据多个历史版本的内容更新、搜索质量影响、用户体验等信息，来确定对这些网页的爬取周期。

2）历史参考策略

可以使用历史更新数据情况来确定对网页更新爬取的周期。例如，依据某个网页的历史更新数据，通过泊松过程进行建模等手段，预测该网页下一次更新的时间，从而确定下一次对该网页爬取的时间，即确定更新周期。

以上两种更新策略都有一个前提：需要网页的历史数据作为依据。有时，如果一个网页为新网页，就不会有对应的历史数据，而且如果要依据历史数据进行分析，则需要爬虫服务器保存对应网页的历史版本信息，这无疑给爬虫服务器带来了更多的压力和负担。如果想要解决这些问题，则需要采取新的更新策略，比较常用的是聚类分析策略。

3）聚类分析策略

人们对生活中的分类已经比较熟悉，例如商场中的商品一般都分好类了，方便顾客去选购相应的商品，此时商品分类的类别是固定的，是已经拟定好的。假如商品的数量巨大，事先无法对其进行分类，或者说根本不知道将会拥有哪些类别，应该如何解决将商品归类的问题呢？

这时候可以用聚类的方式解决，依据商品之间的共性进行相应分析，将共性较多的商品聚为一类，此时商品聚集成的类的数目是不一定的，但是能保证的是聚在一起的商品之间一定有某种共性，即依据“物以类聚”的思想去实现。

同样，在聚类算法中，也会有类似的分析过程。将聚类分析算法运用在爬虫对网页的更新上，如图 6-10 所示。

（1）首先，经过大量的研究发现，网页可能具有不同的内容，但是一般来说，具有类似属性的网页，其更新频率类似。这是聚类分析算法运用在爬虫网页的更新上的一个前提指导思想。

（2）有了（1）中的指导思想后，首先对海量的网页进行聚类分析，在聚类之后，会形成多个类，每个类中的网页具有类似的属性，即一般具有类似的更新频率。

（3）聚类完成后，对同一个聚类中的网页进行抽样，然后求该抽样结果的平均更新值，从而确定对每个聚类的爬行频率。

以上就是使用爬虫爬取网页的时候常见的 3 种更新策略，掌握了其算法思想后，在后续进行爬虫的实际开发的时候，编写出来的爬虫执行效率会更高，并且执行逻辑会更合理。

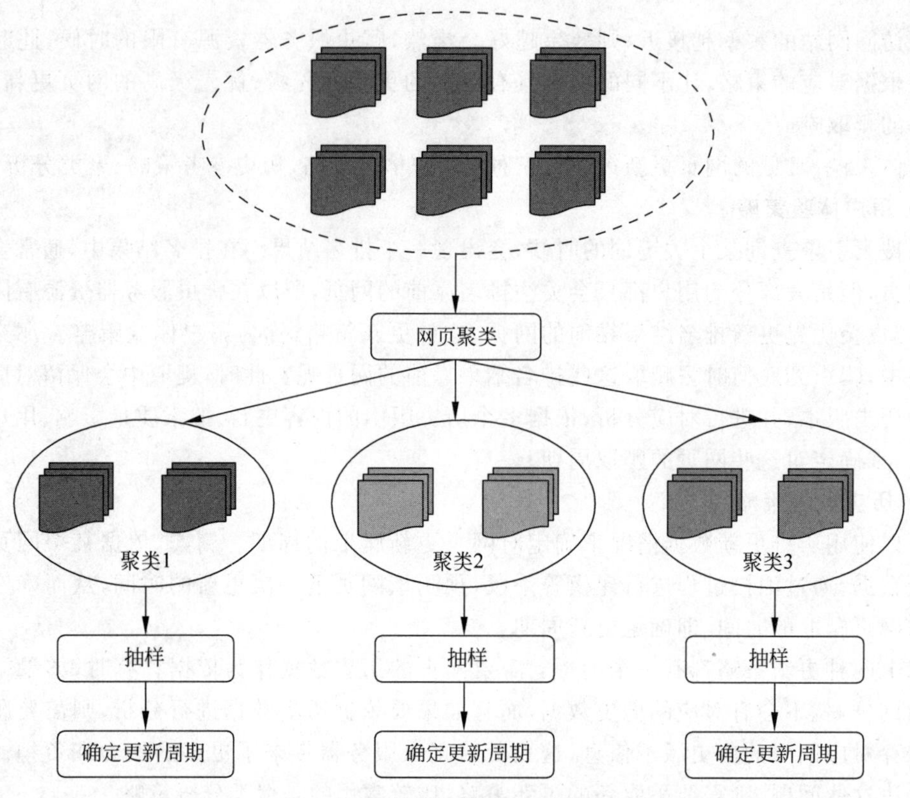

图 6-10 网页更新策略之聚类算法

4. 网络爬虫的技术工具

开发网络爬虫的语言有很多,常见的语言有 Python、Java、PHP、Node. JS、C++、Go 语言等。

(1) Python:爬虫框架非常丰富,并且多线程的处理能力较强,并且简单易学、代码简洁,优点很多。

(2) Java:适合开发大型爬虫项目。

(3) PHP:后端处理很强,代码很简洁,模块也较丰富,但是并发能力相对来说较弱。

(4) Node. JS:支持高并发与多线程处理。

(5) C++:运行速度快,适合开发大型爬虫项目,成本较高。

(6) Go 语言:高并发能力非常强。

世界上已经成型的爬虫软件多达上百种,根据开发语言对较为知名的开源爬虫软件进行梳理,见表 6-2。

表 6-2 爬虫软件工具

开发语言	爬虫软件
Python	(1) Scrapy 是一套基于 TWisted 的异步处理框架,纯 Python 实现的爬虫框架,用户只需要定制开发几个模块就可以轻松地实现一个爬虫,用来抓取网页内容以及各种图片。 (2) QuickRecon 是一个简单的信息收集工具,它可以帮助用户查找子域名称、收集电子邮件地址和使用 microformats 寻找人际关系等。 (3) PyRailgun 支持抓取 JavaScript 渲染的页面,是一个简单实用高效的 Python 网页爬虫抓取模块

续表

开发语言	爬虫软件
PHP	(1) PHPDig 通过对动态和静态页面进行索引建立一个词汇表。当搜索查询时，它将按一定的排序规则显示包含关键字的搜索结果页面。PHPDig 适用于专业化更强、层次更深的个性化搜索引擎，用户可以利用它打造针对某一领域的垂直搜索引擎。 (2) ThinkUp 是一个可以采集 Twitter、Facebook 等社交网络数据的社会媒体视角引擎。通过采集个人的社交网络账号中的数据，对其存档以及处理的交互分析工具，并将数据图形化以便用户更直观地查看
C/C++	(1) Larbin 是一种开源的网络爬虫/网络蜘蛛，能够跟踪页面的 URL 进行扩展的抓取，最后为搜索引擎提供广泛的数据来源。Larbin 只是一个爬虫软件，也就是说 Larbin 只抓取网页，至于分析的事情则由用户自己完成。另外，如何存储到数据库以及建立索引的事情 Larbin 也不提供。一个简单的 Larbin 的爬虫可以每天获取 500 万的网页。利用 Larbin，可以轻易地获取/确定单个网站的所有链接，甚至可以镜像一个网站；也可以用它建立 URL 列表群，例如，针对所有的网页进行 URL 检索后，进行 XML 的连接的获取。 (2) HiSpider 是一个快速高性能的爬虫软件。严格地说只能是一个 Spider 系统的框架，没有细化需求，目前只能进行提取 URL、URL 排重、异步 DNS 解析、队列化任务、支持网站定向下载
Java	(1) Arachnid 是一个基于 Java 的 Web Spider 框架。它包含一个简单的 HTML 剖析器，能够分析包含 HTML 内容的输入流。通过实现 Arachnid 的子类就能够开发一个简单的 Web Spiders 并能够在 Web 上的每个页面被解析之后增加几行代码调用。 (2) Crawlzilla 是一个帮助用户轻松建立搜索引擎的自由软件。Crawlzilla 由 Nutch 专案为核心，整合更多相关套件，并开发设计安装与管理 UI，让使用者更方便上手。Crawlzilla 除了能爬取基本的 HTML 外，还能分析网页上的文件，如 doc、pdf、ppt、rss 等多种文件格式，让用户的搜索引擎不只是网页搜索引擎，而是网站的完整资料索引库。此外，该软件拥有中文分词能力，让用户的搜索更精准。 (3) Heritrix 是一个由 Java 开发的、开源的网络爬虫，用户可以使用它来从网上抓取想要的资源。该软件具有良好的可扩展性，方便用户实现自己的抓取规则。 (4) Webmagic 的是一个无须配置、便于二次开发的爬虫框架，提供简单灵活的 API，只需少量代码即可实现一个爬虫。Webmagic 采用完全模块化的设计，功能覆盖整个爬虫的生命周期(链接提取、页面下载、内容抽取、持久化)，支持多线程、分布式抓取，并支持自动重试、自定义 UA/Cookie 等功能

除了使用爬虫软件采集网络数据以外，还有许多专业的网络采集器可以帮助用户便捷、高效地采集网络数据。

1) 八爪鱼采集器

八爪鱼采集器(见图 6-11)(http://www.bazhuayu.com/)是一款可视化免编程的网页采集软件，支持简易采集模式，提供官方采集模板，可以采集各种类型的网络数据：金融数据，如季报、年报、财务报告，包括每日最新净值自动采集；各大新闻门户网站实时监控，自动更新及上传新发布的新闻；监控各大社交网站、博客，自动抓取企业产品的相关评论等。八爪鱼采集器将采集数据表格化，支持多种导出方式和导入网站，还支持将数据采集结果保

图 6-11 八爪鱼网站 Logo

存为自定义的、规整的数据格式。

2）火车头采集器

火车头采集器(http://www.locoy.com/)是一款国内老牌的网页数据抓取、处理、分析、挖掘软件，可以灵活迅速地抓取网页上散乱分布的信息，并通过强大的处理功能准确挖掘出所需数据。对于新手而言有一定的使用门槛，适合拥有一定代码基础的人群。该采集器采集功能完善，不限网页与内容，任意文件格式都可下载，具有智能识别系统以及可选的验证方式保护安全。

3）后羿采集器

后羿采集器(http://www.houyicaiji.com/)是由前谷歌搜索技术团队基于人工智能技术研发的新一代网页采集软件。该软件的功能较为强大：支持智能采集模式，用户输入网址就能智能识别采集对象，无须配置采集规则，操作非常简单；支持流程图模式，可视化操作流程，能够通过简单的操作生成各种复杂的采集规则；支持多种数据格式导出等。

4）import.io

import.io(https://www.import.io/)是国外的一个基于 Web 的网页数据采集平台，用户无须编写代码，点选即可生成一个提取器。相比国内的许多采集软件，import.io 较为智能，能够匹配并生成同类元素列表，用户输入网址也可一键采集数据。提供云服务，自动分配云节点并提供 SaaS 平台存储数据。提供 API 导出接口，可导出 Google Sheets、Excel、Tableau 等格式。import.io 官网主页如图 6-12 所示。

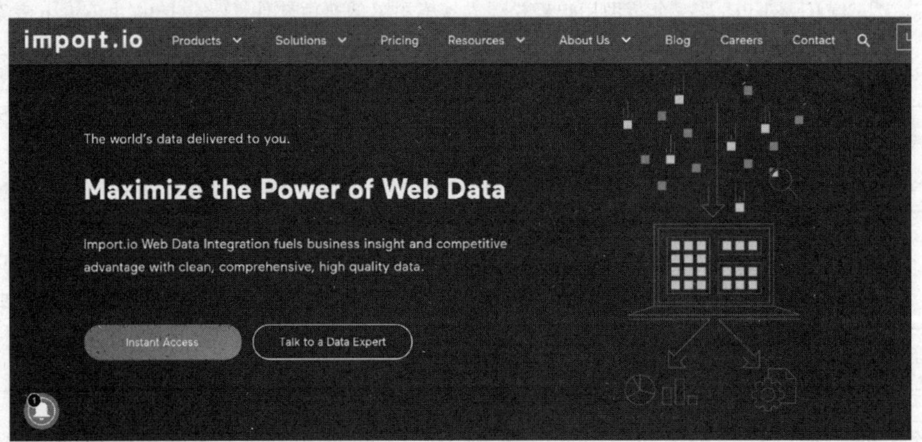

图 6-12 import.io 官网主页

5. 简单的爬虫代码

下面的例子是使用 Python 语言编写的爬虫代码，爬取了豆瓣正在上映的电影链接数据。

代码示例：

```
import requests
import re
import pandas as pd
```

```
# 豆瓣正在上映的电影链接(以北京为例)
url = "https://movie.douban.com/cinema/nowplaying/beijing/"
# 利用 requests 库的 get 方法抓取页面
response = requests.get(url)
html = response.text
# 利用正则表达式解析页面标签
pattern = re.compile('<li.*?list-item.*?data-title="(.*?)".*?data-score="(.*?)".*?>.*?<img.*?src="(.*?)".*?/>', re.S)
items = re.findall(pattern, html)
# 将页面元素存入 data_list 这一列表中
data_list = [{'title':item[0],"score":item[1],"image":item[2]} for item in items]
# 将 data_list 转换为 DataFrame 元素,用作后续的分析
df = pd.DataFrame(data_list)
df.head()
```

程序运行结果如图 6-13 所示。

	image	score	title
0	https://img1.doubanio.com/view/photo/s_ratio_p	7.9	海王
1	https://img1.doubanio.com/view/photo/s_ratio_p...	6.6	淡蓝琥珀
2	https://img3.doubanio.com/view/photo/s_ratio_p...	9.1	龙猫
3	https://img3.doubanio.com/view/photo/s_ratio_p...	7.7	印度合伙人
4	https://img1.doubanio.com/view/photo/s_ratio_p...	8.5	网络谜踪

图 6-13　程序运行结果

6.4.4　其他数据采集方法

1. 移动设备采集

目前移动设备的使用广泛,随着移动设备功能的不断增强,其数据采集手段越来越复杂多样。例如,移动设备可以通过定位系统获取地理位置信息;通过麦克风获取音频信息;通过摄像头获取图片、视频、街景、二维码等多媒体信息;通过触摸屏和重力传感器获取用户的手势和其他肢体语言信息。多年来,无线运营商通过获取和分析这些信息,提高了移动互联网的服务水平。

2. 数据库采集

一些企业会使用传统的关系型数据库如 MySQL 和 Oracle 等来存储数据。这些数据库中存储的海量数据,相对来说结构化更强,也是大数据的主要来源之一。其采集方法支持异构数据库之间的实时数据同步和复制,基于的理论是对各种数据库的 log 日志文件进行分析,然后进行复制。

3. 拾音器、数码相机等数码产品

拾音器、数码相机等数码产品也可以作为数据采集的工具。例如拾音器可以采集音频数据,数码相机可以采集照片、视频数据。

小结

如今，数据采集的场景和方法日益丰富。一个摄像头每天收集多少数据？宇宙空间运行着那么多卫星，它们每天收集多少数据？好像人们并不用担心没有数据。但是，实际工作中数据采集可能比数据挖掘更难、更有意义。在计算机广泛应用的今天，数据采集的重要性显而易见，它是市场研究的重要组成部分，同样也是进行科学性数据分析的基础。**采集数据的准确性直接关系到数据分析结果的价值**，所以科学的数据采集方法将是数据分析的前提。

日志文件是由数据源系统自动生成的记录文件，日志数据中往往蕴藏着各种信息，具有巨大的分析价值。Scribe、Kafka、Chukwa 等日志采集系统能够将分散在各个生产系统中的日志收集起来，实现大规模数据采集与处理，从而为进一步的数据分析提供条件。系统日志成为大数据时代的一种重要数据采集方法。

传感器可以测量声音、振动、电流、天气、压力等物理环境变量并将其转换为可读的数字信号以待处理。现实环境中，许多的传感器信号，如压力传感器输出的电压或者电流信号没办法进行远传，或是在传感器布线比较复杂的情况下，选用分布式或者远程的信号数据采集模块在现场把信号较高精度地转换成数字量，然后通过各种远传通信技术如以太网、各种无线网络，把数据传到计算机或者其他控制器中进行处理。传感器已经成为采集物理环境数据的一种重要方法。

互联网络的发展使得网络数据成为大数据的重要来源部分，网络数据的获取可以通过网络爬虫程序来完成，这是主流的、成熟的一种数据采集方法。按照人们事先制定的爬取规则，网络爬虫可以代替人们自动地在互联网中进行数据信息的采集。

数据采集技术的发展使得人们可以获取以前忽视的或者不易采集的数据，采集数据的方法和工具因数据来源的不同而不同，采用合适的数据采集工具在获取数据的时候会起到事半功倍的效果。日志采集、网络爬虫、传感器作为大数据时代广泛使用的数据采集技术值得我们关注。

讨论与实践

1. 结合自己的理解，阐释什么是数据采集。

2. 调查对比统计时代与大数据时代数据采集工具和方法的异同。

3. 查阅资料并结合自己的思考，分析系统日志数据的作用。

4. 结合自己的理解、实验与思考，谈谈对网络爬虫基本原理、爬取策略、更新策略的认识。

5. 学习使用一种编程语言编写网络爬虫并爬取某一主题数据。

参考文献

[1] 霍雨佳，周若平，钱晖中. 大数据科学[M]. 成都：电子科技大学出版社，2017.

[2] 李学龙，龚海刚. 大数据系统综述[J]. 中国科学：信息科学，2015，45(1)：1-44.

[3]　朱洁,罗华霖.大数据架构详解：从数据获取到深度学习[M].北京：电子工业出版社，2016.

[4]　朱晓峰.大数据分析概论[M].南京：南京大学出版社,2018.

[5]　王伟军,刘蕤，周光有.大数据分析[M].重庆：重庆大学出版社，2017.

[6]　韦玮.精通 Python 网络爬虫：核心技术、框架与项目实战[M].北京：机械工业出版社，2017.

[7]　郎为民.漫话大数据[M].北京：人民邮电出版社,2014.

[8]　刘鹏,张燕,付雯,等.大数据导论[M].北京：清华大学出版社，2018.

[9]　CHEN M,MAO S W,ZHANG Y,et al. Big Data Related Technologies, Challenges and Future Prospects[M]. Springer Cham Heidelberg New York Dordrecht London 2014.

[10]　CAVANILLAS J M,CURRY E,WAHLSTER W. New Horizons for a Data-Driven Economy[M]. SpringerLink. com，2016.

[11]　lovesuw99. Chukwa[EB/OL].(2018-05-14)[2018-10-15]. https：//baike. so. com/doc/7856696-8130791. html.

[12]　佚名.欧莱雅宣布推出一款可穿戴设备可以收集个人紫外线暴露数据[EB/OL].(2018-11-15)[2018-12-10]. http：//www. elecfans. com/wearable/813461. html.

[13]　赵一一. Data lake[EB/OL].(2018-04-17)[2018-12-14]. https：//blog. csdn. net/ linnyn/article/details/79975992.

[14]　佚名.搜索引擎技术之网络爬虫[EB/OL].(2016-06-01)[2018-12-17]. http：//f. dataguru. cn/article-9413-1. html.

[15]　千荷.程序员学网络爬虫之如何破解网站的反爬虫措施[EB/OL].(2017-07-04)[2018-12-16]. https：//www. toutiao. com/i6438754150086869506/.

[16]　Keven.国内外十大主流采集软件盘点[EB/OL]. http：//www. bazhuayu. com/blog/421，2017-04-21.

[17]　七月在线实验室. 33 款开源爬虫软件工具[EB/OL].(2018-01-09)[2019-01-07]. https：//blog. csdn. net/T7SFOKzorD1J AYMSFk4/ article/details/79017176.

[18]　江晓东.实战大数据：DT 时代智能组织工作方法[M].北京：中信出版社,2016.

[19]　马克・沃伦威尔德.人机共生：洞察与规避数据分析中的机遇与误区[M].赵卫东,译.北京：机械工业出版社,2018.

[20]　eworks.数据智能推动中国工业转型升级[EB/OL].(2017-09-08)[2019-01-07]. http：//articles. e-works. net. cn/bi/article 137494. htm.

第7章

数据存储

云计算、物联网、社交网络的发展使人类社会的数据产生方式发生了变化，数据的规模正以前所未有的速度扩大。大数据之“大”，最容易令人想到的便是其数据量之庞大——数据量实现了从 GB、TB 到 PB 甚至 EB 级的增长，如何高效地保存和管理这些海量数据仍是传统存储面临的首要问题。除了数据量“大”这个明显特点外，如今的数据还有诸如种类结构不一、数据源繁多、增长迅速、存取形式和应用需求多样化等特点。这些海量、异构的数据不仅改变了人类的生活，也带来了数据存储技术的变革与发展。

本章在回顾 DAS、NAS、SAN 这三种存储架构的基础上，探讨分布式存储、云存储两种大数据存储方式，以及 NoSQL 数据库的理论基础和四种存储模型，为读者揭开大数据时代存储方式的面纱。

7.1 传统数据存储

计算机的外部存储系统如果从 1956 年 IBM 造出第一块硬盘算起，发展至今已过去半个多世纪。在这半个多世纪里，存储介质和存储系统都取得了很大的发展和进步。IBM 在 1956 年为 RAMAC 305(见图 7-1)系统造出的第一块硬盘只有 5MB 的容量，其成本却高达 50 000 美元，平均每 MB 存储需要花费 10 000 美元。而现在的硬盘容量可高达几个 TB(1TB=1 000 000MB)，成本则降到约 8 美分/GB(1GB=1000MB)。

图 7-1 IBM RAMAC 305

7.1.1　存储设备

从存储技术的视角来看，存储设备可以分为以下几种。

1. 随机存取存储器

随机存取存储器(Random Access Memory，RAM)是计算机数据的一种存储形式，在断电时所存储的数据也将随之丢失。现代 RAM 包括静态 RAM、动态 RAM 和相变 RAM。

2. 磁盘和磁盘阵列

磁盘(如硬盘驱动器(Hard Disk Drive，HDD))是现代存储系统的主要部件。HDD 由一个或多个快速旋转的碟片构成，通过移动驱动臂上的磁头，从碟片表面完成数据的读写。与 RAM 不同，断电后硬盘仍能保留数据信息，且单位容量成本更低，但是硬盘的读写速度比 RAM 读写要慢得多。此外，由于单个高容量磁盘的成本较高，因此磁盘阵列将大量磁盘整合以获取高容量、高吞吐率和高可用性。

3. 存储级存储器

存储级存储器是指非机械式存储媒体，如闪存。闪存通常用于构建固态驱动器(Solid State Drives，SSD)。SSD 没有类似于 HDD 的机械部件，运行安静，并且具有更短的访问时间和延迟。但是 SSD 的单位存储成本要高于 HDD。

7.1.2　存储系统网络架构

从网络体系的观点来看，存储系统主要有三种架构：DAS、NAS 和 SAN。

1. DAS

DAS(Direct-Attached Storage)意为直连式存储，这是一种通过总线适配器直接将硬盘等存储介质连接到主机上的存储方式，在存储设备和主机之间通常没有任何网络设备的参与。DAS 典型应用于一台包含大量数据存储能力的设备(如磁盘阵列)与一个数据使用设备(如数据处理服务器)通过数据传输接口相连，而常用的传输接口就是 SCSI(Small Computer System Interface)和 FC(Fibre Channel)。在这种模式下，数据存储设备和数据使用设备之间没有任何存储网络连接，如图 7-2 所示。

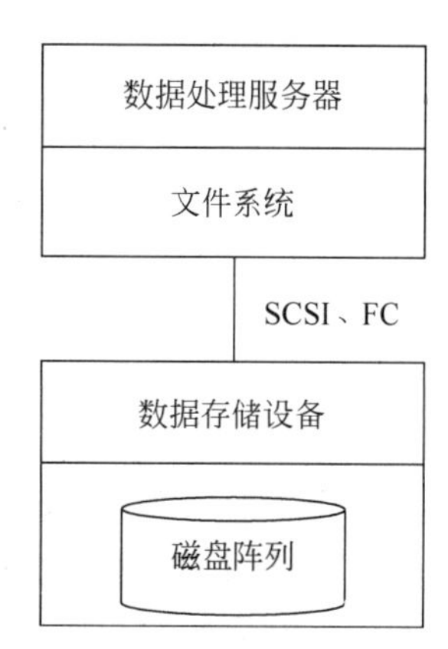

图 7-2　DAS 存储技术架构

DAS 适用于对存储容量要求不高、服务器数量少的中小型局域网，如个人计算机和小型服务器。DAS 结构在早期数据量不大、应用场景比较简单的时候发挥了主要作用，但是随着数据量的增长，数据处理应用场景变得复杂，DAS

结构的不足也显露了出来。

1）扩展性差，成本高

当新的数据应用方式出现时，数据使用设备与数据存储设备直接连接，需要为新的数据使用设备增加单独的数据存储设备，这种连接方式不仅使投资成本加大，并且随着数据量的增大，数据使用设备和数据存储设备间的传输通道的阻塞很容易成为潜在的性能瓶颈。

2）资源利用率低

用于不同数据处理服务器间的数据存储设备存在孤岛效应，一些设备存储能力不足而另一些却有大量空间闲置，使得数据分布不均衡、数据存储能力不易共享、管理功能分散以及效率低下。

3）数据备份，恢复和扩容过程复杂

数据使用设备与数据存储设备直接相连的模式，使用户在进行数据备份与恢复时，占用了正常的数据处理传输通道，导致数据的备份与恢复不能实时进行，必须在系统空闲时执行。这种方式风险较大，数据的安全系数较低。且在进行扩容时还需要停机维护，容易影响业务的正常开展。

以上这些不足制约了 DAS 结构的应用场景，为了解决这些问题，存储界的工作者提出了 NAS 和 SAN 体系以应对更加复杂的数据处理应用场景。

2. NAS

NAS（Network-Attached Storage）即网络附加存储，是一种将分布、独立的数据进行整合，集中管理数据的存储技术，实现为不同主机和应用服务器提供文件级存储空间的存储结构。NAS 存储技术结构如图 7-3 所示。

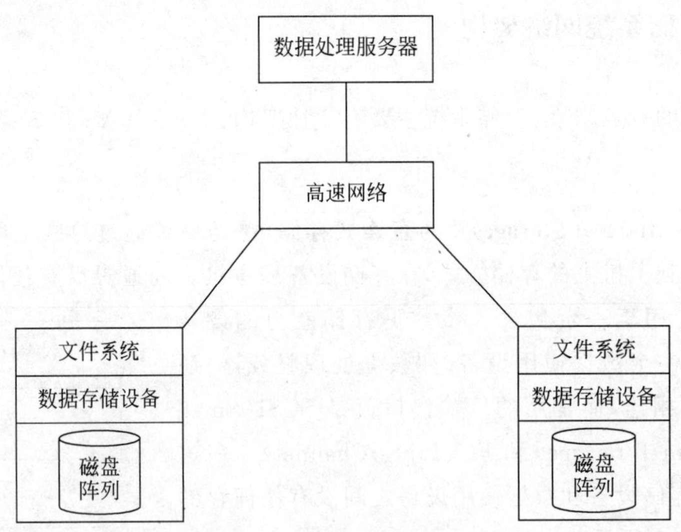

图 7-3　NAS 存储技术架构

从使用者的角度，NAS 是一种采用 IP 连接到局域网的文件共享设备。NAS 提供基于文件的数据访问和共享，允许用户通过网络存储资源，使客户能够以更低的管理成本，享受更快的数据响应速度和更高的带宽。这一特征使得 NAS 成为主流的文件共享存储解决方案。另外，NAS 通常采用 TCP/IP 数据传输协议和 CIFS/NFS 远程文件服务协议来完成数据的归档和存储,有助于消除用户访问通用服务器的性能瓶颈。

NAS存储的雏形由英国纽卡斯大学的Brownbridge等人提出,其目的是解决在多个UNIX服务器之间远程访问文件的问题。在20世纪80～90年代间,受到局域网技术的限制,NAS架构的能力无法在10Mb/s的环境得到充分展示。到20世纪末21世纪初,随着以太网、虚拟局域网等技术的快速发展,特别是G比特以太网技术的商用化,使得基于NAS结构实现的数据存储设备完成了质的飞越,并得到了市场的广泛认可。目前,支持高速传输和高性能访问的专用NAS存储设备可以满足当下企业对高性能文件服务和高可靠数据保护的应用需求,NAS已经被各类型企业和机构广泛采用。

虽然NAS技术经过了市场的充分验证,但是由于架构的先天不足,也存在一些与大数据处理不相适应的问题。

1）受局域网带宽的限制

NAS设备与客户机通过企业网进行连接,数据的存储和备份过程会占用网络的带宽,这必然影响企业内部网络上的其他应用,共用网络带宽成为NAS性能的主要问题,数据传输速率受到影响。

2）不适用数据块的访问方式

NAS访问需要经过文件系统格式转换,因此其是以文件级来访问,不适合Block级的应用,尤其是要求使用原始分区的数据库系统。

3）无法实现集中备份

NAS结构下,虽然在存储空间不足时通过增加一台或多台NAS设备提升空间的确较为方便,但由于NAS设备的数据访问时需要一个独特的网络标识符,因此难以实现多台NAS设备中的数据无缝衔接,也就导致了在NAS环境下数据不能进行集中备份。

4）基于IP连接的安全风险

NAS存储模式基于IP进行局域网的连接,接受来自本地或远程各种不同设备或系统的访问请求。并由于目前大部分设备均采用IP连接的通信方式,数据在由分布向集中的迁移过程中容易受到不明攻击,具有一定的安全风险。

3. SAN

SAN(Storage Area Network)即存储区域网络,通常人们将SAN技术视为DAS技术的一个替代者。存储网络工业协会SNIA对SAN的标准定义是:"A network whose primary purpose is the transfer of data between computer systems and storage elements and among strong elements. Abbreviated SAN",即SAN是用来在计算机系统和存储单元之间、存储单元与存储单元之间进行数据传输的网络系统。SAN通过光纤交换机、集线器等高速网络设备在服务器和磁盘阵列等存储设备间建立直接连接,搭建高性能的存储系统网络。SAN与NAS的基本区别在于其提供块(block)级别的访问接口,一般并不同时提供一个文件系统。SAN常用于具有大数据存储能力的存储设备(如磁盘阵列、磁带库、光盘机等),通过高速交换网络连接在数据处理服务器上,数据处理服务器可以像访问本地磁盘数据一样对存储设备进行高速访问。SAN存储技术架构如图7-4所示。

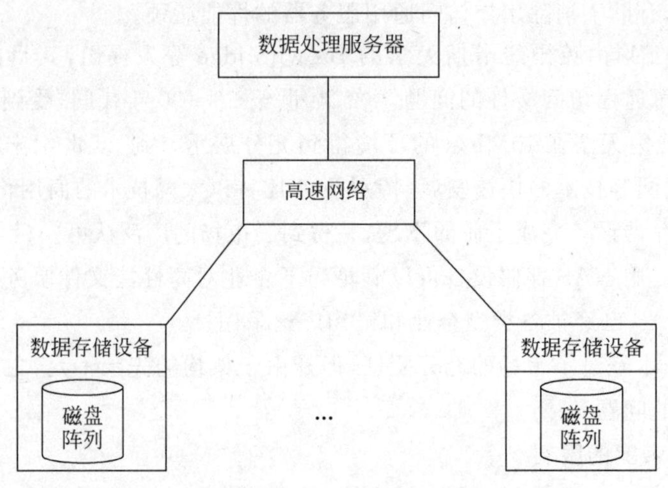

图 7-4 SAN 存储技术架构

SAN 技术是从 20 世纪 90 年代后期开始兴起的，它具有以下特点。

1）系统的整合度高

在 SAN 结构下，多台服务器可以同时通过存储网络访问后端存储系统，无须为每台服务器单独配备存储设备，这极大地降低了存储设备的异构化程度，降低投资成本和维护费用，减轻了设备和数据维护的工作量。

2）数据集中度高

不同应用和服务器的数据实现了物理上的集中，有利于提高存储资源的利用率，减轻了空间分配调整和数据备份恢复等维护工作。

3）高扩展性

SAN 架构下，服务器可以访问存储网络上的任何一个存储设备，用户可以自由地将数据存储设备接入现有的 SAN 环境，实现数据存储能力的无限扩展。

7.2 大数据时代的数据存储

7.2.1 大数据存储系统的特点

相对于传统的存储系统，大数据存储与上层的应用系统结合得更加紧密，很多新兴的大数据存储是为特定的大数据应用而设计和开发，例如用来存放大量图片或者小文件的在线存储，或者支持实时事务的高性能存储等。因此，不同的应用场景，其底层大数据存储的特点也不尽相同。但是，结合目前主流的大数据存储系统，可以总结出大数据存储系统的基本特点如下。

1. 大容量及高可扩展性

大数据存储系统可存储几个 PB 甚至 EB 级的数据量，而传统的 NAS 或 SAN 存储则很难达到这个级别的存储容量。社交网站、科学研究数据、在线事务、系统日志以及传感和监控数据等成为大数据的主要来源，尤其是社交类网站的兴起，更加快了数据增长的速度。例

如,Instagram 网站每天用户上传的图片数量高达 500 百万张。因此,除了巨大的存储容量外,大数据存储还必须拥有一定的可扩容能力。扩容包括 Scale-up 和 Scale-out 两种方式,鉴于前者扩容能力有限且成本一般较高,因此能够提供 Scale-out 能力的大数据存储已经成为主流趋势。

2. 高可用性

对于大数据应用和服务来说,数据是其价值所在,因而存储系统的可用性至关重要。平均无故障时间(Mean Time Between Failures,MTBF)和平均维修时间(Mean Time To Repair,MTTR)是衡量存储系统可用性的两个主要指标。传统存储系统一般采用磁盘阵列(Redundant Arrays of Independent Disks,RAID)、数据通道冗余等方式保证数据的高可用性和高可靠性。除了这些传统的技术手段外,大数据存储还会采用其他技术。例如,分布式存储系统中采用简单明了的多副本来解决数据冗余问题;针对 RAID 导致的数据冗余率过高或者大容量磁盘的修复时间过长等问题,近年来学术界和工业界开始研究或已经采用了其他的编码方式,例如 Erasure Codes 或 Network Codes 等。

3. 高性能

在评价大数据存储性能时,吞吐率(Throughput)、延时(Latency)和 IOPS(Input/Output Operations Per Second)是其中几个较为重要的指标。对于一些实时事务分析系统,存储的响应速度至关重要;而在其他一些大型应用场景中,每秒处理的事务数则可能是最重要的影响因素。大数据存储系统的设计往往需要在大容量、高可扩展性、高可用性和高性能等特性间做出一个权衡。

4. 安全性

数据具有巨大的潜在商业价值,这也是数据分析和数据挖掘兴起的重要原因之一。因此,数据安全对于企业来说至关重要。数据的安全性体现在存储如何保证数据完整性和持久化等方面。在云计算、云存储行业风生水起的大背景下,如何在多租户环境中保护好用户隐私和数据安全成了大数据存储面临的一个亟须解决的新挑战。

5. 自管理和自修复

随着数据量的增加和数据结构的多样化,大数据存储的系统架构也变得更加复杂,管理和维护便成了一大难题。这个问题在分布式存储中尤其突出。因此,能够实现自我管理、监测及自我修复将成为大数据存储系统的重要特性之一。

6. 成本

大数据存储系统的成本包括存储成本、使用成本和维护成本等。如何有效降低单位存储带来的成本在大数据背景下显得极为重要。如果大数据存储的成本过高,动辄几个 TB 或者 PB 的数据量将会让很多中小型企业在大数据掘金浪潮中望洋兴叹。

7. 访问接口的多样化

同一份数据可能会被多个部门、用户或者应用来访问、处理和分析,不同的应用系统、事务,可能会采用不同的数据访问方式。因此,大数据存储系统需要提供多种接口来应对不同的应用系统。目前主流的数据访问接口有传统的文件系统接口、RESTful 接口等。

7.2.2 分布式存储

大数据导致了数据量的爆发式增长,传统的集中式存储(例如 NAS 或 SAN)在容量和性能上都无法较好地满足大数据的需求,传统的存储系统一般采用 Scale-up 的方式(例如,增加磁盘矩阵等)进行扩容,然而成本和性能等问题决定了 Scale-up 扩容方式的有限性。因此,具有优秀的可扩展能力的分布式存储成为大数据存储的主流架构方式。

分布式存储系统将数据分别存储在多台独立的设备上,将普通的硬件设备作为基础设施,因而单位容量的存储成本得到大大降低,并在性能、维护性和容灾性等方面也具有不同程度的优势。在具备独特优势的同时,分布式存储也需要解决包括诸如可扩展性(Scalability)、数据冗余(Replication)、数据一致性(Consistency)、全局命名空间(Namespace)、缓存(Cache)等关键技术问题。此外,如何组织和管理成员节点以及建立数据与节点之间的映射关系是分布式存储面临的另一个共同问题,成员节点的动态增加或者离开,在分布式系统中基本上可以算是常态,目前最常见的解决方案便是使用分布式哈希表(Distributed Hash Table,DHT)。

分布式哈希表的通常做法是使用一致性哈希算法(Consistent Hashing)将所有节点组织在一个环状结构中。当要存放或查找某份数据时,只要通过数据的 key,便可以计算出其对应的 value,这里的 value 便可以是某个节点的 ID。分布式哈希表的这个特点,基本可以将数据均匀地分布到各个节点上,从而达到负载均衡的目的。当然,这里介绍的只是分布式哈希表的基本原理,在实际的应用中往往会根据需求的不同而做出相应的修改或优化。例如,针对分布式系统中各个节点的计算和存储能力不同、其分配到的工作负载也应该不同这种情况,可以通过增加虚拟节点的概念,以"能者多劳"的原则在能力不同的物理节点上映射数量不同的虚拟节点,从而达到负载均衡的目的,这方面的一个典型案例便是 Amazon 的 Dynamo 系统。

谈到分布式系统的设计,就不得不提到著名的 CAP 理论。埃里克·布鲁尔(Eric Brewer)教授于 2000 年提出的 CAP 理论指出,**一个分布式系统不可能同时保证一致性(Consistency)、可用性(Availability)和分区容错性(Partition Tolerance)这三个要素**。因此,任何一个分布式系统也只能根据其具体的业务特性和具体需求,最大地优化其中两个要素。当然,除了一致性、可用性和分区容错性这三个维度,一个分布式系统往往会根据具体业务的不同,在特性设计上有不同的取舍,例如,是否需要缓存模块、是否支持通用的文件系统接口等。

1. 分布式文件系统 GFS

下面以 Google File System 为例,分析一个分布式文件系统的设计和实现。GFS 系统架构如图 7-5 所示。

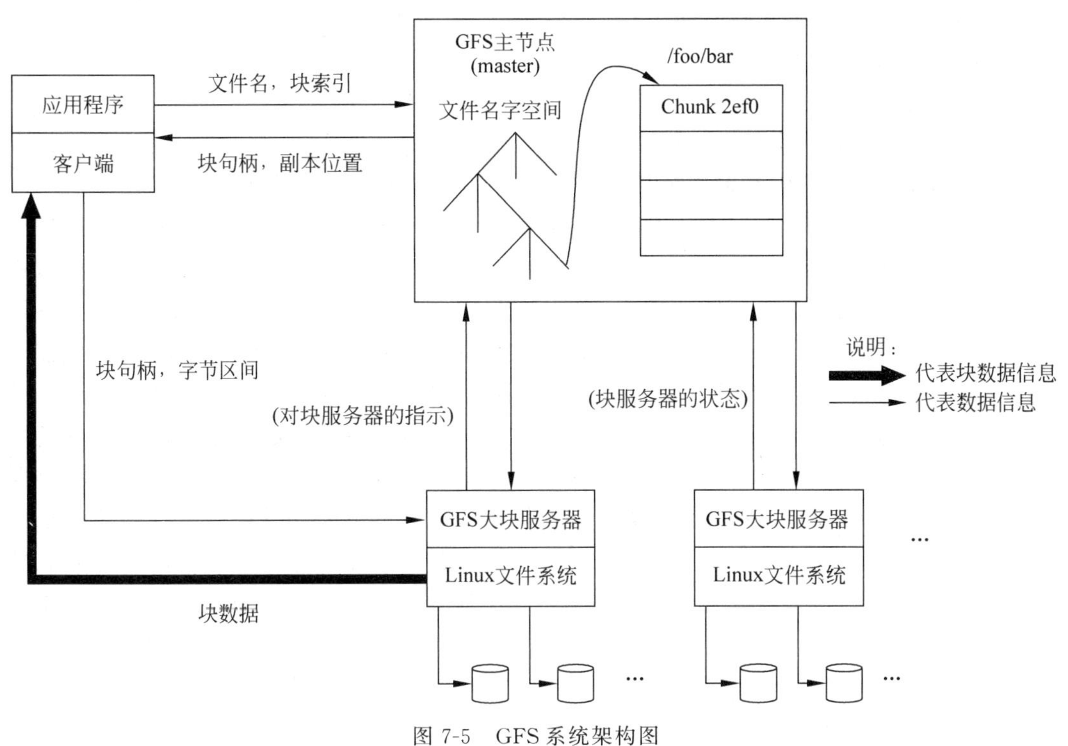

图 7-5 GFS 系统架构图

GFS 将数据(data)和元数据(meta data)的存储分开，分别存放到块服务器(chunk server)和主服务器(master)上。在 GFS 中，块服务器是分布式的，所有的数据块通过简单的复制分布在多台块服务器上；而主服务器则是单一节点，负责命名空间等元数据的存储和维护。客户端只有执行在与元数据相关的操作时，才会与主服务器打交道，例如打开、创建等操作；而所有与数据相关的操作，例如读、写操作，客户端只需要与块服务器直接通信。这样的设计减轻了主服务器的负担，因此也成为分布式存储系统设计的一个重要范式。但是，单一 master 服务器的设计也明显影响了 GFS 的可扩展性，从而容易形成单点故障。从 CAP 理论的角度上看，可以说 GFS 的设计明显弱化了分区容错性这个维度上的考虑。

Google 的很多与数据相关的业务都具有操作少、多以追加为主的特点，而读操作则以大规模的顺序读为主。针对这一特点，GFS 在设计上做了如下两点优化。

(1) 数据分块上倾向于选择大数据块，其默认的数据块大小为 64 MB。同时，大数据块的选择也减少了元数据的总量及其相关操作，从而一定程度上减少了主服务器上的负载。

(2) 舍弃了对传统的 POSIX 文件系统接口的支持，在基本的 create、delete、open、close、read、write 等操作的基础上，增加了 snapshot 和 record append 的操作。

GFS 使用了普通的廉价硬件设备作为其节点服务器，因此其单个节点的故障率相对偏高。为实现其系统的高可用性，GFS 选择了简单的多副本方式(默认为 3 个副本)。另外，GFS 为其块服务器和主服务器都实现了快速恢复功能。

2. 分布式文件系统 HDFS

Apache Hadoop 项目中的分布式文件系统 HDFS(Hadoop Distributed File System)基本上是 GFS 的开源实现，当然 HDFS 也做了部分优化，例如在 HDFS 中数据复制的分布策略是 rack-aware(机架感知)的,即 HDFS 的数据分布考虑了数据节点的物理位置,从而可以提高数据可靠性。

HDFS 是一个具有高度容错性的分布式文件系统,适合部署在廉价的机器上,以流数据访问的模式来存储超大文件(这里的超大文件是指具有几百 MB,几百 GB 甚至几百 TB 大小的文件),能提供高吞吐量的数据访问,非常适合在大规模数据集上的应用。

HDFS 的构建基于以下思路:**HDFS 的开发团队认为一次写入、多次读取是最高效的访问模式**。大数据的数据集通常由一定的数据源生成,例如,通过第三方提供、网络下载或者互联网爬虫爬取,当数据集存储完成后,接下来很长时间的工作就是基于该数据集进行各种形式的数据分析与应用,每次分析和应用涉及数据集的大部分数据甚至全部数据,因此在大数据环境下关注整个数据集的读取时间比关注某一条数据的读取时间显得更加重要。

日常使用的存储设备,如移动硬盘、U 盘等都有默认的数据块大小,数据块是磁盘进行数据读写和数据传输的最小单位。在 HDFS 中也有块(Block)的概念,HDFS 默认的数据块大小为 64MB,HDFS 上的文件被划分为多个分块(Chunk),HDFS 中小于一个块大小的文件不会占据整个块的存储空间。在 HDFS 中的数据进行分块存储带来的好处是显而易见的,一个文件可以按照默认分块的大小分割成任意多个块,这些数据块可以存储在分布式文件系统中的任何一个存储节点上,理论上一个超级大的文件可以占满分布式文件系统中所有的存储节点的存储空间。

从设计思想的角度来说,使用块作为存储的基本单位可以说是一种跨越,这样说的原因包含几方面的内容:一方面避免了以文件作为存储单元由文件大小差异较大、文件种类不同等原因带来的设计上的繁杂,大大节省了存储空间;另一方面是因为 HDFS 中存储节点的存储设备可能来自于不同的硬件设备提供商,以块为基本单位进行存储可以避免由于硬件设备在技术、规格等方面的差异带来的不便。更重要的一点,使用块作为存储的基本单位有利于提高 HDFS 的存储可靠性,在存储的时候可以将每个数据块的副本存放到不同的存储节点(默认是三个),这样可以在发生文件损坏、机器故障以及其他未知原因造成文件不可读取的时候数据不丢失,从而大大增强了分布式文件系统的容错能力,保证其高可用性。

HDFS 系统架构如图 7-6 所示。**HDFS 集群有两类节点,即 Namenode 和 Datanode,区内类节点以管理者-工作者模式运行,其中,Namenode 是管理者,Datanode 是工作者**。可以这样理解,假设现在有一个软件开发团队,该团队有一个项目经理,经理对外负责与客户签合同、谈需求等,对内负责工作内容分配,指定某个成员的工作任务,那么在这个软件开发团队中,项目经理就是 Namenode,团队中的其他成员就是 Datanode。在图 7-6 中,Client 即客户端表示用户通过与 Namenode 和 Datanode 的交互来访问整个分布式文件系统,该交互通过一个类似于 POSIX 的文件系统接口来完成,客户端不关心具体哪个 Namenode 或者 Datanode 来完成任务。Namenode 负责管理整个文件系统的命名空间的各种操作,例如,打开、关闭、重命名文件和目录等,同时维护整个文件系统的文件目录树以及文件的索引目录,决定 Block 到具体 Datanode 的映射等。Datanode 作为存储节点,主要负责处理文件系统的读写请求,响应 Namenode 的调度,在 Namenode 的指挥下进行 Block 的创建、删除和赋值。

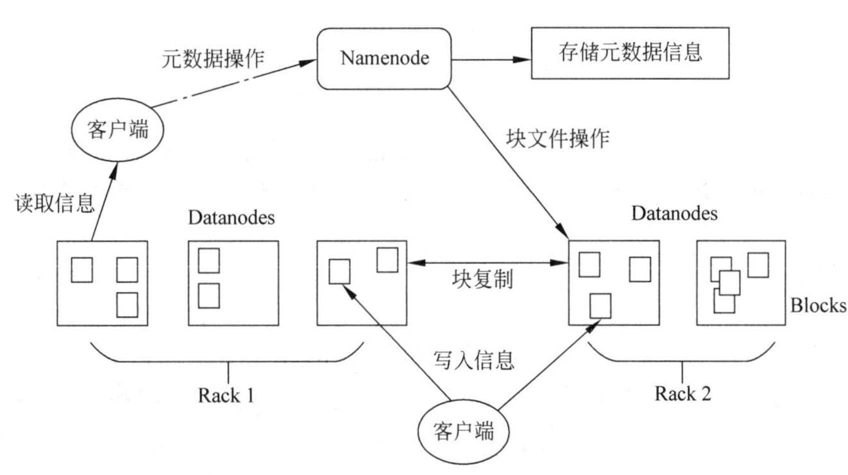

图 7-6　HDFS 系统架构图

HDFS 虽然对海量数据文件的存储提供了很好的支持，同时也满足大数据存储要求的可伸缩、高可靠性等要求，但是 HDFS 仍然存在许多不尽如人意的地方，如不支持多用户写入和任意修改文件，不便于支持海量的小文件，难以进行低延迟的数据访问等。

7.2.3　云存储

云存储是指通过网络技术、分布式文件系统、服务器虚拟化、集群应用等技术将网络中海量的异构存储设备构成可弹性扩张、低成本、低能耗的共享存储资源池，共同对外提供数据存储和业务访问功能的一个系统。它是伴随着云计算技术的发展而衍生出来的一种新兴的网络存储技术，提供了**"按需分配、按量计算"**的数据存储服务，云存储的运营商负责数据中心的部署、运营和维护等工作，将数据存储包装成为服务的形式提供给客户，改变了以往数据主要集中在本地存储和处理的传统模式，企业和个人用户无须再投入大量购置硬件等设施的成本，就能够方便快捷地通过网络按需访问计算与存储等服务。

1. 云存储的特点

1）低成本

云存储（见图 7-7）通过运营商来集中统一部署和管理存储系统，降低了数据存储的成本，从而降低了大数据行业的准入门槛，为中小型企业进军大数据行业提供了可能性。云存储的容灾机制与传统存储系统中的故障恢复机制不同，在一开始的架构体系设计和每一个开发环节中都已经包含云存储的容灾机制，且快速更换单位不是单个 CPU、内存等硬件，而是一个存储主机。当集群中的某一个节点的硬件出现故障时，新的节点就会更换掉故障节点，数据就能自动恢复到新的节点上。由此可见，由于云存储的出现，企业不仅不再需要购买昂贵的服务器

图 7-7　云存储

来应对数据的存储，还节省了聘请专业 IT 人士来管理，维护服务器的劳务开销，从而大大降低了企业的成本。

2）可动态伸缩性

存储系统的动态伸缩性主要指的是读/写性能和存储容量的扩展与缩减。一个设计优良的云存储系统可以在系统运行过程中简单地通过添加或删除节点来自由扩展和缩减，这些操作对用户来说都是透明的。

3）高可靠性

云存储系统是以实际失效数据分析和建立统计模型着手，寻找软硬件失效规律，根据不间断的服务需求设计多种冗余编码模式，然后在系统中构建具有不同容错能力、存取和重构性能等特性的功能区，通过负载、数据集和设备在功能区之间自动匹配和流动，实现系统内数据的最优布局，并在站点之间提供全局精简配置和公用网络数据及带宽复用等高效容灾机制，从而提高系统的整体运行效率，满足可靠性要求。

4）高可用性

云存储方案中包括多路径、控制器、不同光纤网、端到端的架构控制、监控和成熟的变更管理过程，从而很大程度上提高了云存储的可用性。

5）超大容量存储

云存储可以支持数十 PB 级的存储容量和高效管理上百亿个文件，同时还具有很好的线性可扩展性。

6）安全性

自从云计算诞生以来，安全性一直是企业实施云计算首要考虑的问题之一，在云存储方面，安全性仍是首要考虑的问题。所有云存储服务间传输以及保存的数据都有被截取或篡改的隐患，因此就需要采用加密技术来限制对数据的访问。此外，云存储系统还采用数据分片混淆存储作为实现用户数据私密性的一种方案。因此云存储数据中心比传统的数据中心具有更高的数据安全性。

2. 云存储的关键技术

1）存储虚拟化技术

存储虚拟化技术是云存储的核心技术。在云存储的底层往往是来自不同厂商的、不同型号、采用不同的通信技术甚至是不同类型的存储设备，如果没有一种技术手段来将其集中管理，在这样分散而且凌乱的存储环境中，云存储就无从谈起。存储虚拟化技术将各种异构的存储设备进行集中管理，从而屏蔽物理存储设备的异构特性以及实体的物理位置，形成一个统一的存储资源池，并对存储资源进行统一分配，且能够根据用户使用的状况实时进行资源大小的动态调整，使用“智能感知”的技术手段对存储资源进行合理调度。

2）集群技术和分布式存储技术

集群技术和分布式存储技术是云存储的关键技术。单点的存储系统算不上云存储，在云存储底层的构架上，必然是由分布于不同物理位置甚至地理位置相隔较远的多存储设备，以及多种服务和应用的一个综合系统。有了集群技术，才能将这些存储设备有机地集中起来并进行统一管理，使系统具备了高可用性和可扩展性的特征。分布式存储包括分布式块存储、分布式文件系统存储、分布式对象存储和分布式表存储。分布式文件系统将分散的存储资源集合起来构成一个虚拟的存储设备，并提供通用的文件访问接口，实现对文件和目录的列表、读写及删除等操作功能。

3）网络技术

网络技术的发展是云存储的助推剂。云存储为什么不仅仅是存储的虚拟化简单应用？一是因为云存储是一种服务，二是因为云存储的网络结构更加庞大。真正的云存储应该是覆盖整个局域网络（内部云）或者是互联网络（公共云）的庞大的存储服务系统，因而就不会仅是光纤总线（FC）或者小范围的 IP 网络连接。所有的用户都需要通过公共网络连接云存储系统接受其提供的存储服务，只有高速、健康的网络环境才能保证连接的高效，满足数据存储过程中大量数据的传输需求，才能"享受"云存储的服务，所以说网络连接技术的发展推动了云存储的发展。另一个对云存储起到关键作用的网络技术就是互联网 Web 2.0 技术。开放和共享是 Web 2.0 技术最显著的特征，体现出人机交互的功能，有了 Web 2.0，云存储服务的许多应用才可能得以实现。

云存储是当今新式的存储的技术，这些技术手段为云存储发展以及功能的发挥提供了有力地保障，像重复数据删除技术一样可以有效地减少存储系统中数据的冗余，节省存储空间。

3. 云存储的类型

按照服务对象可以把云存储划分为公共云存储、私有云存储以及混合云存储三类。

1）公共云存储

公共云存储通常是由专门的网络服务商提供，通过互联网络来提供存储服务。公共云存储的存储服务是面向多用户的，是专为大规模客户群而设计建设的，除了具备数据共享功能外，还可以为每个用户提供数据的隔离，保证用户数据的安全。例如，亚马逊公司的 Simple Storage Service（S3）和 Nutanix 公司提供的存储服务，可以低成本地提供大量的文件存储。其中以 Dropbox 为代表的个人云存储服务是公共云存储发展较为突出的代表，国内比较突出的代表有搜狐企业网盘、百度云盘、360 云盘、115 网盘、华为网盘、腾讯微云等。国内部分云存储产品如图 7-8 所示。

图 7-8 国内部分云存储产品

2）私有云存储

私有云存储是为用户单独构建的云存储服务，它可以是位于企业网络防火墙之内，也可以是位于防火墙之外，甚至是在互联网上。私有云存储可以由企业自己来专门构建和管理，也可以让专门的网络服务商来为其建设并为其代为管理，还可以是网络服务商在所提供的公共云存储系统上划分出的一部分。

3）混合云存储

混合云存储把公共云和私有云结合在一起，主要用于按客户要求的访问，特别是需要临时配置容量的时候。在混合云存储使用过程中，把安全性要求高以及使用频繁的数据存储于本地系统，其他的需要共享或者一般性的数据存储于公共云存储系统中，既保证了系统运行的高速和安全，也达到了扩展存储与数据共享的目的。由于到底哪些数据存储于本地，哪些存储于公共云存储系统需要一款有效的判断机制，而且需要系统能够智能地处理，所以，混合云存储的管理相对比较复杂。

7.3 数据库技术

7.3.1 数据库技术的发展

20 世纪 50 年代中期以前，计算机主要用于科学计算，这个时候存储的数据规模不大，数据管理采用的是人工管理的方式；20 世纪 50 年代后期至 60 年代后期，为了更加方便管理和操作数据，出现了文件系统；从 20 世纪 60 年代后期开始，大量的结构化数据出现，数据库技术蓬勃发展，其中以关系型数据库备受人们的喜爱。

在科学研究过程中，为了存储大量的科学计算数据，人们开发了 Beowulf 集群的并行文件系统 PVFS 用作数据存储，超级计算机上使用 Lustre 并行文件系统存储大量数据，IBM 公司在分布式文件系统领域研制了 GPFS 分布式文件系统等，这些都是针对高端计算采用的分布式存储系统。

进入到 21 世纪以后，互联网技术不断发展，以互联网企业为代表，产生了大量的数据，为了解决大数据存储问题，互联网公司针对自己的业务需求和基于成本考虑开始设计自己的存储系统，如谷歌公司于 2003 年推出了 Google File System，其建立在廉价的机器上，提供了高可靠、容错的功能。为了适应谷歌的业务发展，谷歌还开发了 BigTable 这样一种 NoSQL 非关系型数据库系统，用于存储海量网页数据，数据存储格式为行、列簇、列、值的方式；与此同时，亚马逊公司公布了他们开发的另外一种 NoSQL 系统 DynamoDB。后续大量的 NoSQL 系统不断涌现，为了满足互联网中的大规模网络数据的存储需求，Facebook 结合 BigTable 和 DynamoDB 的优点，推出了 Cassandra 非关系型数据库系统。

7.3.2 关系数据库

关系数据库系统（Relational Database Management System，RDMS）是传统数据管理中应用最为广泛，且实现技术最为成熟的数据管理技术之一。自关系数据库之父埃德加·弗兰克·科德（Edger Frank Codd，1923—2003）在 Communication of the ACM 上发表题为 “A Relational Model of Data for Large Shared Data Banks”（大型共享数据库的关系模型）的论文以来，他所提出的关系数据模型和关系数据库设计的 12 条准则基本沿用至今。关系数据技术不断趋于成熟，主要体现在以下几个方面。

1. 事务处理能力

为了保证数据一致性的问题,关系数据库中引入了“事务”(Transaction)的概念。在关系数据库中,事务是数据库管理系统运行的基本工作单位。事务也是用户定义的一个数据库操作序列,这些操作序列要么全做,要么全不做,是一种不可分割的工作单位。在关系数据库中,通常将一个事务表示为以 BEGIN TRANSACTION 开始,并以 COMMIT 或 ROLLBACK 结束的一条 SQL 语句、一组 SQL 语句或整个程序。事务的本质是一种机制,其目的是保证数据的一致性。

为此,关系数据库中的事务需要具备一定的规则——ACID 特征。**ACID 是指数据库中事务正确执行的 4 个要素的缩写:原子性(Atomicity)、一致性(Consistency)、隔离性(Isolation)、持久性(Durability)。**

(1) 原子性。整个事务的所有操作,要么全部完成,要么全部不完成,不可能停滞在中间某个环节。如果事务在执行过程中发生错误,那么被回滚(Rollback)到事务开始前的状态,就像这个事务从来没有执行过一样。

(2) 一致性。在事务开始之前和事务结束之后,数据库的完整性约束没有被破坏。

(3) 隔离性。隔离状态执行事务,使它们好像是系统在给定时间内执行的唯一操作。如果有两个事务,运行在相同的时间内,执行相同的功能,事务的隔离性将确保每一事务在系统中认为只有该事务在使用系统。为了防止事务操作间的混淆,必须串行化或序列化请求,使得在同一时间仅有一个请求用于同一数据。

(4) 持久性。在事务完成之后,该事务对数据库所做的更改便持久地保存在数据库之中,并不会被回滚。

2. 两段封锁协议

为了解决并发控制问题,在关系数据库系统中,引入了两段封锁协议。封锁是指给定事务 T1 在对某个数据对象 D1 进行操作之前,先向数据库系统发出请求,并对 D1 加锁;成功加锁之后,该事务 T1 就得到对此数据对象 D1 的控制权;在 T1 释放该锁之前,其他事务无法更新数据对象 D1。关系数据库系统通常提供多种类型的封锁。事务对数据对象枷锁后拥有何种控制权是由封锁的类型决定的。封锁的基本类型有以下两种。

(1) X 锁:排他锁,事务 T1 对数据对象 D1 加了 X 锁之后,只要未释放该锁,其他事务不能对数据对象 D1 另加任何类型的锁。

(2) S 锁:共享锁,事务 T1 对数据对象 D1 加了 S 锁之后,虽并未释放 S 锁,其他事务也可以对 D1 加 S 锁,但不能加 X 锁。

在关系数据库中,**两段封锁协议是指事务必须分为两个阶段对数据对象进行控制**。

(1) 加锁阶段:在该阶段可以进行加锁操作。在对任何数据进行读操作之前要申请并获得 S 锁,而在进行写操作之前要申请并获得 X 锁。如果加锁不成功,则事务进入等待状态,直到加锁成功才继续执行。

(2) 解锁阶段:当事务释放了一个封锁以后,事务进入解锁阶段,在该阶段只能进行解锁操作,不能再进行加锁操作。

通常,在关系数据库系统中,两段封锁协议的实现方法如下:事务开始后就处于加锁阶段,一直到执行 ROLLBACK 和 COMMIT 之前都是加锁阶段。ROLLBACK 和 COMMIT

使事务进入解锁阶段，即在 ROLLBACK 和 COMMIT 模块中 DBMS 释放所有封锁，如图 7-9 所示。

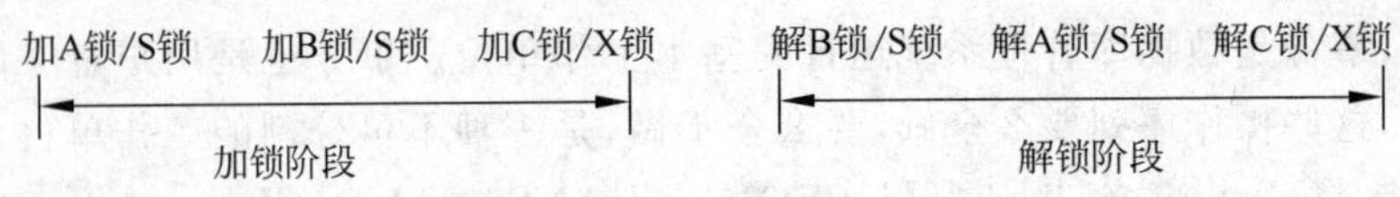

图 7-9　两段封锁协议示意图

3. 两段提交协议

在关系数据库中，为了支持分布环境下的事务特征，引入了两段提交（Two Phase Commitment，2PC）协议。在 2PC 协议中，把分布式事务的某一个代理（根代理）指定为协调者（Coordinator），所有其他代理称为参与者（Participant）。只有协调者才有掌握提交或撤销事务的决定权，而其他参与者各自负责在其本地数据库中执行写操作，并向协调者提出撤销或提交子事务的意向。图 7-10 和图 7-11 分别显示了事务成功提交和由于某种原因无法提交时的两阶段提交协议。

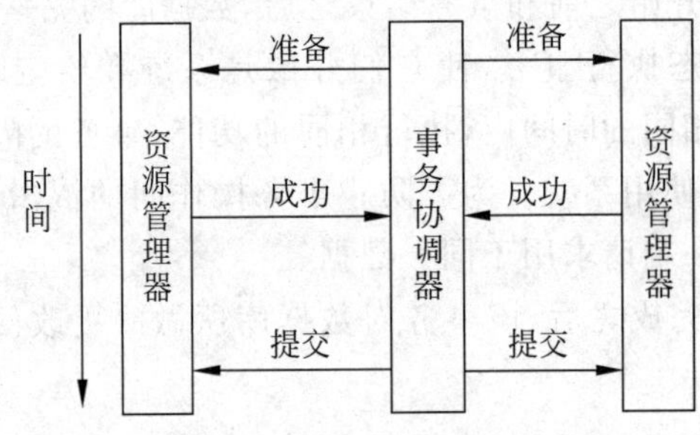

图 7-10　事务成功提交

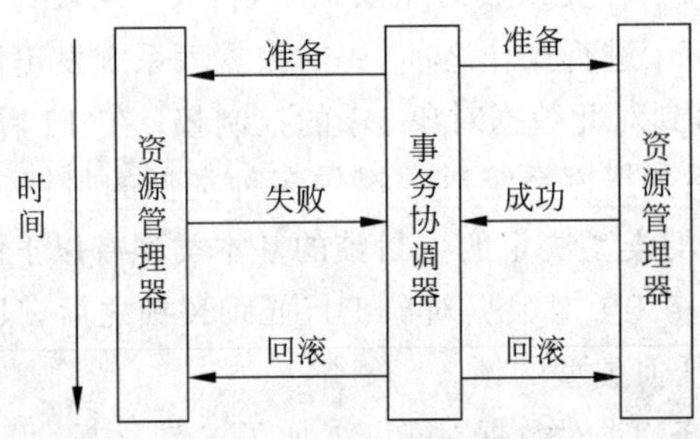

图 7-11　事务被回滚

(1) 表决阶段：应用程序调用事务协调者中的提交方法。事务协调者将联络事务中涉及的每个参与者，并通知它们准备提交事务。为了以肯定的方式响应准备阶段，参与者必须将自己置于以下状态：确保能在被要求提交事务时提交事务，或在被要求回滚事务时回滚事务。大多数参与者会将包含其计划更改的日记文件（或等效文件）写入持久存储区中。如果参与者无法准备事务，它会以否定响应来回应事务协调者。事务协调者收集来自参与者的所有响应。

(2) 执行阶段：事务协调者将事务的表决结果通知给每个参与者。如果任一参与者做出否定响应，则事务协调者会将一个回滚命令发送给事务中涉及的参与者。如果参与者都做出肯定响应,则事务协调者会指示所有的参与者提交事务。一旦通知参与者提交事务,此后的事务就不能失败。通过以肯定的方式响应第一阶段,每个参与者均将确保如果以后通知它提交事务,则事务不会失败。

4. 坚实的理论基础

关系数据库是建立在严格的理论基础上的,主要包括关系代数、Armstrong 公理系统、完整性约束理论、规范化理论、模式分解以及图论等。因此,关系数据库的完整性、可靠性和稳定性往往高于其他新兴数据管理技术。

5. 标准化程度高

关系数据库中,一般采用 SQL 语句进行数据库的查询、增加、更新、删除和索引操作,数据操作语言的标准化程度高。

6. 产品的成熟度高

随着关系数据库技术的广泛应用和深入研究,已产生了一些成熟度较高的数据库系统产品。例如,Oracle 公司的 Oracle、IBM 公司的 DB2、Sybase 公司的 Sybase、微软公司的 SQL Server、MySQL AB 公司开发的 MySQL。

在大数据时代,关系数据库技术的优势和不足日益凸显,如表 7-1 所示。

表 7-1 关系数据库的优缺点

优　　点	缺　　点
数据一致性高。 由于关系数据库具有较为严格的事务处理要求,它能够保持较高的数据一致性	不善于处理大量数据的读写操作。在关系数据库中,为了提高读写效率,一般采用主从模式,即数据的写入由主数据库负责,而数据的读入由数据库负责。因此,主数据库上的写入操作往往成为瓶颈
数据存储的冗余度低。 关系数据库是以规范化理论为基础。通常,相同字段只能保存一处,数据冗余较低,数据更新的开销较小	不适用于数据模型不断变化的应用场景。在关系数据库及其应用系统中,数据模型和应用程序之间的耦合度高。当数据模型发生变化(如新增或减少一个字段等)时,需要对应用程序代码进行修改
处理复杂查询的能力强。 关系数据库中可以进行 join 等复杂查询	数据的频繁操作代价大。为了确保关系数据库的事务处理和数据一致性,对关系数据库进行修改操作时往往需要采用共享锁(又称读锁)和排他锁(又称读/写锁)的方式防止多个进程同时对同一个数据进行更新操作
成熟度高。 关系数据库关键技术及其产品已经较为成熟,稳定性高,系统缺陷少	数据的简单处理效率较低。在关系数据库中,SQL 编写的查询语句需要完成解析处理才能进行加锁、解锁等操作,导致关系数据库对数据的简单处理效率较低

7.3.3 NoSQL

随着 Web 2.0 技术的发展,社交网络、电子商务、生物工程等各领域数据呈现爆炸式增长,数据类型也从结构化数据转变为海量的半结构化以及非结构化数据,传统关系型数据库显得越来越力不从心,NoSQL 数据库技术的出现为当前面临的问题提供了新的解决方案。NoSQL 数据库具有灵活的模式,它摒弃了传统关系数据库 ACID 的特性,采用分布式多节点的方式,支持简单的复制,具备简单的API,从而更适合大数据的存储和管理。

1. NoSQL 简介

NoSQL=Not Only SQL,意即"不仅仅是SQL",是对不同于传统的关系型数据库的数据库管理系统的通称,泛指非关系型数据库。即适合使用关系型数据库的就使用关系型数据库,不适用的时候可以考虑使用更加合适的数据存储方式。两者存在许多显著的不同点,其中最重要的是**NoSQL不使用SQL作为查询语言,其数据存储可以不需要固定的关系模式,也经常会避免使用关系模型中的join操作,具有水平可扩展性的特点。**

尽管NoSQL这个概念最近几年才被提出,但其实NoSQL不是一个新鲜事物,最早的NoSQL系统可以追溯到20世纪80年代的BerkeleyDB。早期的NoSQL对于关系型数据库没有优势,也显得不够标准化。随着互联网浪潮的兴起,New OLTP型应用的产生,使得传统的关系型数据库在扩展性上遇到了瓶颈。很多现代NoSQL系统就在这样的情况下面应运而生。可以说,现在的很多NoSQL数据库都是在实际生产环境中、在其他产品无法满足需求的情况下产生的,用来应对各式各样的挑战。

现在NoSQL已经广泛应用在互联网公司中,成为支撑数据业务的柱梁。NoSQL具有传统关系型数据库力所不能及的特性,例如,扩展性要求。尽管目前对于NoSQL并没有一个明确的范围和定义,但是它们普遍存在下面一些共同特征。

(1) 不需要预定义模式(Schema)。当插入数据时,不需要事先定义数据模式,预定义表结构。数据中的每条记录都可能有不同的属性和格式。

(2) 无共享(Shared Nothing)架构。相对于将所有的数据存储于SAN中的全共导(Shared Everything)架构,NoSQL往往将数据划分后再存储在各个本地服务器上。因为从本地磁盘读取数据的性能往往好于通过网络传输读取数据的性能,从而提高了系统的性能。

(3) 弹性可扩展。可以在系统运行的时候,动态添加或者删除节点,不需要停机维护,数据可以自动迁移。

(4) 分区。相对于将数据存放于一个节点,NoSQL数据库需要将数据进行分区,将记录分散存储在多个节点上,在分区的同时还要复制数据。这样既提高了并行性能,又能避免单点失效的问题的发生。

(5) 异步复制。和磁盘阵列存储系统不同的是,NoSQL中的复制,往往是基于日志的异步复制。这样,数据就可以尽快地写入一个节点,而不会被网络传输引起延迟。但也存在缺点:并不总能保证一致性,当出现故障的时候,可能会丢失少量数据。

(6) BASE。相对于事务严格的ACID特性,NoSQL数据库保证的是BASE特性。

NoSQL数据库并没有一个统一的架构,两种NoSQL数据库之间的不同,甚至远远超过两种关系型数据库的不同。可以说,NoSQL各有所长,成功的NoSQL必然特别适用于某些场合或者某些应用,在这些场合中会远远胜过关系型数据库。

2. NoSQL 的理论基础

1) CAP 理论

2000年,美国著名科学家、伯克利大学Eric Brewer教授提出了CAP理论,指出分布式系统不能同时满足一致性、可用性和分区容错性的要求;最多可以同时满足这三个要求中的两个。后来,美国麻省理工学院的两位科学家Seth Gilbert和Nancy lynch证明了CAP

理论的正确性，这个理论是 NoSQL 数据管理系统构建的基础，如图 7-12 所示。

(1) **一致性(Consistency)**。系统在执行过某项操作后仍然处于一致的状态。在分布式系统中，所有数据库集群节点在同一时间点看到的数据完全一致，即所有节点能实时保持数据同步。

图 7-12 CAP 理论

(2) **可用性(Availability)**。可用性是指要求其读写操作必须一直是可用的，即使集群中一部分节点故障，集群整体还能正常响应客户端的读写请求。每一个操作总是能够在一定的时间内返回结果，这里需要注意的是"一定时间内"和"返回结果"。"一定时间内"是指，系统的结果必须在给定时间内返回，如果超时则被认为不可用，这是至关重要的。例如，通过网上银行的网络支付功能购买物品，当等待了很长时间，如 15min，系统还是没有返回任务操作结果，购买者一直处于等待状态，那么购买者就不知道现在是否支付成功，这样当下次购买者再次使用网络支付功能时必将心有余悸。

"返回结果"同样非常重要。还是以这个例子来说，假如购买者单击"支付"按钮之后很快出现了结果，但是结果却是"java. lang. error…"之类的错误信息，这对于普通购买者来说相当于没有返回任何结果，因为他仍旧不知道系统处于什么状态，是支付成功还是失败，或者需要重新操作。

(3) **分区容错性(Partition Tolerance)**。分区容错性可以理解为系统在存在网络分区的情况下仍然可以接受请求，继续运行。这里网络分区是指由于某种原因网络被分成若干个孤立的区域，而区域之间互不相通。还有一些人将分区容错性理解为系统对节点动态加入和离开的处理能力，因为节点的加入和离开可以认为是集群内部的网络分区。

以上三个要素是分布式环境中设计和部署系统时所要考虑的重要系统需求。如果对一致性和分区容忍性有较高要求，那么用户就必须处理系统的不可用导致的各种读、写失败。如果选择了高可用性和高分区容忍性，那么一致性往往很难解决，可能出现脏读。传统的关系型数据库，默认就选择了高可性用和高一致性，所以其水平扩展的能力就弱了，并且不可能有大的改进。而 NoSQL 出现的意义在于在这三者之间用不同的方式进行权衡，从而满足不同的需求，有的一致性好些，有的可用性好些。

对于大型的互联网公司，可用性和分区容忍性往往是最高要求，一致性则可以适当牺牲。一致性往往有不同的要求，只需要保证满足应用需求的一致性就可以了。对于电子商务也是如此，完美的 CAP 是不可能的，系统的设计者必须要在这三者之间做出选择。有时候，甚至要舍弃一些功能，例如，某些数据库就不支持修改操作，对 NoSQL 数据库的选用也是如此。

满足一致性、可用性，但扩展性不足的数据库有：RDBMS。

满足一致性、扩展性，但可用性不足的数据库有：BigTable、HBase、MongoDB、Redis。

满足扩展性、可用性，但一致性不足的数据库有：Dynamo、Cassandra。

在实际应用场景中，大型的互联网公司往往会结合使用多种数据库。例如，用户评论、非实时搜索这类数据，对于一致性不是很敏感，非常适用 Cassandra 之类的 NoSQL 系统；而交易数据，对一致性的要求很高，传统的关系型数据库仍然是最佳的选择。

2）BASE 理论

正如 CAP 理论所指出的，一致性、可用性和分区容错性不能同时满足。对于数据不断增长的系统，如社会计算、提供网络服务的系统，它们对可用性以及分区容错性的要求高于强一致性，并且很难满足事务所要求的 ACID 特性，因此 BASE 理论被提出。

BASE 方法通过牺牲一致性和孤立性来提高可用性和系统性能，其中，BASE 分别代表以下特性。

（1）基本可用（Basically Available）。基本可用是指一个分布式系统的一部分发生问题变得不可用时，其他部分仍然可以正常使用，也就是允许分区失败的情形出现，在一定程度上牺牲了可扩展性。例如，一个分布式数据存储系统由 10 个节点组成，当其中 1 个节点损坏不可用时，其他 9 个节点仍然可以正常提供数据访问，那么，就只有 10%的数据是不可用的，其余 90%的数据都是可用的，这时就可以认为这个分布式数据存储系统"基本可用"。

（2）软状态（Soft-state）。"软状态"是与"硬状态（Hard-state）"相对应的一种提法。数据库保存的数据是"硬状态"时，可以保证数据一致性，即保证数据一直是正确的。"软状态"是指状态可以有一段时间不同步，具有一定的滞后性。假设某个银行中的一个用户 A 转移资金给用户 B，假设这个操作通过消息队列来实现解耦，即用户 A 向发送队列中放入资金，资金到达接收队列后通知用户 B 取走资金。由于消息传输的延迟，这个过程可能会存在一个短时的不一致性，即用户 A 已经在队列中放入资金，但是资金还没有到达接收队列，用户 B 还没拿到资金这就会出现数据不一致状态，即用户 A 的钱已经减少了，而用户 B 的钱并没有相应增加。也就是说，在转账之间存在一个滞后状态，在这个滞后时间内，两个用户的资金似乎都消失了，出现了短时的不一致状态。虽然这对用户来说有一个滞后，但是这种滞后是用户可以容忍的，甚至感知不到，因为两边用户实际上都不知道资金何时到达。当经过短暂延迟后，状态就会同步达成一致。

（3）最终一致性（Eventually Consistency）。这一特性是指保证数据在最终是一致的，而无须保证数据实时一致。一致性的类型包括强一致性和弱一致性，二者的主要区别在于高并发的数据访问操作下，后续操作是否能够获取最新的数据。对于强一致性而言，当执行完一次更新操作后，后续的其他读操作就可以保证读到更新后的最新数据；反之，如果不能保证后续访问读到的都是更新后的最新数据，那么就是弱一致性。而最终一致性只不过是弱一致性的一种特例，允许后续的访问操作可以暂时读不到更新后的数据，但是经过一段时间之后，必须最终读到更新后的数据。最终一致性也是 ACID 的最终目的，只要最终数据是一致的就可以了，而不是每时每刻都保持实时一致。

由此可见，**BASE 原则可理解为 CAP 原则的特例**。目前，多数 NoSQL 数据库是针对特定应用功能研发出来的，其设计遵循 BASE 原则，强调的是读写效率、数据容量以及系统可扩展性。

在对数据库进行选择时，往往对事务的要求很高：数据不能丢失，事务必须一致，必须可用。但是完美的系统是不存在的，只有清晰地了解应用或者系统最重要、最基本的需求，才能够对此做出取舍，从而选择合适的数据库。例如，对于微博的数据，不一致的程度控制在分钟级别就满足了要求，偶尔不可写入也没关系，但必须可读，旧的数据根据需求选择保留或丢弃。在数据库的选用上就可以进行读写分离、新旧分离、横向扩展了。如果所有的应用都需要像 ACID 一样的强一致性，那这个世界上就不会有如此多的 NoSQL 数据库存在了，更不会有微博这样的互联网应用产生了。

其他的 NoSQL 理论基础还有 I/O 五分钟法则、不要删除数据等，策略包括 Sharding、Quorum NRW、Vectorclock、Virtualnode、Gossip、Merkletree、消息成本模型等。

CAP 理论、BASE 理论是 NoSQL 存在的理论基础。因为 CAP 三个要素不能兼得，所以完美的数据库是不存在的，于是就产生了 NoSQL。由于 NoSQL 系统中进行横向扩展是必需的，所以系统必须在可用性和一致性上进行取舍。但如何保证不完备的可用性和一致性是实用的呢？BASE 主要关注在可用性上应该如何取舍。

3. NoSQL 与关系数据库的比较

表 7-2 给出了 NoSQL 和关系数据库的简单比较。对比指标包括数据库原理、数据规模、数据库模式、查询效率、一致性、数据完整性、扩展性、可用性、标准化、技术支持和可维护性等方面。

表 7-2 NoSQL 和关系数据库的简单比较

比较标准	关系数据库	NoSQL	内　容
数据库原理	完全支持	部分支持	关系数据库有关系代数理论作为基础；NoSQL 没有统一的理论基础
数据规模	大	超大	关系数据库很难实现横向扩展，纵向扩展的空间也比较有限，性能会随着数据规模的增大而降低；NoSQL 可以很容易通过添加更多设备来支持更大规模的数据
查询效率	快	可以实现高效的简单查询，但是不具备高度结构化查询等特性，复杂查询的性能不尽人意	关系数据库借助于索引机制可以实现快速查询（包括记录查询和范围查询）；很多 NoSQL 数据库没有面向复杂查询，虽然 NoSQL 可以使用 MapReduce 来加速查询，但是在复杂查询方面的性能仍然不如关系数据库
一致性	强一致性	弱一致性	关系数据库严格遵守事务的 ACID 模型，可以保证事务的强一致性；很多 NoSQL 数据库放松了对事务 ACID 四性的要求，而是遵守 BASE 模型，只能保证最终一致性
数据完整性	容易实现	很难实现	任何一个关系数据库都可以很容易地实现数据完整性，通过主键、外键来实现参照完整性，通过约束或者触发器来实现用户自定义完整性；但是在 NoSQL 中却无法实现
扩展性	一般	好	关系数据库很难实现横向扩展，纵向扩展的空间也比较有限；NoSQL 在设计之初就充分考虑了横向扩展的需求，可以很容易通过添加廉价设备实现扩展

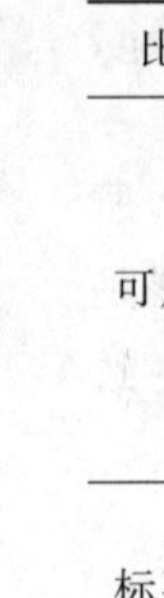

续表

比较标准	关系数据库	NoSQL	内　容
可用性	好	很好	关系数据库在任何时候都难以保证数据的一致性为优先目标，其次才是优化系统性能，随着数据规模的增大，关系数据库为了保证严格的一致性，只能提供相对较弱的可用性；大多数NoSQL都能提供较高的可用性
标准化	是	否	关系数据库已经标准化(SQL)；NoSQL还没有行业标准，不同的NoSQL数据库都有自己的查询语言，很难规范应用的程序接口
技术支持	高	低	关系数据库经过几十年的发展，已经非常成熟，Oracle等大型厂商都可以提供很多的技术支持；NoSQL在技术支持方面仍然处于起步阶段，还不成熟，缺乏有力的技术支持
可维护性	复杂	复杂	关系数据库需要专门的数据库管理员维护；NoSQL数据库虽然没有关系数据库复杂，但也难以维护

从表中可以看出，**关系数据库的突出优势在于**，以完善的关系代数理论作为基础、有严格的标准、支持事务ACID四性、借助索引机制可以实现高效的查询、技术成熟，有专业公司的技术支持；**其劣势在于**，可扩展性较差、无法较好地支持海量数据存储、数据模型过于死板，无法较好地支持Web 2.0应用，事务机制影响了事务系统的整体性能等。**NoSQL数据库的明显优势在于**，可以支持超大规模数据存储，具备灵活的数据存储模型，可以很好地支持Web 2.0应用、具有强大的横向扩展能力等；**其劣势在于**，缺乏数学理论基础，复杂查询性能不高，很难实现事务强一致性以及数据完整性，技术尚不成熟，缺乏专业团队的技术支持，维护较困难等。

需要注意的是，**关系型数据库和NoSQL数据库与其说是对立的(替代关系)，不如说是互补关系**。这里并不是说"只使用NoSQL数据库"或者"只使用关系型数据库"，而是"通常情况下使用关系型数据库，在适合使用NoSQL的时候使用NoSQL数据库"，即让NoSQL数据库对关系型数据库的不足进行弥补。关系数据库与NoSQL数据库之间的关系如图7-13所示。

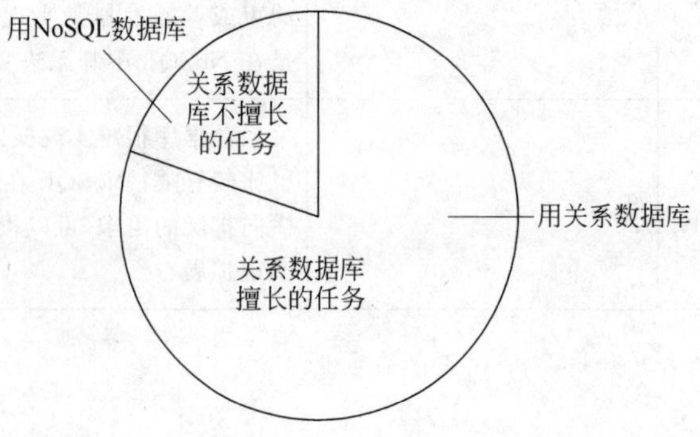

图7-13　关系数据库与NoSQL数据库之间的关系

4. NoSQL 数据存储模型

传统的关系数据模型往往采用二维表结构来存储和处理数据。这是因为，基于二维表的关系数据模型简单、容易实现、逻辑清晰。不同于关系数据库的二维表结构，NoSQL 数据库的数据存储模型有很多种类，有表现键值关系的键值存储，有以"列"存储数据的列式存储，有以存储可变数据的文档存储以及表现关联关系的图存储，每一种 NoSQL 数据存储类型都有其独特的属性和使用场景。

1）键值存储

键值存储(key-value)模型是 NoSQL 中最简单且最方便使用的数据存储模型。**它的主要思想来自于哈希表：在哈希表中有一个特定的 key 和一个 value 指针，指向特定的数据。**

像腾讯、高德这样的互联网企业，时刻面临着大量用户在使用它们提供的互联网服务。这些服务带来大量的数据吞吐量，单台服务器远远满足不了这些数据处理的需求，简单的升级服务器性能无法应对与日俱增的用户访问，可采用的办法就是扩展服务器的规模。这就要求人们提出一套能够简单地将数据拆分到不同服务器上的基本数据类型：随着机器数量的上升，数据需要进行切割划分，重新分配存储到每台机器上。为了满足这样的需求，就需要设计相应的数据存储模型，于是键值数据存储模型出现了。

键值数据存储模型与 RDBMS 相比，一个很大的区别就是它没有模式的概念。在 RDBMS 中，**模式的意思其实就是对数据的约束，包括数据之间的关系和数据的完整性**。例如，RDBMS 中对某个数据属性会要求它的数据类型是确定的，数据的范围也是确定的，而这些在键值模型中都不存在。在键值存储模型中，对于某个 key，其对应的 value 可以是任意的数据类型。

键值模型对于海量数据存储系统来说，最大的优势在于数据模型简单、易于实现，非常适合通过 key 对数据进行查询和修改等操作。但是如果整个海量数据存储系统需要更侧重于批量数据的查询、更新操作，键值数据模型则在效率上处于明显的劣势。同样地，键值存储也不支持特别复杂逻辑的数据操作。当然，可以通过整个海量数据存储系统的其他存取技术来弥补这个缺陷。基于键值模型的高性能海量数据存储系统的主要特点是具有极高的并发读写性能。键值存储模型的特点如表 7-3 所示。

表 7-3　键值存储模型

实例	Dynamo、Redis、Voldemort
应用场景	适合内容缓存，应对大数据环境下的数据高访问负载，也用于一些日志系统
数据模型	key 与 value 间建立键值映射，通常用哈希表实现
优势	查找迅速
劣势	数据无结构化，通常只被当作字符串或者二进制数据

比较流行的键值存储模型数据库如 Redis(图 7-14)是用 C 语言编写的，在系统效率上具有出色的性能。此外，一些键值模型的数据库如 Dynamo、Voldemort 还具备分布式数据存储功能，在系统容错性、扩展性上具有自己的特色。下面将介绍两个实际的键值数据库系统。

图 7-14　Redis 图标

(1) **Redis 数据库**。Redis 是一个键值模型的内存数据库,整个数据库加载在内存中进行数据操作,并定期通过异步操作把数据库的数据写回到硬盘上进行保存。因为是纯内存操作,Redis 的性能非常出色,每秒可以处理超过 10 万次读写操作。

Redis 的出色之处不仅仅是性能,其最大的特色是支持诸如链表和集合这样的复杂数据结构,而且还支持对链表进行各种操作。例如,从链表两端加入和取出数据、取链表的某一区间、对链表排序,以及对集合进行各种并集、交集操作。此外,单个 value 可以支持达 1GB 的数据。因此,Redis 可以用来实现很多有用的功能。例如,用它的链表数据结构来做先入先出(First Input First Output,FIFO)双向链表,实现一个轻量级的高性能消息队列服务,用它的集合数据结构可以做高性能的标签系统等。

Redis 的主要缺点是数据库容量受到物理内存的限制,不能简单地用作大量数据的高性能读写,并且它没有原生的可扩展机制,不具有可扩展能力,要依赖客户端来实现分布式读写。因此,Redis 适合的场景主要局限在较小数据量的高性能操作和运算上。

作为一个高性能的键值数据库,Redis 在业内得到了广泛的应用。在国内,新浪微博对于 Redis 的大量应用已经是业界闻名。简单来说,微博就是"内容+关系+数字"三者的结合,对于微博这样结构清晰、数据规模庞大的应用来说, Redis 显然是很好的选择。除了新浪微博外,国外一些近年来流行的 Web 2.0 网站,如 digg. com 新闻网站的文章实时浏览和点击量计数,Foresquare 地理信息服务的用户数据分析,Instagram 照片分享网站的消息推送等也可以看到 Redis 的身影。

(2) **Dynamo 数据库**。Dynamo 是亚马逊(Amazon)提出的一个分布式键值存储系统。为了满足可靠性和系统升级的需要,亚马逊开发了许多数据存储技术,Dynamo 就是其中一个代表,它是专门为亚马逊平台而设计的高度可用、可升级的分布式数据存储中心。Amazon 的系统提供了购物车、客户喜好、销售排行和产品目录等管理功能,使用普通的关系数据库将会导致效率低下,这就限制了网站的规模和可用性,Dynamo 通过提供简单的主键接口来满足这些应用的高性能需求。

作为一个商业应用,Dynamo 并没有公开技术文档与源代码,但是从 Amazon 发表的关于 Dynamo 系统的论文中,人们可以进一步了解这个高性能键值数据存储系统。Dynamo 中运用了很多已经很成熟的技术,并将其综合起来以实现可升级性和可用性,如使用一致哈希技术分割和复制数据,使用对象版本控制技术保持数据一致性,使用多数表决技术和分布的复制一致性协议来实现数据更新期间复制操作之间的一致性等。同时,Dynamo 也是一个可以动态自适配的分布式系统,存储节点可以简单地从 Dynamo 上添加和删除,而不需要任何人工的划分和重新分配。

基于 Dynamo 的设计思想,业内也有很多开源的 Dynamo 实现,例如,LinkedIn 公司的 Voldemort 系统。

2) 列式存储

列式存储主要使用类似于"表"这样的传统数据模型,但是它并不支持类似表连接这样多表的操作。它的主要特点是**在存储数据时,主要围绕着"列(Column)",而不是像传统的关系型数据库那样根据"行(Row)"进行存储**。也就是说,属于同一列的数据会尽可能地存储在硬盘同一个页(Page)中,而不是将属于同一行的数据存放在一起。这样将会节省大量 I/O 操作。

和传统关系型数据库按行存储数据的数据组织方式不同，**列存储数据库采用按列存储的方式来组织存放数据**。在传统数据库中如果想查询某一条数据记录的一个属性，例如，想查询职工表中编号为 003 的职工的名字，会使用 SELECT 关键字读取编号为 003 的一整条职工信息，包括姓名、性别、出生年月、职位等，在读取过程中许多和查询结果无关的属性信息也一同被读取，查询效率明显不高，因为只需要“姓名”这一个结果。而采用按列存储是以记录的某个属性值来进行存储，因此不需要查询其他无关信息，进而提高了查询效率。另外，按列存储由于一列数据在结构上是相同的，如果一个列上有许多相同数据，那么只需要保存一份，这为数据压缩提供了便利。

总体而言，这种数据模型的优点是比较适合数据分析和数据仓库这类需要迅速查找且数据量大的应用，其特点如表 7-4 所示。

表 7-4　列式存储模型

实例	BigTable、Cassandra、HBase
应用场景	分布式文件系统
数据模型	以列存储，将同一列数据存在一起
优势	查找迅速、可扩展性强，更容易进行分布式扩展
劣势	功能局限于按列存储，表达能力不足

（1）**BigTable 数据库**。列式存储模型最初由 Google 提出并应用于 BigTable 中。2006 年，Google 发布了名为“BigTable：A Distributed Storage System for Structured Data”的论文，其中描述了一个用于管理结构化数据的分布式存储系统 BigTable 的数据模型、接口以及实现等内容。BigTable 的设计目的是可靠地处理 PB 级别的数据，并且能够部署到上千台机器上。

BigTable 实现了如下几个目标：适用性广泛、可扩展、高性能和高可用性，并在六十多个 Google 的产品和项目上得到了应用，包括 Google Analytics、Google Finance、Orkut、Personalized Search、Writely 和 Google Earth 等。这些产品对 BigTable 提出了迥异的需求，有的需要高吞吐量的批处理，有的则需要及时响应，快速返回数据给最终用户。它们使用的 BigTable 集群的配置也有很大的差异，有的集群只有几台服务器，而有的则需要上千台服务器、存储几百 TB 的数据。尽管应用的需求与配置不尽相同，BigTable 成功为这些 Google 产品提供了一个弹性的、高性能的解决方案。

（2）**HBase 数据库**。Apache HBase（见图 7-15）是一款基于 HDFS 的面向列的分布式数据库，主要用来满足超大规模数据集合的实时随机读写需求，是 Google BigTable 的克隆产品，可以存储数以亿计的行数据。

图 7-15　Apache HBase

在 Apache HBase 中，数据存储在表中，表由行和列组成，但是在 Apache HBase 中的表、行或者列的概念和传统的关系型数据库是不同的。HBase 中的每一行都有一个唯一的行键（RowKey），行键是一个字节型数组，任何字符串都可以作为行键。表中的行根据行键进行排序，数据按照行键的字节顺序排序存储。Web 网站的网址常作为行键，且常把网址进行反转，例如，一个网页的网址 www. baidu. com，那么作为行键可以是 com. baidu. www。由于数据按照行键字节顺序进行排序和存储，所以相同网站的网页便会相近分布。

HBase 中的列由列簇(Column Family)和列修饰符(Column Qualifier)组成，列簇和列修饰符之间以冒号隔开。所有的列簇成员有相同的前缀，例如，列 person：name 和 person：age 都是列簇 person 的成员。一个表的列簇必须作为表模式定义的一部分预先给出，但是新的列簇成员可以随后按需要加入。在物理上所有的列簇成员都一起存放在文件系统中。HBase 的存储和调优都是在列簇层次上进行的，所以也可以说 HBase 是一个面向列簇的数据库。与传统的关系型数据库中表中的单元格(Cell)是由行和列共同确定的不同，HBase 中的单元格由行键、列簇和时间戳(Time Stamp)唯一确定，加入时间戳的原因是因为每一个单元格可能有多个版本，它们之间以时间戳进行区分。

Cassandra 在 Netflix 公司的成功应用

Netflix 是美国一家在线影片租赁提供商，所提供的内容包括互联网随选流媒体播放、定制 DVD、蓝光光碟在线出租业务等。根据 Netflix 在 2015 年年初发布的年度报告，其公司已在将近 50 个国家中拥有超过 5700 万用户。其在线服务平台，在 2012 年左右平均每天需要处理十亿次的读写操作。

Netflix 原先使用的传统关系型数据库受性能限制，无法再提供更好的在线数据处理服务。于是 Netflix 于 2013 年完成了从传统关系型数据库到 NoSQL 数据库 Cassandra 的转移。当时，Cassandra 对于 Netflix 而言是首选数据库，因为它们几乎满足了 Netflix 的所有需求。Netflix 已经将 95％的数据存储在 Cassandra 上，包括客户账户信息、影片评分、影片元数据、影片书签和日志等。Netflix 在 750 多个节点上运行着 50 多个 Cassandra 集群高峰时，Netflix 每秒要处理 50 000 多个读取和 100 000 写入操作，平均每天则要处理 21 亿次的读取与 43 亿次的写入操作。

3）文档型数据库

1989 年，IBM 通过其 Lotus 群件产品 Notes 提出了数据库技术的全新概念——“文档数据库”，**文档数据库有别于传统数据库，它是一种用来管理文档的数据库**，主要的存储格式有人们所熟知的 XML、HTML、JSON 等。文档存储的目标是在键值存储方式(提供高性能和高伸缩性)和传统的关系数据系统(丰富的功能)之间架起一个桥梁，集两者的优势于一身。在传统的数据库中，信息被分割成离散的数据段，而在文档数据库中，文档是信息处理的基本单位。一个文档可以很长、很复杂，也可以很短，甚至可以无结构。

与 20 世纪五六十年代的文件系统不同，文档数据库仍属于数据库范畴。首先，文件系统中的文件基本上对应于某个应用程序。即使不同的应用程序所需要的数据部分相同，也必须建立各自的文件，而不能共享数据，而文档数据库可以共享相同的数据。因此，文件系统比文档数据库的数据冗余度更大，更浪费存储空间，且更难以管理维护。其次，文件系统中的文件是为某一特定应用服务的，所以要想对现有的数据再增加一些新的应用是很困难的，系统不容易扩充，数据和程序缺乏独立性。而文档数据库具有数据的物理独立性和逻辑独立性。文档数据库也不同于关系型数据库，关系型数据库是高度结构化的，而文档数据库允许创建许多不同类型的非结构化的或任意格式的字段。

关系型数据库在数据库设计阶段需要事先规定好每一个字段的数据类型，这导致数据库中的每一条数据记录都有相同的数据类型，在数据库使用过程中修改字段的数据类型非常困难。文档型数据库通过存储的数据获知其数据类型，通常文档型数据库会把相关联类型的数据组织在一起，并且允许每条数据记录和其他数据记录格式不同。文档数据存储模型的特点如表 7-5 所示。

表 7-5 文档存储模型

实例	CouchDB、MongoDB
应用场景	Web 应用
数据模型	与键值模型类似，Value 指向结构化数据
优势	数据要求不严格，不需要预先定义结构
劣势	由于文档种类区分度不够，造成可查询度不高，缺乏统一的查询语法

（1）**MongoDB 数据库**。MongoDB 是一种可扩展、高性能、开源的面向文档的数据库，采用 C++开发，它介于关系型数据库和非关系型数据库之间。

MongoDB 支持的数据结构非常松散，是类似 JSON 的 BJSON 格式，因此可以存储比较复杂的数据类型。它最大的特点是支持的查询语言非常强大，其语法有点儿类似于面向对象的查询语言，几乎可以实现类似关系数据库单表查询的绝大部分功能，而且还支持对数据建立索引。

MongoDB 主要解决的是海量数据的访问效率问题，官方文档显示，当数据量达到 50GB 以上的时候，MongoDB 的数据库访问速度是 MySQL 的 10 倍以上。由于 MongoDB 可以支持复杂的数据结构，而且带有强大的数据查询功能，因此非常受欢迎，很多项目都考虑用 MongoDB 来替代 MySQL 来实现。

（2）**CouchDB 数据库**。CouchDB 是 Apache 组织发布的一款面向文档数据类型的开源软件，由 Erlang 语言编写而成，使用 JSON 格式保存数据。

CouchDB 的数据结构很简单，字段只有三个：文档 ID、文档版本号和内容。内容字段可以看成是一个 text 类型的文本，里面可以随意定义数据，而不用关注数据类型，但数据必须以 JSON 的形式表示并存放。

CouchDB 目前的优势在于：它的数据存储格式是 JSON，而 JSON 广泛用于多种语言模块之间的数据传递，便于学习。而且 CouchDB 还可以移植到移动设备，当用户不能联网时，可以在客户端保存数据；当能联网时，可以自动把数据同步到各个分布式节点。CouchDB 还支持分布式节点的精确复制同步，可以在一个庞大的应用中随意增加分布式的 CouchDB 节点，以支持数据的均衡。

大都会人寿保险公司成功应用 MongoDB

MongoDB 数据库已经帮助几百个组织重新梳理了数据管理，使之更加灵活和具备可扩展性。例如，Foursquare 公司的地理定位应用网站（MongoDB 对地理系统具有独特的功能支持),基于最新服务内容的 MTV 网站等。

大都会在美国的人寿保险业务涉及七十多个行政系统、上亿人规模的保险客户。为了更好地提供在线服务,大都会决定采用 MongoDB 作为新的数据库,全面应对客户快速有效的在线操作体验。

通过 MongoDB,大都会对每一个客户的详细而全面的在线描述成为现实。高效简单的在线处理方式,使没有经过培训的新员工也可轻而易举地在线完成入职登记过程。大都会也使用 MongoDB 实现在线快速收集人才信息,并建立丰富的人才数据库,就像建立在线人才招聘平台一样。

作为一个具有一百四十多年历史的公司,大都会也是新技术坚定的支持者。大都会人寿高级缔造者 John Bungert 指出,这种支持的态度表示"大都会不仅拥有数据,还要得到真正有价值的数据。作为高科技的坚定拥护者,我们为其他人树立了榜样"。在新的挑战面前,大都会人寿总能建立新的业务标准,为客户、为员工创造更好的效益。

4）图形存储

从数据模型的早期发展来看,主要有两个流派：传统关系数据库所采用的关系模型和语义网采用的网络结构。这里的网络结构即图。尽管图结构在理论上也可以用关系数据库模型规范化,但由于关系数据库的实现特点,对于文件树这样的递归结构和社交图这样的网络结构执行查询时,数据库性能受到严重影响。在网络关系上的每次操作都会导致关系数据库模型上的一次表连接操作,以两个表的主键集合间的集合操作来实现。这种操作不仅缓慢而且无法随着表中元组数量的增加而伸缩。

为了解决性能缺陷,人们提出了图形模型。按照该模型,一个网络图结构主要包含以下几个构造单元。

(1）节点(即顶点)。

(2）关系(即边)：具有方向和类型。在节点与节点之间可以连接多条边。

(3）节点和关系上面的属性。

采用图结构存储数据可以应用图论算法进行各种复杂的运算,如最短路径计算、测地线,集中度测量等。近年来,基于图结构的数据库比较著名的有基于 Java 的开源图形数据库 Neo4j 和 Sones 公司的 GraphDB。图形模型的特点如表 7-6 所示。

表 7-6 图形模型的特点

实例	Neo4j、GraphDB
应用场景	社交网络、推荐系统、关系图谱
数据模型	图结构
优势	利用图结构相关算法提高性能
劣势	功能相对有限,不好做分布式集群解决方案

(1）Neo4j 数据库。Neo4j(见图 7-16)是一个嵌入式的、基于磁盘的、支持完整事务的 Java 持久化引擎,它采用图结构而不是表结构存储数据。Neo4j 支持大规模可扩展性,可以在一台或多台并行机器上运行处

图 7-16 Neo4j 数据库 Logo

理数 10 亿节点关系或者属性的图形结构。

从数据模型的角度来看，Neo4j 使用了"面向图形的数据库"。在该模型中，以"节点空间"来表达数据——相对于传统的模型(表、行和列)来说，节点空间是由很多节点、关系和属性构成的网络。关系是第一级对象，可以由属性来注解，而属性则表明了节点交互的上下文。图形存储模型完美地实现了那些在本质上就是继承关系的问题模型。

相对于关系数据库来说，图形数据库善于处理大量复杂、互连接、低结构化的数据，这些数据变化迅速，需要频繁地查询。在关系数据库中，这些查询会导致大量的表连接，因此会产生性能上的问题。Neo4j 重点解决了传统关系数据库在查询时需要进行大量表连接而出现性能衰退的问题。通过围绕图形进行数据建模，Neo4j 会以相同的速度遍历节点与边，其遍历速度与构成图形的数据量没有任何关系。此外，Neo4j 还提供了高效的图形算法和在线分析引擎，而这一切在目前的关系型数据库系统中都是无法实现的。

虽然 Neo4j 是一个比较新的开源项目，但它已经在具有一亿多个节点、关系和属性的产品中得到了应用，能够满足企业的健壮性和性能的需求。

Neo4j 在 eBay 公司的成功应用

总部位于美国的 eBay 网，是一家销售玩具、领带、拖鞋、手机等商品的电子商务平台，并为个人提供网上拍卖交易服务，业务范围遍及全球几十个国家。

在 2014 年之前，eBay 商品交易平台的订单快递查询业务使用的是 MySQL 数据库，随着业务的大规模增长，该平台技术支持团队认为现有的 MySQL 数据库解决方案已经满足不了实际业务处理需要，尤其是响应速度太慢、维护太复杂，会影响用户的在线购买体验，并给平台运行本身带来技术处理压力。

鉴于 eBay 平台快递查询的核心实体是用户和订单，它们之间产生各种途径的派送关系，于是 eBay 技术团队在 2014 年开始，把相关的业务数据管理从 MySQL 数据库迁移到了 Neo4j 数据库。迁移完成后，技术团队发现，现有快递查询功能速度快了几千倍，而执行查询请求的代码却缩减为原来的 1/10～1/100。达到了提高速度、减少维护工作量的目的。同时，由于 Neo4j 无须事先定义存储模式，当新的查询需求提出后，技术支持团队可以很容易地在代码端扩展相关功能，这体现了 Neo4j 数据库的灵活性。

(2) GraphDB 数据库。GraphDB 是 2007 年 Sones 公司开发的一款企业图形数据存储系统，善于快速高效地遍历数据集中的大量关系。它是一款开源的软件，用户可以在 Sones 公司官方网站上下载其服务器版本——GraphDB Server，并通过它所提供的 Webshell 来访问数据库中的数据，而且用户只需要学习和使用简单的图形数据查询语言(GraphQL)就可以管理存储在 GraphDB 中的大型图形数据集。举例来说，用户可以通过 GraphDB 来存储社交关系或者社交图。通常，这些社交图由许多顶点组成，顶点之间存在许多独立的关系，这是传统关系型数据库很难处理的问题域，而 GraphDB 能够很好地进行这方面的数据管理。

GraphDB 几乎可以被嵌入到任何的应用中。因为它是用 C#(.NET)开发的，可以被集成到已有的.NET 环境中，如 Windows 上的.NET 环境，以及其他平台上的 Mono 环境等。在现有的产品中，通过客户端/服务器的方式提供不同的接口，例如集成了自服务的

REST 接口。“自服务”意味着用户不需要任何第三方的服务即可使用 GraphDB。

GraphDB 被定位为企业级的数据库管理系统。相对于其他图形数据库产品，GraphDB 具备的易用性、感知查询语言、与.NET 的集成，以及既允许存储图形也允许存储大的带有版本信息的二进制数据等现代数据存储技术，具有独特的优势。

目前的 NoSQL 数据库非常多，有上百个数据库产品，常见的 NoSQL 数据库及其分类如表 7-7 所示。

表 7-7 常见的 NoSQL 数据库及其分类

名字	作者	语言	平台	许可证	无须定义 Schema	可扩展
列式存储数据库						
HBase	Hadoop	Java	Java	Apache 2.0	是	是
Azure Tables	Microsoft	.NET	Azure	SaaS	是	是
Cassandra	Apache	Java	Java	Apache	是	是
Hypertable	开源	C++	Linux/Mac	GPLv2	是	是
SimpleDB	Amazon	Erlang	EC2	SaaS	是	是
文档型存储数据库						
MongoDB	开源	C++	Linux/Mac/Windows	Friendly AGPL	是	是
CouchDB	开源	Erlang	Linux	Apache 2.0	是	否
Terrastore	开源	Java	Java	Apache 2.0	是	是
键值存储数据库						
Redis	开源	C	Linux	BSD	是	是
LevelDB	开源	C	Linux	BSD	是	是
Tokyo Cabinet/Tyrant	开源	C	Linux/Windows	LGPL	是	否
Berkeley DB	开源	C	Linux/Mac/Windows	Sleepycat License	是	是
MemchachedDB	开源	C	Linux/Mac/Windows	BSD	是	是
图数据库						
Neo4j	Neo Technologies	Java	Java	AGPL/Commercial	是	是
InfoGrid	NetMesh Inc	Java	Java	AGPL/Commercial	否	否
HyperGrah DB	Kobrix	Java	Java	LGPL	否	否

除了上述四种 NoSQL 数据存储模型，还有其他数据存储类型，如面向对象的存储、面向 XML 的存储等，读者也可以登录 NoSQL 官网（http://NoSQL-database.org）查阅学习。

小结

采集数据以后，需要将收集到的数据以适当的格式存储起来以待分析和价值提取，这就需要各种数据存储设备。随着主机、磁盘、网络等技术的发展，数据存储的方式和架构也在

发生改变。DAS、NAS 和 SAN 是传统存储的主流架构，存储应用最大的特点是没有标准的体系结构，这三种存储方式共存，互相补充，很好地满足了企业信息化的要求。海量、异构的大数据给传统存储带来了挑战，高可靠性、高可用性、大规模等是大数据对存储系统提出的要求。大数据存储系统应该具有如下两个特征：存储基础设施应能持久和可靠地容纳信息；存储系统应提供可伸缩的访问接口供用户查询和分析巨量数据。以分布式存储、云存储为代表的大数据存储方式出现在人们的视野中。

分布式存储系统将数据分别存储在多台独立的设备上，将普通的硬件设备作为基础设施，大大降低了单位容量的存储成本，并在性能、维护性和容灾性等方面也具有不同程度的优势，HDFS 作为具有高度容错性的分布式文件系统的代表，可以部署在廉价的机器上，能提供高吞吐量的数据访问，其具备的优势得到了许多大数据应用的青睐。

云存储是伴随着云计算技术的发展而衍生出来的一种新兴的网络存储技术，提供了"按需分配、按量计算"的数据存储服务，云存储的运营商负责数据中心的部署、运营和维护等工作，将数据存储包装成为服务的形式提供给客户，改变了以往数据主要集中在本地存储和处理的传统模式，为企业和个人的数据存储带来了新的机遇。

除了数据存储结构的变革，具备管理和存储功能的数据库系统同时在发生着变革。传统关系数据库可以很好地存储和管理各种结构化数据，但却难以解决半结构以及非结构数据的存储难题。在这种情况下，具有灵活的数据存储模式的 NoSQL 数据库开始兴起，它摒弃了传统关系型数据库 ACID 的特性，基于 CAP 理论和 BASE 理论，从而更适合大数据的存储和管理。

讨论与实践

1. 结合自己的理解与思考，谈谈对分布式存储的认识。
2. 结合自己的实际生活经验，谈谈对云存储的认识。
3. 结合自己的理解和思考，简述 NoSQL 数据库的含义。
4. 结合自己的思考，谈谈对 NoSQL 理论基础的理解。
5. 调查研究典型的 2～3 个 NoSQL 数据库系统，并探讨其关键技术和主要特征。
6. 结合自己的专业背景，尝试学习与应用一种 NoSQL 数据库保存一个网页的数据。

参考文献

[1] 周宝曜，刘伟，范承工. 大数据战略、技术、实践[M]. 北京：电子工业出版社，2013.
[2] 林康平，孙杨. 数据存储技术[M]. 北京：人民邮电出版社，2017.
[3] 陆嘉恒. 大数据挑战与 NoSQL 数据库技术[M]. 北京：电子工业出版社，2013.
[4] 刘鹏，张燕，付雯，等. 大数据导论[M]. 北京：清华大学出版社，2018.
[5] 霍雨佳，周若平，钱晖中. 大数据科学[M]. 成都：电子科技大学出版社，2017.
[6] 佚名. Scribe、Chukwa、Kafka、Flume 日志系统对比[EB/OL]. (2013-12-16)[2018-11-10]. http://www.ttlsa.com/log-system/scribe-chukwa-kafka-flume-log-system-contrast/.
[7] 林子雨. 大数据技术原理与应用[M]. 2 版. 北京：人民邮电出版社，2017.
[8] 李学龙，龚海刚. 大数据系统综述[J]. 中国科学：信息科学，2015，45(1)：1-44.

[9] 朝乐门. 数据科学理论与实践[M]. 北京：清华大学出版社，2017.

[10] 朝乐门. 数据科学[M]. 北京：清华大学出版社，2016.

[11] Apche. HDFS Architecture[EB/OL]. (2017-12-18)[2018-11-13]. http://hadoop.apache.org/docs/current/hadoop-project-dist/hadoop-hdfs/HdfsDesign.html#Introduction.

[12] Min Chen, Shiwen Mao, Yin Zhang, et al. Big Data Related Technologies, Challenges and Future Prospects[M]. Springer Cham Heidelberg New York Dordrecht London, 2014.

[13] Jose′ Mar1′a Cavanillas, Edward Curry, Wolfgang Wahlster. New Horizons for a Data-Driven Economy[M]. SpringerLink.com, 2016.

[14] 佐佐木达也. NoSQL 数据库入门[M]. 罗勇，译. 北京：人民邮电出版社，2011.

[15] 陈少春. 计算机存储技术与应用[M]. 成都：电子科技大学出版社，2017.

[16] 刘瑜，刘胜松. NoSQL 数据库入门与实践(基于 MongoDB、Redis)[M]. 北京：中国水利水电出版社，2018.

第8章

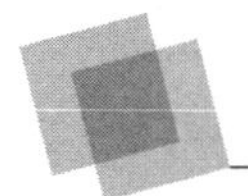

数据预处理

前面章节已经学习了有关数据生产、采集和存储的内容。但由于数据源的多样性，数据集由于干扰、冗余和一致性因素的影响，其质量参差不齐。原始形式的数据（即现实世界中的数据）往往是粗糙的，可能存在不一致、过于复杂以及不准确的地方，难以直接用于分析。因而，一个乏味且耗时的过程，即数据预处理，对于把原始的现实世界数据转换为分析算法适用的数据是必需的。从需求的角度来说，一些数据分析工具和应用对数据质量有着严格的要求，因此在大数据系统中需要通过数据预处理技术来提高数据的质量。

本章将讨论数据清洗、数据变换、数据集成这三种主要的数据预处理技术以及简要介绍数据脱敏、数据归约、数据标注这三种特殊的预处理方法。

8.1 数据预处理的必要性

数据预处理（Data Preprocessing）是指在对数据进行数据挖掘等主要的处理以前，先对原始数据进行必要的清洗、集成、转换、离散和归约等一系列的处理工作，以达到挖掘算法进行知识获取研究所要求的最低规范和标准。

数据挖掘的对象是从现实世界采集到的大量的各种各样的数据。由于现实生产和实际生活以及科学研究的多样性、不确定性、复杂性等特点，导致采集到的原始数据比较散乱，不符合挖掘算法所要求的规范和标准，主要表现为以下几点：

（1）**不完整性**。不完整性是指数据记录中可能会出现有些数据的属性值丢失或不确定的情况，还有可能缺失必需的数据。这是由于系统设计时存在的缺陷，或者使用过程中的人为因素所造成的。如，有些数据缺失只是因为输入时认为是不重要的而有意忽略；相关数据没有记录可能是由于理解错误，或者因为设备故障；与其他记录不一致的数据可能已经被删除；历史记录或修改的数据可能被忽略等。

（2）**含噪声**。含噪声指的是数据具有不正确的属性值，包含错误或存在偏离期望的离群值。产生的原因有很多,例如收集数据的设备可能出现故障,人或计算机的错误可能在数据输入时出现,数据传输中也可能出现错误。不正确的数据也可能是由命名约定或所用的数据代码不一致,或输入字段如时间的格式不一致而导致的。实际使用的系统中,还可能存在大量的模糊信息,有些数据甚至还具有一定的随机性。

(3) 杂乱性(不一致性)。原始数据是从各个实际应用系统中获取的,由于各应用系统的数据缺乏统一标准的定义,数据结构也有较大的差异,因此各系统间的数据存在较大的不一致性,往往不能直接拿来使用。同时来自不同应用系统中的数据由于合并还普遍存在数据的重复和信息的冗余现象。

因此,存在不完整的、含噪声的和不一致的数据是现实世界大型数据库或数据仓库的共同特点。一些比较成熟的算法对其处理的数据集合一般都有一定的要求,例如数据完整性好、数据冗余性少、属性之间的相关性小。然而,实际系统中的数据一般都不能直接满足数据挖掘算法的要求,因此有必要对数据进行预处理。同时,从数据挖掘的步骤也可以看出,数据预处理是其中一个重要且必需的过程。简言之,实际采集到的原始数据一般是含噪声、不完整和不一致的,人们需要在数据挖掘之前先对数据进行预处理,提高数据质量,使其符合挖掘算法的规范和要求。

8.2 数据清洗

数据清洗(Data Cleaning)是指在数据集中发现不准确、不完整或不合理的数据,并对这些数据进行去重、修补、纠正或移除以提高数据质量的过程。一个通用的数据清洗框架由5个步骤构成:定义错误类型、搜索并标识错误实例、改正错误、用文档记录错误实例和错误类型、修改数据录入程序以减少未来的错误。此外,格式检查、完整性检查、合理性检查、重复性检查和极限检查也应在数据清洗过程中完成。

数据清洗对保持数据的一致性和时效性起着重要作用,已经被广泛应用于医疗、交通、移动通信、银行、电子商务等多个领域。例如,在电子商务领域,尽管大多数数据通过电子方式收集,但受软件错误、定制错误和系统配置错误等因素的影响,数据可能存在着质量问题。对于电子商务数据,可通过检测爬虫和定期执行客户和账户的重复数据删除(De-duping)对其进行清洗。此外,在RFID(射频识别技术)领域,由于原始的RFID数据质量较低并包含许多由于物理设备的限制和不同类型环境噪声导致的异常信息,数据清洗对随后的数据分析显得格外重要,因为它能提高数据分析的准确性。但是数据清洗依赖复杂的关系模型,会带来额外的计算和延迟开销,因而必须在数据清洗模型的复杂性和分析结果的准确性之间进行平衡。

8.2.1 缺失数据处理

缺失数据的处理主要涉及三个关键活动:识别缺失数据,分析缺失数据的特征、估计后续对数据分析的影响、分析导致数据缺失的原因,以及对缺失数据进行忽略、删除或插值处理。

1）缺失数据的识别

缺失数据的识别主要是运用数据审计(包括数据的可视化审计)思维和方法发现缺失数据,一般常用的数据审计方法有:查询分析法、逻辑判断法、外部数据关联比对法、类推分析法、趋势分析法、数据挖掘法等。

2）缺失数据的分析

缺失数据的分析主要包括缺失数据的特征分析、原因分析及影响分析。通常,缺失值有三种,即完全随机缺失、随机缺失和非随机缺失,如表8-1所示。可见,针对不同的缺失值类型,应采用不同的应对方法。另外,缺失数据对后续数据处理结果的影响也是不可忽视的。当缺失数据的比例较大,并且涉及多个变量时,缺失数据的存在可能影响数据分析结果的准确性。在缺失数据及其影响分析的基础上,还需要利用数据所属的领域知识进一步分析其背后原因,为应对策略(删除或插补缺失数据)的选择与实施提供依据。

表8-1　缺失值的类型

类　型	特　征	解决方法
完全随机缺失	某变量的缺失数据与其他任何观测或未观测变量都不相关	忽略/删除/插值
随机缺失	某变量的缺失数据与其他观测相关,与未观测变量不相关	
非随机缺失	缺失数据不属于上述两种	模型选择法/模式混合法等

3）缺失数据的处理

根据缺失数据对分析结果的影响及导致数据缺失的影响因素,选择具体的缺失数据处理策略——**删除处理、插值处理或忽略**。

(1) **删除处理**。删除处理是将存在遗漏数据属性值的对象删除,从而得到一个完备的数据表。这种方法简单易行,在对象具有多个属性缺失值、被删除的含缺失值的对象与数据表中的数据量相比非常小的情况下是非常有效的。然而,这种方法却有很大的局限性。它是以减少历史数据来换取数据的完备,会造成资源的大量浪费,丢弃了大量隐藏在这些对象中的信息。在数据表本来包含的对象很少的情况下,删除少量对象就足以严重影响到数据表信息的客观性和结果的正确性;当每个属性空值的百分比变化很大时,它的性能非常差。因此,当遗漏数据所占比例较大,特别是当遗漏数据非随机分布时,这种方法可能导致数据发生偏离,从而引出错误的结论。

(2) **插值处理**。这类方法是用一定的值去填充缺失值,从而使数据表完备化。通常基于统计学原理,根据决策表中其余对象取值的分布情况来对一个空值进行填充,例如用其余属性的平均值来进行补充等。数据预处理中常用的插值处理方法有:特殊值填充、平均值填充、就近补齐、回归、期望值最大化等。

(3) **忽略**。插值处理只是将未知值补以数据分析人员的主观估计值,不一定完全符合客观事实,在对不完备数据进行插值处理的同时,或多或少地会改变原始的信息系统。而且,对缺失值不正确的填充往往会将新的噪声引入数据中,使挖掘任务产生错误的结果。因此,在许多情况下,还是希望在保持原始数据不发生变化的前提下对信息系统进行处理。这就是第三种方法:忽略缺失值,即直接在包含空值的数据上进行数据挖掘,这类方法包括贝叶斯网络和人工神经网络等。

8.2.2 冗余数据处理

数据冗余是指数据的重复或过剩，这是许多数据集的常见问题。数据冗余无疑会增加传输开销，浪费存储空间，导致数据不一致，降低可靠性。因此许多研究提出了数据冗余减少机制，例如，冗余检测和数据压缩。这些方法能够用于不同的数据集和应用环境，提升数据处理的性能，但同时也带来了一定的风险。例如，数据压缩方法在进行数据压缩和解压缩时带来了额外的计算负担，因此需要在冗余减少带来的好处和计算增加的负担之间进行折中。由广泛部署的摄像头收集的图像和视频数据在时间和空间上存在大量冗余，视频压缩技术被用于减少视频数据的冗余，许多重要的标准（如 MPEG-2、MPEG-4、H.263、H.264/AVC）已被应用以减少存储和传输的负担。

对于普遍的数据传输和存储，**数据去重（Data Deduplication）技术是专用的数据压缩技术，用于消除重复数据的副本**。在存储去重过程中，一个数据块或数据段将分配一个唯一的标识并存储，该标识会加入一个标识列表。在去重过程中，一个标识已存在于标识列表中的新数据块将被认为是冗余的块。该数据块将被一个指向已存储数据块指针的引用替代。通过这种方式，任何给定的数据块只有一个实例存在。去重技术能够显著地减少存储空间，对大数据存储系统具有非常重要的作用。

数据冗余的表现形式可以有多种，如重复出现的数据、与特定数据分析任务无关的数据都可以认为是冗余的数据（不符合数据分析者规定的某种条件的数据）。通常需要采用数据过滤的方法处理冗余数据。例如，分析某高校男生的成绩分布情况，需要从该高校全体数据中筛选出男生的数据（即过滤掉“女生”数据），生成一个目标数据集（“男生”数据集）。

从总体上看，冗余数据的处理也需要三个基本步骤：识别、分析和过滤。对“重复类”的冗余数据，通常采用重复过滤方法；对“与特定数据处理不相关”的冗余数据，一般采用条件过滤方法。

1. 重复过滤

重复过滤是指在识别来源数据集中重复数据的基础上，从每个重复数据项中选择一项记录作为代表保留在目标数据集之中。重复过滤需要进行两个关键活动：识别重复数据和过滤重复数据。重复过滤的第一步是识别重复记录。判断两条记录是否重复的方法有很多种，一般需要根据来源数据本身的具体结构来确定。例如，在关系表中，可以根据属性值的相似性来确定；在图论中，则可以根据计算记录之间的距离来确定。需要注意的是，重复记录是相对概念，并不要求记录中的所有属性值完全相同。因此，一般由数据分析和处理的需求决定两条记录是否为“重复记录”。

在识别出重复数据的基础上，需要对重复数据进行过滤操作。根据操作复杂度，重复过滤可以分为以下两种。

(1) 直接过滤。即对重复数据进行直接过滤操作，选择其中的任何数据项作为代表保留在目标数据集中，过滤掉其他冗余数据。

(2) 间接过滤。即对重复数据进行一定校验、调整、合并操作后，形成一条新记录。可见，间接过滤比直接过滤更为复杂，需要专业知识和领域专家的支持。

2. 条件过滤

条件过滤是指根据某种条件进行过滤，如过滤掉年龄小于15岁的学生记录（或筛选年龄大于等于15岁的学生记录）。一般情况下，条件过滤过程中需要对一个或多个属性设置过滤条件，符合条件的数据将放入目标数据集，不符合条件的数据将被过滤掉。

8.2.3　噪声数据处理

“噪声”是指一个测量变量中的随机错误或偏差。噪声数据的主要表现形式有三种：错误数据、虚假数据或异常（偏离期望值）数据。其中，异常数据是指对数据分析结果具有重要影响的离群数据或孤立数据。噪声数据是无意义的，将对数据分析训练模型及结果的准确度造成干扰，因而必须对其进行处理。噪声数据的处理方法如下。

1. 分箱

分箱法是一种常用的数据预处理的办法，通过考察数据的“近邻”（即周围的值）进行数据局部的有序平滑。分箱处理的基本思路是将数据集放入若干个“箱子”之后，用每个箱子的均值（或边界值）替换该箱内部的每个数据成员，进而达到噪声处理的目的。下面以数据集 score={60,65,67,72,76,77,84,87,90}的噪声处理为例，介绍分箱处理（采用均值平滑技术的等深分箱方法）的基本步骤。

第1步：将原始数据集 score={60,65,67,72,76,77,84,87,90}放入以下三个箱中。

箱1：60,65,67

箱2：72,76,77

箱3：84,87,90

第2步：计算每个箱的均值。

箱1的均值：64

箱2的均值：75

箱3的均值：87

第3步：用每个箱的均值替换对应箱内的所有数据成员，进而达到数据平滑（去噪声）的目的。

箱1：64,64,64

箱2：75,75,75

箱3：87,87,87

第4步：合并各箱，得到数据集 score 的噪声处理后的新数据集 $score^*$，即

$score^*$ ={64,64,64,75,75,75,87,87,87}

需要补充说明的是，根据具体实现方法的不同，数据分箱和数据平滑的方法可分为多种具体类型。分箱处理的步骤与类型如图8-1所示。

（1）对原始数据集的分箱策略，可以分为四种：等深分箱（每个箱中的成员个数相等，也称等频分箱）、等宽分箱（每个箱的取值范围相同）、用户自定义区间（当用户明确希望观察某些区间范围内的数据分布时适合使用）和最小熵法。

（2）进行分箱后所采用的数据平滑方法约有三种，分别为均值平滑技术（用每个箱的均

值代替箱内成员数据，如上例所示）、中值平滑技术（用每个箱的中值代替箱内成员数据）和边界值平滑技术（"边界"是指箱中的最大值和最小值，"边界值平滑"是指每个值被最近的边界值替换），如图 8-2 所示。

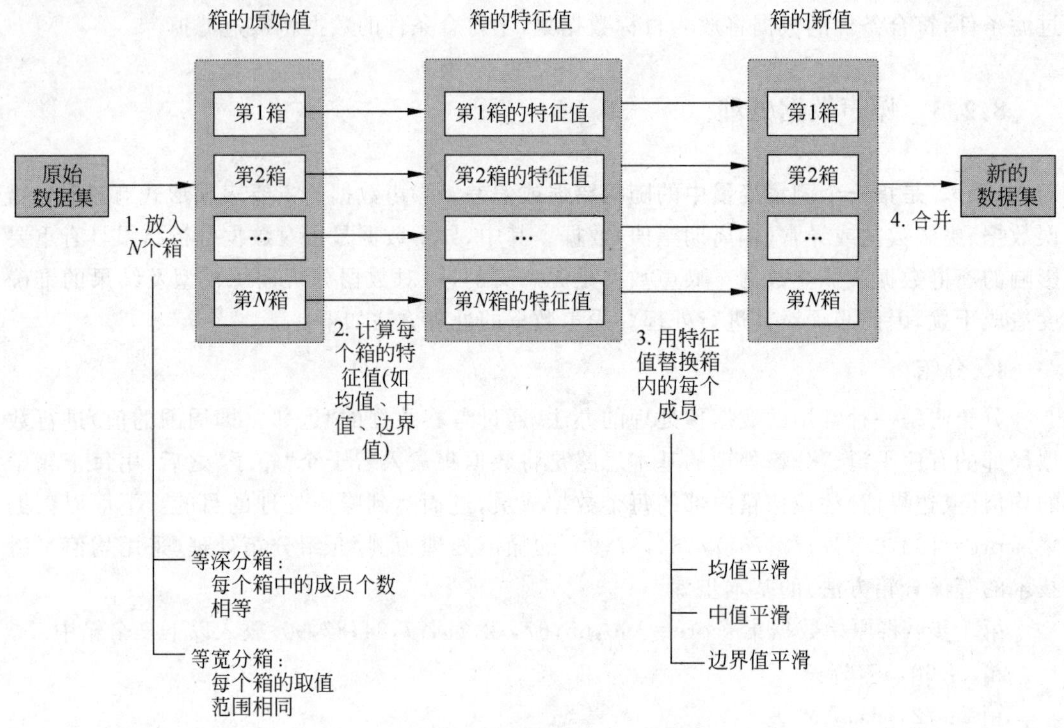

图 8-1 分箱处理的步骤与类型

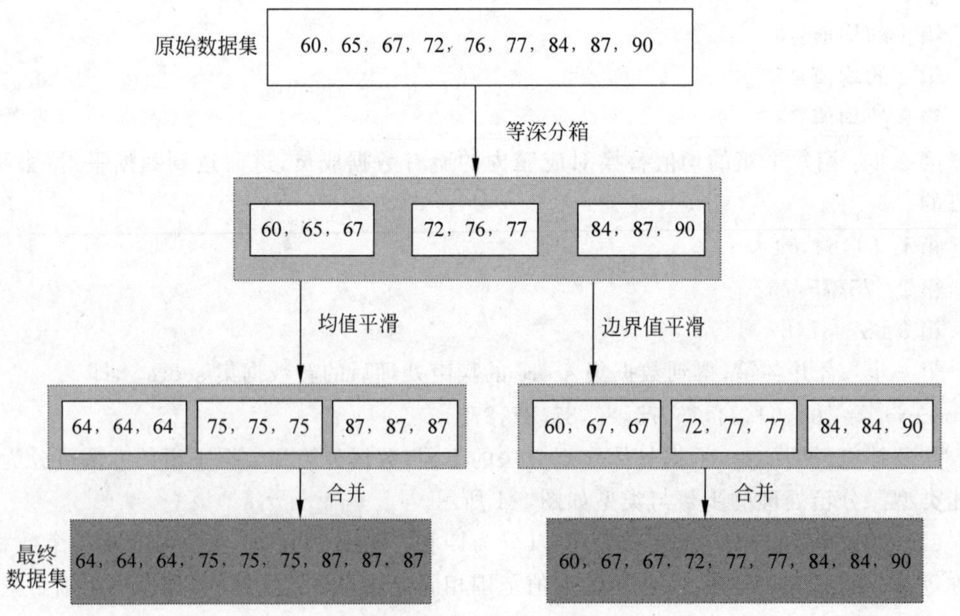

图 8-2 均值平滑与边界值平滑

2. 聚类

可以通过聚类分析方法找出离群点/孤立点(Outliers),并对其进行替换/删除处理。离群点/孤立点就是当用户将原始数据集聚类成几个相对集中的子类后,发现的那些不属于任何子类的异常数据。**直观地看,落在聚类集合之外的数据值即被视为孤立点**,如图 8-3 所示。

3. 回归

回归法是指利用回归函数画出某两个(或多个,多元线性回归)属性值的回归线,通过一个属性来对另外一个属性进行判断和预测。还可以采用回归分析法对数据进行平滑处理,识别并去除噪声数据,如图 8-4 所示。

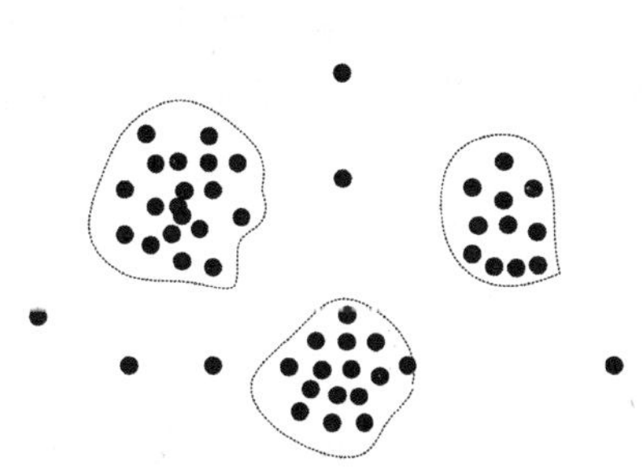

图 8-3 通过聚类发现离群点/孤立点

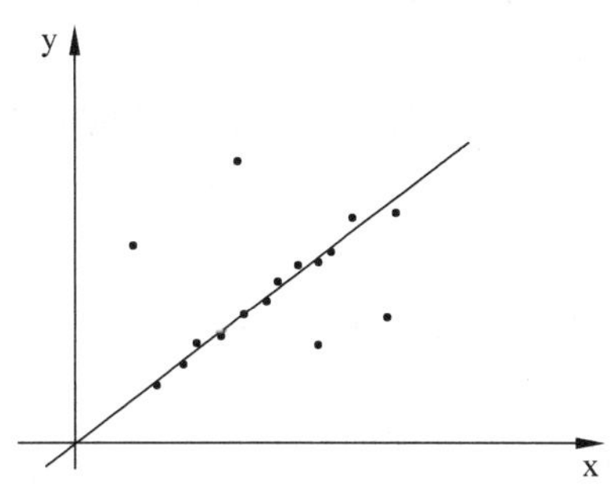

图 8-4 通过回归方法发现噪声数据

除了离群点、孤立点等异常数据外,错误数据和虚假数据的识别与处理也是噪声处理的重要任务。错误数据或虚假数据的存在也会影响数据分析与洞见结果的信度,相对于异常类噪声的处理,这类数据的识别与处理更加复杂,需要借助数据所在领域的实务知识和经验。因此,与缺失数据和冗余数据的处理不同,错误和虚假数据的处理对数据所在领域专业知识和专家的依赖程度很高,不仅需要审计数据本身,还需要结合数据生成与捕获活动等全生命期进行考量。可见,噪声数据的良好处理离不开数据科学家丰富的实战经验和敏锐的洞察力。

8.3 数据变换

当原始数据的形态不符合目标算法的要求时,需要进行数据变换处理,以便于后期的数据挖掘。常见的数据变换策略如表 8-2 所示。

表 8-2 数据变换的类型

序号	方 法	目 的
1	平滑处理	去除噪声数据
2	特征构造	构造出新的特征
3	聚集	进行粗粒度计算
4	标准化	将特征(属性)值按比例缩放,使之落入一个特定的区间
5	离散化	用区间或概念标签表示数据

(1) 平滑处理(Smoothing):消除数据中的噪声,常用方法有分箱、回归和聚类等。

(2) 特征构造(又称属性构造):采用一致的特征(属性)构造出新的属性,用于描述客观现实。例如,根据已知质量和体积特征计算出新的特征(属性)——密度,并在后续数据处理时直接采用新增的特征(属性)。

(3) 聚集:对数据进行汇总或聚合处理,继而进行多粒度计算分析。例如,可以通过对每日销售数据计算出每月或每年销售量。

(4) 标准化(又称规范化):将特征(属性)值按比例缩放,使之落入一个特定的区间,如将数据统一投射到[0,1]区间上。常用的数据标准化方法有 Min-Max 标准化和 z-score 标准化、比例法等。

(5) 离散化:将数值类型的属性值(如年龄)用区间标签(例如 0～18、19～44、45～59 和 60～100 等)或概念标签(如儿童、青年、中年和老年等)表示。这是一种用更高层次的概念来取代低层次数据对象的方法。可用于数据离散化处理的方法有很多种,例如,分箱、聚类、直方图分析、基于熵的离散化等。

8.3.1 大小变换

标准化处理是数据大小变换的最常用方法之一。**数据标准化处理(Data Normalization)的目的是将数据按比例缩放,使之落入一个特定区间**。在某些比较和评价类的指标处理中经常需要消除数据的单位限制,将其转换为无量纲的纯数值,便于不同单位或量级的指标之间进行比较和加权。常用的数据标准化方法一般有以下几种。

(1) 0-1 标准化(0-1 Normalization,也称归一化处理):对原始数据的线性变换,使结果落到[0,1]区间,如对序列 $x_1, x_2, x_3, x_4, x_5, \cdots$ 的转换函数如下。

$$x' = \frac{x_i - \min\limits_{1\leqslant j\leqslant n}\{x_j\}}{\max\limits_{1\leqslant j\leqslant n} - \min\limits_{1\leqslant j\leqslant n}}$$

其中,max 和 min 分别为样本数据的最大值和最小值; x 与 x' 分别代表标准化处理前的值和标准化处理后的值。

Min-Max 标准化比较简单,但也存在一些缺陷——当有新数据加入时,可能导致最大值和最小值的变化,需要重新定义 min 和 max 的取值。

(2) z-score 标准化(Zero-Score Normalization):并非所有数据标准化的结果都会映射到区间[0,1]上,经过处理的数据符合标准正态分布,即均值为 0,标准差为 1,其转换函数为:

$$z = \frac{x - \mu}{\delta}$$

其中,μ 为平均数,δ 为标准差,x 与 z 分别代表标准化处理前的值和标准化处理后的值。

8.3.2 类型变换

在数据预处理过程中,经常需要将来源数据中的类型转换为目标数据集的类型。例如,当来源数据集中存在以“字符串”格式存储的变量“出生日期”取值时,需要将其转换为“日期类型”的数据。根据变量类型转换中的映射关系，可分为以下两种。

(1) 一对一转换。这种转换是指将来源数据集中的变量数据类型直接转换为目标数据集中所需要的数据类型，类型转换之后目标数据与来源数据之间存在一对一的对应关系，例如，上述例子中将变量“出生日期”的类型从字符串转换为日期类型(见表8-3)。

表8-3　一对一转换

来源变量的值(字符串型)	目标变量的值(日期型)
1969年12月30日	1969/12/30
1979年12月30日	1979/12/30
1980年1月1日	1980/1/1
1999年12月30日	1999/12/30
2016年1月12日	2016/1/12

(2) 多对一转换。这种数据类型转换是指目标数据项与来源数据项之间进行多对一的映射(见表8-4)，原数据类型与目标数据类型并非唯一对应，存在着来源变量的多个值投射为目标变量的一个值的情况。

表8-4　多对一转换

来源变量的值(日期型)	目标变量的值(字符串型)
≤1969/12/31	70前
1970/1/1～1979/12/31	70后
1980/1/1～1989/12/31	80后
1990/1/1～1999/12/31	90后
2000/1/1≥	00后

8.4　数据集成

数据处理过程中往往涉及来自多个数据源的数据，需要将其结合在一起形成一个统一的数据集合，为后续的数据工作奠定数据基础，这个过程就是数据集成(Data Integration)。数据集成以解决异构数据之间交流的问题为核心，在逻辑上和物理上把来自不同数据源的数据进行集中，解决数据异构在结构或语义上的差别，为用户提供一个统一的关系表或视图，是促进数据信息资源共享、提高数据使用效率的有效手段。数据集成在传统的数据库研究中是一个成熟的研究领域，如数据仓库和数据联合方法。

数据仓库技术又称为ETL(Extract-Transform-Load)，它是将业务系统的数据经过抽取、清洗转换之后加载到数据仓库的过程，目的是将分散、零乱、标准不统一的数据整合到一起。由提取、变换和装载3个步骤构成。

(1) 提取：连接源系统并选择和收集必要的数据用于随后的分析处理。

(2) 变换：通过一系列的规则将提取的数据转换为标准格式。

(3) 装载：将提取并变换后的数据导入目标存储基础设施。

数据联合技术也称数据虚拟化技术，通过创建一个虚拟的数据库，从分离的数据源查询并合并数据。虚拟数据库并不包含数据本身，而是存储了真实数据及其存储位置的信息或元数据。

然而,这两种方法并不能满足流式和搜索应用对高性能的需求,因此这些应用的数据高度动态,并且需要实时处理。一般地,数据集成技术最好能与流处理引擎或搜索引擎集成在一起。

数据集成的基本类型有两种:内容集成与结构集成。需要注意的是,数据集成的实现方式可以有多种,不仅可以在物理上(如生成另一个关系表)实现数据集成,而且可以在逻辑上(如生成一个视图)实现。在实际工作中,数据集成还伴随着模式集成、数据冗余处理、冲突检测与处理等内容。

8.4.1 内容集成

当目标数据集的结构与来源数据集的结构相同时,集成过程对来源数据集中的内容(个案)进行合并处理,如图 8-5 所示。可见,内容集成的前提是来源数据集中存在相同的结构或可通过变量映射等方式视为相同结构。

序号	姓名	性别	出生年月	家庭住址
001	张三	男	1990.01	北京市海淀区颐和园路5号
002	李四	女	1992.12	浙江省杭州市西湖区余杭塘路 866 号
…	…	…	…	…

序号	姓名	性别	出生年月	家庭住址
…	…	…	…	…
008	王五	男	1988.12	哈尔滨市南岗区西大直街 92 号
009	赵六	女	1993.12	湖北省武汉市武昌区八一路 299 号
010	张三	女	1992.12	哈尔滨市南岗区西大直街 92 号

序号	姓名	性别	出生年月	家庭住址
001	张三	男	1990.01	北京市海淀区颐和园路 5 号
002	李四	女	1992.12	浙江省杭州市西湖区余杭塘路 866 号
…	…	…	…	…
008	王五	男	1988.12	哈尔滨市南岗区西大直街 92 号
009	赵六	女	1993.12	湖北省武汉市武昌区八一路 299 号
010	张三	女	1992.12	哈尔滨市南岗区西大直街 92 号
…	…	…	…	…

图 8-5 内容集成

8.4.2 结构集成

与内容集成不同的是,结构集成中目标数据与来源数据集的结构并不相同。在结构集成中,目标数据集的结构是对各来源数据集的结构进行合并处理后的结果。以图 8-6 为例,目标表的结构是对来源表的结构进行了“自然连接”操作后得出的结果。因此，结构集成的过程可以分为两个阶段：结构层次的集成和内容层次的集成。在结构集成过程中可以进行属性选择（增加或删减）操作。因此，目标数据集的结构不一定是各来源数据集的简单合并。以图 8-6 为例，如果增加属性条件，将得到新的目标数据结构。

序号	姓名	性别	出生年月	婚姻状态	...
1	张三	男	1990.01	已婚	...
2	李四	女	1992.12	未婚	...
3	王五	男	1988.12	已婚	...
4	赵六	女	1993.12	再婚	...

序号	姓名	性别	出生年月	家庭住址	月收入	...
1	张三	男	1990.01	北京市海淀区颐和园路5号	7655.00	...
2	李四	女	1992.12	浙江省杭州市西湖区余杭塘路866号	8958.00	...
3	王五	男	1988.12	哈尔滨市南岗区西大直街92号	9958.00	...
4	赵六	女	1993.12	湖北省武汉市武昌区八一路299号	6958.00	...
5	张三	女	1992.12	哈尔滨市南岗区西大直街92号	5000.00	

序号	姓名	性别	出生年月	家庭住址	婚姻状态	月收入	...
1	张三	男	1990.01	北京市海淀区颐和园路5号	已婚	7655.00	...
2	李四	女	1992.12	浙江省杭州市西湖区余杭塘路866号	未婚	8958.00	...
3	王五	男	1988.12	哈尔滨市南岗区西大直街92号	已婚	9958.00	...
4	赵六	女	1993.12	湖北省武汉市武昌区八一路299号	再婚	6958.00	...
5	张三	女	1992.12	哈尔滨市南岗区西大直街92号	未婚	5000.00	

图 8-6　结构集成

8.5　其他预处理方法

除了上述介绍的数据预处理方法外，还有很多数据预处理的活动和内容。例如，数据的抽样、排序、拆分、标注、脱敏、归约和离散化处理等。考虑到多数读者熟悉数据抽样、排序、拆分和离散化处理的相关知识，接下来重点介绍其他三种较为特殊的数据预处理方法。

8.5.1　数据脱敏

数据脱敏（Data Masking），又称数据漂白、数据去隐私化，是利用脱敏规则，在不影响数据分析结果的准确性的前提下，对原始数据进行一定的变换操作，将其中个人（或组

织)的敏感数据(如姓名、身份证号码、地址、银行账号等)进行变换、修改,实现对敏感、隐私的数据进行可靠、有效的保护,从而降低相关主体的信息安全隐患和个人隐私风险,如图 8-7 所示。

脱敏处理前

序号	姓名	性别	出生年月	家庭住址	婚姻状态	月收入	...
1	张三	男	1990.01	北京市海淀区颐和园路 5 号	已婚	7655.00	...
2	李四	女	1992.12	浙江省杭州市西湖区余杭塘路 866 号	未婚	8958.00	...
3	王五	男	1988.12	哈尔滨市南岗区西大直街 92 号	已婚	9958.00	...
4	赵六	女	1993.12	湖北省武汉市武昌区八一路 299 号	再婚	6958.00	...

脱敏处理后

序号	性别	出生年月	家庭住址	月收入	...
1	男	1990.01	北京市	6000~8000	...
2	女	1992.12	杭州市	8000~10000	...
3	男	1988.12	哈尔滨市	8000~10000	...
4	女	1993.12	武汉市	6000~8000	...

图 8-7 数据脱敏处理

需要注意的是,数据脱敏操作不能停留在简单地将敏感信息屏蔽掉或匿名处理。数据脱敏操作必须满足以下三个要求。

(1) 单向性。数据脱敏操作必须具备单向性——从原始数据可以容易得到脱敏数据,但无法从脱敏数据推导出原始数据。例如,如果字段“月收入”采用每个主体均加 3000 元的方法处理,用户可能能够通过对脱敏后的数据的分析推导出原始数据。

(2) 无残留。数据脱敏操作必须保证用户无法通过其他途径还原敏感信息。为此,除了确保数据替换的单向性之外,还需要考虑是否可能有其他途径来还原或推测被屏蔽的敏感信息。例如,在图 8-7 中,仅对字段“家庭住址”进行脱敏处理是不够的,还需要同时脱敏处理“邮寄地址”。再如,仅屏蔽“姓名”字段的内容也是不充分的,因为可以采用“用户画像分析(User Profiling)”技术,识别且定位到具体个人。

(3) 易于实现。数据脱敏操作所涉及的数据量大,所以需要的是宜于计算的简单方法,而不是具有高时间复杂度和高空间复杂度的计算方法。例如,如果采用加密算法(如 RSA 算法)对数据进行脱敏处理,那么不仅计算过程复杂、计算速度缓慢,其安全性也未得到验证。

数据脱敏活动需要三个基本活动:识别敏感信息、脱敏处理和评价。其中,脱敏信息处理可采用替换和过滤两种不同的方法,替换方法可以采用 Hash 函数进行数据的单向映射。

8.5.2　数据归约

数据归约(Data Reduction)是指在不影响数据的完整性和数据分析结果的正确性的前提下,通过最大限度地精简数据量来达到提升数据分析效果与效率的目的。因此,数据归约工作不应对后续数据分析结果产生影响,基于已归约的新数据的分析结果应与基于原始数据的分析结果相同或没有本质性区别。

常用的数据归约方法有两种:维度归约和数量归约。

(1) 维度归约(Dimensionality Reduction)。为了避免随着数据维度增加带来数据分析困难的加大,在不影响数据的完整性和数据分析结果正确性的前提下,通常会减少所需的随机变量或属性的个数。通常,维度归约采用线性代数方法,如主成分分析(Principal Component Analysis,PCA)、奇异值分解(Singular Value Decomposition,SVD)和离散小波转换(Discrete Wavelet Transform,DWT)等。

(2) 数量归约(Numerosity Reduction)。数量规约又分为参数化数据规约和非参数化数据规约。在不影响数据完整性和数据分析结果的正确性的前提下,参数化数据规约可以采用简单线性回归模型和对数线性模型;非参数化数据规约则可以通过抽样、聚类、直方图等方法实现。通过近似表示数据分布,实现数据归约的目的。

除了上述两种数据归约方法,还采用其他类型的归约方法。例如,数据压缩(Data Compression)——通过数据重构方法得到原始数据的压缩表示方法。

8.5.3　数据标注

数据标注的主要目的是通过对目标数据补充必要的词性、颜色、纹理、形状、关键字或语义信息等标签类元数据,提升其检索、分析、洞察和挖掘的效果与效率。**按标注活动的自动化程度,数据标注可以分为手工标注、半自动化标注和自动化标注。**从标注的实现层次看,数据标注可以分为以下两种。

(1) 语法标注。主要从语法层次上,对文字、图片、语音、视频等目标数据给出标注信息。例如,文本数据的词性、句法、句式等语法标签;图像数据的颜色、纹理和形状等视觉标签。语法标注的特点是:标签内容的生成过程并不建立在语义层次的分析处理技术上,标签信息的利用过程也不支持语义层次的分析推理。可见,语法标注的缺点在于标注内容停留在语法层次,难以直接支持深层语义上的分析处理。

(2) 语义标注。主要采用语义层次上的数据计算技术,对目标数据给出语义层次的标注信息——语义标签。例如,对数据标注出其主题、情感倾向、意见选择等语义信息。与语法标注不同的是,语义标注的过程及标注内容均建立在语义 Web 和关联数据技术上,并通过 OWL/RDF 语言连接到领域本体及其规则库,支持语义推理、分析和挖掘工作。语义 Web 中常用的技术有:知识表示技术(如 OWL,RDF 等)、规则处理(如 SWRL、RDF Rule Language 等)、检索技术(如 SPARQL、RDF Query Language 等)。

除了前面提到的数据预处理方法,还有一些对特定数据对象进行预处理的技术,如特征提取技术,在多媒体搜索和 DNS(Domain Name System,域名系统)分析中起着重要的作用。这些数据对象通常具有高维特征矢量。数据变形技术则通常用于处理分布式数据源产生的异构数据，对处理商业数据非常有用。然而，没有一个统一的数据预处理过程和单一的技术能够用于多样化的数据集，必须在充分考虑数据集的特性、需要解决的问题、性能需求和其他因素后选择合适的数据预处理方案。

小结

数据挖掘的对象是从现实世界采集到的大量的各种各样的数据，可能存在不一致、过于复杂以及不准确的地方，需要数据预处理技术提高数据的质量。本章讨论了几种主要的数据预处理技术以及简要介绍一些其他的预处理方法。

数据清洗可以在数据集中发现不准确、不完整或不合理的数据，并对这些数据进行去重、修补、纠正或移除等操作，从而提高数据质量。一个通用的数据清洗框架由 5 个步骤构成：定义错误类型、搜索并标识错误实例、改正错误、文档记录错误实例和错误类型、修改数据录入程序以减少未来的错误。此外，格式检查、完整性检查、合理性检查、重复性检查和极限检查也应在数据清洗过程中完成。数据清洗对保持数据的一致性和时效性起着重要作用，已经被广泛应用于医疗、交通、移动通信、银行、电子商务等多领域。

当原始数据的形态不符合目标算法的要求时，需要进行数据变换处理，以便于后期的数据挖掘。数据变换包括大小变换和类型变换。其中，标准化处理是数据大小变换的最常用方法之一，常用的数据标准化方法一般有以下几种：0-1 标准化，z-score 标准化。数据类型变换是将来源数据中的类型转换为目标数据集的类型，处理方法有一对一变换和多对一变换。

数据集成指的是：数据处理过程中将多个数据源的数据结合在一起形成一个统一的数据集合，为后续的数据工作奠定完整的数据基础。数据集成以解决异构数据之间交流的问题为核心，包括内容集成和结构集成两种类型。内容集成是指，当目标数据集的结构与来源数据集的结构相同时，集成过程对来源数据集中的内容(个案)进行合并处理。在结构集成中，目标数据集的结构为对各来源数据集的结构进行合并处理后的结果。

其他预处理方法有数据脱敏、数据规约、数据标注等，主要目的都是减小数据噪声，提高数据质量。

讨论与实践

1. 结合自己的专业领域，调研自己所属领域常用的数据预处理方法、技术与工具。
2. 调查研究两个数据预处理工具(产品)，并探索其关键技术和主要特征。
3. 调查分析关系数据库中常用的数据预处理方法。
4. 调查一项具体的数据科学项目，分析其数据预处理活动。
5. 撰写数据预处理领域的研究综述。
6. 请尝试寻找原始数据，如通过政府数据开放平台下载数据，实践数据预处理的过程。

参考文献

[1] 朝乐门.数据科学[M].北京：清华大学出版社，2016.

[2] (美)拉姆什·沙尔达(Ramesh Sharda).商务智能数据分析的管理视角.4版[M].赵卫东，译.北京：机械工业出版社，2018.

[3] 李学龙，龚海刚.大数据系统综述[J].中国科学：信息科学，2015，45(1)：1-44.

[4] 方洪鹰.数据挖掘中数据预处理的方法研究[D].西南大学，2009.

[5] 佚名.缺失值的处理[EB/OL].(2014-08-20)[2019-02-21].http：//blog.sina.com.cn/s/blog_670445240102v08m.html.

第9章

数据分析

数据分析是一种入门容易但却很难精通的工作。做好数据分析并非单纯依赖于某一种技术或方法，关键是数据分析思路的构建。通过对业务进行调研、逻辑思考、提出一定的创新理念，最后形成可行性建议。

数据分析的主要流程是：明确分析目标、目标数据的确定和采集、数据处理、建模分析、结果评估、结果支持的决策及建议，通过对现状、原因等的分析最终实现预测分析，确保数据分析维度的充分性及结论的合理有效性。

数据分析处理来源于对某一有趣现象的观察、测量或者实验的信息。数据分析旨在从和主题相关的数据中提取尽可能多的信息。主要目标包括：

(1) 推测或解释数据并确定如何使用数据。

(2) 检查数据是否合法。

(3) 给决策制定合理建议。

(4) 诊断或推断错误原因。

(5) 预测未来将要发生的事情。

数据分析人员想要完成分析任务并得到期望的分析结果，不仅要掌握行业知识，熟悉业务流程，还要关注数据背后的隐含信息，合理解读数据，从变化着的时间和空间维度对需求进行把握，确定用哪些数据来解决具体业务场景中的问题，这是数据分析的基础。

本章将从数据分析的基础业务理解和数据理解开始介绍不同类别的数据分析思路以及数据分析方法的选择，最后介绍数据分析中常见的陷阱。

9.1 业务理解

任何数据分析、挖掘的关键都是从理解工作目的开始的。要解决这个问题，首先要理解新知识的需求，并清晰地了解即将开展研究的业务目标。例如，“最近我们流失到竞争对手的客户具备哪些共同特征?”或者“我们客户的典型特征是什么？每位客户能为我们创造多少价值?”等这些具体的业务目标。其次,确定目标数据,制订具体的项目计划,指定负责收集、分析数据和做结果报告的负责人。在这个初期阶段,还需要完成项目预算,至少应当有粗略的估算,能够确定大概的数目。

数据分析过程中需要深入理解与分析目标相关联的业务背景,包括行业的业务模式、企业的组织架构、特定产品的定位以及目标用户的画像等领域知识及业务流程等,若数据分析人员对业务背景不熟悉,其分析方法和过程就难以贴合实际需求。

为了从数据中挖掘出有价值的结果,数据分析人员还必须与领域专家进行充分交流,条件允许的情况下对实际业务情况进行考察,切忌“数据空想”。对业务知识逻辑和原理的理解,不仅有助于在数据预处理过程中对异常数据进行甄别和剔除,而且有助于分析过程中数据分析方法的选择,对于结果是否符合预期,也可直观得出结论,否则容易出现模型的准确率虽然很高,经过业务专家评价时发现模型的某一自变量为目标变量的特征表现,最终模型毫无价值的现象。

对数据分析目标的理解,包括定性分析和定量分析。前者给出与目标变量关联的自变量列表或目标变量的性质预测等,后者除了列举相关自变量,还要对其权重等进行定量分析。在实际的分析过程中,需要依据不同的业务目标设计分析方案。

对业务的理解要从方法论的层面进行流程梳理,快速确认与分析目标相关联的影响因素,将分析过程以结构化的方式展现,利于理顺思路。这种理解不能局限于某一行业应用,若变换行业影响因素,也可应用于其他行业。业务理解的分析框架则主要从宏观的角度结构化、模块化指导数据分析,把问题分解成各个相关联的子模块,为后续数据分析进行规划,起到提纲挈领的作用。

9.2 数据理解

数据分析研究需要处理明确定义的业务任务,而不同的业务任务需要不同的数据集合。在理解业务后,数据挖掘过程的主要活动是从大量可用数据库中识别相关数据。在数据识别和选择阶段,需要考虑一些关键问题。首先,应该清晰简要地描述当前任务,以便识别最为相关的数据。例如,一个零售业的数据挖掘项目需要通过人口统计资料、信用卡交易记录和人口的社会经济属性,识别购买应季服装的女性客户的消费行为。此外,应该深入理解各个数据源(例如,相关数据存储在哪里?以何种形式存储?数据收集过程是人工的还是自动的?谁收集了这些数据?数据多长时间更新一次?)和各个变量(例如,最相关的变量有哪些?是否存在同义或一词多义的变量?各个变量之间是否独立?变量是否有完整的信息源,变量之间不存在重叠或冲突信息?)。

为了更好地理解数据,分析师需要利用多种统计分析和图形化技术,包括对每个变量的简单统计摘要(例如,对于数值变量,可以计算平均数、最大值、最小值、中位数、标准差;对于分类变量,可以计算属性的众数和频率)、关联分析、散点图、直方图和箱图。仔细识别和选取数据源和相关变量,有助于数据挖掘算法更快地发现有用的知识与模式。

选取的数据源可能是多种多样的。通常,商业应用的数据源包括人口统计数据(如收入、教育程度、家庭人口和年龄)、社会学数据(如爱好、娱乐项目和俱乐部会员情况)、交易数据(销售记录、信用卡消费、签发支票)等。目前,数据源也使用外部数据库(开放或商品化的数据库)、社会媒体以及机器产生的数据。

数据可以分为定性的或定量的数据。定量数据使用数值进行度量,分为离散型(例如整数)和连续型(例如实数)。定量数据可以很容易地用某种概率分布表示,概率分布描述了数据的分布情况和形状。例如,正态分布数据是对称的,通常是一个两头低、中间高的钟形曲线。定性数据可以用数字编码,然后由频率分布描述。定性数据,或称为分类数据,包括名义数据和序数数据。名义数据包含有限个无序值(例如,性别有两个可能值:男或女,这种值是不分先后顺序的)。序数数据通常包括有限个有序值。例如,客户信用等级是序数数据,其值可以是优秀、一般和不良,可能值有优劣、好坏或者顺序之分。

数据分析从字面上看是由数据和分析两部分组成的,其中,数据是基础和根本,没有数据样本作为支撑,再好的结论也是无本之木,对现有数据理解到位有助于建立合理的分析框架。分析目标相关联的自变量数据往往可遇不可求,多数情况下,数据资料与分析的目标没有直接相关性,需要对数据本身进行探索,查看其数据特性或样本特征,结合这些特征来挖掘其与分析目标之间的关系。

为了提高数据分析的准确性,需要多维的源数据,数据量大,并且也将伴随有更多的冗余数据。这些数据处理过程较麻烦,需要经过预处理和降维才可以得到更多样的支持数据。初创型企业在数据量较少的情况下,可通过爬虫抓取非结构化数据,并将其转换为结构化数据作为补充。

了解业务流程中数据产生的过程、明确数据代表的意义、分析数据的结构和各字段之间的关系、结合业务逻辑对数据进行理解是整个数据分析过程的基础。如果这一过程出现问题,将影响最终分析结果的正确性。

站在历史的角度,数据的产生过程本身是变化的,在时间的维度上,不仅要关心数据是如何产生的,还要关心数据产生的频度以及用户的动作数据,这些都将产生趋势特征。因此,在数据分析过程中,需要关注业务变化导致的数据变化。同时,由于需求变化会带来新数据的产生,数据的分析方案也要具有一定的扩展性,以应对企业发展的变化和原始数据变化带来的影响,使其能够在设计模型后进行修正和动态改进。

9.3 数据分析分类

从数据生命周期的角度,从数据源、数据特性等方面考虑,基于数据来源的演化和多样性发展分析,可以归纳出一些主要的数据分析类型,包括结构化数据分析、文本分析、Web数据分析、多媒体数据分析、社交网络数据分析和移动数据分析等。在过去,结构化数据分析是主要的数据分析类型,相较于记录了生产、业务、交易和客户信息等的结构化数据,如今大量的非结构化数据涵盖了更为广泛的内容,包括如文字文档、电子表格、简报档案与电子邮件等文本内容;如HTML与XML等格式的Web内容;以及如声音、影片、图形等媒体内容,因而如今的分析是对多种形态的数据分析。虽然Web数据、多媒体数据、社交网络数据和移动数据,从数据形态上可能包括结构化数据的某些数据类型(如文本),但是在特定的应用领域里面,具有了新的分析要求和特性,所以需要从分析方法的角度对其分别分析。

9.3.1 结构化数据分析

在科学研究和商业领域产生了大量的结构化数据，这些结构化数据可以利用成熟的RDBMS(Relational Database Management System，关系型数据库管理系统)、数据仓库、OLAP(On-LineAnalytical Processing，联机分析处理)和BPM(Business Process Management，业务流程管理)等技术管理，而采用的数据分析技术则是数据挖掘和统计分析技术。近年来，深度学习(Deep Learning)逐渐成为一个主流的研究热点。当前，许多机器学习算法依赖于用户设计的数据表达和输入特征，这对不同的应用则变成了一个复杂的任务。而深度学习则集成了表达学习(Representation Learning)，即"学习如何学习"，允许计算机学习多个级别的复杂性/抽象表达。此外，许多算法已成功投入应用。例如，统计机器学习，基于合适、精确的数据模型强大的算法，被应用在异常检测和能量控制中。利用数据特征，时空挖掘技术能够提取模型中的知识结构，以及高速数据流与传感器数据中的模式(Pattern)。由于电子商务、电子政务和智慧医疗健康应用对隐私的需求，隐私保护数据挖掘也被广泛研究。随着事件数据、过程发现和一致性检查技术的发展，过程挖掘也逐渐成为一个新的研究方向，即通过事件数据分析过程。

9.3.2 文本分析

文本数据是信息存储的最常见形式，包括电子邮件、文档、网页和社交媒体内容等，因此文本数据分析比结构化数据分析具有更高的商业潜力。**文本分析又称为文本挖掘，是指从无结构的文本中提取有用信息或知识的过程**。文本挖掘是一个跨学科的领域，涉及信息检索、机器学习、统计分析、计算语言和数据挖掘。**大部分的文本挖掘系统建立在文档表示和自然语言处理(Natural Language Processing，NLP)的基础上**。

文档表示是将文本转换成为神经网络可以处理的数据类型，它和查询处理构成了开发矢量空间模型、布尔检索模型和概率检索模型的基础，而这些模型又是搜索引擎的基础。

NLP技术关注的是人类的自然语言和计算机设备之间的相互关系。它能够挖掘文本的可用信息，允许计算机分析、理解甚至产生文本。词汇识别、语义释疑、词性标注和上下文理解等是常用的方法。基于这些方法衍生了一些文本分析技术，如信息提取、命名实体识别、主题模型、摘要(Summarization)、分类、聚类、问答系统和观点挖掘等。

(1) 信息提取是指从一段文本中抽取指定的一类信息(如事件、事实)，并将其(形成结构化的数据)存入数据库供用户查询使用的过程。例如，从产品发布的新闻语料中提取某产品的各种感兴趣的指标，如提取计算机网络交换器的协议类型、交换速率、端口数、软件管理方式等信息。

(2) 命名实体识别(Named-Entity Recognition，NER)是信息提取的子任务，其目标是从文本中识别出人名、地名和组织机构名这三类命名实体，在具体的领域会相应地定义领域内各种实体类型。NER最近被应用于一些新的分析应用和生物医学中。

(3) 主题模型即对文字中的隐含主题进行建模的一种技术。主题是一个基于概率分布的词语，主题模型对文档而言是一个通用的模型，许多主题模型被用于分析文档内容和词语含义。文献引入一个新的主题模型,即主题超图,用于描述长文档的主体结构,试图从海量数据中自动寻找出文字间的语义主题。

(4) 文本摘要技术从单个或多个输入的文本文档中产生一个缩减的摘要,分为提取式(Extractive)摘要和概括式(Abstractive)摘要。提取式摘要从原始文档中选择重要的语句或段落并将它们连接在一起,而概括式摘要则需理解原文并基于语言学方法以较少的语句复述。Morrison 等提出一种演化网络,用于多元数据摘要。

(5) 文本分类技术则用于识别文档主题,并将之归类到预先定义的主题或主题集合中,基于图表示和图挖掘的文本分类在近年来得到了越来越多的关注。

(6) 文本聚类技术用于将类似的文档聚合。和文本分类不同的是,文本聚类不是根据预先定义的主题将文档归类。文本聚类中,文档可以表现出多个子主题。一些数据挖掘中的聚类技术可以用于计算文档的相似度。有关 Wikipedia 的研究证实了结构化的关系信息能够用于增加 Wikipedia 内容主题的聚类效率。

(7) 问答系统主要设计用于如何为给定问题找到最佳答案,涉及问题分析、源检索、答案提取和答案表示等技术。问答系统可以用在教育、网站、健康和答辩等场景中。

(8) 观点挖掘类似于情感分析,是指对文本进行提取、分类、理解后,评估在新闻、评论和其他用户生成内容中观点的计算技术,它能够为了解公众或客户对社会事件、政治动向、公司策略、市场营销活动和产品偏好看法提供机会。

9.3.3 Web 数据分析

过去十几年间网页数据爆炸式的增长,使得网页数据分析也成为数据分析中活跃的领域。Web 数据分析的目标是从 Web 文档和服务中自动检索、提取和评估信息以发现知识,涉及数据库、信息检索、NLP 和文本挖掘,可分为 Web 内容挖掘、Web 结构挖掘和 Web 使用挖掘(Web Usage Mining)。

Web 内容挖掘是指从网站内容中获取有用的信息或知识。Web 内容包含文本、图像、音频、视频、符号、元数据和超链接等不同类型的数据。而关于图像、音频和视频的数据挖掘被归入多媒体数据分析,将在随后讨论。由于大部分的 Web 数据是无结构的文本数据,因此许多研究都关注文本和超文本的数据挖掘。如前所述,文本挖掘已经比较成熟,而超文本的挖掘需要分析包含超链接的半结构化 HTML 网页,有监督学习(Supervised Learning)或分类,它们在超文本分析中起到了重要的作用,例如,电子邮件管理、新闻组管理和维护 Web 目录等。

Web 内容挖掘通常采用两种方法:信息检索和数据库。信息检索方法主要是辅助用户发现信息或完成信息的过滤;数据库方法则是在 Web 上对数据建模并将其集成,处理比基于关键词搜索更为复杂的查询。

Web 结构挖掘是指发现基于 Web 链接结构的模型。链接结构表示站点内或站点之间链接的关系图,模型反映了不同站点之间的相似度和关系,并能用于对网站分类。PageRank、CLEVER 和 Focused Crawling 利用此模型发现网页。Focused Crawling 的目的是根据预先定义的主题有选择地寻找相关网站,它并不收集或索引所有可访问的 Web 文档,而是通过分析 Crawler 的爬行边界,发现和爬行最相关的一些链接,避免 Web 中不相关的区域，从而节约硬件和网络资源。

Web 使用挖掘则是对 Web 会话或行为产生的次要数据进行分析。与 Web 内容挖掘和结构挖掘不同的是，Web 使用挖掘不是对 Web 上的真实数据进行分析。Web 使用挖掘包括 Web 服务器的访问日志、代理服务器日志、浏览器日志、用户信息、注册数据、用户会话或事务、Cookies、用户查询、书签数据、鼠标单击及滚动数据，以及用户与 Web 交互所产生的其他数据。随着 Web 服务和 Web 2.0 系统的日益成熟和普及，Web 使用数据将更加多样化。Web 使用挖掘在个性化空间、电子商务、隐私和安全等方面将起到重要的作用。例如，协作推荐系统可以根据用户偏好的异同实现电子商务的个性化。

9.3.4 多媒体数据分析

多媒体数据分析是指从多媒体数据中提取有价值的信息，理解多媒体数据中包含的语义。由于多媒体数据在很多领域比文本数据或简单的结构化数据包含更丰富的信息，提取信息需要解决多媒体数据中的语义分歧。多媒体分析研究覆盖范围较广，包括多媒体摘要、标注、索引和检索、推荐和多媒体事件检测。

音频摘要可以简单地从原始数据中提取突出的词语或语句，合成新的数据表达；视频摘要则将视频中最重要或最具代表性的序列进行动态或静态的合成。静态视频摘要使用连续的、一系列的关键帧或上下文敏感的关键帧表示原视频，这些方法比较简单，并已被用于 Yahoo、AltaVista 和 Google，但是它们的回放体验较差。动态视频摘要技术则使用一系列的视频片段表示原始视频，并利用底层视频特征进行平滑以使得最终的摘要显得更自然。

多媒体标注是指给图像和视频分配一个或多个标签，从语法或语义级别上描述它们的内容。在标签的帮助下，很容易实现多媒体内容的管理、摘要和检索。由于人工标注非常耗时并且工作量大，没有人工干预的自动多媒体标注得到了极大的关注。多媒体自动标注的主要困难是语义分歧，即底层特征和标注之间的差异。尽管自动标注方法取得了一些重要的进展，目前的技术性能并不能令人满意。因此，一些研究开始同时利用人和计算机对多媒体进行标注。

多媒体索引和检索处理是指对多媒体信息的描述、存储和组织，并帮助人们快速方便地发现多媒体资源。一个通用的视频检索框架包括 5 个步骤：结构分析、特征提取、数据挖掘、分类和标注，以及查询和检索。结构分析是通过镜头边界检测、关键帧提取和场景分割等技术，将视频分解为大量具有语义内容的结构化元素。结构分析完成后，是提取关键帧、视频对象、文本和运动的特征以待后续挖掘，这是视频索引和检索的基础。根据提取的特征，发现视频内容模式以此对视频进行分类和标注，将视频分配到预先定义的类别，并生成视频索引。

多媒体推荐的目的是根据用户的偏好推荐特定的内容，这已被证明是一个能提供高质量个性化内容的有效方法。现有的推荐系统大部分是基于内容和基于协作过滤的机制。首先，基于内容的方法识别用户兴趣的共同特征，并且给用户推荐具有相似特征的多媒体内容，但这些方法依赖于内容相似测量机制，容易受有限内容分析的影响。其次，基于协作过滤的方法将具有共同兴趣的人们组成组，根据组中其他成员的行为、偏好推荐多媒体内容。混合方法利用的就是基于内容和基于协作过滤两种方法的优点来提高推荐质量。

多媒体事件检测是在事件库视频片段中检测事件是否发生的技术。视频事件检测的研究才刚刚起步,已有的大部分研究都集中在体育或新闻事件、重复模式事件(如监控视频中的跑步)或不常见的事件。

9.3.5 社交网络数据分析

随着在线社交网络的兴起,网络分析从早期的文献计量学、社会学网络分析发展到现在的社交网络分析。社交网络包含着大量的联系数据和内容数据,其中,联系数据通常用一个图拓扑表示实体间的联系;内容数据则包括文本、图像和其他多媒体数据。可见,社交网络数据的丰富性给数据分析带来了前所未有的挑战和机会。从数据中心的角度出发,社交网络的研究方向主要有两个:基于联系结构的分析和基于内容的分析。

基于联系结构的分析关注链接预测、社区发现、社交网络演化和社交影响等方向。**如果将社交网络看成一个图,那么,图中的各顶点表示网络用户,边表示对应的用户之间存在特定的关联**。由于社交网络是动态的,新的节点和边会随着时间的推移而加入图中。链接预测对未来两个节点关联的可能性进行预测。链接预测技术主要分为基于特征的分类方法、概率方法和线性代数方法。基于特征的分类方法选择节点对的一组特征,利用当前的链接信息训练二进制分类器预测未来的链接;概率方法对社交网络节点的链接概率进行建模;线性代数方法通过降维相似矩阵计算节点的相似度。一个社区是网络的一个子图结构,其中,社区内部顶点具有更高的边密度,但是不同社区子图之间的顶点具有较低的密度。用于检测社区的方法中,大部分都是基于拓扑的,并且依赖于某个反映社区结构思想的目标函数。社交网络演化研究则试图寻找网络演化的规律,并推导演化模型。部分研究发现,距离偏好、地理限制和其他一些因素对社交网络演化有着重要的影响。一些通用的模型也被提出用于辅助网络和系统设计。当社交网络中个体行为受其他人感染时即产生社交影响,这种社交影响的强度取决于多种因素,包括人与人之间的关系、网络距离、时间效应和网络及个体特性等。定量和定性测量个体施加给他人的影响,会给市场营销、广告和推荐等应用带来极大的好处。

随着 Web 2.0 技术的发展,用户自主在社交媒体生产内容的数量呈爆炸式增长,这些内容包括博客、微博、图片和视频分享、社交图书营销、社交网络站点和社交新闻等。社交媒体数据含有文本、多媒体、位置和评论等信息。几乎所有对结构化数据、文本和多媒体的分析研究主题都能转移到社交媒体分析中。但同时,对社交媒体数据的分析也面临着前所未有的挑战。首先,社交媒体数据每天的增长量已经非常庞大,对其进行分析必须对时间做出合理限制;其次,原始的社交媒体数据包含过多干扰数据,例如,博客空间存在大量垃圾博客;再次,社交网络是动态、不断变化的,如何做好动态数据的观察和分析也成为一个难点。

简单来说,社交媒体和社交网络联系紧密,对社交媒体数据的分析无疑也受到社交网络动态变化的影响。社交媒体分析即对社交网络环境下的文本分析和多媒体分析。社交媒体分析的研究还处于起步阶段。社交网络的文本分析应用包括关键词搜索、分类、聚类和异构网络中的迁移学习。关键词搜索利用了内容和链接行为;分类则假设网络中的节点具有标签,这些被标记的节点则可以用来对其他节点分类;聚类则确定具有相似内容的节点集合。由于社交网络中不同类型的对象之间存在大量链接的信息,如标记、图像和视频等,异构网络的迁移学习用于不同链接的信息知识迁移。在社交网络中，多媒体数据集是结构化的并且具有语义本体、社交互动、社区媒体、地理地图和多媒体内容等丰富的信息。社交网络的结构化多媒体又称为多媒体信息网络。多媒体信息网络的链接结构是逻辑上的结构，对网络非常重要。多媒体信息网络中有四种逻辑链接结构：语义本体、社区媒体、个人相册和地理位置。基于逻辑链接结构，可以提高检索系统、推荐系统、协作标记和其他应用的性能。

9.3.6　移动数据分析

随着移动计算的迅速发展，更多的移动终端(移动手机、传感器和 RFID)和应用逐渐在全世界普及。巨量的数据对移动分析提出了更高的要求，但是移动数据分析面临着移动数据特性带来的挑战，如移动感知、活动敏感性、噪声和冗余。目前，移动数据分析的研究还并不成熟，下面介绍一些具有代表性的移动数据分析应用。

RFID 能够在一定范围内读取一个和标签(tag)相联系的唯一产品标识码，标签能够用于标识、定位、追踪和监控物理对象，在库存管理和物流领域得到了广泛的应用。然而，RFID 数据给数据分析带来了许多挑战。

(1) **RFID 数据本质上是充斥着干扰数据和冗余数据的。**

(2) **RFID 数据是时间相关的、流式的、容量大并且需要即时处理**。通过挖掘 RFID 数据的语义(如位置、聚集和时间信息)，可以推断一些原子事件追踪目标和监控系统状态。

无线传感器、移动技术和流处理技术的发展促进了体域传感器网络的部署，用于实时监控个体健康状态。医疗健康数据来自具有不同特性的异构传感器，如多样化属性、时空联系和生理特征等特性，数据的隐私和安全问题还有待解决。

从上述讨论可以发现，大部分的移动数据分析技术既是描述性分析，也是预测性分析。

9.4　数据分析方法的选择

确定数据分析方法时，要从业务的角度研究数据分析目标，并对现有的数据进行探查，发现其中的规律，大胆假设并进行验证，依据各模型算法的特点选择合适的模型进行测试验证，分析并对比各模型的结果，最终选择合适的模型进行应用。理解目标要求是选择分析方法的关键，首先对要解决的问题进行分类，如果数据集中有标签，则可进行监督式学习，反之可应用无监督学习方法。在监督式学习中对定性问题可用分类算法，对定量分析可用回归方法，如逻辑回归或回归树等；在无监督式学习中，如果有样本细分，则可应用聚类算法，如需找出各数据项之间的内在联系，可应用关联分析。

熟悉各类分析方法的特性是分析方法选择的基础，不仅需要了解如何使用各类分析算法，还要了解其实现的原理，这样在参数优化和模型改进时可减少无效的调整。在分析方法的选择过程中，由于分析目标的业务要求及数据支持程度差别较大，很难一开始就确认哪种分析方法效果最佳，需要对多种算法进行尝试和调优，尽可能提高准确性和区分度。

在选择模型之前，要对数据进行探索性分析，了解数据类型和数据特点，判断各自变量之间的关系，以及自变量与因变量的关系，特别注意在维度较多时容易出现变量的多重共线性问题，可应用箱图、直方图、散点图查找其中的规律性信息。

在模型选择过程中，首先提出多个可能的模型，然后对其进行详细分析，并选择可用于分析的模型。在自变量选择时，大多数情况下需要结合业务手动选择自变量。选择模型后，比较不同模型的拟合程度，可计算显著性参数、*R* 方、调整 *R* 方、最小信息标准、BIC 和误差准则、Mallow's Cp 准则等。在单个模型中可将数据分为训练集和测试集，用来做交叉验证和分析结果的稳定性分析。反复调整参数，使模型结果趋于稳定。

9.4.1 分类算法

分类算法是应用规则对记录进行目标映射，将其划分到不同的分类中，构建具有泛化能力的算法模型，即构建映射规则来预测未知样本的类别。一般情况下，由于映射规则是基于经验的，所以其准确率一般不会达到 100%，只能获得一定概率的准确率，准确率与其结构、数据特征、样本的数量相关。

分类模型包括预测和描述两种。经过训练集学习的预测模型在遇到未知记录时，应用规则对其进行类别划分，而描述型的分类主要是对现有数据集中的特征进行解释并区分，其应用场景如对动植物的各项特征进行描述，并进行标记分类，由这些特征来决定其属于哪一类目。

主要的分类算法包括决策树、支持向量机（Support Vector Machine，SVM）、最近邻（K-Nearest Neighbors，KNN）、贝叶斯网络（Bayes Network）、神经网络等。

1. 决策树

决策树是一种基本的回归与分类算法，因其构造速度快、结构简单、分类准确等优点在数据挖掘领域受到了广泛的关注。决策树是以实例为基础的归纳学习算法，其本质是由训练数据集估计条件概率模型。**它从一组无次序、无规则的元组中推理出决策树表示形式的分类规则**。正如其名，决策树是一种用于决策的树，目标类别作为叶子节点，特征属性的验证作为非叶子节点，而每个分支是特征属性的输出结果。**决策树的构建通常有三个步骤：特征选择、决策树的生成以及决策树的修剪**。决策过程是从根节点出发，对实例的某一特征进行测试，并根据测试结果将其分配到其子节点，此时，每一个子节点都对应着该特征的一个值，通过递归对实例进行测试并分配，直到达到叶子节点，最后将实例分到叶子节点的类中，即产生了分类结果，如图 9-1 所示。主要的决策树算法有 ID3、C 4.5、C 5.0、CART、CHAID、SLIQ、SPRINT。

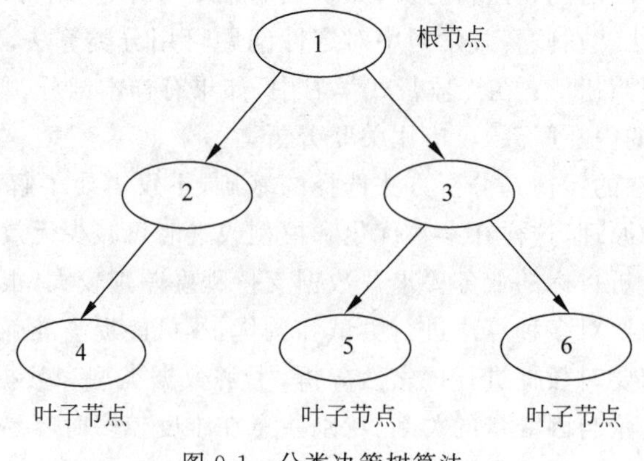

图 9-1 分类决策树算法

决策树的构建过程不需要业务领域的知识支撑，其构建过程是按照属性特征的优先级或重要性来逐渐确定树的层次结构，分支分裂的关键是要使其叶子节点尽可能“纯净”，尽可能属于同一类别，一般采用局部最优的贪心策略来构建决策树，即 Hunt 算法。

代码示例：

示例数据来自历史上一件家喻户晓的灾难性事件：泰坦尼克号沉船事故. 1912 年，当时隶属于英国的世界级豪华客轮泰坦尼克号，因在处女航行中不幸撞上北大西洋冰山而沉没. 这场事故使得一千五百多名乘客罹难. 后来，这场震惊世界的惨剧被详细地调查，而且遇难乘客的信息也逐渐被披露. 在当时的救援条件下，无法在短时间内确认每位乘客生还的可能性. 而今，许多科学家试图通过计算机模拟和分析找出隐藏在数据背后的生还逻辑. 下面通过这段示例代码，尝试揭开这尘封了一百多年的数据的面纱.

```
# 导入 pandas 用于数据分析
import pandas as pd
# 利用 pandas 的 read_csv 模块直接从互联网收集泰坦尼克号乘客数据
titanic = pd.read_csv('http://biostat.mc.vanderbilt.edu/wiki/pub/Main/DataSets/titanic.txt')
# 观察一下前几行数据，可以发现，数据种类各异，数值型、类别型，甚至还有缺失数据
titanic.head()
```

	row. names	pclass	survived	name	age	embarked	home. dest	room	ticket	boat
0	1	1st	1	Allan, Miss Elisabeth Waiton	290 000	Southampton	st Louis, MO	B-5	24160 L221	2
1	2	1st	0	Allison, Miss Helen Loraine	20 000	Southampton	Montreal, PQ/Chester ville, ON	C26	NaN	NaN
2	3	1st	0	Allison, Mr Hudson Joshua Creighton	300 000	Southampton	Montreal, PQ/Chester ville, ON	C26	NaN	(135)
3	4	1st	0	Allison, Mrs Hudson J. C(Bessie Waldo Daniels)	250 000	Southampton	Montreal, PQ/Chester ville, ON	C26	NaN	NaN
4	5	1st	1	Allison, Master Hudson Trevor	0.9107	Southampton	Montreal, PQ/Chester ville, ON	C22	NaN	11

```
# 使用 pandas，数据都转入 pandas 独有的 dataframe 格式(二维数据表格)，直接使用 info()，查看数据的统计特性
titanic.info()
```

<class 'pandas.core.frame.DataFrame'> RangeIndex: 1313 entries, 0 to 1312 Data columns (total 11 columns): row.names 1313 non-null int64 pclass 1313 non-null object survived 1313 non-null int64 name 1313 non-null object age 633 non-null float64 embarked 821 non-null object home.dest 754 non-null object room 77 non-null object ticket 69 non-null object boat 347 non-null object sex 1313 non-null object dtypes: float64(1), int64(2), object(8) memory usage: 112.9+ KB

```
# 机器学习有一个不太被初学者重视，并且耗时，但是十分重要的一环，即特征的选择，这个需要基于一些背景知识. 根据我们对这场事故的了解，age, pclass 这些都很有可能是决定幸免与否的关键因素
X = titanic[['pclass', 'age', 'sex']]
y = titanic['survived']

# 对当前选择的特征进行探查
X.info()
```

```
    <class 'pandas.core.frame.DataFrame'> RangeIndex: 1313 entries, 0 to 1312 Data columns (total 3 columns): pclass 1313 non-null object age 633 non-null float64 sex 1313 non-null object dtypes: float64(1), object(2) memory usage: 30.9+ KB
# 借由上面的输出,我们设计如下几个数据处理的任务:
# 1) age这个数据列,只有633个,需要补完.
# 2) sex与pclass两个数据列的值都是类别型的,需要转换为数值特征,用0/1代替.
# 首先补充age里的数据,使用平均数或者中位数都是对模型偏离造成最小影响的策略.
X['age'].fillna(X['age'].mean(), inplace=True)
# 对补完的数据重新探查
X.info()
    <class 'pandas.core.frame.DataFrame'> RangeIndex: 1313 entries, 0 to 1312 Data columns (total 3 columns): pclass 1313 non-null object age 1313 non-null float64 sex 1313 non-null object dtypes: float64(1), object(2) memory usage: 30.9+ KB
# 由此得知,age特征得到了补完

# 数据分隔
from sklearn.cross_validation import train_test_split
X_train, X_test, y_train, y_test = train_test_split(X, y, test_size=0.25, random_state=33)
# 使用scikit-learn.feature_extraction中的特征转换器
from sklearn.feature_extraction import DictVectorizer
vec = DictVectorizer(sparse=False)

# 转换特征后,发现凡是类别型的特征都单独剥离出来,形成一列特征,数值型的则保持不变
X_train = vec.fit_transform(X_train.to_dict(orient='record'))
print(vec.feature_names_)
    ['age','pclass=1st','pclass=2nd','pclass=3rd','sex=female','sex=male']
# 同样需要对测试数据的特征进行转换
X_test = vec.transform(X_test.to_dict(orient='record'))
# 从sklearn.tree中导入决策树分类器
from sklearn.tree import DecisionTreeClassifier
# 使用默认配置初始化决策树分类器
dtc = DecisionTreeClassifier()
# 使用分隔得到的训练数据进行模型学习
dtc.fit(X_train, y_train)
# 用训练好的决策树模型对测试特征数据进行预测
y_predict = dtc.predict(X_test)
# 从sklearn.metrics导入classification_report.
from sklearn.metrics import classification_report
# 输出预测准确性
print(dtc.score(X_test, y_test))
# 输出更加详细的分类性能
print(classification_report(y_predict, y_test, target_names= ['died', 'survived']))
    0.7811550151975684 precision recall f1-score support
    died          0.91    0.78    0.84    236
    survived      0.58    0.80    0.67    93
    avg / total   0.81    0.78    0.79    329
```

2. 支持向量机

支持向量机(Support Vector Machines,SVM)是一种二分类模型,它的目的是寻找一

个超平面来对样本进行分割，分割的原则是间隔最大化，最终转换为一个凸二次规划问题来求解。它是由 Vapnik 等人设计的一种线性分类器准则，支持向量机的主要原理是在两类样本中，寻找到能最好划分类别的超平面。如果在平面中找不到，那就进入更多维度的空间，直至某个维度的空间能够划分出最合适的支持向量。两条支持向量中间的那个超平面就是机器能够利用的判断逻辑。例如，在二维平面图中某些点是杂乱排列的，无法用一条直线分为两类，但是在三维空间中，通过一个平面可以将其完美划分。SVM 又可以被分为线性可分 SVM、线性 SVM 和非线性 SVM。

为了避免在低维空间向高维空间转换过程中增加计算复杂性和“维数灾难”，SVM 通过应用核函数的展开原理，不需要关心非线性映射的显式表达式，直接在高维空间建立线性分类器，极大优化了计算复杂度。SVM 常见的核心函数有 4 种，分别是线性核函数、多项式核函数、径向基函数、二层神经网络核函数。

SVM 的目标变量以二分类最佳，虽然可以用于多分类，但相较于其他分类算法，在小样本数据集中其效果更好。由其原理可知，SVM 擅长处理线性不可分的数据，并且在处理高维数据集时具有优势。

代码示例：

```
    邮政系统每天都会处理大量的信件，最为要紧的一环是要根据信件上的收信人邮编进行识别和
分类，以便确定信件的投送地.原本这项任务是依靠大量的人工来进行的，后来人们尝试让计算机来
替代人工.然而，因为多数的邮编都是手写的数字，并且样式各异，所以没有统一编制的规则可以很
好地用于识别和分类.机器学习兴起之后，开始逐渐有研究人员重新考虑这项任务，并且有大量的研
究证明，支持向量机可以在手写体数字图片的分类任务上展现良好的性能.因此这里使用支持向量
机分类器处理 Scikit-learn 内部集成的手写体数字图片数据集
# 从 sklearn.datasets 里导入手写体数字加载器
from sklearn.datasets import load_digits
# 从通过数据加载器获得手写体数字的数码图像数据并存储在 digits 变量中
digits = load_digits()
# 检视数据规模和特征维度
digits.data.shape
(1797, 64)
# 从 sklearn.cross_validation 中导入 train_test_split 用于数据分隔
from sklearn.cross_validation import train_test_split

# 随机选取 75 % 的数据作为训练样本;其余 25 % 的数据作为测试样本
X_train, X_test, y_train, y_test = train_test_split(digits.data, digits.target, test_size=
0.25, random_state=33)
y_train.shape
(1347,)
y_test.shape
(450,)
# 从 sklearn.preprocessing 里导入数据标准化模块
from sklearn.preprocessing import StandardScaler

# 从 sklearn.svm 里导入基于线性假设的支持向量机分类器 LinearSVC
from sklearn.svm import LinearSVC

# 仍然需要对训练和测试的特征数据进行标准化
```

```
ss = StandardScaler()
X_train = ss.fit_transform(X_train)
X_test = ss.transform(X_test)
# 初始化线性假设的支持向量机分类器 LinearSVC
lsvc = LinearSVC()
#进行模型训练
lsvc.fit(X_train, y_train)
# 利用训练好的模型对测试样本的数字类别进行预测,预测结果存储在变量 y_predict 中
y_predict = lsvc.predict(X_test)
# 使用模型自带的评估函数进行准确性测评
print('The Accuracy of Linear SVC is', lsvc.score(X_test, y_test))
The Accuracy of Linear SVC is 0.9533333333333334
# 依然使用 sklearn.metrics 里面的 classification_report 模块对预测结果做更加详细的分析
from sklearn.metrics import classification_report
print(classification_report(y_test, y_predict, target_names = digits.target_names.astype
(str)))
             precision    recall  f1-score   support

          0      0.92      1.00      0.96        35
          1      0.96      0.98      0.97        54
          2      0.98      1.00      0.99        44
          3      0.93      0.93      0.93        46
          4      0.97      1.00      0.99        35
          5      0.94      0.94      0.94        48
          6      0.96      0.98      0.97        51
          7      0.92      1.00      0.96        35
          8      0.98      0.84      0.91        58
          9      0.95      0.91      0.93        44

avg / total      0.95      0.95      0.95       450
```

3. 最近邻

邻近算法,或者说 K 最近邻(K-Nearest Neighbors,KNN)分类算法是数据挖掘分类技术中最简单的方法之一。通过在样本实例之间应用向量空间模型,将相似度高的样本分为一类,应用训练得到的模型对新样本计算与之距离最近(最相似)的 k 个样本的类别,那么新样本就属于 k 个样本中的类别最多的那一类。可以看出,影响分类结果的 3 个因素分别为距离计算方法、最近的样本数量 k 值、距离范围。

KNN 支持多种相似度距离计算方法:欧氏距离(Euclidean Distance)、曼哈顿距离(Manhattan Distance)、切比雪夫距离、闵可夫斯基距离(Minkowski Distance)、标准化欧氏距离(Standardized Euclidean Distance)、马氏距离(Mahalanobis Distance)、巴氏距离(Bhattacharyya Distance)、汉明距离(Hamming Distance)、夹角余弦(Cosine)、杰卡德相似系数(Jaccard Similarity Coefficient)、皮尔逊相关系数(Pearson Correlation Coefficient)。

在 k 值选择中,如果设置较小的 k 值,说明在较小的范围中进行训练和统计,误差较大且容易产生过拟合的情况;k 值较大时意味着在较大的范围中学习,可以减少学习的误差,但其统计范围变大了,说明模型变得简单了,容易在预测的时候发生分类错误。

KNN 算法的主要缺点是：在各分类样本数量不平衡时误差较大；由于其每次比较要遍历整个训练样本集来计算相似度，所以分类的效率较低，时间和空间复杂度较高；k 值的选择不合理，可能会导致结果的误差较大；在原始 KNN 模型中没有权重的概念，所有特征采用相同的权重参数，这样计算出来的相似度易产生误差。

代码示例：

```
    这里使用最为著名的“鸢尾”(Iris)数据集，利用 K 最近邻算法对生物物种进行分类.该数据集目前作为教科书般的数据样本预存在 Scikit-learn 的工具包中
# 从 sklearn.datasets 导入 iris 数据加载器
from sklearn.datasets import load_iris
# 使用加载器读取数据并且存入变量 iris
iris = load_iris()
# 查验数据规模
iris.data.shape
(150, 4)
# 查看数据说明.对于一名机器学习的实践者来讲，这是一个好习惯
print(iris.DESCR)
Iris Plants Database
====================

Notes
-----
Data Set Characteristics:
    :Number of Instances: 150 (50 in each of three classes)
    :Number of Attributes: 4 numeric, predictive attributes and the class
    :Attribute Information:
        - sepal length in cm
        - sepal width in cm
        - petal length in cm
        - petal width in cm
        - class:
                - Iris-Setosa
                - Iris-Versicolour
                - Iris-Virginica
    :Summary Statistics:

    ============================================================
                    Min  Max  Mean    SD   Class Correlation
    ============================================================
    sepal length:   4.3  7.9  5.84   0.83   0.7826
    sepal width:    2.0  4.4  3.05   0.43   -0.4194
    petal length:   1.0  6.9  3.76   1.76   0.9490 (high!)
    petal width:    0.1  2.5  1.20   0.76   0.9565 (high!)
    ============================================================

    :Missing Attribute Values: None
    :Class Distribution: 33.3% for each of 3 classes.
```

```
    :Creator: R.A. Fisher
    :Donor: Michael Marshall (MARSHALL%PLU@io.arc.nasa.gov)
    :Date: July, 1988
This is a copy of UCI ML iris datasets.
http://archive.ics.uci.edu/ml/datasets/Iris

The famous Iris database, first used by Sir R.A Fisher

This is perhaps the best known database to be found in the
pattern recognition literature. Fisher's paper is a classic in the field and
is referenced frequently to this day. (See Duda& Hart, for example.) The
data set contains 3 classes of 50 instances each, where each class refers to a
type of iris plant. One class is linearly separable from the other 2; the
latter are NOT linearly separable from each other.

References
----------
    - Fisher,R.A. "The use of multiple measurements in taxonomic problems"
      Annual Eugenics, 7, Part II, 179-188 (1936); also in "Contributions to
      Mathematical Statistics" (John Wiley, NY, 1950).
    - Duda,R.O., &Hart,P.E. (1973) Pattern Classification and Scene Analysis.
      (Q327.D83) John Wiley & Sons. ISBN 0-471-22361-1. See page 218.
    - Dasarathy, B.V. (1980) "Nosing Around the Neighborhood: A New System
      Structure and Classification Rule for Recognition in Partially Exposed
      Environments". IEEE Transactions on Pattern Analysis and Machine
      Intelligence, Vol. PAMI-2, No. 1, 67-71.
    - Gates, G.W. (1972) "The Reduced Nearest Neighbor Rule". IEEE Transactions
      on Information Theory, May 1972, 431-433.
    - See also: 1988 MLC Proceedings, 54-64. Cheeseman et al"s AUTOCLASS II
      conceptual clustering system finds 3 classes in the data.
    - Many, many more ...
# 从 sklearn.cross_validation 里选择导入 train_test_split 用于数据分隔
from sklearn.cross_validation import train_test_split
# 使用 train_test_split,利用随机种子 random_state 采样 25%的数据作为测试集
X_train, X_test, y_train, y_test = train_test_split(iris.data, iris.target, test_size=
0.25, random_state=33)
# 从 sklearn.preprocessing 里选择导入数据标准化模块
from sklearn.preprocessing import StandardScaler
# 从 sklearn.neighbors 里选择导入 KNeighborsClassifier,即 K 最近邻分类器
from sklearn.neighbors import KNeighborsClassifier

# 对训练和测试的特征数据进行标准化
ss = StandardScaler()
X_train = ss.fit_transform(X_train)
X_test = ss.transform(X_test)

# 使用 K 最近邻分类器对测试数据进行类别预测,预测结果存储在变量 y_predict 中
knc = KNeighborsClassifier()
knc.fit(X_train, y_train)
y_predict = knc.predict(X_test)
```

```
# 使用模型自带的评估函数进行准确性测评
print('The accuracy of K - Nearest Neighbor Classifier is', knc.score(X_test, y_test) )
The accuracy of K - Nearest Neighbor Classifier is 0.8947368421052632
# 依然使用 sklearn.metrics 里面的 classification_report 模块对预测结果做更加详细的分析
from sklearn.metrics import classification_report
print(classification_report(y_test, y_predict, target_names = iris.target_names))
                precision    recall  f1 - score   support

setosa            1.00        1.00     1.00          8
versicolor        0.73        1.00     0.85         11
virginica         1.00        0.79     0.88         19

avg / total       0.92        0.89     0.90         38
```

4. 贝叶斯网络

贝叶斯(Bayesian)网络又称为置信网络、信念网络(Belief Network),是基于贝叶斯方法绘制的、具有概率分布的有向弧段图形化网络,其理论基础是贝叶斯公式,网络中的每个点表示变量,有向弧段表示两者间的概率关系。

相较于神经网络,网络中的节点都具有实际的含义,节点之间的关系比较明确,可以从贝叶斯网络中直观看到各变量之间的条件独立和依赖关系(非条件独立关系),可以进行结果和原因的双向推理。

贝叶斯网络分类算法分为简单(朴素)贝叶斯算法和精确贝叶斯算法。在节点数较少的网络结构中,可选精确贝叶斯算法,以提高精确概率。在节点数较多的网络结构中,为减少推理过程和降低复杂性,一般选择简单贝叶斯算法。

代码示例:

```
    朴素贝叶斯模型有着广泛的实际应用环境,特别是在文本分类的任务中间,包括互联网新闻的
分类、垃圾邮件的筛选等.这里使用经典的 20 类新闻文本作为实验数据
# 从 sklearn.datasets 里导入新闻数据抓取器 fetch_20newsgroups
from sklearn.datasets import fetch_20newsgroups
# 与之前预存的数据不同,fetch_20newsgroups 需要即时从互联网下载数据
news = fetch_20newsgroups(subset = 'all')
# 查验数据规模和细节
print(len(news.data))
print(news.data[0])
18846
From: Mamatha Devineni Ratnam < mr47 + @andrew.cmu.edu >
Subject: Pens fans reactions
Organization: Post Office, Carnegie Mellon, Pittsburgh, PA
Lines: 12
NNTP - Posting - Host: po4.andrew.cmu.edu

I am sure some bashers of Pens fans are pretty confused about the lack
of any kind of posts about the recent Pens massacre of the Devils. Actually,
I am bit puzzled too and a bit relieved. However, I am going to put an end
to non - PIttsburghers' relief with a bit of praise for the Pens. Man, they
```

```
are killing those Devils worse than I thought. Jagr just showed you why
he is much better than his regular season stats. He is also a lot
fo fun to watch in the playoffs. Bowman should let JAgr have a lot of
fun in the next couple of games since the Pens are going to beat the pulp out of Jersey anyway. I
was very disappointed not to see the Islanders lose the final
regular season game.        PENS RULE!!!
# 从 sklearn.cross_validation 导入 train_test_split
from sklearn.cross_validation import train_test_split
# 随机采样 25%的数据样本作为测试集
X_train, X_test, y_train, y_test = train_test_split(news.data, news.target, test_size = 0.25,
random_state = 33)
# 从 sklearn.feature_extraction.text 里导入用于文本特征向量转换模块
from sklearn.feature_extraction.text import CountVectorizer

vec = CountVectorizer()
X_train = vec.fit_transform(X_train)
X_test = vec.transform(X_test)

# 从 sklearn.naive_bayes 里导入朴素贝叶斯模型
from sklearn.naive_bayes import MultinomialNB

# 使用默认配置初始化朴素贝叶斯模型
mnb = MultinomialNB()
# 利用训练数据对模型参数进行估计
mnb.fit(X_train, y_train)
# 对测试样本进行类别预测,结果存储在变量 y_predict 中
y_predict = mnb.predict(X_test)
# 从 sklearn.metrics 里导入 classification_report 用于详细的分类性能报告
from sklearn.metrics import classification_report
print('The accuracy of Naive Bayes Classifier is', mnb.score(X_test, y_test))
print(classification_report(y_test, y_predict, target_names = news.target_names))
The accuracy of Naive Bayes Classifier is 0.8397707979626485
                         precision   recall  f1-score   support

alt.atheism                   0.86      0.86      0.86       201
comp.graphics                 0.59      0.86      0.70       250
comp.os.ms-windows.misc       0.89      0.10      0.17       248
comp.sys.ibm.pc.hardware      0.60      0.88      0.72       240
comp.sys.mac.hardware         0.93      0.78      0.85       242
comp.windows.x                0.82      0.84      0.83       263
misc.forsale                  0.91      0.70      0.79       257
rec.autos                     0.89      0.89      0.89       238
rec.motorcycles               0.98      0.92      0.95       276
rec.sport.baseball            0.98      0.91      0.95       251
rec.sport.hockey              0.93      0.99      0.96       233
sci.crypt                     0.86      0.98      0.91       238
sci.electronics               0.85      0.88      0.86       249
sci.med                       0.92      0.94      0.93       245
sci.space                     0.89      0.96      0.92       221
soc.religion.christian        0.78      0.96      0.86       232
```

```
talk.politics.guns 0.88 0.96 0.92 251
talk.politics.mideast 0.90 0.98 0.94 231
talk.politics.misc 0.79 0.89 0.84 188
talk.religion.misc 0.93 0.44 0.60 158

avg / total 0.86 0.84 0.82 4712
```

5. 神经网络

传统的神经网络为 BP(Back Propagation)神经网络，目前的递归神经网络(Recurrent Neural Networks，RNN)、卷积神经网络(Convolutional Neural Networks，CNN)等均为神经网络在深度学习方面的变种，其基础还是由多层感知器(Multi-Layer Perceptron，MLP)的神经元构成。这里仅介绍 BP 神经网络的特点，基本的网络中包括输入层、隐藏层、输出层，每一个节点代表一个神经元，节点之间的连线代表了权重值，输入变量经过神经元时会运行激活函数，对输入值按照权重和偏置进行计算，将输出结果传递到下一层中的神经元，而权重值和偏置是在神经网络训练过程中不断修正得到的。

神经网络的训练过程主要包括前向传输和逆向反馈，前者是将输入变量逐层向下传递，最后得到一个输出结果，并对比实际的结果，如果发现实际输出与期望输出不符，则转入逐层逆向反馈，对神经元中的权重值和偏置进行修正，然后重新进行前向传递结果，以此反复迭代，直到最终预测结果与实际结果一致。

BP 神经网络的结果准确性与训练集的样本数量和分类质量有关，如果样本数量过少，可能会出现过拟合的问题，无法泛化新样本；对训练集中的异常点比较敏感，需要分析人员对数据做好预处理，如数据标准化、去除重复数据、移除异常数据，从而提高 BP 神经网络的性能。

但是，BP 神经网络也存在着学习速度慢、容易陷入局部极小值、网络层数和神经元个数的选择没有相应的理论指导以及网络推广能力有限等缺陷。由于神经网络是基于历史的数据构建的分析模型，如果是新数据产生的新规则，则可能出现不稳定的情况，需要进行动态优化。例如，随着时间变化，应用新的数据对模型进行重新训练，来调整网络的结构和参数值。

以上就是几种主要的分类算法。分类算法在数据分析中可用于预测，预测的目的是从历史数据记录中自动推导出对给定数据的趋势描述，并对未来数据进行预测。分类算法还具有广泛的应用，例如，医疗诊断、信用卡系统的信用分级、图像模式识别等。

9.4.2 聚类算法

聚类是基于无监督学习的分析模型，无须对原始数据进行标记，而是按照数据的内在结构特征进行聚集形成簇群，从而实现数据的分离，其中聚集的方法就是记录类之间的区分规则。聚类与分类的主要区别是其并不关心数据是什么类别，而是把相似结构的数据聚集起来形成某一类簇。

在聚类的过程中，首先选择有效特征存于向量中，必要时将特征进行提取和转换，获得更加突出的特征，然后按照欧式距离或其他距离函数进行相似度计算，并划分聚类，通过对聚类结果进行评估，逐渐迭代生成新的聚类。

聚类应用领域广泛，可用于企业发现不同的客户群体特征、消费者行为分析、市场细分、交易数据分析等，也可用于生物学的动植物种群分类、医疗领域的疾病诊断、环境质量检测等，还可用于互联网和电商领域的客户分析、行为特征分类等。在数据分析过程中可以先用聚类对数据进行探索，发现其中蕴含的类别特征，然后再用其他方法对样本进一步分析。

按照聚类方法分类，可分为基于层次的聚类（Hierarchical Method）、基于划分的聚类（PArtitioning Method，PAM）、基于密度的聚类、基于机器学习的聚类、基于约束的聚类、基于网络的聚类等。

基于层次的聚类是通过计算不同类别数据点间的相似度来创建有层次的嵌套聚类，它将数据集分为不同的层次，并将其按照分解或合并的操作方式进行聚类，基于层次的聚类算法（Hierarchical Clustering）可以是凝聚的（Agglomerative）或者分裂的（Divisive），取决于层次的划分是"自底向上"还是"自顶向下"。基于层次的聚类包括 AGNES 算法、CURE 算法、BIRCH 算法等。

基于划分的聚类是将数据集随机划分为 k 个簇并选出 k 个对象，每个对象代表每个簇的初始平均值或中心，对每个簇中剩余的对象计算其与中心的距离，将它赋给最近的簇；然后重新计算每个簇的平均值。这个过程不断重复，直到 k 个簇的中心点收敛为止。基于划分的聚类包括 K 均值（K-Means）等。

基于密度的聚类是根据样本的密度不断增长聚类，最终形成一组"密度连接"的点集，其核心思想是：只要聚类簇之间的密度低于阈值，就将其合并成一个簇。它可以过滤噪声，聚类结果可以是任何形状，不必为球形，主要包括 DBSCAN（Density-Based Spatial Clustering of Application with Noise）、OPTICS（Ordering Points To Identify the Clustering Structure）等。

下面介绍几种常见的聚类方法。

1. AGNES 算法

AGNES（AGglomerativeNESting）算法是凝聚的层次聚类方法。AGNES 算法最初将每个对象作为一个簇，然后这些簇根据某些准则被一步步地合并。例如，如果簇 C_1 中的一个对象和簇 C_2 中的一个对象之间的距离是所有属于不同簇的对象间欧氏距离中最小的，C_1 和 C_2 可能被合并。这是一种单链接方法，其每个簇可以被簇中所有对象代表，两个簇间的相似度由这两个不同簇中距离最近的数据点对的相似度来确定。聚类的合并过程反复进行直到所有的对象最终合并形成一个簇。在聚类中，用户能定义希望得到的簇数目作为一个结束条件。

1）算法描述（自底向上凝聚算法）

其中，REPEAT-UNTIL 为"直到型"循环语句。

输入：包含 n 个对象的数据库，终止条件簇的数目 k。

输出：k 个簇，达到终止条件规定簇数目。

(1) 将每个对象当成一个初始簇。

(2) REPEAT（重复(3)和(4)的步骤）。

(3) 根据两个簇中最近的数据点找到最近的两个簇。

(4) 合并两个簇,生成新的簇的集合。

(5) UNTIL 直到达到定义的簇的数目。

2) 算法执行例子

下面给出一个样本事务数据库(见表 9-1),并对它实施 AGNES 算法。

表 9-1 样本事务数据库

序号	属性 1	属性 2	序号	属性 1	属性 2
1	1	1	5	3	4
2	1	2	6	3	5
3	2	1	7	4	4
4	2	2	8	4	5

在所给的数据集上运行 AGNES 算法,表 9-2 为算法的步骤(设 $n=8$,用户输入的终止条件为两个簇)。初始簇为{1},{2},{3},{4},{5},{6},{7},{8}。

表 9-2 执行过程

步骤	最近的簇距离	最近的两个簇	合并后的新簇
1	1	{1},{2}	{1,2},{3},{4},{5},{6},{7},{8}
2	1	{3},{4}	{1,2},{3,4},{5},{6},{7},{8}
3	1	{5},{6}	{1,2},{3,4},{5,6},{7},{8}
4	1	{7},{8}	{1,2},{3,4},{5,6},{7,8}
5	1	{1,2},{3,4}	{1,2,3,4},{5,6},{7,8}
6	1	{5,6},{7,8}	{1,2,3,4},{5,6,7,8}

在第 1 步中,根据初始簇计算每个簇之间的距离,随机找出距离最小的两个簇,进行合并,最小距离为 1,合并后 1、2 点合并为一个簇。

在第 2 步中,对上一次合并后的簇计算簇间距离,找出距离最近的两个簇进行合并,合并后 3、4 点成为一簇。

在第 3 步中,重复第 2 步的工作,5、6 点成为一簇。

在第 4 步中,重复第 2 步的工作,7、8 点成为一簇。

在第 5 步中,合并{1,2},{3,4}成为一个包含 4 个点的簇。

在第 6 步中,合并{5,6},{7,8},由于合并后的簇的数目已经达到了用户输入的终止条件,程序结束。

3) 算法的性能分析

AGNES 算法比较简单,但经常会遇到合并点选择的困难。这样的决定是非常关键的,因为一旦一组对象被合并,下一步的处理将在新生成的簇上进行。已做的处理不能撤销,聚类之间也不能交换对象。如果在某一步没有很好地合并选择,可能会导致低质量的聚类结果。而且,这种聚类方法不具有很好的可伸缩性,因为合并的决定需要检查和估算大量的对象或簇。

这种算法的复杂度到底是多大呢?假定在开始的时候有 n 个簇,在结束的时候有 1 个簇,那么在主循环中有 n 次迭代,在第 i 次迭代中,必须在 $n-i+1$ 个簇中找到最靠近的两个聚类。另外,算法必须计算所有对象两两之间的距离,因此这个算法的复杂度为 $O(n^2)$,

该算法对于大数据集是不适用的。

2. BIRCH 算法

BIRCH 算法是指利用层次方法来平衡迭代规则和聚类,它只需单遍扫描数据集便可实现聚类,它利用了类似聚类特征树的结构对样本集进行划分,叶子节点之间用双向链表进行链接,逐渐对树的结构进行优化获得聚类。

其主要优点是空间复杂度低,内存占用少,效率较高,增改删除速度很快,能够对噪声点进行滤除,对数据集进行初步的预处理。缺点是其树中节点的聚类特征树有个数限制,可能会产生与实际类别个数不一致的情况;对样本有一定的限制,对高维特征的数据聚类效果不好,且要求数据集的样本是(或类似于)超球体,否则聚类的效果不佳。

3. CURE 算法

传统的基于层次聚类的方法得到的是球形的聚类,对异常数据较敏感,而 **CURE 算法是使用多个代表点来替换层次聚类中的单个点**,算法更加健壮,并且在处理大数据时采用分区和随机取样,使其处理大数据量的样本集时效率更高,且不会降低聚类质量。

4. K 均值算法

K-Means 算法的聚类过程是在样本集中随机选择 k 个聚类质心点,对每个样本计算其应属于的类,在得到类簇之后重新计算类簇的质心,循环迭代,直到质心不变或收敛。K-Means 存在较多变体和改进算法,如初始化优化 K-Means++ 算法、距离优化 Elkan K-Means 算法、K-Prototype 算法等。

K-Means 算法的主要优点是:可以简单快速地处理大数据集,并且是可伸缩的,当数据集中结果聚类之间是密集且区分明显时,聚类效果最好。缺点是:必须先给定 k 值,即聚类的数目,大部分时间分析人员并不知道应该设置多少个聚类。另外,K-Means 算法对 k 值较敏感,如果 k 值不合理,可能会导致结果局部最优(不能保证全局最优)。

代码示例:

```
    这里介绍一种“肘部”观察法用于粗略地预估相对合理的类簇个数 k.因为 K-Means 模型最终期望所有数据点到其所属的类簇距离的平方和趋于稳定,所以可以通过观察这个数值随着 k 的走势来找出最佳的类簇数量.理想条件下,这个折线在不断下降并且趋于平缓的过程中会有斜率的拐点,同时意味着从这个拐点对应的 k 值开始,类簇中心的增加不会过于破坏数据聚类的结构.程序运动结果如图 9-2 所示
# 导入必要的工具包
import numpy as np
from sklearn.cluster import KMeans
from scipy.spatial.distance import cdist
import matplotlib.pyplot as plt

# 使用均匀分布函数随机生成 3 个簇,每个簇周围有 10 个数据样本
cluster1 = np.random.uniform(0.5, 1.5, (2, 10))
cluster2 = np.random.uniform(5.5, 6.5, (2, 10))
cluster3 = np.random.uniform(3.0, 4.0, (2, 10))

# 绘制 30 个数据样本的分布图像
X = np.hstack((cluster1, cluster2, cluster3)).T
```

```
plt.scatter(X[:,0], X[:, 1])
plt.xlabel('x1')
plt.ylabel('x2')
plt.show()


# 测试 9 种不同聚类中心数量下,每种情况的聚类质量,并作图
K = range(1, 10)
meandistortions = []

for k in K:
    kmeans = KMeans(n_clusters = k)
    kmeans.fit(X)
    meandistortions.append(sum(np.min(cdist(X, kmeans.cluster_centers_, 'euclidean'), axis
= 1))/X.shape[0])

plt.plot(K, meandistortions, 'bx-')
plt.xlabel('k')
plt.ylabel('Average Dispersion')
plt.title('Selecting k with the Elbow Method')
plt.show()
```

程序运行结果如图 9-2 所示。

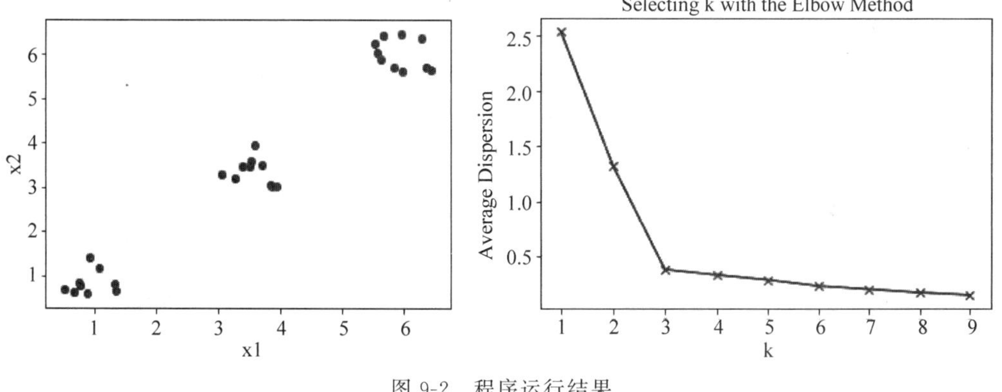

图 9-2 程序运行结果

5. DBSCAN 算法

DBSCAN 是一种基于密度的空间聚类算法。该算法通过过滤低密度区域,发现稠密度样本点。与传统的基于层次的集类和划分聚类的凸形聚类簇不同,其输出的聚类结果可以是任意形状的聚类。主要优点是：与传统的 K-Means 相比,不需要输入要划分的聚类个数；聚类结果的形状没有偏倚；支持输入过滤噪声的参数。

DBSCAN 的主要缺点是：当数据量增大时,会产生较大的空间复杂度；当空间聚类的密度不均匀、聚类间距差很大时,聚类质量较差。

6. OPTICS 算法

在 DBSCAN 算法中,初始参数 E(邻域半径)和 minPts(E 邻域最小点数)需要用户手

动设置，这两个参数较关键，不同的取值将产生不同的结果。而 OPTICS 克服了上述问题，为聚类分析生成一个增广的簇排序，代表了各样本点基于密度的聚类结构。和传统的聚类算法相比，OPTICS 算法的最大优点是对输入参数不敏感。

聚类分析的重要性在于其可以发现数据中的关联和结构，这些关联和结构并不明显，但合理有效。聚类分析的结果常用于：

(1) 识别分类模式(如客户类型)。

(2) 描述人口的统计模型。

(3) 给出新实例的分类规则，以便实现识别、定位或诊断目标。

(4) 提供类别的定义、大小，替换原本宽泛的概念。

(5) 发现典型实例，用于标记和表示类别。

(6) 为其他数据挖掘方法降低问题空间的大小和复杂度。

(7) 识别特定领域(例如偶发事件检测)的异常值。

9.4.3 关联分析

关联分析(Associative Analysis)是一种简单、实用的分析技术，即发现存在于大量数据集中的关联性或相关性，从而描述了一个事物中某些属性同时出现的规律和模式。其典型的应用是购物篮分析，通过分析购物篮中不同商品之间的关联，分析消费者的购买行为习惯，从而制订相应的营销策略，为商品促销、产品定价、位置摆放等提供支持，并且可用于不同消费者群体的划分。关联分析又被称为频繁项集挖掘。从直观上来讲，频繁项可以看作是两个或多个对象的"亲密"程度，如果同时出现的次数很多，那么这两个或多个对象可以认为是高关联性的，当这些高关联性对象的项集出现次数满足一定阈值时即称其为频繁项。关联分析主要包括 Apriori 算法和 FP-growth 算法。

1. Apriori 算法

Apriori 算法是最著名的关联规则挖掘算法之一。A priori 在拉丁语中指"来自以前"，当定义问题时，通常会使用先验知识或者假设，这被称作"一个先验"(a priori)，因而这个算法也被称为先验算法。它通过逐层搜索、多轮迭代的方法来逐步挖掘频繁项集。Apriori 算法的主要实现过程是：首先生成所有频繁项集，然后由频繁项集构造出满足最小信任度的规则。Apriori 算法依赖的重要性质是频繁项集的非空子集也是频繁项集。

由于 Apriori 算法要多次扫描样本集，需要由候选频繁项集生成频繁项集，在处理大量数据时效率较低，其只能处理分类变量，无法处理数值型变量。

2. FP-growth 算法

为了改进 Apriori 算法，Han 等人提出基于 FP 树生成频繁项集的 FP-growth 算法，该算法只进行两次数据集扫描，且不使用候选项集，直接按照支持度、降序构造出一个频繁模式树，用这棵树生成关联规则。在以后发现频繁模式的过程中，不需要再扫描事务数据库，而仅在 FP-Tree 中进行查找即可，在处理大数据集时效率比用 Apriori 算法大约快一个数量级，对于海量数据，可以通过数据划分、样本采样等方法进行再次改进和优化。

本质上，关联规则挖掘的目的在于发现大型数据库变量(项目)之间的"有趣关系"(亲和

性关系)。以下是一些关联规则分析常用的应用领域。

(1) 销售交易:把经常一起购买的商品组合起来有利于改善零售门店的商品布局(将客户经常一起购买的商品就近摆放,如"啤酒与尿布")以及改善商品促销定价(客户经常一起购买的商品不需要同时打折)。

(2) 信用卡交易:用信用卡购买的商品提供了该顾客可能购买的其他商品以及信用卡号盗用的洞察。

(3) 银行服务:客户使用服务的连续性模式(如取钱然后存钱)可以用来识别该客户可能感兴趣的其他服务(如投资账户)。

(4) 保险服务产品:客户所购买的保险产品(如车辆保险和房屋保险)可以用来推荐其他相关保险产品(如人寿保险);另一方面,一些不寻常的保险购买组合则暗示了欺诈行为的可能。

(5) 电信服务:经常一起购买的选择组合(如呼叫等待、呼叫者身份、三方通话)帮助改善产品销售结构,最大化收入;同样也适用于多渠道电信提供商(包括电话、电视和网络服务)。

(6) 医疗记录:某些条件组合可以预示着多种并发症风险的提高;医疗设施所提供的某些治疗过程可能和某种感染相联系。

9.4.4 回归分析

回归分析是一种研究自变量和因变量之间关系的预测模型,用于分析当自变量发生变化时,因变量的变化值及变化趋势。回归分析要求自变量不能为随机变量,需要具有一定的相关性。可以将回归分析用于定性预测分析,也可以用于定量分析各变量之间的相关关系,这两种用法并不互相排斥。回归的解释能力也是其预测能力的基础。回归分析按照涉及的变量的多少,分为一元回归和多元回归分析;按照因变量的多少,可分为简单回归分析和多重回归分析;按照自变量和因变量之间的关系类型,可分为线性回归分析和非线性回归分析。

下面具体介绍几种常用的回归分析方法。

1. 线性回归

应用线性回归进行分析时,自变量可以是连续型或离散型的,因变量则为连续型的,**线性回归用最适直线(回归线)去建立因变量 Y 和一个或多个自变量 X 之间的关系**。

其主要的特点如下。

(1) 多重共线性、自相关和异方差对多元线性回归的影响很大。

(2) 可以根据系数给出每个变量的理解和解释。

(3) 线性回归对异常值非常敏感,其能严重影响回归线,最终影响预测值。

(4) 在多元的自变量中,可以通过前进法、后退法和逐步法去选择最显著的自变量。

(5) 建模速度快,不需要很复杂的计算,在数据量大的情况下依然运行速度很快。

2. 逻辑回归

逻辑回归是一种广义上的线性回归分析模型,从本质上来说属于二分类模型,一般应用在分类问题中。如果因变量类型为序数型的,则称为序数型逻辑回归;如果因变量为多个,则称为多项逻辑回归。逻辑回归的主要特点如下。

(1) 相较于线性回归,逻辑回归应用非线性对数转换,使自变量与因变量之间不一定具有线性关系才可以分析。

(2) 为防止模型过拟合,要求自变量是显著的,且自变量之间不能存在共线性。可以使用逐步回归法筛选出显著性变量,然后再应用到逻辑回归模型中。

(3) 逻辑回归需要大样本量,在低样本量的情况下效果不佳,因为最大似然估计在低样本数量时其统计结果误差较大.

代码示例:

这里使用"良/恶性乳腺癌肿瘤预测"数据为例来实践逻辑回归分类器.以该数据所有的特征作为训练分类器参数的依据,同时采用精细的测评指标对模型性能进行评价.原始数据的下载地址为:https://archive.ics.uci.edu/ml/machine-learning-databases/breast-cancer-wisconsin/

```
# 导入 pandas 与 numpy 工具包
import pandas as pd
import numpyas np

# 创建特征列表
column_names = ['Sample code number', 'Clump Thickness', 'Uniformity of Cell Size', 'Uniformity of Cell Shape', 'Marginal Adhesion', 'Single Epithelial Cell Size', 'Bare Nuclei', 'Bland Chromatin', 'Normal Nucleoli', 'Mitoses', 'Class']

# 使用 pandas.read_csv 函数从互联网读取指定数据
data = pd.read_csv('https://archive.ics.uci.edu/ml/machine - learning - databases/breast - cancer - wisconsin/breast - cancer - wisconsin.data', names = column_names )

# 将?替换为标准缺失值表示
data = data.replace(to_replace = '?', value = np.nan)
# 丢弃带有缺失值的数据(只要有一个维度有缺失)
data = data.dropna(how = 'any')

# 输出 data 的数据量和维度
data.shape
(683, 11)
# 使用 sklearn.cross_valiation 里的 train_test_split 模块用于分隔数据
from sklearn.cross_validation import train_test_split

# 随机采样 25% 的数据用于测试,剩下的 75% 用于构建训练集合
X_train, X_test, y_train, y_test = train_test_split(data[column_names[1:10]], data[column_names[10]], test_size = 0.25, random_state = 33)
# 查验训练样本的数量和类别分布
y_train.value_counts()

2    344
4    168
Name: Class, dtype: int64
```

```
# 查验测试样本的数量和类别分布
y_test.value_counts()
2     100
4     71
Name: Class, dtype: int64
# 从 sklearn.preprocessing 里导入 StandardScaler
from sklearn.preprocessing import StandardScaler
# 从 sklearn.linear_model 里导入 LogisticRegression 与 SGDClassifier
from sklearn.linear_model import LogisticRegression
from sklearn.linear_model import SGDClassifier

# 标准化数据,保证每个维度的特征数据方差为 1,均值为 0.使得预测结果不会被某些维度过大的特征值而主导
ss = StandardScaler()
X_train = ss.fit_transform(X_train)
X_test = ss.transform(X_test)

# 初始化 LogisticRegression 与 SGDClassifier
lr = LogisticRegression()
sgdc = SGDClassifier()

# 调用 LogisticRegression 中的 fit 函数/模块用来训练模型参数
lr.fit(X_train, y_train)
# 使用训练好的模型 lr 对 X_test 进行预测,结果存储在变量 lr_y_predict 中
lr_y_predict = lr.predict(X_test)

# 调用 SGDClassifier 中的 fit 函数/模块用来训练模型参数
sgdc.fit(X_train, y_train)
# 使用训练好的模型 sgdc 对 X_test 进行预测,结果存储在变量 sgdc_y_predict 中
sgdc_y_predict = sgdc.predict(X_test)

# 从 sklearn.metrics 里导入 classification_report 模块
from sklearn.metrics import classification_report

# 使用逻辑斯蒂回归模型自带的评分函数 score 获得模型在测试集上的准确性结果
print('Accuracy of LR Classifier:', lr.score(X_test, y_test))
# 利用 classification_report 模块获得 LogisticRegression 其他三个指标的结果
print(classification_report(y_test, lr_y_predict, target_names = ['Benign', 'Malignant']))
Accuracy of LR Classifier: 0.9883040935672515
          precision   recall f1 - score   support

Benign       0.99       0.99      0.99       100
Malignant    0.99       0.99      0.99       71

avg / total  0.99       0.99      0.99       171
# 使用随机梯度下降模型自带的评分函数 score 获得模型在测试集上的准确性结果
print('Accuarcy of SGD Classifier:', sgdc.score(X_test, y_test))
# 利用 classification_report 模块获得 SGDClassifier 其他三个指标的结果
print(classification_report(y_test, sgdc_y_predict, target_names = ['Benign', 'Malignant']))
Accuarcy of SGD Classifier: 0.9883040935672515
```

```
            precision   recall f1 - score   support

   Benign       1.00      0.98      0.99       100
   Malignant    0.97      1.00      0.99        71

   avg / total  0.99      0.99      0.99       171
```

3. 多项式回归

在回归分析中,有时会遇到线性回归的直线拟合效果不佳,或发现散点图中数据点呈曲线状态显示时,或在处理非线性可分的数据时可以考虑使用多项式回归来分析。使用多项式回归可以降低模型的误差,从理论上多项式可以完全拟合曲线,更灵活地处理复杂的关系,但是如果处理不当,易造成模型结果过拟合。在分析之前需要一些数据的先验知识才能选择最佳指数,在分析完成之后需要对结果进行分析,并将结果可视化,以查看其拟合程度。

4. 逐步回归

逐步回归是一种挑选出对因变量有显著影响的自变量,构造最优的回归方程的回归方法。处理多个自变量时,需要用逐步回归的方法自动选择显著性变量,不需要人工干预,其思想是:将自变量逐个引入模型中,并进行 F 检验、T 检验等来筛选变量,当新引入的变量对模型结果没有改进时,将其剔除,直到模型结果稳定。

逐步回归的目的是保证所有自变量集为最优的。用最少的变量去最大化模型的预测能力,它也是一种降维技术,将自变量引入模型,每引入一个自变量后,对已经选入的自变量逐个检验,当原引入的自变量由于后面自变量的引入不再显著时,要将其剔除。类似的回归方法有前进法(向前选择)和后退法(向后选择),前者以最显著的变量开始,逐渐增加次显著变量,指导所有显著的变量都被引入回归模型为止;后者是逐渐剔除不显著的变量,如此继续到没有自变量可以剔除。

5. 岭回归

岭回归又称为脊回归,在共线性数据分析中应用较多,是一种有偏估计的回归方法,在最小二乘估计法的基础上做了改进,通过舍弃最小二乘法的无偏性,以损失部分信息为代价使得回归系数更稳定和可靠。其 R 方值会稍低于普通回归分析方法,但其回归系数更加显著,主要用于变量之间存在共线性和数据点较少时的情况。

6. LASSO 回归

LASSO 回归的特点与岭回归类似,为了减少共线性的影响,在拟合模型的同时进行变量筛选和复杂度调整。变量筛选是逐渐把变量放入模型,从而得到更好的自变量组合。复杂度调整是通过参数调整来控制模型的复杂度,如减少自变量数量等,从而避免过度拟合。

LASSO 回归也是擅长处理多重共线性或存在一定噪声和冗余的数据。可以支持连续型因变量,二元、多元离散变量的分析。

7. 弹性网络(ElasticNet)回归

ElasticNet 回归结合了 LASSO 回归和岭回归的优点,同时训练 L_1 和 L_2 作为惩罚项在目标函数中对系统约束进行约束,所以其模型的表示系数既有稀疏性,又有正则化约束,

特别适用于许多自变量是相关的情况。这时，LASSO 回归会随机选择其中一个变量，而 ElasticNet 回归则会选择两个变量。相较于 LASSO 回归和岭回归，ElasticNet 回归更稳定，且在选择自变量的数量上没有限制。

9.4.5 深度学习

深度学习是一种机器学习方法，是通过构建多个隐藏层和大量数据来学习特征，从而提升分类或预测的准确性，与传统的神经网络相比，不仅在层数上更多，而且采用了逐层训练的机制来训练整个网络，以防出现梯度扩散。深度学习的实质，是通过构建具有很多隐层的机器学习模型和海量的训练数据，来学习更有用的特征，从而最终提升分类或预测的准确性。因此，"深度模型"是手段，"特征学习"是目的。深度学习包括卷积神经网络(CNN)、深度神经网络(DNN)、循环神经网络(RNN)、对抗神经网络(GAN)以及各种变种网络结构。

1. 深度学习技术框架

目前，深度学习领域中的主要实现框架有 PyTorch、TensorFlow、Theano、Caffe、Keras、MxNet、Deeplearning4j 等，下面介绍各框架的特点。

1) PyTorch

PyTorch 的前身是诞生于纽约大学的 Torch。Torch 使用了一种不是很大众的语言 Lua 作为接口。Lua 简洁高效，但由于其过于小众，用的人不是很多。2017 年，Torch 的幕后团队推出了 PyTorch。PyTorch 不是简单地封装 Lua Torch 提供 Python 接口，而是对 Tensor 之上的所有模块进行了重构，并新增了最先进的自动求导系统，成为当下最流行的动态图框架。

PyTorch 的设计追求最少的封装，PyTorch 的灵活性不以速度为代价，其速度表现胜过 TensorFlow 和 Keras 等框架。框架的运行速度和程序员的编码水平有极大关系，但同样的算法，使用 PyTorch 实现更有可能快过用其他框架。

2) TensorFlow

TensorFlow 是用 Python API 编写的，通过 C/C++引擎加速，由谷歌公司开发并开源，目前是深度学习中最火热的框架。它不止用于深度学习，还支持强化学习和其他算法的工具，与 NumPy 等库组合使用可以实现强大的数据分析能力，支持数据的并行运行和模型的并行运行。在数据展现方面，可以使用 TensorBoard 来对训练过程和结果按 Web 方式进行可视化，只要在训练过程中将各项参数值和结果记录于文件中即可。

TensorFlow 的主要缺点是系统设计过于复杂，性能上较差，且较为笨重，接口设计晦涩难懂，其动态类型在大型项目中容易出错，不利于工具化，且不提供商业支持。

3) Theano

Theano 是早期的深度学习框架，用 Python 编写，其应用级别较低，深度学习领域的许多学术研究者较多地使用它。Theano 可与其他学习库配合使用，非常适合数据探索和研究活动。其在大型模型上的编译时间较长，启动时间较长，只支持单个 GPU，实际项目应用中局限性较多。

现在像 Keras 这样比较流行的开源深度学习库，都是在 Theano API 的基础上进行开发的，目前对 Theano 感兴趣的开发者越来越少，与之相关的库有的已经停止了更新，所以目前并不适合应用开发人员使用。

4）Caffe

Caffe是较早的一个应用较广的工业级深度学习工具，将Matlab实现的快速卷积网络移植到了C和C++平台上。它是一个清晰、高效的深度学习框架，核心语言是C++，它支持命令行、Python和MATLAB接口，既可以在CPU上运行，也可以在GPU上运行。它不适用于文本、声音或时间序列数据等其他类型的深度学习应用，在RNN方面建模能力较差。Caffe选择了Python作为其API，但是模型定义需要使用protobuf实现，如果要支持GPU运算，需要开发者用C++/CUDA来实现，用于像GoogleNet或ResNet这样的大型网络时比较烦琐。Caffe代码更新趋慢，可能未来会停止更新。

5）Keras

Keras是一个高层神经网络API，由纯Python编写而成并使用TensorFlow、Theano及CNTK作为后端。Keras为支持快速实验而生，能够把想法迅速转换为结果。Keras应该是深度学习框架之中最容易上手的一个，它提供了简洁且直观的API，能够极大地减少一般应用下用户的工作量，其更新速度较快，相应的资源也较多，受到广大开发者追捧。

6）MxNet

MxNet是一个提供多种API的机器学习框架，支持C++、Python、R、Scala、Julia、MATLAB及JavaScript等语言；支持命令和符号编程；可以运行在CPU、GPU、集群、服务器、台式计算机机或者移动设备上。由华盛顿大学的Pedro Domingos及其研究团队管理维护，具有详尽的技术文档，容易被初学者理解和掌握。它是一个快速灵活的深度学习库，目前已被亚马逊云服务采用。

7）Deeplearning4j

Deeplearning4j是用Java编写的，所以可用性较好，对开发人员来说，学习曲线较低，在现有的Java系统中集成使用更加便利。通过Hadoop、Spark、Hive、Lucene等这类的开源系统来扩展可实现无缝集成，具有良好的生态环境支持。Deeplearning4j中提供了强大的科学计算库ND4J，可以分布式运行于CPU或GPU上，并可通过Java或Scala进行API对接。Deeplenrning4j与Caffe类似，也可以快速应用CNN、RNN等模型进行图像分类，支持任意芯片数的GPU并行运行，并且提供在多个并行GPU集群上运行。

Deeplearning4j提供了实时的可视化界面，可以在模型训练过程中查看网络状态和进展情况。当然，使用实时查看功能时将影响模型训练的性能。

2. 深度学习算法

在深度学习领域中，已经经过验证的成熟算法，**目前主要有深度卷积神经网络（DNN）和循环神经网络（RNN）等**，在图像识别、视频识别、语音识别领域取得了巨大的成功，正是由于这些成功，促成了当前深度学习的大热。除此之外，目前比较前沿的深度学习算法还有自动机器学习（Auto Machine Learning，AutoML），其中代表项目为AutoML，可以帮助人们尝试各种不同的算法并选择最佳解，然后进行超参数调优，对模型结果进行评估。

1）卷积神经网络

卷积神经网络（DNN）是深度学习算法应用最成功的领域之一，是一种监督式学习的深层神经网络，包括一维卷积神经网络、二维卷积神经网络以及三维卷积神经网络。一维卷积神经网络主要用于序列类的数据处理，二维卷积神经网络常应用于图像类文本的识别，三维

卷积神经网络主要应用于医学图像以及视频类数据识别。

由于它稀疏的网络结构，在层的数量、分布、每一层卷积核的数量方面都会有差异，结构的好坏决定了模型运算的效率和预测的精确度。理解不同结构层次的作用和原理有助于设计符合实际的深层网络结构。

卷积层和子采样层是特征提取功能的核心模块。卷积神经网络通常采用梯度下降的方法，应用最小化损失函数对网络中各节点的权重参数逐层调节，通过反方向递推，不断地调整参数，使得损失函数的结果逐渐变小，从而提升整个网络的特征描绘能力，使网络的精确度和准确率不断提高。

卷积神经网络前面几层由卷积层和子采样层交替组成，在保持特征不变的情况下减少维度空间和计算时间，更高层次是全连接层，其输入是由卷积层和子采样层提取到的特征，最后一层是输出层，可以是一个分类器，采用逻辑回归、Softmax 回归、支持向量机等进行模式分类，也可以直接输出某一结果数值。经典的 LeNet-5 卷积神经网络结构包括卷积层、线性整流层、池化层、全连接层、输出层。

2）循环神经网络

循环神经网络（RNN）分为时间循环神经网络和结构循环神经网络，通常指的是前一种。之所以是“循环”，是因为其中隐藏层节点的输出不仅取决于当前输入值，还赋予了网络对前面的内容的一种“记忆”功能，即节点的输出可以指向自身，进行循环递归运算，在处理时间序列相关的场景时效果明显，因为每个观察样本都与之前的样本关系密切，所以其在分析语音、视频、天气预报、股票走势预测等方面具有突出优势。

RNN 存在的问题是在处理长时间关联关系时，要记住所有的历史样本参数，复杂度增加，容易导致权重参数出现梯度消失或梯度爆炸。为避免此类问题，一般采用长短时记忆（Long Short Term Memory，LSTM）网络来处理，原理是其神经元的结构与传统神经元不同，称为记忆细胞（Cell State），其包括输入门（Input Gate）、遗忘门（Forget Gate）、输出门（Output Gate）。在循环过程中，元胞状态接受输入数据的影响，在遗忘门里更新记忆状态，并将其通过输出门进行输出，其关键在于应用遗忘门将重要的因素进行记录，减少了记忆的元素数量，使得在模型训练时具有较强的梯度收敛性。

3）生成对抗网络

传统的深度学习通常需要大量的样本进行训练，如果是进行监督式学习的方法，需要人工进行样本标记，费时费力。为了解决这一问题，可以通过自动编码器（Auto Encoder）、受限玻尔兹曼机（Restricted Boltzmann Machine，RBM）、深度置信网络（Deep Belief Network，DBN）等方法实现非监督式学习样本特征。另外一种方法是使用生成式对抗网络（Generative Adversarial Network，GAN），它解决的问题是从现有样本中学习并创建出新的样本，按照人类对事物的学习过程，逐渐总结规律，而并非大数据量地训练，所以在新的任务处理中，只需要少量的标记样本就可以训练出高效的分类器。

GAN 中需要两个神经网络：一个是生成网络 G，另外一个是区分网络 D。前者的主要任务是生成新的样本，后者的主要任务是对样本进行区分。首先训练区分网络 D，从而提高模型的真假分辨能力，然后训练生成网络 G，提高其欺骗能力，生成接近于真实的训练样本。两种网络之间形成对抗关系，都极力优化自己的性能，直到达到一种动态平衡状态，使得区分网络难以区分（准确率为 50%）。

在两种网络训练过程中需要注意，在某些时候，G网络容易简单生成与训练集中样本相差不大的新样本，导致D网络无法区分。实际上，新样本中种类的数量不多，为了避免此类过拟合，可以在D网中计算样本间的相似度，并作为特征传入下一层中，这样就可以识别出假的样本，从而进行惩罚，促使G网络生成多种新样本。

另外，如果D网络过于强势，可能会导致G网络中参数梯度较大，无法有效收敛，可以在训练过程中调低训练样本的概率目标，这种方法也称为单边标签平滑。

目前，深度学习的方法在图像和音视频的识别、分类和模式检测等领域已经非常成熟，除此之外，还可以用于衍生成新的训练数据，以构建对抗网络，从而利用两个模型之间互相对抗提高模型的性能。在数据量较多时可考虑采用这一算法，应用深度学习的方法进行分析时，需注意训练集(用于训练模型)、开发集(用于在开发过程中调参和验证)、测试集的样本比例，一般以6∶2∶2的比例进行分配。另外，采用深度学习进行分析时对数据量有一定的要求，如果数据量只有几千或几百条，极易出现过拟合的情况，其效果不如使用SVM等分类算法。常见的权重更新方式为SGD和Momentum。参数初始值设置不当容易引起梯度消失或梯度爆炸问题；随着训练时间的推移，可以逐渐减少学习率。

9.4.6 统计方法

统计方法是基于传统的统计学、概率学知识对样本集数据进行统计分类，是数据分析的基本方法，如对基于性别的数据进行分类、对年龄分段统计等。统计方法虽然看起来比较简单，但是在数据探索阶段尤其重要，可以发现一些基本的数据特征。分析技术并没有高深简易之分，与业务相结合、实用方便才是关键，所以不要小看传统的统计方法。经过认真细致的分析探索，一样可以发现数据中蕴藏的有价值的规律。

统计方法源于用小样本集来获得整体值集的各种特征，主要的统计方法或指标包括频率度量(如众数指标)、位置度量(如均值或中位数)、散度度量(如极差、方差、标准差等)、数据分布情况度量(如频率表和直方图)、多元汇总统计(如相关矩阵和协方差矩阵)。

根据汇总统计中置信度的计算方法，置信度达到95%以上，误差为−2.5%～2.5%，即置信区间宽度为5%，在汇总统计中需要的样本数至少为1000个，样本数量越多，其误差越小，所以在此类分析中要尽可能多地收集数据。

在描述统计分析时，往往会对不同维度进行样本分拆，划分越细，样本的纯度越高，信息就更有效，所以其结论的准确率就会越高，但是需要注意，拆分之后子维度的样本数量不能过少，否则结论过低会失去统计意义。

9.5 数据分析常见陷阱

由于业务复杂度、数据多样、数据分析人员考虑不周等原因，在数据分析过程中会有很多陷阱，为了在应用中进行规避，下面列举几个常见的问题。

(1) **错误理解相关关系**。很多事物之间都存在相关性，但并不意味着其存在因果关系，或者在有因果关系的情况下将二者颠倒。要避免此类问题，一方面需要深入理解业务，规避大部分错误；另一方面要分析是否由第三方变量同时引起两种变量的变化，找出其变化原因。

（2）**错误的比较对象**。比较数据分析中的结果或效果时，容易将不同样本集进行结果比较，如果比较对象不合理，其结果自然无效，结论便不能成立，这类问题很常见。例如，调查发现部队军人的死亡率要低于城市居民，这是由于分析人员没有对城市居民中的年龄等条件进行限制，二者并不具有同样的比较基础，所以其结论"参军很安全"自然也无法成立。

（3）**数据抽样**。在数据抽样时如果出现偏差，可能会影响分析结果，所以采样时，需要考虑什么时候进行采样、如何随机进行等，即按照何种标准来保证其子集能够尽可能全面地代表所有样本，特别是在分类问题中，目标类别的比例如果在采样时失去平衡，将直接影响分类结果。

（4）**忽略或关注极值**。有些时候，极值点或异常点是需要关注的，如果忽视它们，将可能失去某类样本或丢失某项重要特征，而如果在某些时候过于关注极值点，则可能会对结果造成偏差，影响结论。如何处理极值和特殊值需要结合实际应用进行判断，要分析这些极值点出现的原因，从而决定其去留。

（5）**相信巧合数据**。有些数据分析结果会使人感到有一种假象，即结果恰好印证了之前的某个判断或猜想，实际上，如果重新进行多次实验，就会发现这不过是某种巧合而已。这类问题一般容易出现在医疗或生物学科领域中，或者是在回归分析中两个变量之间具有某种关联，可能是巧合。

（6）**数据未做归一化**。两个数据指标进行比较时，容易进行总数比较，而忽视比例的比较。例如，对比两个地区房价的增长情况，房屋单价同样涨 1000 元，上海可能涨幅只有2%，而对于太原，可能达到 15%。忽视了总量对于指标的影响，必然影响结果的准确性。

（7）**忽视第三方数据**。人们在分析的时候往往只盯着已有的数据，由于维度有限，很多结论或观点是无法进行验证的。为了进一步深入分析，有必要搜集或使用爬虫获取更多种数据，使数据源更加丰富，这样也有利于比较分析，论证更加充分。

（8）**过度关注统计指标**。过于相信数据分析方法中的各项指标，就会忽视某些方法或结论成立的前提条件。例如，处理分类问题时，如果类别比例非常不平衡，99%为负例，只有1%的正例，在这种情况下，分类器一般不做分析，直接返回负例结果，准确率可以达到99%，但是实际上并没有意义，如果不加注意，可能会被指标欺骗。

小结

数据分析是指用适当的分析方法对收集的大量数据进行分析，其主要流程包括明确分析目标、目标数据的确定和采集、数据处理、建模分析、结果评估、结果支持的决策及建议等，通过对现状、原因等的分析最终实现预测分析，确保数据分析维度的充分性和结论的合理有效性。

数据分析研究需要处理明确定义的业务任务，而不同的业务任务需要不同的数据集合。在理解业务后，数据挖掘的主要活动是从大量可用数据库中识别相关数据。在数据识别和选择阶段，需要考虑一些关键问题。

从数据生命周期的角度，从数据源、数据特性等方面考虑，基于数据来源的演化和多样性发展分析，可以总结一些主要的数据分析类型，包括结构化数据分析、文本分析、Web 数据分析、多媒体数据分析、社交网络数据分析和移动数据分析。

选择数据分析方法时，要从业务的角度研究数据分析目标，并对现有的数据进行探查，发现其中的规律，大胆假设并进行验证，依据各模型算法的特点选择合适的模型进行测试验证，分析并对比各模型的结果，最终选择合适的模型进行应用。**主要的数据分析方法有：分类算法、聚类算法、关联分析、回归分析、深度学习等，本书还简要介绍了深度学习常用的技术框架和学习算法。**

最后，数据分析人员要注意数据分析的常见陷阱：错误理解相关关系、错误的比较对象、数据抽样、忽略或关注极值、相信巧合数据、数据未做归一化、忽视第三方数据、过度关注统计指标等。

讨论与实践

1. 结合自己的专业领域，调研常用的数据分析方法、技术与工具。
2. 调查并对比分析机器学习领域的国际顶级会议及学术期刊。
3. 调研常用的数据分析工具软件，并进行对比分析。
4. 结合自己的专业领域，对本章介绍的或其他常用的数据分析算法进行实践。
5. 根据数据分析常见陷阱，比对自己在实践过程中常见的问题。

参考文献

[1] 赵卫东，董亮. 数据挖掘实用案例分析[M]. 北京：清华大学出版社，2018.

[2] 毛国君，段立娟. 数据挖掘原理与算法[M]. 北京：清华大学出版社，2016.

[3] (美)拉姆什·沙尔达(Ramesh Sharda). 商务智能 数据分析的管理视角. 4 版[M]. 赵卫东，译. 北京：机械工业出版社，2018.

[4] 李学龙，龚海刚. 大数据系统综述[J]. 中国科学：信息科学，2015，45(1)：1-44.

[5] 吴军. 数学之美[M]. 北京：人民邮电出版社，2014.

第10章

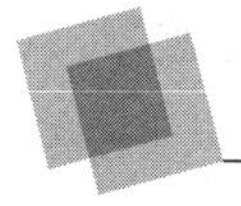

数据可视化

数据可视化是指数据的图形化展现，借此让更多用户理解数据中隐藏的信息，其过程是以交互的方式，通过开发者的直觉、智慧将数据分析结论的本质展现出来。这一环节将把晦涩的术语和细节的数据都过滤掉，让数据科学家从启发与创新的角度出发思考问题。

这与数据探索阶段有些类似，但也有很大区别，因为在数据探索阶段，数据拥有者并不知道自己将会发现什么，所以可以随意进行尝试。但在可视化阶段，必须要对数据处理的目的和数据的分析结论有深入的理解。例如，针对某批次的橘子做质量研究，最终发现体现橘子质量好坏最显著的指标是橘子的重量和柔软度，与茎秆长度的相关度较低。在可视化数据的时候，就可以很明确地使用有效指标来分辨出橘子的好坏，同时揭示出这样分类背后的机制和原理。

本章将具体介绍 Microsoft Excel、Tableau、ECharts、R-ggplot2 等几种应用广泛且备受认可的数据可视化工具。

10.1 数据可视化概述

维基百科将数据可视化定义为：数据可视化是技术上较为高级的方法，而这些技术方法允许利用图形、图像处理、计算机视觉以及用户界面，通过表达、建模以及对立体、表面、属性以及动画的显示，对数据加以可视化解释。

数据可视化的历史可以追溯到 20 世纪 50 年代计算机图形学的早期，人们利用计算机创建出了首批图形图表。到了 1987 年，一篇题为“Visualization in Scientific Computing”（科学计算之中的可视化，即“科学可视化”）的报告成为数据可视化领域发展的里程碑，它强调基于计算机可视化技术的必要性。

随着人类采集数据种类和数量的增长，以及计算机运算能力的提升，高级的计算机图形学技术与方法越来越多地应用于处理和可视化这些规模庞大的数据集。20 世纪 90 年代初期，“信息可视化”成为新的研究领域，旨在为许多应用领域中抽象的、异质性数据集的分析工作提供支持。

当前,数据可视化是一个既包含科学可视化,又包含信息可视化的新概念。它是可视化技术在非空间数据上的新应用,使人们不再局限于通过关系数据表来观察和分析数据信息,还能以更直观的方式看到数据及数据之间的结构关系。

例如,我们非常熟知的每年天猫举办的"双 11 活动",都会有实时、可视化的数据动态来展示人们的购买行为;又如每个城市的大数据中心会对实时的交通流量情况进行监测,以热力图和经纬图等形式直观展示;又如舆情监督数据可视化,将人们对于某一热点话题的关注度以可视化的形式进行展现,直观地显示出该话题的热度、情感倾向和关注点。

数据可视化在数据科学中具有重要地位,主要有以下三方面的原因。

(1) 视觉是人类获得信息的最主要途径。视觉感知是人类大脑的最主要功能之一。据研究,超过 50%的人脑功能用于视觉信息的处理,视觉信息处理是人脑的最主要功能之一。眼睛感知信息的能力最为发达,最高带宽可以达到 100MB/s。

(2) 相对于统计分析,数据可视化的主要优势体现在两个方面。数据可视化可以洞察统计分析无法发现的结构和细节。对于统计特征基本相同的数据集,从统计学角度看难以找出其区别,但可视化后则要容易很多。且数据可视化处理结果的解读对用户知识水平的要求较低。其结果浅显易懂,即便不了解统计学专业术语的含义也可以理解数据内涵。

(3) 可视化能够帮助人们提高理解与处理数据的效率。数据可视化可以更好地感知模型的局限和数据的价值。人们可以更清楚自己还没有开展某方面的研究,还有哪些知识的欠缺,发现以前未注意到的知识,并且能够更好地研究数据中的遗漏或者不清晰的部分。

例如,英国麻醉学家、流行病学家以及麻醉医学和公共卫生医学的开拓者 John Snow 曾采用数据可视化的方法研究伦敦西部西敏市苏活区霍乱,首次发现了霍乱的传播途径及预防措施。

可视化阶段是整个数据分析过程中有趣的一环,可以使用软件制作出漂亮的图片和可交互的图像来展示结论,这一研究制作图表的过程本身也充满了挑战的乐趣。一个好的数据科学家往往会觉得数据中可能还有没有被研究到的内容。因此,不小心被图表激发出来的灵感,正是整个数据科学领域最重要的部分,数据科学家们会马上把这些灵感转换为新的假设,完成新一轮的数据分析工作。所以,可视化并不是数据科学分析的最后一站,而只是一个循环的最后一个环节,它会把我们带到新的起点,并赋予对数据更深的理解,实现灵感与精神上的进化与升华。

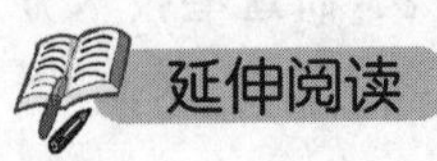

拿破仑行军图

1812 年,拿破仑率 42 万大军东征俄国,然而俄国人坚壁清野,靠 20 万人硬是撑到了冬天。受到恶劣天气的影响,法军途中减员不断,尽管一度占领了莫斯科,却始终无法消灭俄军主力,最后不得不撤退,仅 1 万人回到法国。这次东征成为拿破仑帝国由盛转衰的转折点。

50 年后,法国工程师查尔斯·约瑟夫·米纳德(Charles Joseph Minard)绘制了拿破仑率军攻占莫斯科的行军图,用数据的方式告诉世人这场战争的残酷性。这张图被认为是人类历史上最有影响力的可视化信息图之一，Charles 将法军东征俄国的过程，精确而巧妙地通过数据可视化的方式展现了出来，如图 10-1 所示。

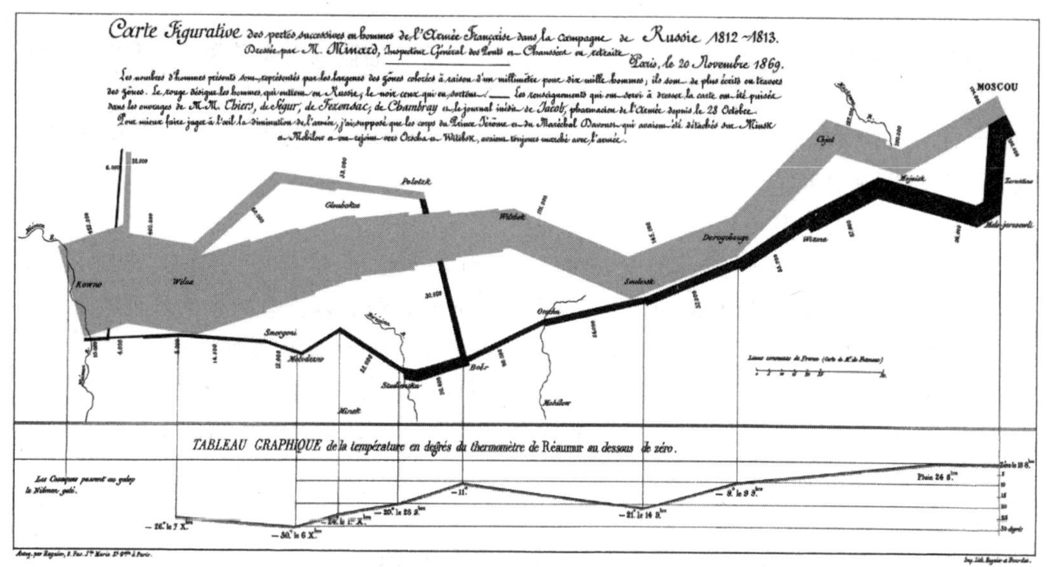

图 10-1　拿破仑率军东征俄国的行军图

图中上方较粗的线条表示进军莫斯科时的行军规模变化，下方的细线条则展现了撤退时的军队规模变化，线条的宽度对应军队的规模。河流也被标注在图中，底部温度折线从右到左反映了撤退途中的温度变化，各地理位置连线反映时空关系（从立陶宛到莫斯科军队位移经纬度）。在这一幅图中，法军的规模、位置（横纵两个变量）、行军路线、撤军的时间序列和撤军时的气温等都被清晰地描绘其中。仅凭这一张图，就能让人直观感受到拿破仑的 40 万大军，如何在长途跋涉和严寒之中逐步溃散，真正达到了“一图抵万言”的境界。

10.2　Microsoft Excel

Excel 是大家熟悉的电子表格软件，其直观的界面、出色的计算功能和图表工具，再加上成功的市场营销，使 Excel 成为非常流行的个人计算机数据处理软件，被广泛使用。如今甚至有很多数据只能以 Excel 表格的形式获取到。在 Excel 中，让某几列高亮显示，制作几张图表都很简单，更容易对数据有个大致的了解。如果要将 Excel 用于整个可视化过程，应使用其图表功能来增强简洁性。Excel 的默认设置很少能满足这一要求。Excel 的局限性在于它一次所能处理的数据量上，而且除非通晓 VBA（Excel 内置的编程语言），否则针对不同数据集重制一张图表会是一件很烦琐的事情。

电子表格软件可以将数据转换成各种形式的彩色图表，它有特定的数据处理功能，如为数据排序、查找满足特定标准的数据以及打印报表等。Excel 在数据管理、自动处理和计算、表格制作、图表绘制以及金融管理等许多方面都有独到之处。Excel 的数据分析图表可用于将工作表数据转换成图片，具有较好的可视化效果，可以快速表达绘制者的观点，方便用户查看数据的差异、图案和预测趋势等。

10.2.1 创建图表

用户可以在工作表上创建图表，或将图表作为工作表的嵌入对象使用，也可以在网页上发布图表。

以 Microsoft Office Excel 2013 中文版为例，为创建图表，需要先在工作表中为图表输入数据，操作步骤如下。

步骤 1：选择要为其创建图表的数据。

步骤 2：单击“插入”→“推荐的图表”按钮，在弹出对话框的“推荐的图表”选项卡中，滚动浏览 Excel 为用户数据推荐的图表列表，然后单击任意图表以查看数据的呈现效果。

如果没有喜欢的图表，可在“所有图表”选项卡中查看可用的图表类型。

步骤 3：找到所要的图表时单击该图表，然后单击“确定”按钮。

步骤 4：使用图表右上角的“图表元素”“图表样式”和“图表筛选器”按钮，添加坐标轴标题或数据标签等图表元素，自定义图表的外观或更改图表中显示的数据。

步骤 5：若要访问其他设计和格式设置功能，可单击图表中的任何位置将“图表工具”添加到功能区，然后在“设计”和“格式”选项卡中单击所需的选项。

各种图表类型提供了一组不同的选项。例如，对于簇状柱形图而言，选项如下。

(1) 网格线：可以在此处隐藏或显示贯穿图表的线条。

(2) 图例：可以在此处将图表图例放置于图表的不同位置。

(3) 数据表：可以在此处显示包含用于创建图表的所有数据的表。用户也可能需要将图表放置于工作簿中独立的工作表上，并通过图表查看数据。

(4) 坐标轴：可以在此处隐藏或显示沿坐标轴显示的信息。

(5) 数据标志：可以在此处使用各个值的行和列标题(以及数值本身)为图表加上标签。这里要小心操作，因为很容易使图表变得混乱并且难于阅读。

(6) 图表位置：如“作为新工作表插入”或者“作为其中的对象插入”。

10.2.2 选择正确的图表

工作中经常使用柱形图和条形图来表示产品在一段时间内生产和销售情况的变化或数量的比较，如表示分季度产品份额的柱形图就显示了各个品牌市场份额的比较和变化。

如果要体现的是一个整体中每一部分所占的比例(例如市场份额)时，通常使用“饼图”。此外，比较常用的是折线图和散点图，折线图也通常用来表示一段时间内某种数值的变化，常见的如股票价格的折线图等。散点图主要用在科学计算中，如可以使用正弦和余弦曲线的数据来绘制出正弦和余弦曲线。

例如，为选择正确的图表类型，可按以下步骤操作。

步骤 1：选定需要绘制图表的数据单元，单击“插入”选项卡中的“推荐的图表”按钮，弹出“插入图表”对话框。

步骤 2：在“所有图表”选项卡的左窗格中选择“XY(散点图)”项，在右窗格中选择“带平滑线的散点图”。

步骤 3：单击“确定”按钮，完成散点图绘制。

对于大部分二维图表，既可以更改数据系列的图表类型，也可以更改整张图表的图表类型。对于气泡图，只能更改整张图表的类型。对于大部分三维图表，更改图表类型将影响到整张图表。

“数据系列”是指在图表中绘制的相关数据点，这些数据源自数据表的行或列。图表中的每个数据系列具有唯一的颜色或图案并且在图表的图例中表示。可以在图表中绘制一个或多个数据系列。饼图只有一个数据系列。对于三维条形图和柱形图，可将有关数据系列更改为圆锥、圆柱或棱锥图表类型，其步骤如下。

步骤 1：单击整张图表或单击某个数据系列。

步骤 2：在菜单中右击“更改图表类型”命令。

步骤 3：在“所有图表”选项卡中选择所需的图表类型。

步骤 4：若要对三维条形或柱形数据系列应用圆锥、圆柱或棱锥等图表类型，可在“所有图表”选项卡中单击“圆柱图”“圆锥图”或“棱锥图”。

10.3　Tableau

Tableau 是极强大、安全且灵活的端到端数据分析平台，提供从连接到协作的一整套功能，也是桌面系统中非常简单的商业智能工具软件。Tableau 没有强迫用户编写自定义代码，新控制台也可以完全自定义配置。在控制台上，不仅能够监测信息，还提供了完整的分析能力。Tableau 控制台灵活，具有高度动态性。Tableau 简单、易用、快速，这一方面归功于产生自斯坦福大学的突破性技术。Tableau 是集复杂的计算机图形学、人机交互和高性能的数据库系统于一身的跨领域技术，其中最耀眼的莫过于 VizQL 可视化查询语言和混合数据架构。另一方面在于 Tableau 专注于处理最简单的结构化数据，即已整理好的数据——Excel、数据库等，结构化数据处理在技术上难度较低，这就使得 Tableau 有精力在快速、简单和可视上做出更多改进。

Tableau 公司成立于 2003 年，是由斯坦福大学的三位校友 Christian Chabot（首席执行官）、Chris Stole（开发总监）以及 Pat Hanrahan（首席科学家）在远离硅谷的西雅图注册成立的。其中，Chris Stole 是计算机博士，Pat Hanrahan 是皮克斯动画工作室的创始成员之一，曾负责视觉特效渲染软件的开发，两度获得奥斯卡最佳科学技术奖，至今仍在斯坦福担任教授职位，教授计算机图形课程。Tableau 公司主要面向企业数据提供可视化服务，是一家商业智能软件提供商。企业运用 Tableau 授权的数据可视化软件对数据进行处理和展示，不过 Tableau 的产品并不局限于企业，其他机构甚至个人都能很好地运用 Tableau 软件进行数据分析工作。数据可视化是数据分析的完美结果，能够让枯燥的数据以简单友好的图表形式展现出来。可以说，Tableau 在抢占细分市场，也就是大数据处理末端的可视化市场，目前市场上并没有太多这样的产品。同时，Tableau 还为客户提供解决方案服务。

10.3.1 Tableau Desktop

"所有人都能学会的业务分析工具",这是 Tableau 官方网站上对 Tableau Desktop 的描述。确实,Tableau Desktop 的简单、易用程度令人赞叹,这也是软件的最大特点。使用者不需要精通复杂的编程和统计原理,只需要把数据直接拖放到工具簿中,通过一些简单的设置就可以得到想要的可视化图形。Tableau Desktop 的学习成本很低,使用者可以快速上手,这无疑对日渐追求高效率和成本控制的企业来说具有巨大吸引力,特别适合日常工作中需要绘制大量报表、经常进行数据分析或需要制作图表的人使用。简单、易用并没有妨碍 Tableau Desktop 拥有强大的性能,它不仅能完成基本的统计预测和趋势预测,还能实现数据源的动态更新。Tableau Desktop 的开始页面如图 10-2 所示。

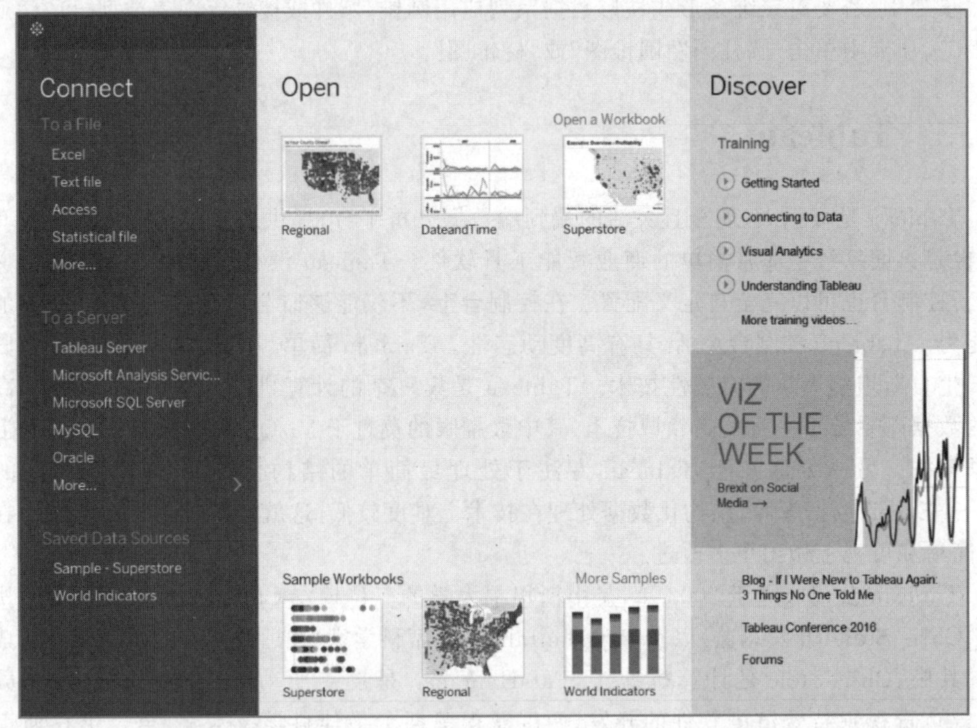

图 10-2　Tableau Desktop 的开始页面

Tableau Desktop 不同于 SPSS,SPSS 作为统计分析软件,比较偏重于统计分析,使用者需要有一定数理统计基础,虽然功能强大且操作简单、友好,但输出的图表与办公软件的兼容性及交互方面有所欠缺。Tableau Desktop 是一款完全的数据可视化软件,专注于结构化数据的快速可视化,使用者可以快速进行数据可视化并构建交互界面,用来辅助人们进行视觉化思考,并没有 SPSS 强大的统计分析功能。

Tableau Desktop 还具有完美的数据整合能力,可以将两个数据源整合在同一层,甚至可以将一个数据源筛选为另一个数据源,并在数据源中突出显示,这种强大的数据整合能力具有很大的实用性。除此之外,Tableau Desktop 还有一项独具特色的数据可视化技术——嵌入地图,使用者可以用经过自动地理编码的地图呈现数据,这对于企业进行产品市场定位、制定营销策略等有非常大的帮助。

总之，快速、易用、可视化是 Tableau Desktop 最大的特点，能够满足大多数企业、政府机构数据分析和展示的需要，以及部分大学、研究机构可视化项目的要求，而且特别适合企业用于业务分析和商业智能。在简单、易用的同时，Tableau Desktop 极其高效，数据引擎的速度极快，处理上亿行数据只需几秒就可以得到结果，用其绘制报表的速度也比程序员制作传统报表快 10 倍以上。

10.3.2 Tableau Online

Tableau Online 是 Tableau Server 的软件即服务托管版本，它让商业分析比以往更加快速轻松。可以利用 Tableau Desktop 发布仪表板，然后与同事、合作伙伴或客户共享，利用云商业智能随时随地、快速找到答案。Tableau Online 的页面如图 10-3 所示。

图 10-3 Tableau Online 的页面

利用 Tableau Online 可以省去硬件与安装时间。利用 Web 浏览器或移动设备中的实时交互式仪表板可以让公司上下每一个人都成为分析高手，在仪表板上批注、分享发现。可以订阅和获得定期更新，这一切都在敏捷安全的软件即服务 Web 平台上完成。可以从几个用户着手，随后在需要时按需添加。

利用云商业智能可以在世界任意地点发现数据背后的真相。无论在办公室、家里，还是在途中，均可查看仪表板，进行数据筛选、下钻查询或将全新数据添加到分析工作中；可以在现有报表未能预计的方面获得对这些问题的新见解；还可以在 Web 上编辑现有视图，利用 Tableau 飞速数据引擎完成这一切，让问题随问随答。

Tableau Online 可连接云端数据和办公室内的数据。Tableau Online 还与 Amazon Redshift、Google BigQuery 保持实时连接，同时可连接其他托管在云端的数据源（如

Salesforce 和 Google Analytics)并按计划安排刷新,或从公司内部向 Tableau Online 推送数据,让团队轻松访问,按设定的计划刷新数据,在数据连接发生故障时获得警报。

10.3.3 Tableau Mobile

Tableau Mobile 可以帮助用户随时掌握数据,需要搭配 Tableau Online 或 Tableau Server 账户才能使用,可以通过 Tableau.com/zh-cn/products/trial 下载 14 天免费试用版。

Tableau Mobile 可以快速流畅地查看数据,提供快捷、轻松的数据处理途径。从提出问题到取得见解只需要几次轻触。Tableau Mobile 的页面如图 10-4 所示。

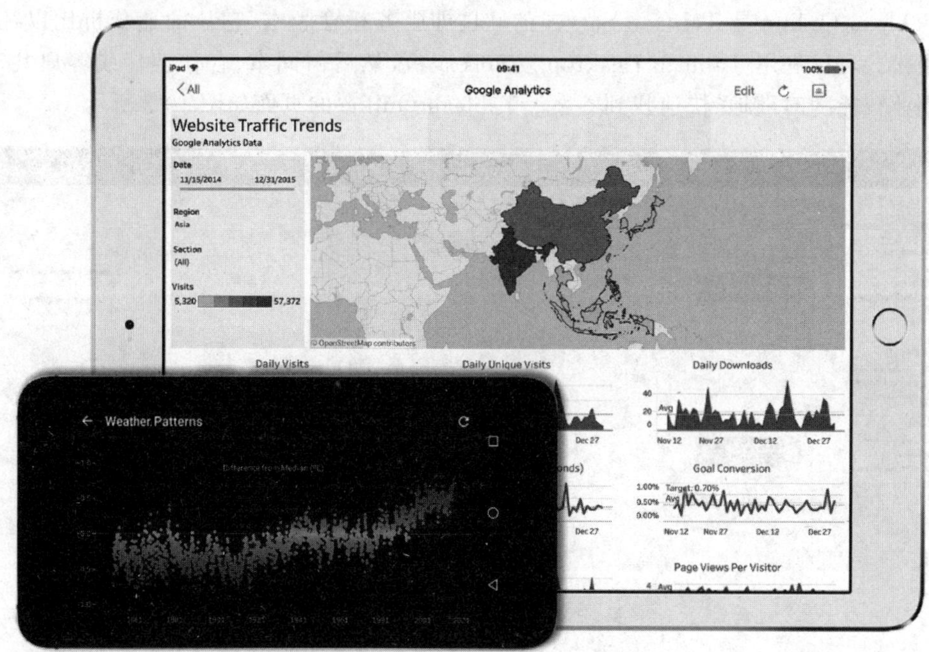

图 10-4 Tableau Mobile 的页面

Tableau Mobile 的主要功能如下。

(1) 随处编写和查看,编写一次仪表板可以在任何设备上查看。

(2) 脱机快照,即使在脱机状态下也能够以高分辨率图像形式供使用,仅限 iPad。

(3) 订阅,在需要时将重要信息发送至收件箱,立刻向 Tableau Mobile 订阅工作簿。

(4) 灵活,Tableau Mobile 提供适用于 iPad、Android 和移动浏览器的应用。

(5) 内容安全性,内容加密保存在设备上,并且安全连接 Tableau Online 和 Server。

(6) 共享,与团队轻松协作,轻触屏幕即可通过电子邮件发送发现或数据。

10.4 ECharts

ECharts 是一个使用 JavaScript 实现的开源可视化库,可以流畅地运行在 PC 和移动设备上,兼容当前绝大部分浏览器(IE 8/9/10/11、Chrome、Firefox、Safari 等),底层依赖轻量级的矢量图形库 ZRender，提供直观、交互丰富、可高度个性化定制的数据可视化图表。

10.4.1　丰富的可视化类型

ECharts 提供了常规的折线图、柱状图、散点图、饼图、K 线图，用于统计的盒形图，用于地理数据可视化的地图、热力图、线图，用于关系数据可视化的关系图、树形图(TreeMap)、旭日图，具有多维数据可视化的平行坐标，还有用于商业智能(BI)的漏斗图，仪表盘，并且支持图与图之间的混搭。

除了已经内置的包含丰富功能的图表，ECharts 还提供了自定义系列，只需要传入一个 renderItem 函数，就可以从数据映射到任何想要的图形，更棒的是这些都还能和已有的交互组件结合使用而不需要操心其他事情。用户可以在下载界面下载包含所有图表的构建文件，如果只是需要其中一两个图表，又嫌包含所有图表的构建文件太大，也可以在在线构建中选择需要的图表类型后自定义构建。

ECharts 内置的 dataset 属性(4.0+)支持直接传入包括二维表、key-value 等多种格式的数据源，通过简单地设置 encode 属性就可以完成从数据到图形的映射，这种方式更符合可视化的直觉，省去了大部分场景下数据转换的步骤，而且多个组件能够共享一份数据而不用克隆。

为了配合大数据量的展现，ECharts 还支持输入 TypedArray 格式的数据，TypedArray 在大数据量的存储中可以占用更少的内存，对垃圾收集友好(Garbage-Collection Friendly)等特性也可以大幅度提升可视化应用的性能。

10.4.2　获取 ECharts

用户可以通过以下几种方式获取 ECharts。

(1) 从官网下载界面选择需要的版本下载，根据开发者功能和文件大小上的需求，提供了不同打包的下载，如果用户在文件大小上没有要求，可以直接下载完整版本。开发环境建议下载源代码版本，包含常见的错误提示和警告。

(2) 在 ECharts 的 GitHub 上下载最新的 release 版本，从解压出来的文件夹中的 dist 目录里可以找到最新版本的 ECharts 库。

(3) CDN 引入，可以在 CDNJS(http://cdnjs.com/)、npmcdn(http://www.npmjs.com/package/npm-cdn)或 bootcdn(http://www.bootcdn.cn/)等网站上找到 ECharts 最新版本。

10.4.3　ECharts 简单案例

ECharts3 不再强制使用 AMD 的方式按需引入，代码里也不再内置 AMD 加载器。因此引入方式简单了很多，只需要像普通的 JavaScript 库一样用 script 标签引入。

```
<!DOCTYPE html>
<html>
```

```
<head>
    <meta charset = "utf - 8">
    <! -- 引入 ECharts 文件 -->
    <script src = "echarts.min.js"></script>
</head>
</html>
```

在绘图前需要为 ECharts 准备一个具备高宽的 DOM 容器。

```
<body>
<! -- 为 ECharts 准备一个具备大小(宽高)的 DOM -->
    <div id = "main" style = "width: 600px;height:400px;"></div>
</body>
```

然后就可以通过 echarts.init 方法初始化一个 ECharts 实例并通过 setOption 方法生成一个简单的柱状图,下面是完整代码。

```
<!DOCTYPE html>
<html>
<head>
    <meta charset = "utf - 8">
    <title>ECharts</title>
    <! -- 引入 echarts.js -->
    <script src = "echarts.min.js"></script>
</head>
<body>
    <! -- 为 ECharts 准备一个具备大小(宽高)的 DOM -->
    <div id = "main" style = "width: 600px;height:400px;"></div>
    <script type = "text/javascript">
        //基于准备好的 DOM,初始化 ECharts 实例
        var myChart = echarts.init(document.getElementById('main'));
        //指定图表的配置项和数据
        var option = {
            title: {
                text: 'ECharts 入门示例'            },
            tooltip: {},
            legend: {
                data:['销量'] },
            xAxis: {
                data: ["衬衫","羊毛衫","雪纺衫","裤子","高跟鞋","袜子"]
            },
            yAxis: {},
            series: [{
                name: '销量',
                type: 'bar',
                data: [5, 20, 36, 10, 10, 20]
            }]    };
        //使用刚指定的配置项和数据显示图表.
            myChart.setOption(option);
    </script>
</body>
</html>
```

这样，一个图表就诞生了，如图 10-5 所示。

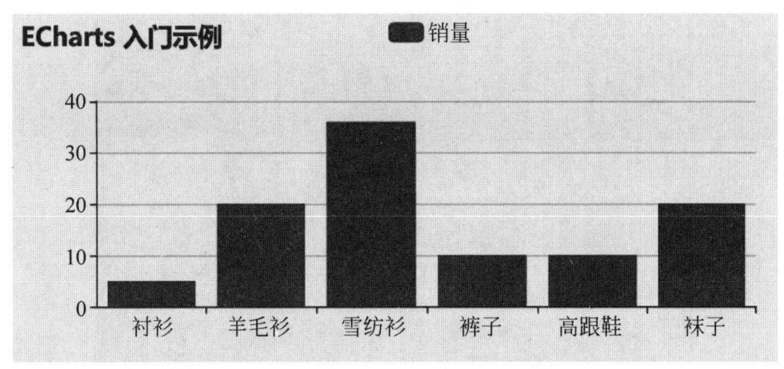

图 10-5　ECharts 入门示例

10.5　R-ggplot2

R 语言中的 ggplot2 是其最为强大的作图软件包，强于其自成一派的数据可视化理念。当熟悉了 ggplot2 的基本方法后，数据可视化工作将变得非常轻松而有条理。随着 R 语言的流行和普及，ggplot2 软件包也被广泛使用。

ggplot2 包的目标是提供一个全面的、基于语法的、连贯一致的图形生成系统，允许用户创建新颖的、有创新性的数据可视化图形。该方法的优势已经使得 ggplot2 成为使用 R 进行数据可视化的重要工具。要调用 ggplot2 函数需要下载并安装该包[install. packages("ggplot2")]，第一次使用前还要进行加载[library(ggplot2)]。

ggplot2 包实现了一个在 R 中基于全面一致的语法创建图形的系统，这提供了在 R 中画图时经常缺乏的图形创造的一致性并允许我们创建具有创新性和新颖性的图表类型。按照 ggplot2 的绘图理念，Plot(图)＝Data(数据集)＋Aesthetics(美学映射)＋Geometry(几何对象)。

(1) Data：数据集，主要是 dataframe。

(2) Aesthetics：美学映射，例如将变量映射给 x，y 坐标轴，或者映射给颜色、大小、形状等图形属性。

(3) Geometry：几何对象，例如柱形图、直方图、散点图、线图、密度图等。

在 ggplot2 中有两个主要绘图函数：qplot()以及 ggplot()。

(1) qplot()：顾名思义，快速绘图。

(2) ggplot()：此函数是 ggplot2 的精髓，远比 qplot()强大，可以一步步绘制十分复杂的图形。

由 ggplot2 绘制出来的 ggplot 图可以作为一个变量，然后由 print()显示出来。

下面给出一个简单的例子(参见图 10-6)。

```
library(ggplot2)
ggplot(data = mtcars, aes(x = wt, y = mpg)) + geom_point() +
labs(title = "Automobile Data", x = "Weight", y = "Miles Per Gallon")
```

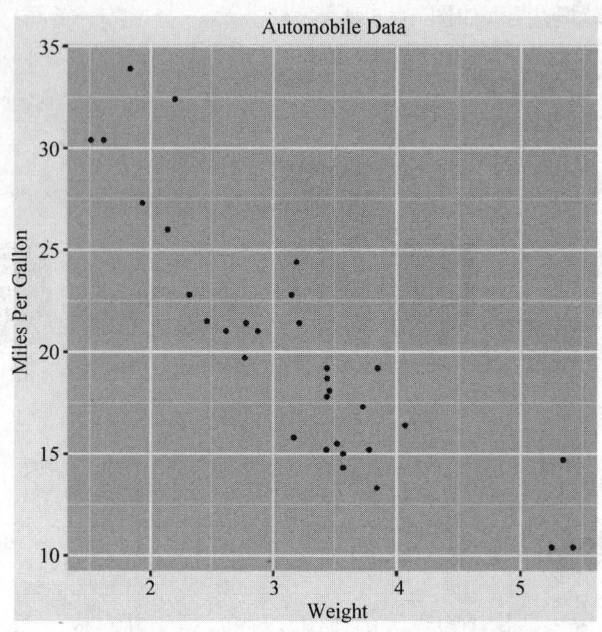

图 10-6　汽车重量与里程的散点图

进一步分解作图的步骤。ggplot()初始化图形并且指定要用到的数据来源(mtcars)和变量(wt、mpg)。aes()函数的功能是指定每个变量扮演的角色(aes 代表 aesthetics,即如何用视觉形式呈现信息)。在这里,变量 wt 的值映射到沿 x 轴的距离,变量 mpg 的值映射到沿 y 轴的距离。

ggplot()函数设置图形但没有自己的视觉输出。使用一个或多个几何函数向图中添加了几何对象(简写为 geom),包括点、线、条、箱线图和阴影区域。在这个例子中,geom_point()函数在图形中画点,创建了一个散点图。labs()函数是可选的,可添加注释(包括轴标签和标题)。

ggplot2 很强大,能够创建各种各样的信息图。它在老练的 R 分析师和程序员中很受欢迎;由于 R 博客和讨论组的相关文章,它的流行性也在增长。不幸的是,强大也带来了复杂性。不像其他的 R 包,ggplot2 凭借其自身就可以被认为是一种综合图形编程语言。它有自己的学习曲线,有时这个曲线比较陡;但是坚持住,这些努力都是值得的。幸运的是,它里面有默认的设置和语言的简化设计,这也使得对其的介绍变得容易。通过练习,用户可以通过仅仅几行代码创建一系列有意思和有用的图形。

10.6　D3.js

D3.js(D3 或 Data-Driven Documents)是一个使用动态图形进行数据可视化的 JavaScript 程序库。与其他的程序库相比,D3 对视图结果有很大的可控性。如今 D3.js 已被数十万个网站使用,最常被运用在在线新闻网站呈现交互式图形、呈现数据的图表和呈现含有地理信息的数据。另外,SVG 的输出功能也使得 D3.js 能用于印刷出版物的绘制上。

D3.js 通过预先创建好迁入于网页中的 JavaScript 函数来选择网页元素、创建 SVG 元素、调整 CSS 来呈现数据,并且也可以设置动画、动态改变对象状态或加入工具提示来完成用户交互功能。使用简单的 D3.js 函数就能够将大型数据的数据结构与 SVG 对象进行绑定,并且能生成格式化文本和各种图表。其数据的数据结构的格式可以是 JSON、CSV(以逗号分隔的数据)或 GeoJSON,也可以通过自己写 JavaScript 函数来读取其他或自定义格式的数据,例如 Shapefile。

D3.js 所使用的对象选择方式是通过使用 CSS 样式选择器来选择一个或多个或一组文档对象模型,然后通过类似 jQuery 的方式控制所选的对象。D3.js 有提供高级应用,例如设置与对象的关系,或者将加载的数据直接绘成对象。在 D3.js 中,可以将数据与对象绑定,如此一来,当数据读入之后根据数据产生对应具有相关的属性(形状、颜色或数值等)和行为(动画或事件等)的 SVG 对象。

D3.js 除了提供将加载的数据直接绘成对象的功能之外,也支持从文件读取数据并直接生成 SVG 图像。此应用使得 D3.js 可以用简单的代码完成与地理信息相关的数据可视化,而新版本的 D3.js 也改善了地理坐标的转换系统,因此能准确地呈现包含地理信息的图表,例如,japan.json 中保存了日本的 GeoJSON 地理信息,则 D3.js 可以直接加载并显示日本地图。

```
d3.json("japan.json", function(topodata) {//载入 JSON 文件
    var features = topojson.feature(      //从 GeoJSON 中取出日本地形
        topodata,
        topodata.objects["japan"]
    ).features;
    var path = d3.geo.path().projection(
        d3.geo.mercator()
        .center([138,37])                 //指定为日本经纬度位置
        .scale(6000)                      //放大至符合图形大小
    );
    d3.select("svg")
        .selectAll("path")                //建立还不存在的路径对象样板
        .data(features)                   //绑定日本地形数据
        .enter()
        .append("path")                   //插入路径对象
        .attr("d",path);                  //路径对象的路径依照日本经纬度位置填入地形数据
});
```

10.7 Processing

Processing 是由 MIT 媒体实验室的 Casey Reas 和 Benjamin Fry 发明的一种开源可视化编程语言。Processing 基于 Java 语言,进一步简化了语法,并用图形编程模式取代了命令行程序模式。Processing 的可视化反馈极具鼓舞性,让非计算机专业的人士,如设计师、艺术家、电子极客在学习编程的过程中更加得心应手。Processing 的创造者将它看作一个代码素描本。它尤其擅长算法动画和即时交互反馈,所以近年来在交互动画、复杂数据可视化、视觉设计、原型开发和制作方向越发流行。

Processing 是一种具有革命前瞻性的新兴计算机语言,它的概念是在电子艺术的环境下介绍程序语言,并将电子艺术的概念介绍给程序设计师。它是 Java 语言的延伸,并支持

许多现有的 Java 语言架构，不过在语法上简易许多，并具有许多贴心及人性化的设计。Processing 可以在 Windows、Mac OS、Linux 等操作系统上使用，目前最新版本为 Processing 3。以 Processing 完成的作品可在个人本机端作用，或以 Java Applets 的模式外输至网络上发布。

与传统软件不同，Processing 不需要安装。下载软件压缩包解压之后，便可直接运行文件夹中的 processing 程序运行它。对于 Processing，比较好的方法是将此文件夹放置在一个合适的地方：在 Windows 操作系统中，可移动到 D:\processing；在 GNU/Linux 操作系统中，可移动到/usr/local/processing。这样可以更好地保护 Processing 程序文件的完整性，以免用户在定期清理"下载"文件夹的时候将之删除。在 Windows 中，用户可以为程序文件夹中的 processing 程序创建一个桌面快捷方式；在 GNU/Linux 操作系统中，可以为 processing 可执行程序创建一个启动链接，放在桌面上；在 KDE 桌面中，用户还可以为它创建一个菜单项。这样就可以直接双击 processing 或者它的快捷方式(启动链接)运行 Processing IDE 了。

下面列举一个简单的案例，要实现这样一个演示效果：画布大小是 480×120px，圆形会随着鼠标移动，并在屏幕上留下轨迹，当按住鼠标左键，圆形的填充由白色变成黑色，松开后又变回白色。示例代码如下。

```
void setup() {
  size(480, 120);       //画布的大小被修改为长 480,宽 120
void draw() {
  if (mousePressed) {
    fill(0);            //假如(if)鼠标单击(mousePressed),填充颜色修改为黑色(0, 0, 0)
} else {
    fill(255);          //如果例外(else)(这里指鼠标没有单击),填充颜色为白色(255, 255, 255)
  ellipse(mouseX, mouseY, 80, 80); //现在绘制一个圆(ellipse),位置上,横向为鼠标的位置
(mouseX),纵向也是鼠标的位置(mouseY),半径为 80
}
```

在这个程序中包含两个函数：setup()和 draw()。setup()是在程序开始时调用的函数，只执行一次；而 draw()在 setup()后被调用，并且将循环地、不停地被调用。setup()和 draw()是所有函数中最关键的两个函数。代码运行实现的效果如图 10-7 所示。

图 10-7 Processing 示例代码效果示意图

虽然图形用户界面(GUI)早在二十年前成为主流，但是基础编程语言的教学到今天仍是以命令行接口为主。人脑天生擅长空间辨识，图形用户界面利用的正是这种优势，加上它能提供各种实时且鲜明的图像式反馈，可以大幅缩短学习曲线，并帮助理解抽象逻辑法则。举例来说，计算机屏幕上的一个像素就是一个变量值的可视化表现。Processing 将 Java 的语法简化并将其运算结果"感官化"，让使用者能很快享有声光兼备的交互式多媒体作品。Processing 的源代码是开放的，和近来广受欢迎的 Linux 操作系统、Mozilla 浏览器或 Perl

语言等一样，用户可依照自己的需要自由裁剪出最合适的使用模式。Processing 的应用非常丰富，而且它们全部遵守开放源代码的规定，这样的设计大幅增加了整个社群的互动性与学习效率。

10.8 BDP

BDP 商业数据平台是国内企业大数据服务和国内敏捷型商务智能(BI)领跑者，旨在给企业提供一站式的数据管理和分析平台，凭着多数据源接入、强大的计算性能和简单高效的使用办法，成为现在国内流行的数据分析平台。它分为企业版和个人用户版，个人用户可以在线免费使用该平台，如果需要高级功能可开通付费版。

BDP 能连接本地数据、主流数据库以及其他很多不同的第三方统计平台(谷歌、百度统计、公众号等)，基本上覆盖面很广，数据实现自动更新，且支持对数据进行内容和格式的修改，而无须重复上传数据。

BDP 可视化平台属于国内新秀，图表类型较为丰富，除了饼图、柱状图、折线图、雷达图这些常见的图表，还有一些比较“特殊”的图表，如桑基图、漏斗图、词云、行政地图、经纬度地图、轨迹地图等。

在可视化分析方面，BDP 支持维度和指标数据的自由分析，可直接通过拖曳数据进行操作，将其拖曳至维度、数值、对比、筛选器、颜色等区域，即可开始数据分析工作。拖曳还可进行多表连接、追加合并、二维转一维、SQL 合表等处理操作。另外，BDP 在数据预测分析方面也有了新探索。

此外，BDP 支持移动端(包括安卓和 iOS)手机同步呈现最新数据，用户可以在手机端查看数据和图表。

总体来说，BDP 支持更多的国内数据平台和数据源，提供工作中经常使用的数据处理方式和可视化图表，价格低廉，同时也更符合国内用户的使用习惯，其国内市场正在蓬勃发展。

小结

数据可视化技术利用图形、图像处理、计算机视觉以及用户界面，通过表达、建模以及对立体、表面、属性以及动画的显示，对数据实现可视化的解释和展现。数据可视化既包括科学可视化又包括信息可视化，它是可视化技术在非空间数据上新的应用，使人们不再局限于通过关系数据表来观察和分析数据信息，还能以更直观的方式看到数据及数据之间的结构关系。

数据可视化重在挖掘数据指标背后的意义，能够帮助人们提高理解与处理数据的效率，也能够更好地感知模型的局限和数据的价值。可视化数据的结果简单易懂，对读者的专业知识水平要求不高。可视化阶段可以使用软件作出漂亮的图片和可交互的图像来展示结论，这一研究制作图表的过程本身也充满了挑战的乐趣。可视化分析是数据分析过程中新的一环，它会把你带到新的起点，赋予你对数据更深的理解，实现灵感与精神上的拔高与进化。

本章介绍了目前主流的几种数据可视化工具,包括 Microsoft Excel、Tableau、ECharts、R-ggplot2、BDP 等多种工具和框架,其中,Microsoft Excel、Tableau 和 BDP 三种工具简单易用,容易上手,不需要用户掌握编程知识就能够实现可视化分析,非常友好,而编程语言型工具则为可视化的可操作性提供了更多可能,用户可以根据自己的喜好进行选择,在练习和尝试中不断进步。

讨论与实践

1. 结合自己的专业领域,调研自己所属领域的数据可视化方法、技术与工具。
2. 调研关系数据库中的数据可视化技术。
3. 调研数据仓库中常用的数据可视化技术。
4. 对本章介绍的或其他常用的数据可视化工具软件进行应用比较。
5. 选用一种可视化工具进行实践,通过自己的操作复现案例。

参考文献

[1] Voulgaris Z. 数据科学家修炼之道[M]. 吴文磊,等译. 北京:人民邮电出版社,2016.

[2] 朝乐门. 数据科学理论与实践[M]. 北京:清华大学出版社,2017.

[3] 周苏. 大数据及其可视化[M]. 北京:中国铁道出版社, 2016.

[4] 王国平. Tableau 数据可视化从入门到精通[M]. 北京:清华大学出版社,2017.

[5] 佚名. 官网教程:5 分钟上手 ECharts[EB/OL]. http://echarts. baidu. com/tutorial. html,2017.

[6] Wickham H. ggplot2:数据分析与图形艺术[M]. 黄俊文,王小宁,于嘉傲,等译. 陕西:西安交通大学出版社,2013.

[7] Kabacoff R I. 图灵程序设计丛书 R 语言实战. 2 版[M]. 王小宁,等译. 北京:人民邮电出版社,2016.

[8] 严涛. ggplot2 高效实用指南[EB/OL]. https://ytlogos. github. io/2017/09/19/ggplot2 高效实用指南/,2017.

[9] 佚名. 维基百科:D3. js[EB/OL]. https://zh. wikipedia. org/wiki/D3. js,2019.

[10] 佚名. 维基教科书:Processing 入门指南[EB/OL]. https://zh. wikibooks. org/wiki/Processing%E5%85%A5%E9%97%A8%E6%8C%87%E5%8D%97, 2012.

[11] 佚名. 百度百科:Processing[EB/OL]. https://baike. baidu. com/item/Processing/378062,2017.

[12] 曾悠. 大数据时代背景下的数据可视化概念研究[D]. 杭州:浙江大学,2014.

第11章

数据之殇

今天，数据已成为一种重要的战略资源，其应用涉及国防、政治、经济、科技、文化等各个领域，在社会生产和生活中的作用越来越显著，逐渐成为各行业新的经济增长点。2020 年 4 月 9 日发布的《中共中央国务院关于构建更加完善要素市场化配置体制机制的意见》，首次提出“加快培育数据要素市场”，把数据做为一种生产要素进入市场流通环节。数据被当作一种资产广受重视的同时，在社会应用中出现的问题也日益受到关注。

本章将探讨数据安全、数据治理、数据伦理等问题，使读者对数据的安全威胁和治理有一定的认识。

11.1 数据安全

在大量数据产生、收集、存储和分析的过程中，会面临数据保密、用户隐私、商业合作等一系列问题，这既涉及一些传统安全问题，如物理安全、设备安全、网络安全、数据库安全、系统安全等，也涉及一些新的安全问题。

11.1.1 数据安全的概念

传统的信息安全是指信息系统的软件、硬件以及系统中存储和传输的数据受到保护，不因偶然或者恶意的原因而遭到破坏、更改、泄漏，信息系统连续、可靠、正常地运行，信息服务不中断。

数据与信息概念上的交叉，决定了数据安全相较于信息安全既有相同之处，也有新的发展。目前对于数据安全还没有明确、权威的定义，从数据生命周期角度出发，参照信息安全的概念，可以将数据安全理解为：**数据在其生命周期全过程中受到保护，数据不遭偶然或者恶意的破坏、更改、泄漏，相关系统及组织工作正常地运行。**

11.1.2 数据安全的价值

数据是信息时代的石油，数据安全保护是以数据的价值为前提不断发展的。随着企业、组织等系统逐步以业务功能为核心向以数据为核心转变，各行业都在积极推动数据安全标准制定与产品研发。因而，在理解数据安全隐患与保护前，有必要先了解数据安全的价值。数据安全关乎从国家到个人的各个层面，包括国家战略价值、企业利益、个人权利等。

1. 国家战略

伴随着大数据时代的来临，我国的信息化建设也进入新的高峰。“数字中国”（见图 11-1）在 2018 年“两会”（全国人民代表大会和中国人民政治协商会议）期间全面升温，随着 2014 年“大数据”、2017 年“数字经济”以及 2018 年“数字中国”相继写入政府工作报告中，数字中国已由战略规划阶段进入到全面实施阶段。

在 2018 年的政府工作报告中，李克强总理强调 2018 年的政府改革有两大重点，一是继续推动政府职能转变，二是全面提高政府效能，这两点共同指向了如何在新时代提高国家治理能力的问题。习近平总书记多次强调“实施国家大数据战略，加快建设数字中国……运用大数据提升国家治理现代化水平”。如今，数据主权已逐渐以物的形式与国土等主权并列，上升到了国家主权的地位。可见，数据已经具有国家战略资源的重要地位，对数据的保护关乎国家战略价值。

图 11-1 数字中国会徽

2. 企业利益

伴随着数据越来越多地被利用，数据驱动已成为企业与组织发展的趋势。“对数据进行整理、分析和挖掘能够为企业创造更多价值”，这一理念已经在互联网、金融、电信等多个行业得到普遍认可和重视。众多企业已经相继开始加大对数据的投入，亚马逊、Facebook、淘宝、腾讯等大型企业均加大研发投入，以期更好地利用数据提供更多服务。

企业的每一个决策都离不开数据的支持，数据与决策方法的好坏将直接决定决策的效率。数据成为企业决策的重要资源，但同时也会被竞争对手所利用，企业中不公开的用户数据也直接关系到企业信誉与用户利益。例如，2016 年 10 月，我国警方在广东破获一起高科技经济犯罪案件，犯罪嫌疑人攻破了多个商业银行网站，并且窃取了储户的身份证号、银行卡号、支付密码等数据，同时组织一批人在网上大肆盗刷信用卡，涉案金额近十五亿元，涉及银行 49 家。目前，对数据进行保护与规范化使用已是各个企业的共同选择。

3. 个人权利

在大数据时代，人们的每一个行为都会留下“线索”，这种个人数据也包括个人的隐私，会直接或间接关系到个人的权利。频繁出现的隐私泄漏事件不仅给相关从业者敲响了警钟，也时刻提醒着用户在享受大数据应用带来的各种便利的同时，也需要更加注重保护个人隐私。一些机构通过大数据技术收集个人信息并使用，已经带来了一系列问题。360 手机卫士统计的个人信息泄漏类型如图 11-2 所示。

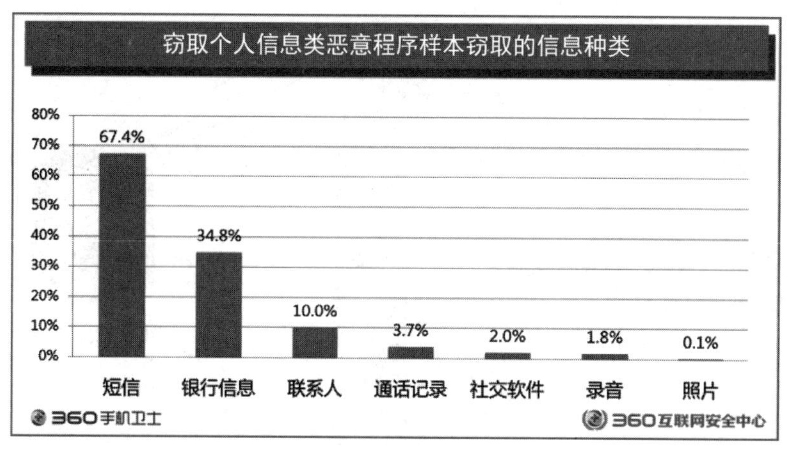

图 11-2　360 手机卫士统计的个人信息泄漏类型(来源：360 社区)

这些安全事件不仅对用户造成了严重的安全隐患,同时也给相关行业带来了巨大的经济损失。保护大数据隐私在提倡“开放、共享”的大数据时代显得格格不入,但是对于大数据隐私的保护已经迫在眉睫。

11.1.3　数据安全的威胁

大数据时代,传统的信息安全手段已不能满足新的数据安全的要求,安全威胁将逐渐成为制约大数据技术发展的瓶颈。根据数据生命周期的过程,数据安全的威胁主要包括数据基础设施安全威胁、数据存储安全威胁、网络安全威胁、隐私安全威胁与其他安全威胁。

1. 数据基础设施安全威胁

数据基础设施包括存储设备、运算设备、一体机和其他基础软件(如虚拟化软件)等。为了支持大数据的应用,需要创建支持大数据环境的基础设施。例如,需要高速的网络来收集各种数据、大规模的存储设备对海量数据进行存储,还需要各种服务器和计算设备对数据进行分析与应用,并且这些基础设施带有虚拟化和分布式性质等特点。这些基础设施给用户带来各种大数据新应用的同时,也会遭受到安全威胁,主要包括以下内容。

(1) 非授权访问,即没有预先经过同意,就使用网络或计算机资源。

(2) 信息泄漏或丢失,包括数据在传输中泄漏或丢失、在存储介质中泄漏或丢失,以及“黑客”通过建立隐蔽隧道窃取敏感信息等。

(3) 网络基础设施传输过程中破坏数据完整性。当加密强度不够的数据在传输时,攻击者能通过实施嗅探、中间人攻击、重放攻击等来窃取或篡改数据。

(4) 拒绝服务攻击,即通过对网络服务系统的不断干扰,改变其正常的作业流程或执行无关程序,导致系统响应迟缓,影响合法用户的正常使用,甚至使合法用户遭到排斥,不能得到相应的服务。DOS 攻击示意图如图 11-3 所示。

(5) 网络病毒传播,即通过信息网络传播计算机病毒。

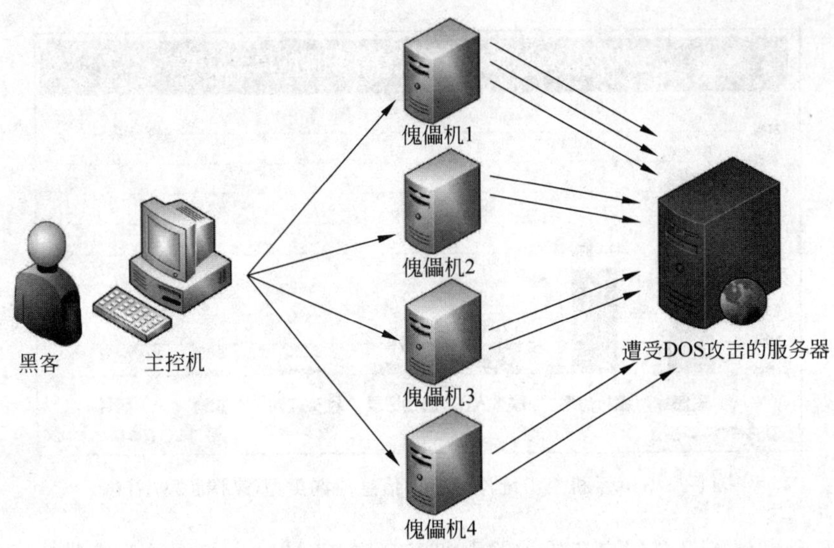

图 11-3 DOS 拒绝服务攻击原理

2. 数据存储安全威胁

目前,可采用关系型(SQL)数据库和非关系型(NoSQL)数据库进行存储。现阶段,大多数的企业采用非关系型数据库存储大数据。

关系型数据库的理论基础是 ACID(Atomicity、Consistency、Isolation、Durability,原子性、一致性、隔离性、持久性)模型。传统的关系型数据库所具有的 ACID 特性保证了数据库交易的可靠处理,但是也存在很多瓶颈,包括:不能有效地处理多维数据、不能有效处理半结构化和非结构化的海量数据、高并发读写性能低、支撑容量有限、数据库的可扩展性和可用性低、建设和运维成本高等。

对于占数据总量 80%以上的非结构化数据,通常采用 NoSQL 技术完成对大数据的存储、管理和处理。NoSQL 数据存储方法的主要优点是数据的可扩展性、可用性和数据存储的灵活性。NoSQL 的不足之处在于数据一致性方面需要应用层保障,结构化查询统计能力也较弱。图 11-4 列举了主流的 SQL 与 NoSQL 产品。

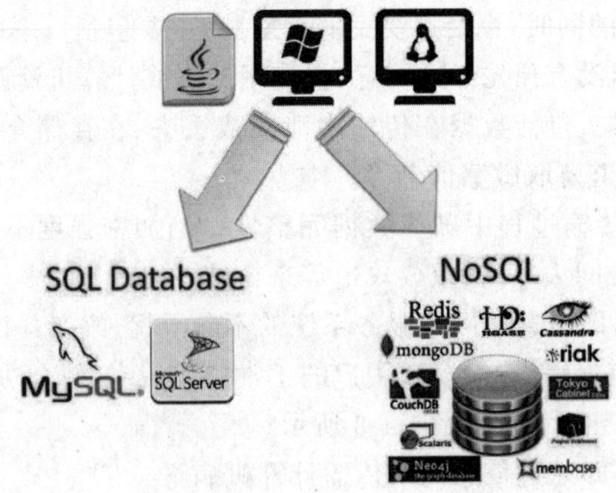

图 11-4 SQL 与 NoSQL 产品(图片源于网络)

3. 网络安全威胁

现有的安全机制对大数据环境下的网络安全防护并不完美。一方面,大数据时代的信息爆炸,导致来自网络的非法入侵次数急剧增长,网络防御形势十分严峻。另一方面,由于攻击技术的不断成熟,现在的网络攻击手段越来越难以辨识,给现有的数据防护机制带来了巨大压力。因此对于大型网络,在网络安全层面,除了访问控制、入侵检测、身份识别等基础防御手段,还需要管理人员能够及时感知网络中的异常事件与整体安全态势,从成千上万的安全事件和日志中找到最有价值、最需要处理和解决的安全问题,从而保障网络的安全状态。

4. 隐私安全威胁

大数据的多源性,使得来自各个渠道的数据可以用来进行交叉检验。过去,一些拥有数据的企业经常提供经过简单匿名化的数据作为公开的测试集,在大数据环境下,多源交叉验证有可能发现匿名化数据后面的真实用户,同样会导致隐私泄露。隐私泄露成为大数据必须要面对且急需解决的问题。

大数据中的隐私泄露有以下表现形式。

(1) 在数据存储的过程中对用户隐私造成侵犯。大数据中用户无法知道数据确切的存放位置,用户对其个人数据的采集、存储、使用、分享无法有效控制。

(2) 在数据传输的过程中对用户隐私权造成侵犯。大数据环境下数据传输将更为开放和多元化,传统物理区域隔离的方法无法有效保证远距离传输的安全性,电磁泄漏和窃听将成为更加突出的安全威胁。

(3) 在数据处理的过程中对用户隐私权造成侵犯。大数据环境下需要部署大量的虚拟技术,而基础设施的脆弱性和加密措施失效可能产生新的安全风险。大规模的数据处理需要完备的访问控制和身份认证管理,以避免未经授权的数据访问,但资源动态共享的模式无疑增加了这种管理的难度,账户劫持、攻击、身份伪装、认证失效、密钥丢失等都可能威胁用户数据安全。

11.1.4　数据安全技术

数据安全技术从不同的角度有着不同的分类,本节将按照数据的生命周期来逐步介绍。数据的生命周期一般分为生成、变换、传输、存储、使用、归档,根据数据特点及应用需求的特点,对上述阶段进行合并与精简,可以将大数据应用过程划分为采集、存储、挖掘、发布 4 个环节。

1. 数据采集安全技术

在数据采集过程中,可能存在数据损坏、数据丢失、数据泄露、数据窃取等安全威胁,因此需要使用身份认证、数据加密、完整性保护等安全机制来保证采集过程的安全性。采用 VPN 技术可以通过在数据节点以及管理节点之间布设 VPN 的方式,满足数据安全传输的要求。

多年来 IPSec 协议(见图 11-5)一直被认为是构建 VPN 最好的选择,从理论上讲,

IPSec 协议提供了网络层之上所有协议的安全。然而因为 IPSec 协议的复杂性,使其很难满足构建 VPN 要求的灵活性和可扩展性。而 SSLVPN 凭借其简单、灵活、安全的特点,得到了迅速的发展,尤其在大数据环境下的远程接入访问应用方面,SSLVPN 具有明显的优势。

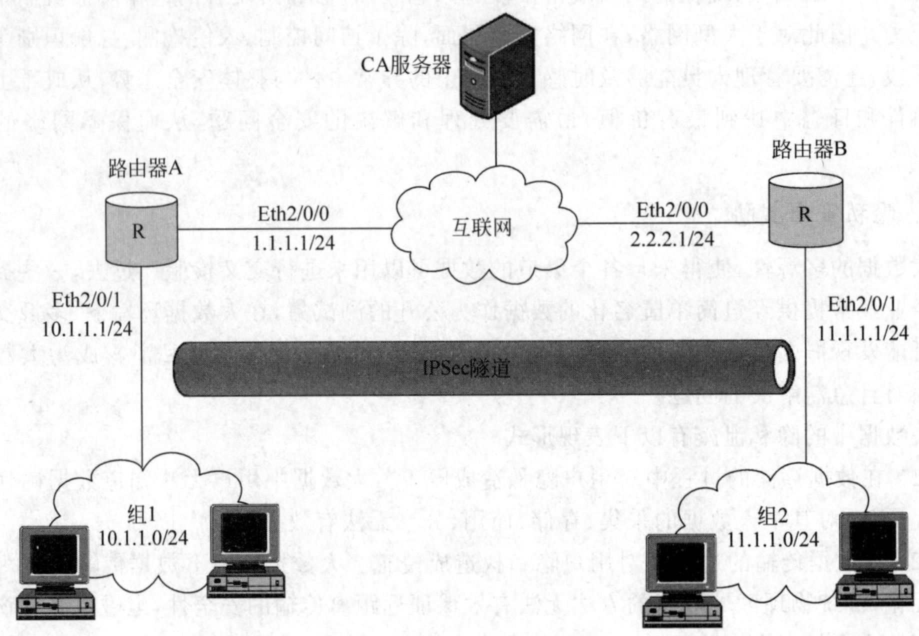

图 11-5 IPSec 管理组件示例

SSLVPN 采用标准的安全套接层协议,基于 X.509 证书,支持多种加密算法,可以提供基于应用层的访问控制,具有数据加密、完整性检测和认证机制。而且客户端无需特定软件的安装,具有更加容易配置和管理等特点,从而降低用户的总成本并增加远程用户的工作效率。

2. 数据存储安全技术

数据的关键在于数据分析和利用,由于数据具有如此高的价值,大量的黑客就会设法窃取平台中存储的大数据,以谋取利益,数据的泄露将会对企业和用户造成无法估量的后果,如果数据存储的安全性得不到保证,将会极大地限制大数据的应用与发展。

数据存储安全的关键技术包括数据加密、备份与恢复等。

1) 数据加密

使用 SSLVPN 可以保证数据传输的安全,但存储系统要先解密数据,然后进行存储,当数据以明文的方式存储在系统中时,面对未被授权入侵者的破坏、修改和重放攻击显得很脆弱,对重要数据的存储加密是必须采取的技术手段。

(1) 静态数据加密。静态数据加密算法有两类:对称加密和非对称加密算法。对称加密算法是它本身的逆反函数,即加密和解密使用同一个密钥,解密时使用与加密同样的算法即可得到明文。非对称加密算法使用两个不同的密钥,一个公钥和一个私钥,如图 11-6 和图 11-7 所示。

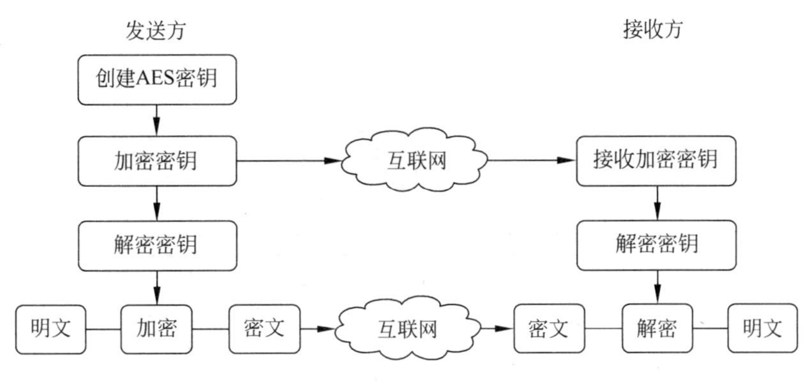

图 11-6　AES 静态加密算法

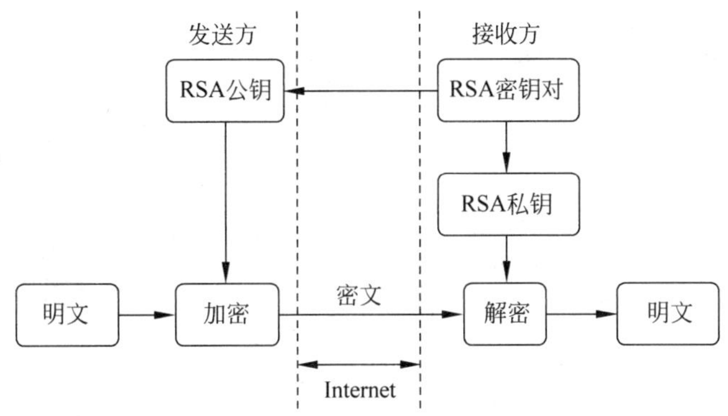

图 11-7　RSA 非对称加密

两种加密技术的优缺点对比：对称加密的速度比非对称加密快很多，但缺点是通信双方在通信前需要建立一个安全信道来交换密钥。而非对称加密无须事先交换密钥就可实现保密通信，且密钥分配协议及密钥管理相对简单，但运算速度较慢。

(2) 动态数据加密机制。同态(动态)加密是基于数学难题的计算复杂性理论的密码学技术。对经过同态加密的数据进行处理得到一个输出，将这一输出进行解密，其结果与用同一方法处理未加密的原始数据得到的输出结果是一样的。同态加密技术是密码学领域的一个重要课题，目前尚没有真正可用于实际的全同态加密算法。

2）备份与恢复

数据存储系统应提供完备的数据备份和恢复机制来保障数据的可用性和完整性。一旦发生数据丢失或破坏，可以利用备份来恢复数据，从而保证在故障发生后数据不丢失。常见的备份机制包括异地备份、RAID、数据镜像和快照等。

(1) 异地备份是保护数据最安全的方式，这种物理损坏最能体现异地容灾的优势。

(2) RAID(独立磁盘冗余阵列)使用许多小容量磁盘驱动器来存储大量数据，不必中断服务器或系统，就可以自动重建某个出现故障磁盘上的数据，如图 11-8 所示。

(3) 数据镜像就是保留两个或两个以上在线数据的拷贝。以两个镜像磁盘为例，所有写操作在两个独立的磁盘上同时进行，当两个磁盘都正常工作时，数据可以从任一磁盘读取，如果一个磁盘失效，则数据还可以从另外一个正常工作的磁盘读出，其备份方式如图 11-9 所示。

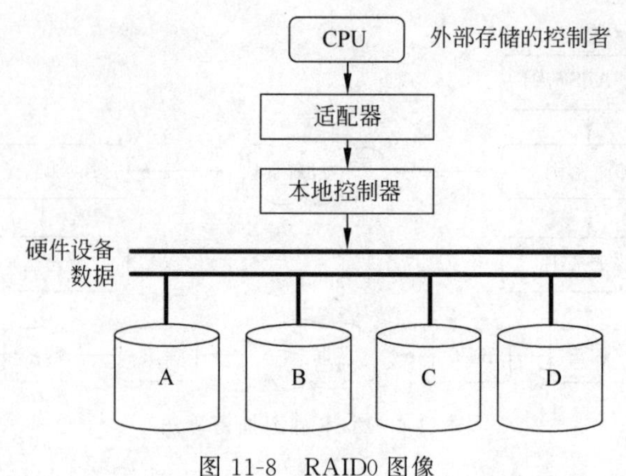

图 11-8　RAID0 图像

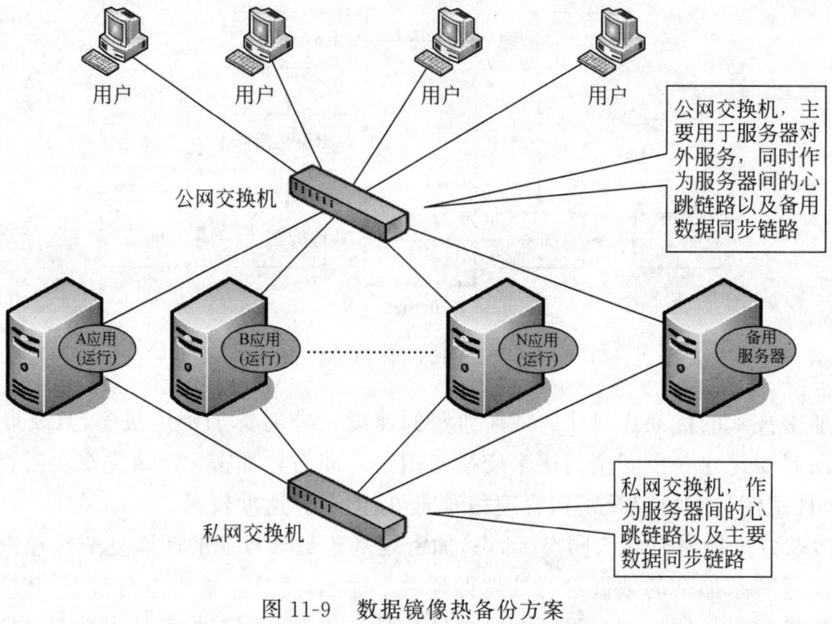

用户
用户
用户
用户
公网交换机，主要用于服务器对外服务，同时作为服务器间的心跳链路以及备用数据同步链路
公网交换机
A应用(运行)
B应用(运行)
N应用(运行)
备用服务器
私网交换机，作为服务器间的心跳链路以及主要数据同步链路
私网交换机

图 11-9　数据镜像热备份方案

(4) 快照的作用主要是能够进行在线数据备份与恢复。当存储设备发生应用故障或者文件损坏时可以进行快速的数据恢复，将数据恢复为某个可用时间点的状态，实现瞬时备份。

3. 数据挖掘安全技术

数据挖掘是数据应用的核心部分，是发掘数据价值的过程。数据挖掘的专业性决定了拥有大数据的机构往往不是专业的数据挖掘者，因此在发掘大数据核心价值的过程中，可能会引入第三方挖掘机构，如何保证第三方在进行数据挖掘的过程中不植入恶意程序，不窃取系统数据，这是大数据应用进程中必然要面临的问题。对数据挖掘者的身份认证和访问控制是需要解决的首要安全问题。

1）身份认证

身份认证是指计算机及网络系统确认操作者身份的过程，也就是证实用户的真实身份与其所声称的身份是否符合的过程。根据被认证方能够证明身份的认证信息，身份认证技术可以分为基于秘密信息的身份认证技术、基于信物的身份认证技术、基于生物特征的身份认证技术、基于生物识别技术的认证方式。如图 11-10 所示的考生身份识别系统，其中应用了隐秘信息、信物、生物识别、生物特征等多种身份识别技术。

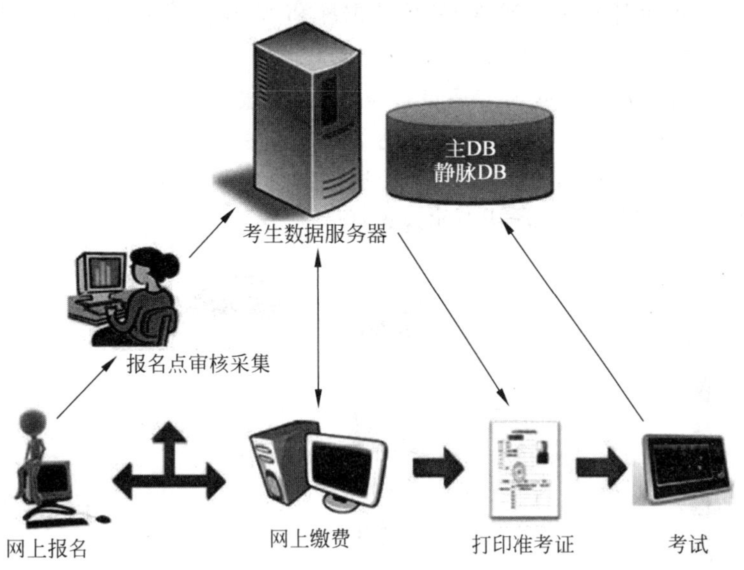

图 11-10 考生指静脉身份认证解决方案（来源：新浪博客）

2）访问控制

访问控制是指主体依据某些控制策略或权限对客体或其资源进行的不同授权访问，限制对关键资源的访问，防止非法用户进入系统及合法用户对资源的非法使用。访问控制是进行数据安全保护的核心策略，为有效控制用户访问数据存储系统，保证数据资源的安全，可授予每个系统访问者不同的访问级别，并设置相应的策略保证合法用户获得数据的访问权。

（1）自主访问控制（Discretionary Access Control，DAC）。自主访问控制是指对某个客体具有拥有权（或控制权）的主体能够将对该客体的一种访问权或多种访问权自主地授予其他主体，并在随后的任何时刻将这些权限回收。

（2）强制访问控制（Mandatory Access Control，MAC）。强制访问控制在自主访问控制的基础上，增加了对网络资源的属性划分，规定不同属性下的访问权限。这种机制的优点是安全性比自主访问控制的安全性有了提高，缺点是灵活性要差一些。

（3）基于角色的权限访问控制（Role-Based Access Control，RBAC）。基于角色的权限访问控制方法的基本思想是在用户和访问权限之间引入角色的概念，将用户和角色联系起来，通过对角色的授权来控制用户对系统资源的访问。

4. 数据发布安全技术

数据发布是指大数据在经过挖掘分析后，向数据应用实体输出挖掘结果数据的环节，也就是数据“出门”的环节，其安全性尤其重要。

1）安全审计

数据发布前必须对即将输出的数据进行全面的审查，确保输出的数据符合“不泄密，无隐私、不超限、合规约”等要求，这就需要必要的安全审计技术。

安全审计是指在记录一切(或部分)与系统安全有关活动的基础上，对其进行分析处理、评估审查，查找安全隐患，对系统安全进行审核、稽查和计算，追查造成事故的原因，并做出进一步的处理。目前常用的审计技术有以下几种。

(1) 基于日志的审计技术。通常 SQL 数据库和 NoSQL 数据库均具有日志审计的功能，通过配置数据库的自审计功能，即可实现对大数据的审计。

(2) 基于网络监听的审计技术。通过将对数据存储系统的访问流镜像到交换机某一个端口，然后通过专用硬件设备对该端口流量进行分析和还原，从而实现对数据访问的审计。

(3) 基于网关的审计技术(见图 11-11)。通过在数据存储系统前部署网关设备，在线截获并转发到数据存储系统的流量，从而实现审计。

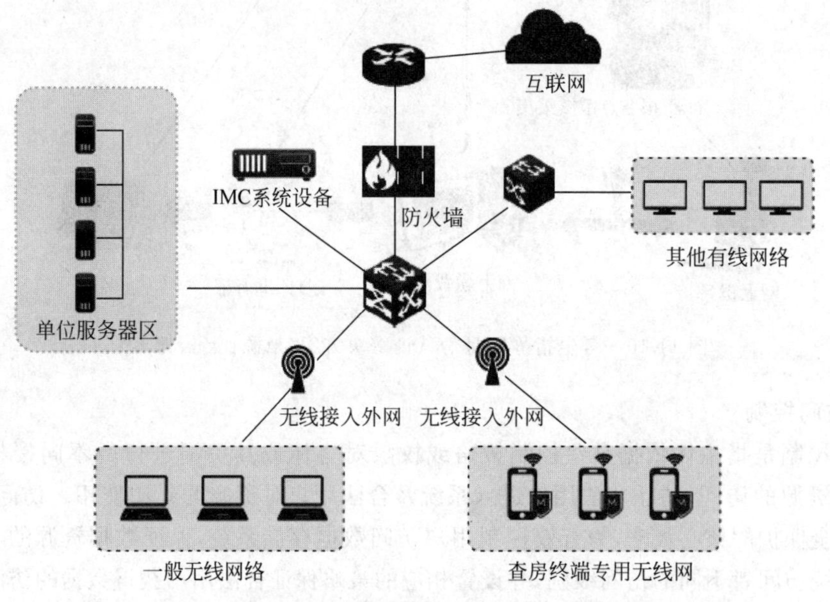

图 11-11　基于网关的数据审计(来源：搜狐网)

(4) 基于代理的审计技术。通过在数据存储系统中安装相应的审计 Agent，在 Agent 上实现审计策略的配置和日志的采集。该技术与日志审计技术比较类似，最大的不同是需要在被审计主机上安装代理程序。

2) 数据溯源

再严密的审计手段，也难免有疏漏之处。在数据发布后，一旦出现机密外泄、隐私泄露等数据安全问题，需要有必要的数据溯源机制，确保能够迅速地定位到出现问题的环节、出现问题的实体，以便对出现泄露的环节进行封堵，追查责任者，杜绝类似问题的再次发生。

目前，常将数字水印技术用于数据溯源，即将一些标识信息直接嵌入数字载体中，但不影响原载体的使用价值，也不容易被人的知觉系统觉察或注意到。通过这些隐藏在载体中的信息，可以达到确认内容创建者、购买者、传递隐秘信息或者判断载体是否被篡改等目的。数据水印具有不可感知性、强壮性、可证明性、自恢复性和安全保密性。在数据发布的出口，可以建立数据水印加载机制，在进行数据发布时，针对重要数据，为每个访问者获得的数据加载唯一的数据水印，从而确定数据安全问题发生的源头。

5. 隐私保护技术

隐私保护存在两方面的内在要求：一是如何保证数据应用过程中不泄露隐私；二是如何更有利于数据的应用。

当前，隐私保护领域的研究工作主要集中于如何设计隐私保护原则和算法，以更好地达到这两方面的平衡。隐私保护技术可以分为以下3类。

1）基于数据变换的隐私保护技术

数据变换，简单来讲就是对敏感属性进行转换，使原始数据部分失真，但是同时保持某些数据或数据属性不变的保护方法。数据失真技术通过扰动(Perturbation)原始数据来实现隐私保护。

2）基于数据加密的隐私保护技术

采用对称或非对称加密技术在数据挖掘过程中隐藏敏感数据，多用于分布式应用环境中，如分布式数据挖掘、分布式安全查询、几何计算、科学计算等。

3）基于匿名化的隐私保护技术

匿名化是指根据具体情况有条件地发布数据，如不发布数据的某些域值、数据泛化(Generalization)等。限制发布，即有选择地发布原始数据、不发布或者发布精度较低的敏感数据，以实现隐私保护。

每种隐私保护技术都存在各自的优缺点，基于数据变换的技术，效率比较高，但却存在一定程度的信息丢失。基于加密的技术则刚好相反，它能保证最终数据的准确性和安全性，但计算开销比较大。而限制发布技术的优点是能保证所发布的数据一定真实，但发布的数据会有一定的信息丢失。

11.2 数据治理

数据爆发式增长带来了一系列问题，数据是否得到了有效利用？这些数据原料应当怎样管理？针对这些问题，“数据治理”这一概念被提出。

11.2.1 数据治理的概念

为什么数据需要治理而不仅仅是管理？回答这一问题，首先需要对治理和管理这两个概念进行区分。COBIT5对数据治理与数据管理的概念进行了精准的区分定义。

管理(Management)是指按照治理机构设定的方向展开计划、建设、运营和监控活动，以实现组织目标。基于此定义，管理包含计划、建设、运营和监控4个关键活动，并且活动必须符合治理机构所设定的方向和目标。

治理(Governance)是指评估利益相关者的需求、条件和选择以达平衡一致的组织目标，通过优先排序和决策机制来设定方向，然后根据方向和目标来监督绩效与规范。基于此定义，治理包括评估、指导和监督3个关键活动，并且输出结果与设定方向必须和预期的目标一致。

从上述定义可以对管理和治理做出如下总结。

(1) 关键活动不同：管理包含计划、建设、运营和监控4个关键活动，治理包含评估、治理和监督3个关键活动。

(2) 过程不同：根据COBIT5的定义，管理包括4个域，即APO(调整、计划和组织)、BAI(建立、获取和实施)、DSS(交付、服务和支持)、MEA(监视、评价和评估)，每个域又包含若干个流程。而治理包含框架的设置与维护、确保资源化、风险化、收益交付、利益相关透明等流程。

(3) 分工不同：治理相当于决策者，管理相当于执行者，负责制定和实施决策的过程。

综上，可以总结出数据治理是指在数据整个生命周期(从数据采集到数据使用，直至数据存档)中，制定由业务推动的数据政策、数据所有权、数据监控、数据标准以及指导方针。从上述定义可以看出，为了形成有效的治理体系，治理和管理必须相互作用，相互配合，才能取得最优效果。

11.2.2 数据治理的意义

如今，我们的生活已经被数据所淹没，但是目前主流的软件往往无法在短时间内完成对数据的筛选、管理、处理并整理成数据产品。随着数据的进一步增长，这一现象会更加明显。所以组织常常需要面对超出其基础设施处理能力的大量数据，从数据中挖掘出对制定有效决策有实际价值的情报更是难上加难。造成这一现象的关键在于数据进入生命周期的不一致、数据不准确、不可靠，导致这些产生的原因可能是多样的。

(1) 数据计划中的数据识别不完整，目前还不清楚如何获取数据、如何使用数据、哪些业务目标要满足、哪些人有权拥有数据。

(2) 数据收集和转换没有制定适当的标准、体系结构、元数据定义、数据所有权和数据转换规则。

(3) 数据传输在业务用户上下文、安全性、数据和业务流程方面还没有正确定义。

数据治理的重点在于要将数据明确作为一种资产看待。任何数据计划都应该考虑数据的以下特性：数量大、种类多、产生频率高、质量可靠性低、模糊性高。更好的数据意味着更好的决策，这就要求有一个可靠的数据治理计划。

伴随着大数据时代的到来，“数据驱动”已然成为未来全世界的发展趋势。目前，数据已经应用于全球的生产、分配及消费活动等，成为一种生产要素，并且对于国家经济的运营体制、社会民生和国家的治理生产、制造能力等都会产生非常重要的影响，数据治理将为社会经济能力发展提供新的动力。数据使得国家的强弱对比不再仅仅体现在经济发展层面，还体现在一个国家的数据治理实力，对数据治理的挑战才刚刚开始。

11.2.3 数据治理内容

1. 数据治理框架

数据治理框架以全局视角，从治理原则、治理范围、治理评估三个维度描述了数据治理的主要内容，如图11-12所示。

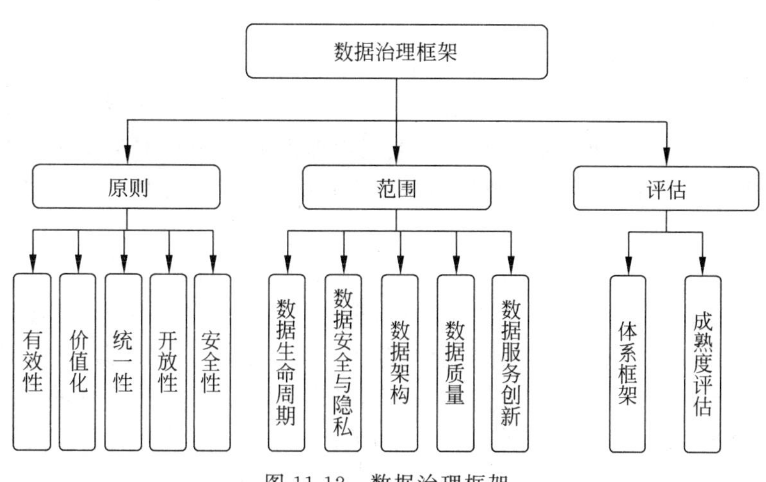

图 11-12　数据治理框架

数据治理的原则给出了数据治理过程中所遵循的、首要的、基本的指导方法，即**有效性原则**、**价值化原则**、**统一性原则**、**开放性原则**、**安全性原则**。这 5 个原则从各个层面、各个角度解释了数据治理所需遵循原则的重要性与必要性。

数据治理的范围描述了数据治理的关键领域，即数据治理决策层应该在哪些关键领域内做出决策。该维度共包含 5 个关键领域：数据生命周期、数据安全与隐私、数据架构、数据质量以及数据服务创新。这 5 个关键领域是数据治理的主要决策领域，规定了数据治理主要应用的方向。

数据治理的评估维度描述了数据治理评估中需要重点关注的关键内容，评估维度包含数据治理的体系框架和数据治理的成熟度评估。

相关组织及企业可从数据治理原则、治理范围、治理评估三个维度了解数据治理工作，按照治理原则中所遵循的指导性法则、治理范围中的治理关键域以及评估维度中的关键内容，持续稳步地推进数据治理工作。

2. 数据治理原则

数据治理原则是指数据治理所遵循的、首要的、基本的指导性法则。数据治理原则对数据治理实践起指导作用，只有将原则融入实践过程中，才能实现数据治理的战略和目标。提高数据运用能力，可以有效增强政府服务和原则监管的有效性。为了高效采集、有效整合、充分运用庞大的数据，提出以下 5 项数据治理的基本原则。

1）有效性原则

有效性原则体现了数据治理过程中数据的标准、质量、价值、管控的有效性与高效性。在数据治理的过程中，首先需要的是对数据处理的信息准确度高、理解上不存在歧义，遵循有效性原则，选择有用数据，淘汰无用数据，识别出有代表性的本质数据，去除细枝末节或无意义的非本质数据。这种有效性原则在数据的收集、挖掘、算法和实施中具有重要作用。

2）价值化原则

价值化原则指数据治理过程中以数据资产为价值核心，最大化数据平台的数据价值。数据本身不产生价值，但是从庞杂的数据背后挖掘、分析用户的行为习惯和喜好，找出更符合用户需求的产品和服务，并结合用户需求有针对性地调整和优化自身，这具有很大的价值。

3）统一性原则

统一性原则是在数据标准管理组织架构的推动和指导下，遵循协商一致制定的数据标准规范，借助标准化管控流程得以实施数据统一性的原则。数据经过统一规范后，通过标准配置，能够大大缩短数据采集的整个流程。数据治理遵循统一性原则，能够节约很大的成本及时间，同时形成一个规范，这对于数据的治理具有重要意义与作用。

4）开放性原则

在大数据和云环境下，要以开放的理念确立起信息公开的政策思想，运用开放、透明、发展、共享的信息资源管理理念对数据进行处理，提高数据治理的透明度，不让海量的数据信息在封闭的环境中沉睡。不能以信息安全为理由不开放性地处理数据，而需要将信息数据向公众开放，安全合理地共享数据并使数据之间形成关联，形成一个良好的数据标准和强有力的数据保护框架，使数据高效、安全地共享和关联，在保护公民个人自由的同时促进经济的增长和创新。

5）安全性原则

数据治理的安全性原则体现了数据安全的重要性与必要性，即保障数据平台数据安全和数据治理过程中数据的安全可控。数据的安全性直接关系到数据业务能否全面推广。数据治理过程中，在利用数据优势的基础上，需要明确其安全性，采用多种策略从技术层面到管理层面来提升数据本身及其平台的安全性。

3. 数据治理范围

数据治理范围着重描述了数据治理的关键领域，包括：数据生命周期、数据架构（数据存储、元数据、数据仓库、业务应用）、数据安全与隐私、数据质量等。

1）数据生命周期

数据生命周期是指数据产生、获取到销毁的全过程，具体可分为数据采集、数据维护、数据合成、数据利用、数据发布、数据归档、数据清除等。数据生命周期管理面临着巨大的挑战，其中包括三个主要类别：无穷无尽的数据总量、新数据的短期有效性以及数据的一致性。

数据生命周期管理主要包括以下几个部分。

(1) 数据采集，即创建尚不存在或者虽然存在但并没有被采集的数据，主要包括3个方面的数据来源：数据采集、数据输入和数据接收。

(2) 数据维护，即数据内容的维护（无错漏、无冗余、无有害数据）、数据更新、数据逻辑一致性等方面的维护。

(3) 数据合成，即利用其他已经存在的数据作为输入，经过逻辑转换生成新的数据。

(4) 数据利用，即如何使用数据，把数据本身当作一个产品或者服务进行运行和管理。

(5) 数据发布，即在数据使用过程中，可能由于业务的需要将数据从组织内部发送到组织外部。

(6) 数据归档，即将不再经常使用的数据移到一个单独的存储设备上进行长期保存的过程，对涉及的数据进行离线存储，以备非常规查询等。

(7) 数据清除，即清除数据的每一份拷贝。

2）数据架构

数据架构是指数据在IT环境中如何进行存储、使用及管理的逻辑或者物理架构。它

由数据架构师或者设计师在实现一个数据解决方案的物理实施之前创建，从逻辑上定义了数据关于其存储方案、核心组件的使用、信息流的管理、安全措施等的解决方案。

数据架构主要包含 4 个层次：数据来源、数据存储、数据分析、数据应用和服务。

(1) 数据来源：此层负责收集可用于分析的数据，包括结构化、半结构化和非结构化的数据，提供解决业务问题所需的洞察。此层是进行数据分析的前提。

(2) 数据存储：主要定义了数据的存储设施以及存储方案，以进一步进行数据分析处理。通常这一层提供多个数据存储选项，例如分布式文件存储、云、结构化数据源、NoSQL 等。此层是数据架构的基础。

(3) 数据分析：提供数据分析的工具以及分析需求，从数据中提取业务洞察，是数据架构的核心。分析的要素主要包含元数据、数据仓库等。

(4) 数据应用和服务：提供数据可视化、交易、共享等服务，由组织内的各个用户和组织外部的实体使用，是数据价值的最终体现。

3）数据安全与隐私

从个人隐私安全层面看，大数据将大众带入开放、透明的"裸奔"时代，若对数据安全保护不利，将引发不可估量的问题。解决传统网络安全的基本思想是划分边界，在每个边界设立网关设备和网络流量设备，用守住边界的办法来解决安全问题。但随着移动互联网、云服务的出现，网络边界实际上已经消亡了。

因此，在开放数据共享的同时，也带来了数据安全的隐忧，不断地对我们管理计算机的方法提出挑战。正如印刷机的发明引发了社会自我管理的变革一样，数据也是如此。它迫使我们借助新方法来应对长期存在的安全与隐私挑战，并且通过借鉴基本原理对新的隐患进行应对。我们在不断推进科学技术进步的同时，也应确保我们自身的安全。

4）数据质量

当前数据在多个领域广泛存在，数据的质量对其的有效应用起着至关重要的作用。并且，在数据使用过程中，如果存在数据质量问题，将可能会带来严重的后果，因而需要对数据进行质量管理。高质量的数据是进行数据分析和数据使用以及保证数据质量的前提。

建立可持续改进的数据管控平台，以有效提升数据质量管理，可以从以下几个方面入手。

(1) 数据质量评估：提供全方位数据质量评估能力，如数据的正确性、完全性、一致性、合规性等，对数据进行全面体检。

(2) 数据质量检核和执行：提供配置化的度量规则和检核方法生成能力，提供检核脚本的定时调度执行。

(3) 数据质量监控：系统提供报警机制，对检核规则或方法进行阈值设置，对超出阈值的规则进行不同级别的告警和通知。

(4) 流程化问题处理机制：对数据问题进行流程处理支持，规范问题处理机制和步骤，强化问题认证，提升数据质量。

(5) 根据血统关系锁定在仓库中使用频率较高的对象，进行高级安全管理，避免误操作。

数据质量管理是一个综合的治理过程，不能只通过简单的技术手段解决，需要从整体高度加以重视。

4. 数据治理评估

数据治理过程中通过成熟度评估可以了解数据治理的现状和方向,为数据治理的完善提供依据,以达到确保数据有效利用、发挥最大价值的目的。因此,数据治理的成熟度评估是数据治理体系的至关重要的一个环节。

IBM数据治理成熟度模型共使用了11项内容来度量数据治理能力。

(1) 数据风险管理及合规性:确定数据治理与风险管理关联度,用来量化、跟踪、避免或转移风险等。

(2) 价值创造:确定数据资产是否能创造更大价值。

(3) 组织结构和意识:主要用来评估数据治理是否拥有合适的数据治理委员会、数据治理工作组和全职的数据治理人员,是否建立了数据治理规章以及高级管理者对数据是否重视等。

(4) 管理工作:是指质量控制规程,用来管理数据以实现资产增值和风险控制等。

(5) 策略:为如何管理数据在高级别上指明方向。

(6) 数据质量管理:主要指用来提高数据质量,保证数据准确性、一致性和完整性的各种方法。

(7) 数据生命周期管理:主要指对结构化、半结构化以及非结构信息化全生命周期管理相关的策略、流程和分类等。

(8) 数据安全与隐私:主要指保护数据资产、降低风险的各种策略、实践和控制方法。

(9) 数据架构:是指系统的体系结构设计,支持向适当用户提供和分配数据。

(10) 分类与元数据:是指用于业务元数据和技术元数据以及元模型、存储库创建通用语义定义的方法和工具。

(11) 审计信息记录与报告:是指与数据审计、内部控制、合规和监控超级用户等有关的管理流程。

可以通过回答问题来评估当前数据治理的成熟度,例如,是否已经确定了数据治理计划的关键业务相关人员、是否能对数据治理提供的财务收益进行量化等问题。

11.3 数据伦理

大数据的发展,使得人们的决策突破了原有的决策模式,开始了以数据为中心的决策模式,但这可能从三方面带来伦理挑战:数据中立性、数据独裁与道德判断。

11.3.1 数据中立性

数据本身是中立的,人们对数据的解读导致了数据所传递的信息差异。很多人直观地觉得技术一定是中立的,数据是客观的,可事实并非如此。当人们掌握了需求的差异时,往往会根据需求的不同而进行差别策略,打破了原有的公平统一。

例如,电商会根据消费者的需求强弱来决定价格的高低,如"大数据杀熟"的现象,如图11-13所示。相比于奢侈品在经济落后地区反而昂贵的定价策略,这种行为对需求的把握更精确。奢侈品在县城比市区更贵的定价策略,是由于县城的消费水平低于市区,而有奢侈品需求的消费者不会因为价格昂贵而选择不消费，没有奢侈品需求的人也不会因为少量的降价而消费，这种定价策略尽管存在区域的差异，但并未触及消费者个人的价格公平。

但在大数据技术的支持下，需求分析可以定位到个人，直接分析出每个人的需求差异，根据需求差异进行区别定价。以网络购物说明，如果一个消费者购买的单体都处于价格的中低端，或者对购物券很感兴趣，那会被认为其对价格特别敏感，他和对价格不敏感的人搜索同样一个关键词，结果将是截然不同的。

图 11-13 大数据杀熟

由于数据在使用过程中掺杂着人为主观的因素，近年来在某些领域，数据和算法的歧视更为隐蔽，例如，推荐算法带给不同阶层的人不同的结果，这种数据和人工智能的使用到底会缩小人们的差异，还是会进一步增大阶层分化？

11.3.2 数据独裁

数据独裁，是指让数据统治我们，它带来的损害可能和好处同样多。其中的危险在于，我们会让自己被分析成果盲目框住，即使有合理的理由怀疑某些东西出了错。想要评估教育发展状况，那就推动标准化测试来衡量表现、惩罚教师或学校；想要减肥，买个应用程序来计算卡路里，却把实实在在的锻炼抛在脑后。

这种独裁甚至让其中最好的企业也跌入陷阱。谷歌根据数据运营一切事物，它的成功很大程度上是从这种策略而来，但它也时不时因此绊倒。谷歌联合创始人拉里·佩奇(Larry Page)和谢尔盖·布林(Sergey Brin)长久以来都坚持要知道所有应聘者的 SAT 分数和大学 GPA。在他们看来，第一个数字显现了潜力，第二个数字衡量了成就。那些四十多岁、已经做出一番成绩的主管们仍然被不断催促提供这些成绩，这让他们极为困惑。即使初步研究显示这些分数和工作表现无甚关联，该公司长久以来还是在继续要求这些数字。

谷歌应该更好地了解其员工，抵制数据虚假魅力的引诱。这种衡量方式没有考虑到一个人在其人生中可能发生的改变。它看重的是会读书的人，而非知识。它可能也无法反映出人文学科背景的员工的素质，因为人文学科相比科学或工程学更难量化知识技能。谷歌在其人事操作上对这类数据的沉迷尤其令人不解，因为这家公司的创始人都是出自注重学习而非成绩的蒙台梭利学校。按谷歌的标准，比尔·盖茨、马克·朱克伯格或史蒂夫·乔布斯都不会被雇用，因为他们都没有大学学位。

谷歌对数据的顺从已经走到了极端。玛丽萨·迈耶(Marissa Mayer)在跳槽雅虎前是谷歌的高层主管之一，她曾在决定公司网站工具条的最佳颜色时，要求员工测试 41 种不同的蓝色，看看人们使用哪一种更多。2009 年，谷歌的最高设计师道格拉斯·鲍曼(Douglas Bowman)气呼呼地辞职了，因为他受不了谷歌对任何事情都要做不断地量化。“我最近和人们辩论一条边的宽度应该是 3 个、4 个还是 5 个像素，我还被要求证明我的选择。我没法在这种环境里工作。”他在一篇宣布自己辞职的博客中写道，“当一家公司充斥着工程师时，它就会用工程学来解决问题。把每个决定都简化成简单的逻辑问题。数据最终成了每个决策的支柱,这让这家公司瘫痪。”

数据独裁的根本问题在于使用不合理的量化方式来解决现实中的问题,这种行为会以数据为支撑,但往往只有结果才能证明其错误性。然而现实中并非所有的事情都能够得到有效验证,例如数据的自我固化问题。

数据的自我固化也可以说是算法的自我固化。城市的发展需要政策制定,如果数据来源是缺失的数据,就会通过对不完整的数据进行分析制定政策。在政策中往往会忽略缺失数据的存在,从而让政策的福利更加偏向于有数据的人群,造成缺失数据人群的数据进一步缺失。这反映在政策的评估中反而是政策带来了良好的效果,新一轮数据会更加支持原有政策,从而使政策离原本缺失数据的人群越来越远。如果是贫困人口数的缺失,则可能导致贫富差距进一步扩大,这与政策的初衷相反,但因在政策评估中表现为良好而无法察觉。

11.3.3 道德判断

数据是中立的,只有人才有道德标准,或者说价值标准。但以数据为燃料运行的人工智能,则需要面对一切被数据化的事物。那么问题在于,道德问题上谁来制定道德和伦理准则。

例如,人类在面对落水救哪个人的问题选择时,无论做什么选择,都是对自身伦理道德的拷问。无论选择哪种结果,人们都有其自身的道德思考,待救的人也都有因不同的思考而被救的可能性。但在无人驾驶时代,必须把这些写成一行行冷冰冰的代码,让机器做选择。机器自身不具备思维能力,必须依赖数据输入,来进行条件判断。这个数据输入是怎样的呢?很可能会是一张公民价值评分表,在这张表上,每个人被计算出价值,这直接打破了“人人平等”这一社会基本准则。当更多人工智能进入实际应用的时候,或许它影响的不仅是道德和伦理的规则本身,而是社会对道德的重新认识。

小结

本章主要介绍了数据在应用中产生的常见问题。数据安全是应用数据的前提,树立国家总体安全观,要求我们重视数据的安全保护,规范数据的权属,发展数据安全技术与体系,保障数据活动安全进行。数据治理是数据高效利用的必然选择,在保障数据安全利用的基础上,明确数据应用的原则,规范数据生命周期管理、数据架构、数据创新等数据应用,建立有效的数据应用评估体系,全方位治理数据以实现数据价值的最大化。数据伦理是数据应用产生的价值观念冲突,关于数据的哲学思考将对大数据时代产生深远的影响,需要建立合理道德规范与法律规范来应对数据应用产生的伦理问题。

尽管数据在应用中出现了一系列问题,但时代的变革与发展本就是一个问题产生与解决的过程,也许这些问题目前并不会很快得到解决,但是世界永远不会停下发展的步伐,这些问题在未来终将被解决。

讨论与实践

1. 结合具体事例，说说你对数据安全性价值的理解。
2. 根据你所了解的隐私泄露案例，说说导致隐私泄露的原因有哪些？
3. 试搜集数据加密原理的知识，选择一种方法对文档进行加密与解密操作。
4. 通过本章的学习，你认为个人数据保护的难点是什么？
5. 请搜集实际案例，说明你对数据治理的理解。

参考文献

[1] 杜晓燕，宋希斌. 数字中国视野下的国家治理信息化及其实现：精准、动态与协同[J]. 西安交通大学学报，2019，(2)：1-10.
[2] 刘驰，胡柏青，等. 大数据治理与安全从理论到开源实践[M]. 北京：机械工业出版社，2017.
[3] 王融. 大数据时代数据保护与流动规则[M]. 北京：人民邮电出版社，2017.
[4] 张尼，张云勇，等. 大数据安全技术与应用[M]. 北京：人民邮电出版社，2014.
[5] 张健，任洪娥，等. 信息安全原理与应用技术[M]. 北京：清华大学出版社，2015.
[6] 张雪峰. 信息安全概论[M]. 北京：人民邮电出版社，2014.
[7] 朱节中，姚永雷. 信息安全概论[M]. 北京：科学出版社，2016.
[8] 天文生. 大数据可能带来三方面的伦理挑战[N]. 中国青年报.（2018-8-28）[2019-4-28]. http：//news. sina. com. cn/o/2018-08-28/doc-ihiixyeu0435876. shtml.
[9] 付伟，于长城. 数据权属国内外研究述评与发展动态分析[J]. 现代情报，2017，(7)：159-165.
[10] 吴晓灵. 个人数据保护的制度安排[J]. 中国金融，2017，(11)：11-13.
[11] 周涛. 数据时代的伦理困境[J]. 网络安全和信息化，2018，(10)：40-41.
[12] 肯尼斯·库吉尔，维克托·迈耶·斯贡伯格. 数据独裁[J]. 科技创业，2013，(8)：73-75.

第12章

数据思维的应用

数据思维的产生与演变顺应了大数据时代的发展，也深刻地影响着我们开发、利用、创新大数据应用的路径与范式。本章将从7个领域，来阐述大数据时代下数据思维给个人、企业乃至整个社会带来的巨大价值与积极影响。

12.1 城市治理中的数据思维

城市治理是国家治理的重要组成部分之一。2011年，中国城镇常住人口首次超过农村，这意味着中国结束了以乡村社会为主体的时代，开始进入到以城市社会为主体的新时代。随着城市空间的急剧扩大和交通工具的现代化，城市内部和城市群的协调问题越来越成为社会治理的重要内容。党的十九大报告强调，要“打造共建共治共享的社会治理格局”“实现政府治理和社会调节、居民自治良性互动”；“智慧城市”“智慧社区”等智慧化治理生态的建设与发展也提供了生动的实践样本。大数据、人工智能、物联网等新兴信息技术的应用为城市治理带来了新的机遇，通过对大数据的有效整合，可以大幅改善城市治理效果，提升城市治理效率。

12.1.1 大数据与城市治理

1. 大数据激活城市数据资源

大数据技术已经成为城市治理创新的重要利器。大数据不仅是数据资源或者处理技术，更是一种数据思维方式。它不仅改变了人们的生活和生产方式，也给人们理解现实社会提供了新的视角和方法论。城市治理是在对现有大量数据进行综合分析、挖掘的基础上，对城市未来的面貌、发展方向、空间布局等做出的综合性设计、建设、管理与服务，为制定科学的公共管理政策提供依据，本质上需要数据的有力支撑和科学判断。大数据不仅实现了城市规划自身从编制、规划、反馈、修正到实施的一体化良性循环和流程再造，而且也重塑了城市规划与经济、社会、人文、技术等有效互动的格局，用城市发展新观念形成新的驱动力，并带来3个显著变化。

1）全样本思维

大数据给城市治理带来全样本数据，使城市治理不再仅限于传统随机样本数据。以人为中心，实现对规划对象的精准管控，是城市治理面临的重大挑战。然而，我国不少城市的管理机构在应对城市人口增长等方面的规划和建设经验有所欠缺，在理念、方法和技术层面还难以应对这种挑战。传统城市规划很难获取城市居民日常生活与行为信息，只能采用随机抽样、问卷调查等小样本分析方法进行估算，难以全面客观地反映城市居民的活动特征。

随着大数据技术的广泛应用，通过获取不同数据，如人口数据、交通数据、通信数据等定位数据，可以全面客观地掌握城市居民信息，为构建城市规划体系提供特定区域、特定时间内的居民全样本信息。以手机信令数据为例，随着手机的基本普及，采集到的数据有接近全样本的高覆盖率特征；每个人都随身携带手机，数据有直接反映空间位置的高精度性；运营商实时收集手机数据，数据有立即可取的高时效性。

大数据能够提供不一定“精确”但总体“正确”的公共决策依据，基于大数据思维，城市治理从“书斋式”的管理艺术上升为“全样本”的治理能力，从滞后性向实时性转变，从专家主导向公众互动参与转变，从“蓝图式”规划向“动态过程式”规划转变，从部门规划向“开门做规划”转变，未来城市的面貌将焕然一新。

2）关联数据

用大数据的手段去感知社会动态、畅通沟通渠道、辅助决策实施，使“城市，让人类生活更美好”的初衷得以实现。过去由于缺乏技术手段，无法处理并提取出城市数据的相关关系，难以指导城市治理，当大数据出现后，这些问题都将得以改善。基于大数据的分析与研究不再是一味寻求精确的因果关系，而是寻找事物之间的相关性。相关性也许不能准确预测事件为何发生，但可以及时预估事物发展的主要趋势。例如，利用人口普查资料、手机定位信息等，可以对一定时期人口密度的空间分布变化进行考察。基于人口密度视角，根据城镇化格局的识别指标，可以分析出不同类型城镇格局的演变特征，主动形成更符合群众需求的政策与服务。大数据具有全局性、动态性、多维性等特点，可以依靠大数据技术进行全局分析和相关性分析，为城市规划和管理提供更科学、客观和系统的决策支持与服务，实现各个子系统之间的良性互动、相互补充、有机衔接的一体化规划设计。

3）技术支撑

传统信息时代，由于数据量少，数据质量和精度成为最为重要的指标。大数据时代由于数据量大、来源复杂、类型繁多、优劣掺杂，适当放松数据质量和精度，有利于获取更多的数据，进而发现数据背后隐藏的联系和规律。例如，通过对社交网络数据的抓取，可以获取特定人群的社会关系、关注热点和职业信息等，进而可以分析并构建其虚拟社交网络关系。虽然从小范围看数据质量和精度不一定很高，但通过数据之间的互补和验证，可以在微观层面上提高数据质量和精度，使城市管理者在宏观层面拥有更好的洞察力和预见性。数据是人们为了了解和管理客观世界而搜集的，它本身不会表达一切，并不会说明任何问题。数据主要定位在对历史、现状的分析，对未来趋势的预判。有了大数据积累，就可以根据城市治理需要，随时采集与分析数据，深入挖掘大数据蕴含的价值，将微观智能模拟与仿真、大数据与定性分析相结合，更好地开展公共服务，为城市空间规划、建设与管理提供有力支持。

大数据的出现，为应对城市治理挑战、科学建设与管理提供了有力支撑，帮助城市管理者、建设者和公众将数据资源变为决策能力，为城市治理带来根本性、全局性的变革，提高城市治理科学性、严肃性和权威性，造福于社会。

2. 大数据让城市更友好

将数据资源转变为决策能力，能够显著提升城乡治理与发展水平。

第一，大数据应用能够提升政府决策和管理水平。由于缺乏城市发展的科学预判和有效管理，一些城市规划缺乏长远思考，出现土地资源紧缺、生态环境恶化、城市交通拥堵等问题，面临城市安全和生活品质的严重挑战。因城市规模急速扩张、无序生长造成了诸多严重的潜在风险和社会问题，经济发展成果也在很大程度上被抵消。使用传统的管理方法已经难以有效解决这些问题。大数据时代意味着信息无所不在，使得管理者将有能力随时捕捉城市的人流、车流、物流，从而认识城市人的行为模式与城市社会的整体变化，将大数据应用于城市治理实践。可以根据人才分布、区域优势、交通条件、环境特点等，发展有特色的创业园区和创新基地等。

第二，大数据应用能够实现人本治理，使人民更幸福。以人为中心，实现对规划对象的精准管控，是城市治理面临的重大挑战，需要制定理性的人本规划与治理方略。通过大数据技术，获取人口在空间的分布和移动等方面的定量数据，有利于破解城市规划中人口规模和分布的难题。在发生传染病时，结合人口和地理信息数据，可以及时阻断传染源，预测疾病蔓延的趋势、速度和影响区域，并采取防治措施。通过对“人”的行为模式的大数据分析，可以掌握城市“房地”变迁及城市交通与环境变化等。

第三，大数据应用能够促进多规融合，绿色又节能。目前，国内城市规划主要依靠传统的问卷调查、座谈等方式进行，由城市规划部门主导完成，大多仍沿用传统的定性规划编制方法，而对数据的定量分析较少。这种方式已经无法适应城市快速发展、瞬息万变的实际需要，现实中还存在诸如“规划偏重生产而轻视生活，偏重空间而轻视时间，规划未与人的行为充分结合”等问题，各部门间的规划也难以有效衔接。智慧城市规划建设与大数据应用分析在技术上可以把经济学、社会学、地理学、环境学等各专业分析方法集成应用，将经济社会发展规划、国土规划、城乡规划、环境规划等多种规划统筹到一个网络信息共享服务平台上，使得多规划融合成为可能。同时，新的大数据平台与传统的规划相结合，对规划框架体系进行整体更新，使其更加科学合理，同时推进多规融合，更好地为城市治理服务。打造绿色、和谐的城市生态，融入城市交通、居民行动、企业生产排放、公众健康等，建立更精确的统计模型，发展绿色GDP，提高城市的社会人文性和宜居性等，提高居民满意度，获得城市开发的经济效益与社会效益的双提升。

第四，大数据应用能够推动公众参与城市治理。通过对规划结果的模拟和可视化展示，通过在线方式进行交互，实现公众参与式规划，能充分收集和考虑各类相关的合理关切和利益诉求。部门协同的规划信息平台将使得规划成为政府各部门、企业机构、民间团体、广大市民的共同发展蓝图，更能体现理性思维，充分体现以人为本的理念，把公众参与、专家论证、风险评估等真正纳入城市重大决策的法定程序。

3. 大数据让城市更智慧

大数据环境下，智慧城市(Smart City)成为城市建设的主流发展趋势。智慧城市更注重整合协同、泛在互动、管理服务、效率效益、绿色低碳，将经济的可持续、环境的可持续和社会的可持续融为一体。通过感知、记录和监控等方式对获得的海量数据进行融合，经过智能系统上升为知识管理和服务，进而形成促进城市可持续发展的智慧城市建设。智慧城市与"持续规划""滚动式发展"的规划思想一脉相承，是城市可持续发展的新思路、新方案。在技术、管理和资源等层面的敕合、互动和持续创新，将促进城市的健康发展。基于大数据的智慧城市建设与城市规划如图 12-1 所示。

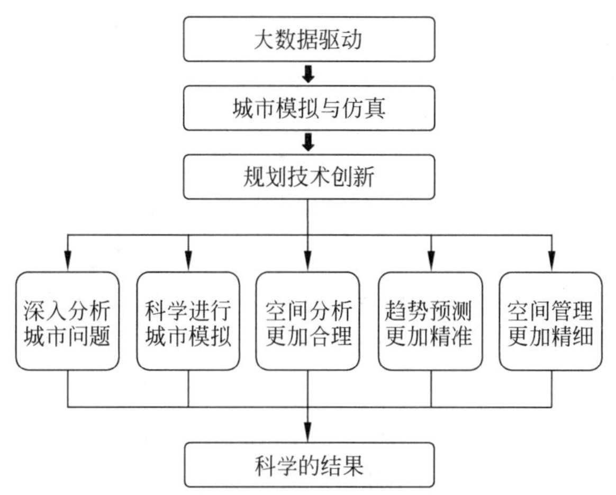

图 12-1　基于大数据的智慧城市建设与城市规划

面对城市发展中的一系列严峻挑战，许多国家试图运用大数据、云计算等先进技术，来重新审视城市治理的理念，城市发展目标的定位、城市功能的培育、城市规划的优化、城市形象与特色的构建等一系列问题，成为现代城市发展中的关键问题。智慧城市已经逐渐深入人心，并引起城市治理的重要变革。智慧城市的建设离不开大数据、云计算、互联网技术等新兴信息技术，这些技术也正以其独有的渗透性、冲击性、倍增性和创新性席卷全球，推动着以智能、绿色和可持续为特征的新一轮科技革命和产业革命的来临。

智慧城市从社会层面和惠民角度加强和创新了城市的社会管理，通过整合、泛在和互动规避了可能的社会风险，促进社会和谐。这种联网的城市促进了部门的精简和效率的提高。智慧城市也促进了协作性公共管理，可据此建立起信息时代的政府治理新机制，整合政策制定与执行，促进资源共享。智慧城市中的信息技术为机构间跨界协作提供了机遇，通过城市各行业、各系统和各部门间的信息共享、沟通互动、无缝链接、协同服务、快速反应、整体推进，为社会和市民提供一体化的全方位社会管理与服务。智慧城市给碎片化的公共管理与公共服务的整合带来机遇，为服务型政府的深化改革提供了品质提升的机遇。在城市化的进程中，城市将成为建立未来管理新秩序的主体，这也是智慧城市发展所应具备的内涵。

12.1.2　大都市在行动

城市数据异构、多源、多模态的特征，要求我们必须要做好数据的统一规划。通过顶层规划设计，让各类数据互联互通，利用云计算、数据挖掘、人工智能等技术，把数据和数据关联、融合在一起，才能实现数据的快速调用和分析。

1. 纽约：从顶层规划大数据

纽约市政府很早就开始大数据的顶层设计和规划。纽约是美国第一大城市和第一大商港，也是美国和全球的金融中心。大量人口带来了巨大的公共服务压力，金融危机以来，政府预算的缩减更是加大了这种压力。城市设施陈旧，突发事件频发，城市治理需要新的手段。

纽约于21世纪初提出旨在促进城市信息基础设施建设、提高公共服务水平的"智慧城市"计划，并于2009年宣布启动"城市互联"行动。2012年，纽约颁布了地方性开放数据法案——《纽约市开放数据法案》，以保障政府数据开放和大数据应用顺利推进。该法案规定，将各部门已对公众开放的所有数据纳入统一的网络入口，通过便于使用、机器可读的形式在互联网上开放。这些数据主要涉及人口统计信息、用电量、犯罪记录、中小学教学评估、交通、小区噪声指标、停车位信息、住房租售、旅游景点汇总等与公众生活密切相关的信息，也包括饭店卫生检查、注册公司基本信息等与商业密切相关的数据。同时改造升级政府部门的电子邮件系统，并建立"纽约市商业快递"网站，进一步提高政府工作效率和服务水平，形成完整的大数据管理构架。2013年，纽约市提出数据驱动的城市服务目标，要求各政府部门必须配合政府首席数据分析官(CAO)，开发和构建全市数据交换平台。纽约市还成立了市长办公室数据分析团队(Mayor's Office of Data Analytics，MODA)，任命城市首席数据分析官和首席政府开放平台官，组建由纽约运营副市长牵头的纽约市数据分析指导委员会，制定全市数据分析的总体战略。与此前已经设立的首席信息官CIO、首席数据官CDO一起，形成了"三驾马车"式的大数据城市管理构架。

纽约基于已有技术和平台，建立了DataBridge和DEEP两大核心系统。DataBridge系统合并了以前单一平台的各类信息，允许对40个不同机构的数据进行分析。DataBridge系统具有数据库管理功能及统计分析工具，并向纽约市其他部门的分析师开放。DEEP系统将各部门的系统相互连接起来，使得城市机构能够安全地进行信息交换，数据传输效率也大大提高。通过分析，市长办公室数据分析团队能发现一些新的数据模式和数据关系来支持决策，还可以优化资源配置。目前，市长办公室数据分析团队的项目包括以下几类：信息辅助救灾应急和重建；帮助纽约市机构改善服务质量；分析经济发展趋势；与其他机构共享数据等。

通过颁布法律法规、完善组织体系和技术平台等顶层设计手段，纽约在市场监管、灾害预防、促进社会化应用等方面都取得了较大的成果。在MODA的帮助下，纽约消防部门应用数据和分析手段改变了纽约消防局(FDNY)日常建筑物检查的方式，帮助城市341个消防单位更准确地定位有潜在火灾危险的建筑物。基于监测系统对全市数据库的挖掘得到潜在危险信息，方便了对城市5万幢大厦的消防检查。通过DataBridge系统，从FDNY数据仓库及城市规划、建筑、环境保护和金融部门数据库提取信息。该系统还允许FDNY基于指定的风险标准制订检查计划，这些标准包括：大厦的类型(家庭、店面、工厂)，施工材料，建筑物的防火功能、高度，建筑物新旧程度、最后检查日期、入住率和违规记录。在大数据系统的帮助下，纽约火灾预测的准确率从25%提高到70%，巡查人员的工作效率提高了5倍。

2. 伦敦：打造数字之都

2009年，英国发布"数字英国"计划，明确提出将英国打造成世界的"数字之都"。伦敦长期被视为欧洲金融首都，为更好地提高公共服务便捷性，先后提出“电子伦敦”和“伦敦连接”计划。为响应英国政府打造“数字之都”的战略规划，伦敦加快推进升级包括有线网、无线网、宽带网在内的数字网络建设，着力将伦敦打造成欧洲网络最畅通的城市。市民可以通过地铁站、博物馆、艺术中心、歌剧院等公共场所相应的免费 Wi-Fi 或其他免费应用程序，体验基于地理位置的各种便利信息和网上服务。虚拟伦敦项目采用 GIS、CAD 和 3D 虚拟技术，将伦敦西区 45 000 座建筑进行模拟，其成果覆盖近 20 平方千米的城区范围，为城市地理信息系统在城市景观设计、交通控制、环境污染控制、减灾等诸多方面的应用提供新的视角。

大数据建设从政府做起。英国大伦敦市政府(GLA)指定伦敦市的各级机构、公务员和其他数据捐助者把数据积累到一个公共数据库网络，创立伦敦开放数据网站，该网站提供多种搜索数据方式和所有数据目录下载功能。通过开放数据网站，公众能够免费获得伦敦政府等机构组织在农业、运输、犯罪、社会保障、教育、医疗、人口等多个方面的统计数据。GLA 组织研发出手机移动设备相关应用软件，使公众通过手机终端就可以轻松浏览、编辑这些开放数据，使得浏览、查询效果更加便捷。

大数据助力伦敦城市建设与管理。伦敦启动了“Oyster”非接触式借记卡，方便市民支付 80%的公共交通服务费。火车安装全球定位系统，方便交通控制中心对火车位置及行驶情况的掌控。传感器技术在智能交通建设中得到广泛应用。例如，乘客随时可以在安装传感器的站台显示牌上了解车辆抵达时间和终点站，站台通过传感器可将等候的乘客发送给控制中心，方便调度人员控制车次和出车时间间隔。交警通过安装传感器的移动终端迅速获取违规车辆的车速、违反条款及罚款数目等信息，提高基层交警处理违反交通规则事件的效率。推出电动汽车无线充电试用计划，采用无线感应式电力传输技术，增强智能电动汽车体验和应用。

大数据技术在伦敦市垃圾处理上得到广泛应用。目前，伦敦金融城已经设置遍布全市的带有液晶显示屏的数字化垃圾回收箱，所有垃圾回收箱与 Wi-Fi 相连，通过无线信号可以指示居民对垃圾分类处理同时可以收取天气、气温、时间及股市行情动态等信息。此外，该类数字化垃圾回收箱还能有效防止恐怖袭击，在一定程度上确保了城市管理有序进行和居民人身安全。这些高科技垃圾箱有望遍布伦敦各个地区，有效助推伦敦智慧城市建设。

3. 上海：数据开放的先行者

上海从大数据的开放与兼容起步。“上海市政府数据服务网”(见图 12-2)于 2012 年 6 月在国内率先上线。截至 2017 年年底，该网已累计开放数据集逾 6 万项，涵盖了经济建设、资源环境、教育科技、道路交通等 42 个重点领域(见图 12-3)，并解决了数据来源长期稳定及正版化问题。同时，不同来源的数据还必须可以实现交叉验证及对比分析。

通过上海市城市发展战略数据平台，完善总体规划支撑和保障体系。为做好《上海市城市总体规划(2016—2040)》工作，上海从实现城市治理现代化和城市管理科学性的要求出发，建设了上海市城市发展战略数据平台(Shanghai Strategy Development Database，SDD)。从源头上统筹整个数据规划，使得数据采集、分析、应用得以集成，并进行长期、持续的监测和规划评估。通过战略数据平台建设，完善总体规划支撑和保障体系，从源头上统筹整个数据系统，使数据分析、数据应用、数据反馈融入总体规划的全过程，对总体规划的实施进行长期连续的监测和过程性评估。SDD 平台是基于涵盖多源头、多类型数据，面向业务

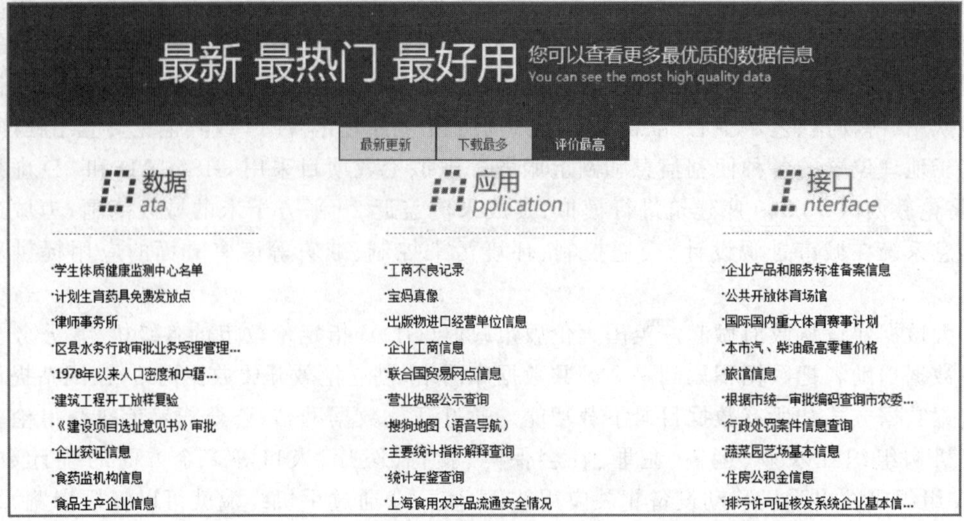

图 12-2　上海市政府数据服务网优质信息窗口

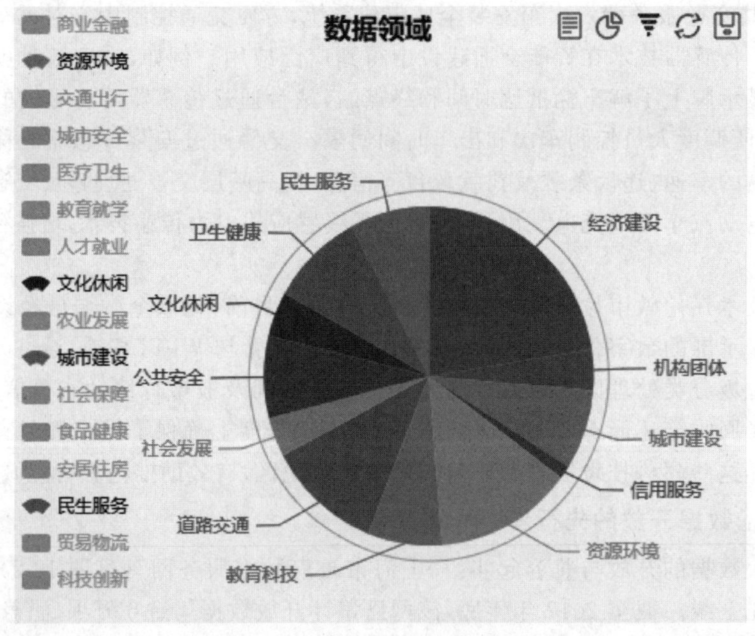

图 12-3　上海市开放数据领域图

人员、决策者、合作伙伴及公众等多角色，服务城市规划和城市发展要求、支持宏观决策的战略性功能应用平台。针对不同的用户类型，SDD 平台明确了相对应的用户功能，实现各项功能的详细设计。对于业务人员用户，作为平台的核心用户，拥有比较全面、系统的数据使用和模型分析等功能，具体有数据基础展示（图表数据、资料数据、空间数据）、规划分析支持（指标监测、模型分析）、综合决策参考（规划报告），突出平台的过程支持性；对于决策者用户，根据决策者关心的重大问题进行相关功能的支撑，提供指标监测、分析决策或重大项目进度等功能，具体有数据表达功能（图表数据）、现状监测功能（指标监测、实时数据监测）、决

策支持功能(规划报告、决策模型),突出平台的决策性和智能性;对于公众用户,满足规划的公众参与功能,同时顺应社会趋势向公众开放部分数据,以空间数据展示、指标监测等功能为主,突出平台的服务性与开放性。

大数据在新一轮上海总体规划中得到应用。它的特点在于从城市最重要的活动主体——“人”出发,发挥大数据能够反映人在城市空间流动的特点,为城市规划带来全新的视角。这打破了传统规划局限于物质空间的思维模式,更有利于实现对城市空间各类现象的深度理解,且更加符合“以人为本”的规划理念。

具体来说,主要有以下 3 个方面的应用。

(1) **问题诊断**。主要是开展空间评估类工作,如利用手机信令数据开展基于人的行为活动现状分析;基于互联网地图数据和实时车流数据进行交通可达性分析;基于手机信令数据、POI、LBS 数据开展居职平衡分析、非交通通勤分析、轨道交通对城市空间的引导作用分析等。

(2) **趋势模拟**。通过大数据分析方法,模拟城市发展趋势,识别城市发展的关键要素,进而总结规律,支持方案编制。例如,利用手机信令数据识别全市就业中心和商业中心;基于大数据企业关联网络测度上海大都市区的区域联系强度,识别与上海经济联系密切的地区;基于 SLEUTH 模型预测未来用地发展模式等。

(3) **方案评价**。结合大数据的分析,对规划方案进行情景模拟,评价其合理性。例如,进行居住用地供给与人口规划调控匹配性模拟分析,公共活动中心能级与交通支撑条件、岗位密度等适应性模拟分析,轨道承载能力与沿线人口容量、岗位容量合理性模拟分析等。

从发达国家大数据产业和应用的发展中可以看到,政府发挥了重要的引导作用。与我国国内大数据产业如火如荼的急速推进不同,发达国家发展大数据往往是平稳有序地开展。在国家统一规划的前提下,各级政府根据辖区内具体情况,对智慧城市的建设进行合理引导,避免了盲目投资和重复建设。韩国政府 U-City 计划就是由政府引导,吸引民间投资,让大数据和现代信息技术在城市公共管理中得以广泛应用。新加坡政府专门成立了资讯通信发展管理局(IDA),负责推动通信技术产业的发展与电子政务的大数据应用。

我国现阶段的城市规划应把握好战略定位、空间格局、要素配置,坚持城乡统筹,落实“多规合一”,形成一本规划、一张蓝图,着力提升功能划分与保障,做到服务保障能力同城市战略定位相适应、人口资源环境同城市战略定位相协调、城市布局同城市战略定位相一致,不断朝着和谐宜居城市目标前进。在大数据获取、分析、应用的同时,通过政策措施或者机制保障,倡导政府部门逐步开放与城市规划建设管理相关的数据,并倡导在智慧城市数据基础设施及共享服务平台的支撑下,城市国土资源、住房城乡建设、交通、环保等相关部门的规划数据逐步走向共享,规划过程逐步走向协调,以便开展多规融合的工作,促进多规融合目标的实现。规划建设、管理都要落实世界眼光、国际标准、中国特色、高点定位的要求,这也是提高政府公共治理能力和服务水平的重要方面。

12.2　数字金融中的数据思维

伴随着大数据广泛应用、技术革新及商业模式创新,金融行业日趋电子化和数字化,具体表现为支付电子化、渠道网络化、信用数字化,运营效率也得到极大提升。银行、券商和保险等传统金融行业迎来了巨大的转变。此外，腾讯、阿里巴巴等互联网企业也在凭借其强大的数据积累和客户基础，进军金融业，开拓新的盈利点。

从大数据对金融领域的影响来看，作为金融领域主体的银行所受冲击最大，从行业角度讲，保险、投资、信贷等行业也都在大数据时代面临新的机遇与挑战。

12.2.1 银行

根据中国人民银行的定义，互联网金融是互联网与金融的结合，是借助互联网和移动通信技术实现资金融通、支付和信息中介功能的新兴金融模式。在当前中国的金融体系中，商业银行仍占主体地位，商业银行较高的盈利水平已经引起社会的广泛关注。造成这一结果的主要原因是存贷利差，相比于商业银行以中间业务为主要收入来源的成熟金融体系，我国过去的银行主要利润来源仍然为存贷利差。

1. 大数据金融与商业银行的特征对比

大数据金融与商业银行在以下几个方面具有各自的特征。

1）业务来源

目前的大数据金融业务主要由龙头互联网企业推出，并各自依托于现有的技术资源和用户资源，在此基础上开展业务。大数据金融的载体是各互联网平台，如支付宝、微信等，从营销到服务完全在互联网上开展。商业银行的历史悠久，其现有的业务模式是随着商业的发展逐渐演进而来的。商业银行在我国的金融体系中占主体地位。商业银行的客户基本上来自线下工作人员的营销活动。

2）经营风格

快速创新是互联网行业的一个重要特征，大数据金融继承了这一特征，可以较快结合互联网发展，推出新业务。大数据金融正处于起步阶段，受到来自监管部门的压力较小，这客观上促进了大数据金融的创新。而商业银行作为一个历史悠久的传统行业，由于业务的特殊性，具有公共特性，其经营策略上偏保守，稳健经营是其重要特征。

3）成本

在获得客户的成本方面，互联网企业具有一定的优势。互联网企业可以迅速将已有的注册用户较为方便地转换成其金融产品用户，支付宝平台对余额宝的爆炸式增长有非常大的促进作用，微信在余额宝之后推出的理财通同样获得了快速增长。而商业银行很难有如此的转换能力，往往需要以较高的成本引进客户，在线下广泛分布的营业网点是银行的主要营业场所，银行往往具有较好的公众形象和信用，但实体经营中需要大量的房租、人力成本支出。

计算机代码的可复制性较强，研发完成后传播运行成本较低。互联网产品在研发中主要为人力成本，一旦产品推出，主要支出为服务器运营成本。商业银行在这方面的成本较高。

4）门槛

大数据金融产品几乎没有资金规模门槛，无论金额高低均可以获得服务，如余额宝的最低购买金额为 1 元人民币，几百元的资金需求也可以从 P2P 平台上融资。而传统银行在客户选择上“嫌贫爱富”，往往信用记录良好的个人和企业可以优先获得银行的优质服务，而信用记录少的个人和小微企业则很难从银行获得服务或贷出资金。

5）大数据的使用

传统商业银行对用户的信用记录主要依赖于用户在支付过程中留下的支付记录，以及接入的人民银行征信系统的传统数据库。商业银行分析客户的方式较为传统，且分析的信息并不是非常全面，仅根据有限的信用记录对客户进行评测。而互联网企业可以借助于大数据技术，通过收集、分析大量用户在线行为记录对用户进行评估，以便更全面、准确地掌握资金、用户整体情况，并更好地对个人进行分析。

2. 大数据金融模式对商业银行业务的影响

目前已经形成的大数据金融模式主要包括以下几种：以支付宝为代表的第三方互联网支付、以余额宝为代表的互联网货币基金、贷款（含阿里金融）、网络众筹等。下面将简单介绍以支付宝为代表的互联网第三方支付对银行的影响。

交易中的一个关键是信用问题，在线上交易中，信用问题尤其突出。支付宝作为第三方担保服务方，允许交易双方先将资金冻结在支付宝账户中，直到交易双方均确认后才将款项支付给卖方。

商业银行的信用证业务与支付宝的原始功能内在逻辑一致，而信用证一般应用于大额的国际贸易，不为交易量很大但交易额小的普通交易服务。而支付宝利用其互联网产品的可复制性为淘宝等小额交易提供担保服务，逐渐成为中国互联网交易中占据绝大市场份额的第三方担保工具。支付宝类担保工具的出现大大促进了中国电子商务的发展，淘宝、天猫等交易平台90%以上的市场占有率都是以支付宝为内在支撑的。

通过支付宝的发展历程可以发现，其已经由原来的第三方担保工具，逐渐扩展其支付功能而成为一种支付工具，并在一些渠道获得用户的较大规模使用，而且余额宝所吸引到的大量用户均有可能转变为潜在的支付功能用户。由于在使用支付宝的资金归集过程中需要支付手续费，用户的交易行为可以为支付宝直接创造利润，并且也将用户流引入其互联网服务而提高阿里巴巴集团的用户量。目前，支付宝正逐渐扩大其内部功能，成为一种类似银行卡的支付工具。

为提高支付效率和用户体验，支付宝推出了“快捷支付”功能，即初次绑定银行卡后即可在之后的交易过程中直接支付，不再需要操作较复杂的网络银行软件进行支付，大幅提升了用户体验。支付宝类互联网支付工具已经具备网络交易电子钱包的雏形。目前，中国主要的互联网支付手段有支付宝、微信支付、银联在线等。

由于各银行的网络银行不同，服务标准不统一，甚至没有手机银行客户端，各银行并不能为客户提供统一的服务框架，如一般用户通常只使用一家商业银行的网络银行。因此银行的网络银行在用户覆盖和功能操作方面都与支付宝具有一定的差距。

支付宝作为独立支付工具，随着其所支持支付场景的增加，其许多功能对传统的网上银行产生了替代性。网络银行的核心功能——支付功能有被支付宝替代的可能。这种趋势将使银行成为支付宝的“存款入口”，之后的各种功能都在支付宝服务框架内完成，除淘宝网等电子商务交易，日常的火车票购买、公共事业缴费功能也正逐渐推出。随着适用范围的拓展，支付宝已经初步具备了银行卡的功能。由于各银行之间结算费用的存在，客户转账往往需要支付费用，而支付宝在一定额度内不收取费用，免费是许多互联网服务的普遍特征，这对用户而言具有一定的吸引力。

银行卡是由经授权的金融机构(主要指商业银行)向社会发行的具有消费信用、转账结算、存取现金等全部或部分功能的信用支付工具。由于银行卡自身所具有的物理特性,发卡量迅速增长。在交易中,银联及发卡银行会对卖方收取一定比例的手续费。现有的银联网络在各银行之间建立了联系,商户在使用此网络进行交易的时候支付一定比例的手续费。如果支付宝也能被商户广泛接受,原有网络将被新建立在互联网基础上的交易网络所代替,手续费收入将从银行等传统机构转移至互联网企业。

综上可以发现,支付宝业务的起点是银行的中间业务,即小额信用担保,在此基础之上才逐渐发展成为支付工具,在培育出用户的支付习惯后,进而对现金交易、银行卡支付进行替代。也有一些互联网企业利用其大量的用户基础,直接推出互联网支付功能,如微信支付等。

支付功能是货币的核心功能之一,此前支付功能一直是商业银行的一项重要业务,主要载体为银行卡、支票等。而互联网支付的便捷性对传统支付手段具有一定的替代性。互联网支付将对银行的现有银行卡业务等产生影响,或推动其进行业务更新。

12.2.2 数字化资产管理

1. 阿里金融体系分析

银行有三大核心业务"存、贷、汇"——"存、贷"即存款和贷款,而"汇"主要是支付结算等中间业务。总体来看,阿里金融通过"支付宝"实现由"电商"到"汇"业务,由"余额宝"实现"汇"到"存"的过程,继而由"阿里小贷"实现从"汇"到"贷",构成了一个循环。支付宝、余额宝和阿里小贷构成了阿里金融体系的框架。

1) 支付宝

支付宝全称为浙江支付宝网络技术有限公司,是国内领先的独立第三方支付平台。其由前阿里巴巴集团CEO马云在2004年12月创立,是阿里巴巴集团的关联公司,定位于电子商务支付领域。

从目前来看,线上支付最大的应用仍在网购,占到总规模的42%左右。因此,即使从网络购物对线上支付的需求来看,支付宝的出现也是恰逢其时。同时,支付宝的虚拟账户解决了线上支付的最大障碍——由于空间的不对称所导致的钱货两清的困难。理论上来说,线上支付由于空间的距离,难以做到一手交钱一手交货,在传统支付体系中必然有一方要承担额外风险。但是支付宝的虚拟账户就通过虚拟账户交易,由第三方支付承担信用中介的责任,从而解决了这个问题,促进了交易的完成。

纵观支付宝的整个发展路径,它产生和发展的基础是淘宝。但是之后支付宝也走出了自己的"独立行情"。2003—2006年属于支付宝的起步期,主要依靠并服务淘宝,推出了"担保赔付"制度,扩展了和银行接口的范围。2007—2008年支付宝处于扩张期,它开始走出淘宝的范围,与卓越、京东等合作并推出了自己的手机平台。2008—2012年是支付宝的提高期,它的受众范围进一步得到了扩大,开通了电信缴费、教育缴费及一些公共事业缴费,并推出了手机二维码支付。2012年至今则是支付宝进一步丰富自己内涵的升华期,成立了略带转型性质的"余额宝"。

从支付宝的整个成长过程来看,貌似它和我们所关注的"数据"联系并不大。但如上所言，支付宝产生和成长的基础是淘宝大量的客户与交易，这正是阿里巴巴集团拥有大量“非结构化数据”的证明。阿里巴巴集团坐拥此“宝山”，必然会产生运用大数据技术来整合数据，提取有效信息的需求。当然，阿里巴巴集团后来推出的云计算和阿里小贷也正好证明了这一点。总地来说，支付宝的出现不仅满足了网上支付的需求，也是对淘宝所积累的大量的交易数据进行了一次初步的整合和梳理，为阿里巴巴集团进一步地运用大数据技术打下了基础。

2）余额宝

余额宝(见图 12-4)是由第三方支付平台——支付宝为个人用户打造的一项余额增值服务。有了余额宝这个工具，网上客户一方面可以得到一定的投资收益，另一方面也可以随时随地进行消费、资金转移等，与被广泛使用的支付宝比较起来，并没有任何不便。转入余额宝的资金在第二个工作日会由基金公司进行份额确认，对已确认的份额即时计算收益。余额宝的实质仍然是货币基金，其风险仍然存在，只是在市场波动不大的情况下并不为人所重视。

图 12-4 余额宝

“余额宝”是富有成效的金融创新，但其本质并不高深复杂，亦然是一款货币基金。这类货币基金具有一定的灵活性，一方面可以得到货币基金投资收益，另一方面资金自由赎回，可以随时用于网上购物、转账等。“余额宝”＝支付宝＋货币基金，分别发挥了货币基金高收益、风险低、可以“T＋0”(一种期货交易制度)赎回的特点和支付宝可以网上购物、转账的特点，因此余额宝同时具有高流动性和较高的收益。

我们可以根据海通证券研究所的数据进行一个简单的计算：支付宝作为国内最大的第三方支付平台，拥有超过8亿注册用户，日均交易额超过45亿元。假设每笔交易的周转时间为5天，则平均沉淀在支付宝内的资金规模就超过200亿元。另外，“余额宝”门槛低，起始资金1元，充值下限0.01元，这就可以吸引到大量不被银行重视但是也有很强理财需求的小额资金。满足这些小资金的需求，形成了极强的“长尾效应”。积小成大、集腋成裘成就了余额宝大量的资金积淀和合作方天弘基金的快速成长。天弘余额宝货币基金总规模变化图如图12-5所示。

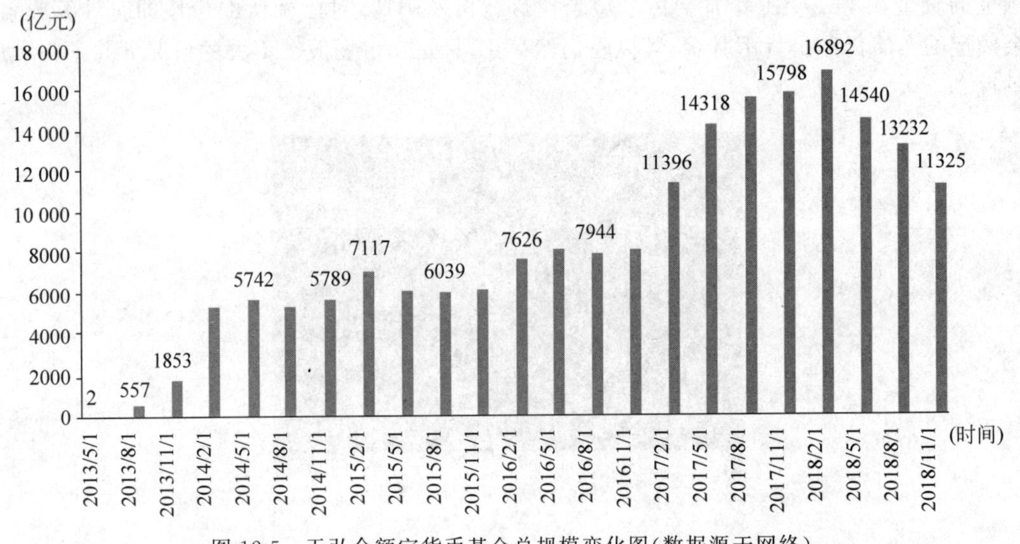

图12-5 天弘余额宝货币基金总规模变化图(数据源于网络)

对于阿里巴巴集团构造“阿里金融”的策略来说，余额宝有着重大的意义。资金的积淀和用户资源的整合与扩张，银行的主要业务包括“存、贷、汇”三个部分，而以往第三方支付只能做其中“汇”的部分，这是第三方支付和银行的本质区别。从支付宝的发展战略来讲，“余额宝”的推出，标志着支付宝开始由“汇”到“汇＋存”的转型。加强了阿里金融将受众面扩大的能力，虽然会和银行产生一定的竞争，从而造成些许非经营风险，但是能够使阿里金融体系更加深入到小微投资者之中。

从大数据应用的角度来看，余额宝也具有里程碑的意义。用户群整体呈现草根化、年轻化和“理财无经验”的鲜明特点。同时，这一用户群也是基金和银行等传统资产管理企业不愿服务的“长尾市场”。凭借对用户特征的大数据分析，余额宝以1元起存的低门槛，“T＋0”的灵活性及高于银行款利息的收益，精确击中用户需求，在一年内凝聚了超过一亿人的用户群体。此外，在大数据技术的支持下，这一亿用户不断产生的数据又为天弘基金新产品的营销提供了决策依据。

另一方面，大数据强化了流动性风险管理。相比于普通的货币基金，新生的余额宝面临着更大的流动性风险。但是，大数据技术为余额宝解决了以上难题。据悉，支付宝每天将天

猫、淘宝上通过余额宝进行赎回、消费等行为的数据实时传输给天弘基金。天弘基金的数据分析师将综合这些实时数据和支付宝近十年的消费者数据，对未来的流动性需求进行预测，预测误差一般在5%以内。凭借这一技术，即使出现了“双十一”当日上百亿元的巨额赎回，余额宝也能提前调整资金，顺利化解流动性风险。

3）阿里小贷

阿里巴巴集团于2010年6月成立阿里巴巴小额贷款有限公司，阿里小额贷款是阿里金融为阿里巴巴会员提供的一款纯信用贷款产品。阿里小额贷款无抵押，无担保，目前贷款产品对杭州地区和重庆地区的诚信通会员（个人版和企业版）和中国供应商会员开放，贷款放款对象为会员企业的法定代表人（个体版诚信通为实际经营人）。其以借款人的信誉发放，借款人无须提供抵押品或第三方担保，仅凭自己的信誉就能取得贷款，并以借款人信用程度作为还款保证。阿里小贷的产生标志着互联网金融正式步入信贷领域。阿里小贷的框架结构如图12-6所示。

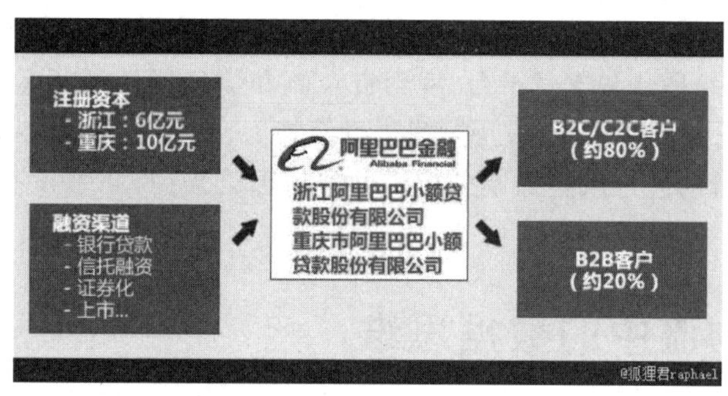

图12-6 阿里小贷的框架结构

阿里小贷的主要产品有两类：针对B2B的阿里小贷和针对B2C的淘宝小贷。贷款额度在100万元以内，期限不超过1年；担保方式包括订单贷和信用贷；年息为18%～21%；授信额度可循环使用。

阿里小贷的产生和发展完全展现了阿里巴巴集团海量的投资者信息数据的储备程度，并淋漓尽致地体现了大数据技术的优势。因为阿里小贷的放贷依据有两个：会员在阿里巴巴平台上的网络活跃度、交易量、网上信用评价等；企业自身经营的财务健康状况。这两个依据也正是阿里小贷进行放贷的主要风险控制方式。那这些信息是怎么得到的呢？阿里巴巴集团正是通过大数据技术的应用来对自身所拥有的商家、投资者的巨量信息进行处理和云计算得到的。具体的大数据技术应用在风险控制中有以下流程：首先，在放贷前，阿里小贷可以调取相关企业的电子商务经营数据，以及该企业的三方认证信息，根据这些信息，阿里巴巴集团能够判断企业信用情况、经营状况和偿债能力；其次，在贷款过程中，阿里巴巴集团充分运用支付宝、阿里云及未来会建立的物流系统实时地监控企业资金流、信息流和物流情况，进行风险预警；最后，在放贷后，阿里巴巴集团能够运用积累的数据，持续监控企业的经营行为，积累信用数据，并对违约客户处以限制或关停其网络商铺等措施。

当然，除了大数据，依托电商平台、支付宝和阿里云，阿里小贷实现了客户、资金和信息的封闭运行，有效降低了风险。随着未来阿里巴巴集团自建物流的形成，可以实现平台内物流、资金流和信息流的闭环运行，从而更好地控制潜在风险。

2. 阿里金融成功的因素分析

根据上述分析，可以总结阿里金融成功的因素主要有以下两个方面。

第一，各平台相互连接、互相促进。"阿里巴巴（B2B平台）——淘宝网（C2C平台）——支付宝（线上支付平台）——天猫（B2C平台）——阿里小贷和余额宝（网络金融平台）"是一个以客户为中心，按照"客户需求＋应用场景（平台）＋解决方案（金融、技术）"的方案在平台之上再搭建平台并相互支持的过程。随着平台的发展，客户规模不断扩大，客户黏性不断加强，其业务创新和扩张能力又进一步增强，当然整个阿里金融体系的功能也在不断完善，实力也在不断增强。

第二，以平台和网络为中心整合中小客户资源。在这块市场上，阿里金融有着传统银行无法企及的优势。因为对于传统银行来说，小微企业及网店店主融资金额小、时间短、频率高，单次融资收益低，难以覆盖银行成本；同时中小企业触达渠道少，银行无法投入大量人力拓展市场；另外，中小企业通常财务信息透明度较差，银行无法对之进行有效的资信评估和风险控制。以上种种因素导致传统银行业注定不能覆盖到小微贷款领域。而对阿里金融来说，它依托电子商务平台和支付平台，实现资金流和信息流的闭环运行，从而解决信息不对称问题；同时依托大数据技术，应用阿里云计算能力，能够更好地对商户的经营信息进行收集、整合和分析，帮助进行风险控制分析。对阿里巴巴来说，几乎没有涉及小微贷款领域的障碍。

12.3 智慧物流中的数据思维

物流业是融合运输、仓储、货代、信息等产业的复合型服务业，是支撑国民经济发展的基础性、战略性产业。加快发展现代物流业，对于促进产业结构调整、转变发展方式、提高国民经济竞争力和建设生态文明具有重要意义。

随着信息技术广泛应用，大多数物流企业建立了管理信息系统，物流信息平台建设快速推进。物联网、云计算等现代信息技术开始应用，装卸搬运、分拣包装、加工配送等专用物流装备和智能标签、跟踪追溯、路径优化等技术迅速推广。以产业融合为主，互联网与物流业深度融合，将改变传统产业的运营模式，为消费者、客户以及企业自身创造增量价值。数据代替库存、数据驱动流程、数据重塑组织成为智慧物流的重要驱动力，终将形成智慧物流生态体系。

大数据技术的复杂性、不确定性、及时性、高效性等多种特点，带来了诸多商业模式上的变革，物流业的发展也产生了彻底改变。

12.3.1 菜鸟驿站

菜鸟网络科技有限公司成立于2013年5月28日，由阿里巴巴集团、银泰集团联合复星集团、富春集团、申通集团、圆通集团、中通集团、韵达集团等共同组建。菜鸟的愿景是建设一个数据驱动、社会化协同的物流及供应链平台。它是基于互联网思考、基于互联网技术、基于对未来判断而建立的创新型互联网科技企业。它致力于提供物流企业、电商企业无法实现，但是未来社会化物流体系必定需要的服务，即在现有物流业态的基础上，建立一个开放、共享、社会化的物流基础设施平台，在未来中国任何一个地区可实现24h内送货必达。

为此，菜鸟网络计划分三期建设，首期投资人民币1000亿元，第二期投资2000亿元，希望在5～8年的时间，努力打造遍布全国的开放式、社会化物流基础设施，建立一张能支撑日均300亿元(年度约10万亿元)网络零售额的"中国智能骨干网"，帮助所有的企业货达天下。同时支持1000万家新型企业发展，创造1000万就业岗位。由菜鸟网络搭建的"中国智能骨干网"，将通过自建、共建、合作、改造等多种模式，在全中国范围内形成一套开放共享的社会化仓储设施网络，并且利用先进的互联网技术，建立开放、透明、共享的数据应用平台，为电子商务企业、物流公司、仓储企业、第三方物流服务商、供应链服务商等各类企业和消费者提供优质服务。

1. 包裹流量流向预测技术

历年的"双十一"，如何预估全网的包裹总量和流量流向，为快递公司提供决策支持，提前规划是一个至关重要的技术问题。包裹总量预测根据电商预估的GMV(Gross Merchandise Volume，成交总额)、历史订单数据、客单价变化趋势等，分析各项宏观因素，并监控淘宝平台"双十一"之前的销售数据，引入可能存在的不确定因素，预测当年包裹总量的增长幅度。流量流向预测是要精确地拆解到不同的快递公司、各个城市、各条线路，并且基于时效预测给出各条线路每天的发货量以及未来"双十一"期间的到货量，可以帮助快递公司提前准备运力，优化资源，以应对物流高峰。

2. 信息标准化服务——菜鸟电子面单和智能分单

智慧物流平台采用菜鸟网络自主研发的菜鸟电子面单，提供在线运单生成、打印与管理的服务，让包裹信息数据化和线上化，不仅提供了整个快递行业的信息化基础措施，每年还能为快递行业节省大量成本。菜鸟电子面单打印效率是普通纸质面单的4～6倍，平均每单打印只需花费1～2s。每张电子面单的成本是0.1元，比传统纸质面单成本0.2～0.3元降低了一大半。仅从纸张成本计算，菜鸟电子面单一年能够为快递行业节省12亿元人民币。截至2020年6月，菜鸟已经对接了国内主流的15家快递公司，同时与国内17家仓配网络、36家国际仓配网络达成了合作。电子面单和智能分单示意图如图12-7所示。

图12-7　电子面单和智能分单示意图

快递包裹在送达消费者手中前，要在分拨中心和网点进行大规模分拣操作。在传统的作业模式下，分拣人员通过阅读面单上的地址，凭记忆进行分拣。由于地址量巨大，分拣出错概率高，在“双十一”等大促活动包裹量剧增的情况下，人工分拣已经成为效率提升的瓶颈，也是导致“爆仓”现象的关键因素之一。为了解决该难题，菜鸟网络算法团队研发了基于大数据的“三段码”智能分单系统。该系统能够在发货时精确地预测出派件网点和小件员编码，并将编码打印在面单上，指导后续的分拣操作。通过智能分单，分拣人员直接通过面单上的编码进行分拨，分拨准确率可以达到99.9%，极大地提升了分拨效率。经测算，智能分单每年可为行业节省成本6亿多元。

3. 智慧物流发展愿景

每年的“双十一”期间，菜鸟网络除了帮助快递公司做好数据预测物流平台，还要协调数千商家的上亿商品有序入到数以百计的仓库。从包裹入库、入库分布、库存下沉多个方面结合大数据技术，实现库存的最优配置。

大量的前置仓、网点是智慧物流优化平台的基础设施支撑。在销量预测的基础上，根据库存、缺货、周转、时效、成本等一系列因子，平台系统自动给出调拨建议、装车建议，货物将以集约化的方式提前下沉至前置仓或网点。2016年“双十一”期间的包裹量是平时的十几倍，通过大数据算法预测、统筹，提前进行预包、调拨、下沉，可以充分利用“双十一”前几天的黄金时间，急速提高包裹运转效率，提升消费者体验。

4. 大数据实施效果

智慧物流优化平台除了在技术领域不断创新外，还对于行业发展有三个方面显著的作用。

首先，完成了最广泛的物流行业基础信息标准化。菜鸟网络开发的电子面单是物流行业迄今为止应用最广泛的信息化标准产品，行业渗透率已经超过80%。菜鸟电子面单为商业供应链中的卖家和物流公司提供了统一接口，提供了完备的基础信息，不仅提高了发货效率，还为行业每年节约了大量成本。电子面单和智能分单也为仓储配送等环节的自动化奠定了基础，是物流行业的重要信息基础设施。

其次，智慧物流优化平台满足了中国电子商务场景下70%包裹的顺畅运行。菜鸟五张物流网络（快递、跨境、仓配、末端和农村）通过智慧物流优化平台的支撑，连接了3000家合作伙伴、170万名快递员、每天累计快递运输里程500亿千米，日处理数据量9万亿条，每天节省快递等待时间2.6亿小时。

最后，智慧物流优化平台满足了“双十一”十亿级包裹的极限挑战。“双十一”包裹数量大概等同于日常的10倍，智慧物流优化平台满足了“双十一”的极致考验。从1亿个包裹签收时间来看，2014年用了6天，到2015年提速到了4天，2018年则进一步提速只用2.6天。尽管逐年包裹数量在剧增，但是时效越来越好，更加说明了智慧物流平台在“双十一”期间起到的巨大作用。

12.3.2 货车帮

贵阳货车帮科技有限公司创立于2008年，致力于重构中国公路物流产业生态，做中国公路物流的基础设施，带动整个物流产业链上下游协同发展。公司总部位于贵阳经济技术开发区，并在成都设有技术研发中心，在上海设有金融中心，在北京设有产品中心。多年来，公司以特色经营为基础，以服务满意为保证，着力打造中国最大的公路物流信息化平台。

2015年10月，公司成功完成全国公路物流信息网的全覆盖，打造出一张全国公路物流货源信息网，正式成为中国公路物流互联网产业的领军企业。截至2017年与运满满合并前，平台每日发布货源信息超过500万条，汇聚诚信认证车辆会员超450万名，诚信认证货主会员超88万名，日均促成运费交易额超60亿元，全国线下服务网点超过1000家，员工人数3000人。货车帮App界面如图12-8所示。

图12-8 货车帮App

贵阳货车帮科技有限公司经过多年的精心运营，平台上积累了海量的数据信息。截至目前，平台上的数据规模为10+PB，现在数据量每天仍然以20+TB的数据在快速增长。海量的数据蕴藏了大量有价值的信息，货车帮通过大数据技术对海量的数据进行清洗、处理、挖掘，并将其应用在业务运营以及公司日常管理的各个方面。

1. 大数据+车货匹配

车货匹配作为货车帮最核心的业务，核心解决了驾驶员找货、货主找车的问题，其匹配的精准度以及匹配效率成为影响用户体验最核心的要素。为了提高车货匹配的精准度与车货匹配效率，货车基于海量数据分别构建了用户画像与数据大脑，为车货匹配业务服务。

其中，在用户画像服务中，货车帮基于海量的数据，分别构建了驾驶员、货主、车辆、货源的画像服务，分别从基础属性、行为特征、商业属性、兴趣偏好、统计属性5个维度去分析用户、认识用户、描述用户、了解用户，不断地根据最新的数据去更新用户的特征，并将用户的重要特征信息提炼出来为上层人工智能应用AI“数据大脑”服务。

“数据大脑”作为货车帮人工智能AI应用的一部分，会结合驾驶员当前的情况，并根据驾驶员的画像数据对驾驶员的找货需求进行意图分析，分析出驾驶员当前最有可能感兴趣的货源特征情况。与此同时，“数据大脑”还会根据货源的基础特征、货源的动态特征、货源隐语义等抽取出来各类相关因子，并结合驾驶员、货主、车辆的画像数据以及业务运营的规则，采用各类数据挖掘算法分析出单个驾驶员对每条货源的感兴趣程度，并根据感兴趣程度的不同为驾驶员推荐不同的货源，最大程度上提高其找货效率。

为了更好地掌握全国公路物流的变化情况，实时监控货源成交、运力分布等情况，货车帮联合阿里云发布了“全国公路物流指数”平台，平台会实时监控整个公路物流货运的变化情况：监控货源的流向、成交以及分布等情况；监控运力的分布以及运力种类的分布。

在后续的车货匹配业务中，货车帮会利用大数据技术对历史数据和货物——驾驶员的互评数据的分析，对数据进行匹配过滤和降权分析处理，保证匹配的货主、驾驶员和货源的质量，让高大上的AI“落地”，助力行业诚信体系的建立。

2. 大数据+货车金融

货车驾驶员是中国公路物流运力最重要的组成部分，在平常的物流场景当中，货车驾驶员经常需要准备大量的现金去支付油费、过路费等情况，货车帮基于货车驾驶员这个痛点，专门为货车驾驶员推出了金融信贷业务，根据不同驾驶员的情况分别为驾驶员推出不同的信贷产品。

在货车帮大数据基础平台的支撑下，货车帮专门为金融信贷业务构建了风控体系，并结合用户画像服务从申请、授信、借贷、还款、追踪等各个方面进行管控。

首先，在用户画像服务当中，货车帮基于驾驶员的GPS记录、拉货记录、ETC充值记录、ETC消费记录、借贷记录、还款记录等，建立货车驾驶员的收入评估模型，评估出货车驾驶员的收入、消费等情况，再结合驾驶员的征信情况，对货车驾驶员进行授信操作，并根据评估模型的结果，授予、提升或降低其信贷额度。

除此之外，在整个过程当中，货车帮会根据驾驶员的ETC消费、拉货信息以及GPS信息等进行挖掘与分析，并结合数据的变化情况评估驾驶员的当前状态，为此建立预警模型，根据驾驶员的状态判断驾驶员的还款能力是否受影响。

3. 智慧物流实施愿景

就中国公路物流现状而言，智慧物流的构建任重而道远，但是智慧物流的建设确实符合物联网发展的趋势，对企业、整个物流行业乃至整个国民经济的发展具有至关重要的意义。整个智慧物流可以从以下两大方面去体现。

1）信息化及标准化

随着物联网技术的快速发展，可以运用各种感应器、RFID标签、制动器、GPS等设备实时获取公路物流当中的运输、仓储包装、装卸、配送、信息服务等各个环节中的大量的数据信息。但是由于整个物流行业所涉及的环节以及参与人员众多，所以需要建立一套信息采集标准来规范物流企业里面的数据采集以及存储情况。

2）智能调控

海量的数据采集规整处理后，如何从海量数据里面提取有价值的信息并为决策作重要的数据支撑，体现在整个公路物流产业中涉及的智能分析场景。其中每个场景都需要有完整的数据以及大数据分析技术作为支撑，如对运输过程的跟踪，路径行为及其规划；仓库选址建设、库存管理、仓储利用率提高；配送当中如何实现货源与运力的合理快速精准匹配；运力的调度与管理等应用场景。信息网络为智能分析提供了海量数据的基础，通过大数据分析及挖掘技术，对公路物流产业里面的资源进行重新整合，并结合实际的应用场景对资源进行智能调控，加强资源的利用率，提高公路物流的运输效率，其中的核心点在于资源整合以及资源调度。

4. 大数据实施效果

数据作为货车帮的核心资产，其产生的重大价值可以通过以下方面体现。

1）大数据＋车货匹配

货车帮通过构建完善的用户画像体系以及高效的“数据大脑”，其车货匹配效率大幅度提升，效率整体提升超过10倍。随着车货匹配效率的大幅提升，驾驶员与货主在平台上的活跃程度也不断提高，货源成交比例也有大幅提升。截至2017年8月，平台每天新发布的货源超过500万条，每天促成的交易总金额高达60亿元。

2）大数据＋货车金融

货车帮与贵州、陕西、内蒙古、江苏、广西等全国众多高速公路合作方发行ETC卡超过100万张，成为中国最大的货车ETC代理发卡方。每天的充值金额峰值超过9000万元，2018年资金流量超过200亿元。为缓解货车驾驶员在运营过程中资金短缺的燃眉之急，货车帮与金融机构合作开展货车ETC信贷业务（货运小额贷款业务），2017年已签约用户已累计超20万户，实现日均放款超1000万元，累计发放贷款20亿元。

3）大数据＋用户管理

货车帮自从千里眼数据平台上线以来，员工每天的业绩行为信息都可以即时追踪，员工的工作业绩完成情况从64.5%也大幅度提升至87.7%。通过大数据平台自动分析出来需要回访和维护的用户，将其自动推荐给员工的手持终端，让员工的工作有效性从61.2%提升到83.9%。

4）大数据＋保险

货车帮目前与太平洋保险、华泰保险合作开展保险代理业务，针对货车驾驶员推出保货损赔偿责任和因货损导致的运费损失保险。在用户画像系统的精准推荐下，保险业务推出短短一周的时间即承保超过1700亿元的货物价值。

5）大数据＋油品经营

货车帮通过构建“天网”项目，直观地展示驾驶员、加油站等热力分布数据，并利用该数据选择新型物流园区，构建和确定合适的合作方。加油站业务已经与中化集团开展油品合作项目，利用中化集团在国内成品油分销与零售网络，初步形成了覆盖华北、华东和华南市场的业务布局，建立了加油站生态圈。并与车辆后服务市场紧密联合，延伸车主的消费链条，打造车主生活驿站，在货车帮新型数字物流园中全面实现一站式体验。目前双方已经有近一百座合作油站上线。

12.3.3 运满满

运满满成立于2013年，隶属于江苏满运软件科技有限公司，是基于云计算、大数据、移动互联网和人工智能技术开发的货运调度平台。管理团队由阿里巴巴、工业与信息化部、普华永道、GE等高管及业内专家组成，有着深入骨髓的互联网基因。2017年，平台实名注册重卡驾驶员390万名、货主85万个，日成交运单24万单，日撮合交易额约15亿元，员工总数接近2000人，业务覆盖全国315个城市。

运满满的商业模式简洁高效，即为货主和驾驶员提供实时信息匹配，在同一个平台上迅速实现车找货和货找车，从而大大减少了货运空载率、提高了物流运行效率。由于模式相近，运满满被业界称为“货运版的滴滴”。

运满满目前拥有两款移动App产品，分为驾驶员版和货主版。驾驶员版直击货运物流空返率高、运力利用率低的痛点，构造人、车、货物流生态圈，为驾驶员提供高效智能配货服务，帮助驾驶员在全国范围内随时随地手机配货，减少空驶。货主版构建的精准车货匹配系统，为货主提供高效、精准、安全的发货服务。同时配备了动态、可视化的跟踪功能，以及行车评价服务，全面保证货物安全。

1. 物流大数据应用情况

作为智慧物流信息平台，运满满通过互联网思维和信息技术优势，打破区域边界，服务整个社会，重构运输组织层，直接连接货主和驾驶员。该平台上国内重卡运力覆盖率超过了78%，货主覆盖率超过95%。目前，该平台每月产生100TB级别的海量数据，记录积累了大量平台用户多维度的信息数据，如运输交易大数据，其中包括货类货值、运距运价、流量流向等，为智慧物流的建设奠定了基础。

作为互联网新业态企业，运满满认为数字经济时代下，互联网已经由手段、工具转变为基础设施，连接是根本，数据是核心，应用是关键，拥有开放共享理念和跨界融合思维至关重要。运满满致力于做物流领域的AlphaGo，打造公路物流的互联网基础设施和公路物流生态圈，并积极借助“一带一路”倡议实现走出去，以引领智慧物流发展格局。

2. 智慧物流发展愿景

智慧物流将大数据、云计算、人工智能、区块链、物联网等新技术融入物流活动全过程，来降低物流成本、提升物流效率和服务水平。当前，智慧物流已不再停留于宣传和推广概念阶段，而是将移动互联、云计算、人工智能、区块链等新科技在物流领域内不断深化应用。我国智慧物流的发展水平与欧美发达国家经济体处于同期发展阶段，在创新业态、技术应用等方面居于领先位置。

无论是“互联网＋”还是“＋互联网”，运满满认为在数字经济范畴下是殊途同归的，推动数字经济的路径选择就是互联网新技术和实体经济深度融合。认识到云网端数据、场景的价值，数字经济的魔力就会在各个垂直领域全面体现。商流、信息流、物流、资金流对于数字经济至关重要，智慧物流将是数字经济的重要组成部分。

我国物流成本占GDP的比重略高于发达国家，公路运输市场极度分散，公路物流企业750多万户，而平均每户仅拥有货车1.5辆，90%以上的运力掌握在个体运营驾驶员手中。

实际操作中的层层外包，存在空载行驶、迂回、服务水平不高等问题。基于此，运满满坚定认为，未来以智慧物流信息平台为基础和支点，以数据为战略性资源，将广泛集聚国内外技术、资源和人才，并加速跨界融合，实现商业模式的不断创新和用户体验的不断优化，推动包括电子商务在内的贸易增长，促进数字经济发展。

3. 大数据实施效果

运满满在成立之初就十分重视平台信用体系的建设，几年来，不论是在驾驶员用户端还是货主用户端，运满满都力求通过更加规范、更加科学的措施，为平台用户创造一个健康有信的货运物流生态环境，构建的公路货运生态信用体系，成为公路运输行业信用体系建设的实践代表。

平台通过交易行为大数据沉淀、驾驶员用户的双发互评等数据进行信用画像，以沉淀用户信用积分及黑、白名单等方式反映信息结果，并形成基于信用的普惠金融、保险等应用场景。目前平台已有1380个货主12 099名驾驶员进入黑名单，占平台注册货主的0.16%，占平台注册车主的0.31%。运满满大数据诚信体系建设架构如图12-9所示。

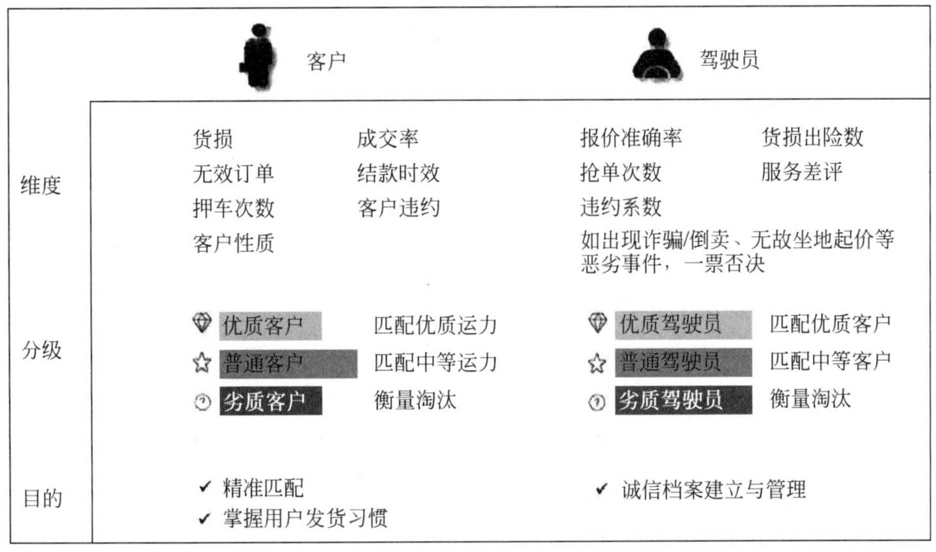

图12-9 运满满大数据诚信体系建设架构图

诚信排名：根据以上信用评级维度进行先后排名和分类管理，第一级是优质客户，平台会优先匹配优质运力；最差的劣质客户级别将逐渐被平台衡量淘汰。信用度越高者，成交效率越快。

信用信息评级的展示与查询：交易双方可以在系统中分别查询对方的信用分级、以往成交记录、评论点评、信用行为记录等。如果需要看到完整信息，需经过被查询人授权，以保护隐私。传统征信与互联网大数据征信对例如图12-10所示。

运满满与保险公司合作，基于平台积累的大数据建立了征信数据，通过建模开发了适用于货车驾驶员的个性化保险种类，如鸽子险(货运放空险)等。与保险公司合作为货车驾驶员定制险种过程如图12-11所示。

比较维度	传统征信	互联网大数据征信
数据来源	以财务数据为核心的小数据定向征信	非定向的全网获取
	来源于授信机构、供应链及交易对手	数据海量化、维度广
产品服务	产品种类少、及时性较差	产品更为丰富、提供更为及时、有效
	获取不够便利	获取便利
技术方法	单维度搜集整理、人工为主	多维度分析
	分析以财务数据风控为核心	互联网大数据分析
评价思路	用历史信用记录来反映未来信用水平	从海量数据中推断身份特质、性格偏好、经济水平等相对稳定的指标，进而判断信用水平
分析方法	线性回归、聚类分析、分类树等方法	机器学习、神经网络、RF等大数据处理方法
应用场景	企业应用场景较少	应用场景更加广泛，用户更加多元，需求多元
	个人应用非常多	

图 12-10　传统征信与互联网大数据征信对比

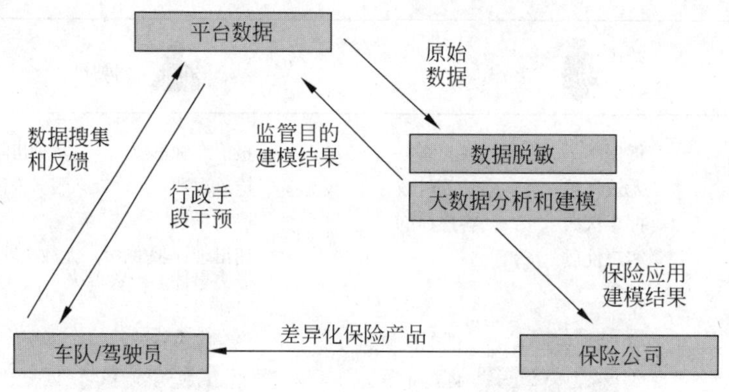

图 12-11　驾驶员定制险种过程图

12.4　智慧医疗中的数据思维

互联网在人们生活各领域的渗透引起了一场跨界融合的狂潮，“互联网＋”发展浪潮已经涌向了医疗领域。在新医改即将启动的背景下，医疗、医保、医药电商等涉及互联网的产业发展，都是在为新医改的开展探索新的道路。

互联网医疗可以帮助患者进行导诊、候诊、诊断、治疗、康复以及自诊、健康管理等。对于医生群体而言，互联网医疗有助于提升其知名度和收入水平，缓解医患矛盾，还有助于病例的长期跟踪以及临床研究。对于医疗机构而言，使用数字化医疗工具，能大幅度提高医院的运行效率，有效缓解运行压力；数字化医疗能够帮助药企进行精准营销，辅助新药研发；通过大数据计算，帮助保险公司进行精准定价，减少调研支出。

面对现有的痛点(见图 12-12)与需求，可以预见：监测、诊断、护理、治疗、给药等医疗行业的各个细分领域都将进入一个全新的智能化时代。互联网医疗与商业医疗保险行业的融合，基于医疗大数据平台的诊断与治疗技术、医疗器械等都在颠覆着传统医疗，“智慧医疗”时代即将来临。

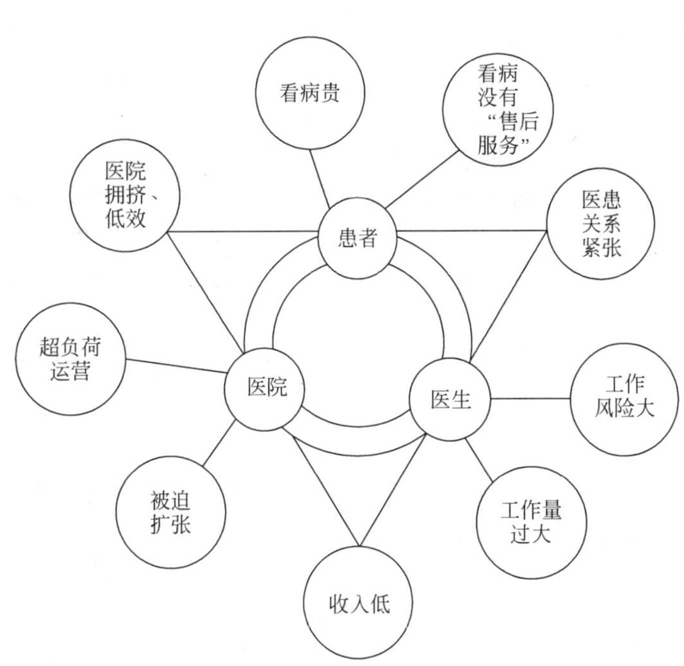

图 12-12　传统医疗服务行业痛点

12.4.1　BAT 布局互联网医疗

由于经济发展的不平衡，我国医疗资源的分配出现了明显的城乡差异。北、上、广等大城市聚集了大量优质的医疗资源，而在经济比较落后的地区，医疗条件往往较差。另外，"看病难""看病贵"等问题也一直难以得到妥善解决。

为了推动中国医疗行业的改革，2014 年的政府工作报告中提出"用中国式方法解决世界性难题"，而互联网便成为医疗改革的有力推手。将互联网与医疗进行融合，一方面能够通过更低成本和更高效率合理配置行业资源，有效提高长尾市场的信息流通；另一方面，广阔的互联网医疗市场也能够改善居民对于医疗的认知，进一步带动我国经济的发展。

互联网与医疗的融合主要体现在两个方向：一是互联网企业涉足医疗行业，例如腾讯、百度、阿里巴巴、小米、京东等互联网企业纷纷入资互联网医疗健康领域以及众多互联网医疗健康行业的移动 App；二是传统医疗行业的互联网化，主要指医疗机构、保险公司、药企等传统医疗企业利用互联网及大数据技术提升自身的运营效率和服务水平。

未来，随着企业经营实力与创新能力不断增强、服务不断拓展、新产品开发加快和互联网技术快速发展，互联网医疗健康行业的产业链将向纵深方向发展，以细分市场为基础的互联网医疗健康生态也将逐渐形成。不过，目前中国互联网医疗行业的发展仍处于初级阶段，相关的政策法规都有待推进，行业的布局也亟待进一步展开。尤其是以 BAT 为首的互联网巨头的介入，会给目前提供类似问诊服务的互联网医疗厂商带来一定的冲击。

1. 阿里巴巴做平台

阿里巴巴在医疗行业的布局大体可以分为以下几步。

2011 年开始，阿里巴巴陆续投资了寻医问药网、U 医 U 药、华康全景网等医疗平台，开始涉足医药电商。

2014 年 1 月，阿里巴巴联手云峰基金，收购了中信 21 世纪 54.3% 的股份，后中信 21 世纪改名“阿里健康”，并推出了支付宝“未来医院”计划。

2014 年 12 月，阿里巴巴旗下处方电子化平台“阿里健康”在北京、河北和浙江杭州试运行。

就以上三步来看，第一步是阿里巴巴进军医疗行业的铺垫，而第二步则是阿里巴巴正式吹响进军医疗行业的号角。

阿里巴巴投资的中信 21 世纪不仅拿到了第一块第三方网上药品销售资格证的试点牌照，而且拥有中国仅有的药品监管码体系，这就意味着阿里巴巴拥有了价值不菲的医疗行业的庞大数据。

在阿里巴巴接下来有关医疗健康行业的布局中，这个数据都将派上用场。例如，2015 年 1 月，阿里健康与中信银行联手，拓展在双方医疗健康领域的合作，建设推广线上与线下结合的医药电商平台。在这个过程中，双方所拥有的客户资源、医疗资源和药品信息大数据等都会实现共享。

在移动医疗领域，阿里巴巴的目的是打造一个能够实现预约、挂号、诊疗、购药等完整闭环的“云医院”平台。而第三步正是为了实现这个目的。

阿里巴巴处方电子化平台“阿里健康”购药环节的运营模式与“滴滴打车”的模式比较相似。当患者将处方单上传至平台后，与平台合作的药店便可以根据患者的需求“抢单”，之后患者可以根据“抢单”药店所在的位置、药品的生产厂商以及价格等因素进行综合考量，选择一家最能满足自己需求的药店，最后“抢单”成功的药店可以负责药物配送，也可以由患者自取。

由于以上模式对药店的数量以及资质等具有比较高的要求，因此目前阿里巴巴正不断拓展与实体药店的合作。

虽然与药店的合作非常顺利，但是阿里巴巴的目的并不仅仅满足于网售药物。而要真正实现阿里巴巴规划的包含预约、挂号、诊疗、购药等环节的完整移动医疗闭环，阿里巴巴还需要医院、医生等医疗领域主要角色的参与。阿里健康宣布，联手东仁堂大药房、海王星辰健康药房、九洲大药房和天天好大药房等多家连锁药房，以及如家、君庭等连锁酒店合作伙伴，在杭州试水全链路打通的医药新零售。将在杭州上线 24 小时在线买药，30 分钟送药上门服务，夜间不打烊，1 小时内送达。2018 年 9 月 12 日，阿里巴巴健康发布了“超级药房 1.0”标准，即“全球找货、大数据选品、抽检审查、全环节监控、药品追溯和执业药师全天候服务”六大运作流程。智慧医疗是阿里巴巴未来的主要方向，2018 年 10 月 20 日，在首届全国医院物联网大会上，阿里巴巴健康宣布启动面向医疗 AI 行业的第三方人工智能开放平台，12 家医疗 AI 公司成为首批入驻平台的合作伙伴。2019 年 3 月 31 日，湖北首家“互联网＋支付宝全流程就医服务”未来医院在武汉正式亮相，未来医院由武汉市中心医院联合阿里健康、支付宝共同打造。从与实体药店合作到主导智慧医疗发展方向，阿里巴巴的医疗服务逐步由资源整合走向未来医疗。

2. 腾讯抢入口

腾讯在医疗行业的布局大体可以分为以下几步。

2014 年 6 月，腾讯花费 2100 万美元投资提供可穿戴式设备和医疗健康服务等的缤刻普锐。

2014 年 9 月，腾讯斥资 7000 万美元投资丁香园，这也是国内目前该领域最大的一笔融资。投资完成后，双方展开了一系列合作，包括丁香园对微信系统的探索和对接等。

2014 年 10 月，腾讯以 1 亿美元收购卫生部批准的全国健康咨询及就医指导平台官方网站——挂号网。

2016 年 6 月，腾讯与医联、基汇资本合作推出了"企鹅医生"。随着互联网医疗企业丁香园、春雨、杏仁、平安的线下诊所遍地开花，企鹅医生也在线下建立企鹅诊所，目前企鹅诊所已在北京、深圳、成都和香港等地建成落地，开展企鹅医生线下医务服务。

腾讯在 2018 年再次进行组织架构的调整，为产业互联网时代做相应的调整与组织架构升级，值得注意的是，这次组织架构调整中增设了云与智慧产业事业群(CSIG)。在医疗大健康领域，腾讯云主要提供医疗解决方案，具体表现在构建全民医疗健康信息平台、搭建区域智慧医疗平台、区域影像云平台、区域大数据云平台等。构建包括智慧就医平台、远程协同平台、手术直播教学系统和影像数据管理平台在内的智慧医疗生态系统。

与阿里巴巴从交易入手、百度从资讯入手的战略不同，腾讯从通信社交领域入手，主要目的是做传统产业触网的连接器。腾讯所希望做的，就是利用自己在社交和通信领域的优势，建立患者与医生之间的连接。也就是说，腾讯的战略是从流量入口切入医疗健康市场。

腾讯在 2014 年 10 月投资的挂号网是当前中国用户规模最大的移动医疗平台。与腾讯的合作，使得挂号网的平台更加开放，通过移动端的 QQ、微信等方式，能够实现患者、医生与医院之间的紧密连接，建立从分诊、导诊到治疗付费的一站式移动服务体系。

截至 2019 年，腾讯医疗的成绩主要集中在腾讯医典已经覆盖上千种常见疾病，AI 导诊已接入近 300 家医院，AI 影像辅助医疗、微信公众号已经连接全国 3.8 万家医疗机构，无论是服务患者、服务医生或是助力政府，腾讯医疗都在从自己的视角展开布局。

相对阿里巴巴正大力布局的医疗付费和医药售卖领域来说，腾讯也有自己的资源，例如与京东的合作、微信建立的支付体系以及微信银行等，有助于腾讯在医疗健康领域的布局。

3. 百度重数据

百度在医疗行业的布局大体可分为以下几步。

2013 年 12 月，百度旗下的智能人体便携设备品牌 dulife 以及 du-life 平台正式推出，致力于打造中国自主品牌的尖端智能设备。

2014 年 7 月，百度与智能设备厂商和服务商联手推出大型高科技民生项目"北京健康云"。

2015 年 1 月，百度与 301 医院合作，共同探索移动医疗 O2O 模式。作为一家以搜索起家的互联网公司，百度一直掌握着大量数据资源，但在比较长的时间里，这些资源都没有得到有效的利用。2012 年，百度推出了其云服务产品"百度云"，并开始在世界杯预测、高考作文预测等方面显示出其数据所具有的价值，但直到此时，以数据为基础的商业模式还并不明朗。

2013 年，旨在为患者提供一整套寻医问药解决方案的全新医疗就诊问询平台"百度健康"正式上线。虽然"百度健康"的推出显得相当低调，但这实际上是百度发挥其数据资源价值的主要方向之一。

2014年开始，百度的战略逐渐清晰：一方面利用其强大的搜索引擎接入各行各业的信息系统，并在后台进行整理和加工，例如在与北京市政府的合作项目中，百度就接入了北京市的卫生信息系统；另一方面，利用自身推出的智能穿戴设备和移动医疗健康平台对与人们密切相关的健康数据进行记录和分析，例如其智能穿戴产品dulife的推出。百度在医疗健康领域的重要布局之一，在于探索可行的移动医疗O2O模式。继2015年1月百度与301医院合作共建网上医疗服务平台、百度医生App正式上线后，2015年2月百度又完成了对健康医疗类网站"康之路"(医护网)的战略投资。

根据相关的资料，医护网掌握丰富的医院门诊信息资源，是面向大众提供就诊服务的主要门户之一。因此，投资医护网对百度在医疗健康领域的布局至关重要。

2016年，百度成立了百度医疗大脑，其通过海量医疗数据、专业文献的采集与分析进行人工智能化的产品设计，模拟医生问诊流程，与用户进行交流，依据用户症状提出可能出现的问题，并通过验证给出最终建议。2017年4月，百度医疗大脑宣布与国内社区医疗服务领导者社区580合作，将人工智能赋能医疗社区，并上线"美乐医"为用户带来24小时医疗咨询服务。2018年3月，百度旗下"宝宝知道"母婴智能机器人上线，"宝宝知道"母婴智能机器人是"宝宝知道"携手百度先进人工智能技术一起打造的，基于百度大数据分析和机器学习能力的优势，分析、挖掘亿万母婴数据，深度理解用户的需求，更友好、智能地帮助用户解决母婴孕育时期问题。

2019年，百度持续布局医疗行业。2019年的2月，百度对外宣布，按照AI赋能医疗的计划，百度将向全国500个贫困县医疗点捐赠AI眼底筛查一体机，并在其控股的百度在线网络技术(北京)有限公司信息新增"销售Ⅲ类医疗器械"和"销售医疗器械II类"等营业内容。

到2019年2月底，百度又收购了北京康夫子健康技术有限公司的全部股权。据了解，康夫子是一家专注于医疗人工智能领域的服务商，虽然成立时间不过4年，但其旗下产品"左手医生"运用知识抽取、推理、表示等知识图谱构建技术，和超过5万名二甲医院和三甲医院医生进行互联互通，在远程医疗、人工智能医疗领域算得上是先驱。百度收购康夫子，已然在远程医疗方面占据了先机。

接着，在2019年3月份，百度又入股东软医疗系统股份有限公司。据透露，百度投资东软，主要是要借助东软在医疗器械行业强大的影响力，升级HIS(医院信息系统)系统，并将人工智能嵌入系统之中。据说，双方还将共同成立基于AI技术的"CDSS(临床辅助决策支持系统)专项小组"，携手推进AI辅助决策系统在医疗机构的探索应用。众所周知，CDSS系统的人工智能现在正是从过去碎片化向集成化发展的关键时期。谁能把更多医学科目的临床数据进行整合，谁就将在CDSS系统的扩张中占据先机，而东软医疗的医疗器械涵盖CT、MRI、RT等诸多领域，在市场上也有很高的占有率。百度依托东软的器械为媒介进行医疗大数据的整合和信息化，无疑会比其他医疗人工智能公司便利得多。一面积极地对医疗人工智能进行布局，另一面百度也在清理自己的搜索引擎，让百度脱离多年前莆田医院的阴影。据了解，在2019年的上半年，百度一共拒绝了医疗变体词3500万个，下线不合规广告数量2.37亿条。事实证明，在医疗方面，百度不仅有野心，也有恒心进行改变。

12.4.2 医疗职业的改变

医疗行业遇到的问题已经越来越明显，同时政府对医疗信息化的支持给医疗行业提供了大量的资本，因为医疗行业已经具备了大数据应用的理想环境。从新品研发、付款/定价、临床操作，到公众健康以及创新商业模式，大数据技术都可以创造出巨大的价值，能提高医疗服务效率，降低医疗服务成本。

随着大数据技术的发展以及医疗行业政策的放松，长期受限于体制因素的医疗行业也逐渐开始步入大数据时代。2013年起，医疗行业和互联网仿佛启动了跨界模式，各种想象力爆棚的跨界产品层出不穷，直逼人类想象力的上限。

大数据跨界医疗，跨出了一个规模巨大的市场。我国信息化医疗行业规模疯狂增长的市场背后，传统医疗模式将会受到颠覆性的影响，相关的传统医疗角色也将被重新定义。

1. 住院医生

传统医疗模式下，作为医疗服务主力的住院医师每天从事的工作可以说无比琐碎，从病人进门到出院全程关注其诊治过程，写病历、开药方、下医嘱、贴化验单、写手术记录、写会议记录、搜集论文素材、办入院手续、开出院证明。这些琐碎的工作比做手术研究治疗方案花费的时间与精力还要多，如果有好的工具将医生从这些事务中解救出来，那么住院医师就可以将更多的精力投入丰富的临床治疗过程中，为更多的病患解除痛苦，也为自己的职业生涯积累了更多的资本。然而，真的有这样的工具吗？有，而且越来越多。

例如，成立于2005年的PracticeFusion（见图12-13）是美国一家在线电子病历平台，为医护人员提供免费的在线电子病历管理服务。通过这个平台，医生可以方便地写病历，查看此前的病历，或与患者从前的主治医生沟通诊疗方案等，还能帮助医生与保险公司处理患者账单。2013年4月，PracticeFusion面向全美用户推出了免费的在线预约服务，当月就有300万用户使用了这项服务。

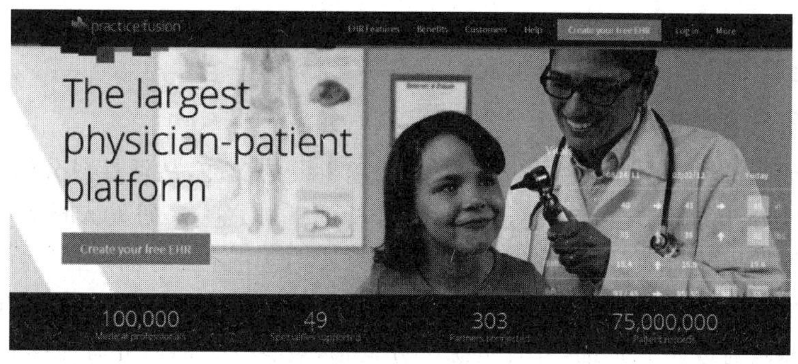

图12-13 PracticeFusion

除此之外，PracticeFusion还能够自动识别处方内容，发现可能产生有毒药理反应的处方就会自动向医护人员发出示警信息。除了PracticeFusion提供的这些功能之外，大数据还可以实现更多的可能。只要临床样本积累到足够大的规模，计算机甚至可以为医生提供辅助的诊疗建议参考。

2018 年，电子病历公司 PractceFusiom 被电子病历巨头 Allscripts 以 1 亿美元的现金全资收购，成为 Allscripis 的全资子公司。

2. 家庭医生、护士与检验科医师

欧美国家经常看到的家庭医生距离国内大众还很遥远，国内医疗体系里虽然也有家庭医生，但是他们只存在于少数上流社会的家庭。而大数据医疗的发展将改变这一现状，通过智能可穿戴医疗产品，让普通家庭也能拥有私人健康服务。

2013 年 8 月，家用医疗电子产品生产商九安医疗与苹果合作的 iHealth 系列再添新成员——可穿戴健康智能腕表 iHealthAM3，该产品支持计步、卡路里计算、运动提醒等功能，跟踪监测用户的日常活动和睡眠数据，由 Health 系统根据这些数据分析用户的健康信息，通过蓝牙将结果发送到 iPad 或 iPhone 上供用户随时查看。全球首款可穿戴健康智能腕表如图 12-14 所示。

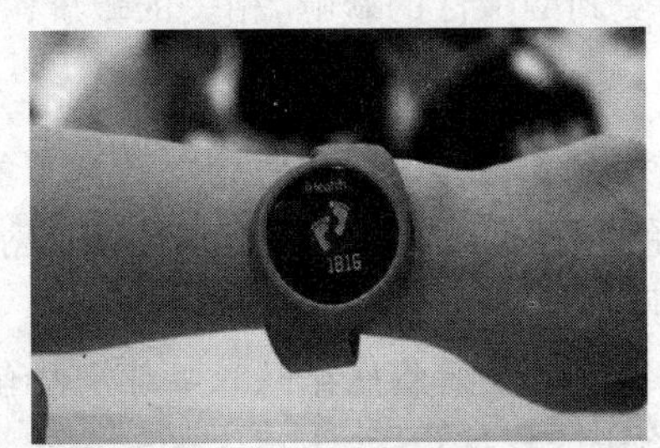

图 12-14 全球首款可穿戴健康智能腕表

2013 年 9 月，九安医疗的美国子公司 iHealth 旗下产品无线指尖脉动血氧计通过了食品药品监督管理局(FDA)的批准，10 月开始在美国正式发售。用户佩戴这款产品可以检测自己的血氧饱和度以及脉搏率，通过这些数据来进行心脏健康的监测。这款产品也是通过蓝牙与苹果终端相连，用户可以随时在 iPad 或 iPhone 上查看具体数据。

市面上类似的智能穿戴产品数不胜数，例如监测心率的智能衬衫、智能定位用户位置的手表等，这些产品可以在一定程度上行使家庭医生的职责，守护大众的健康。除此之外，有的产品甚至能预测用户将来的健康情况。

3. 新药研发者与中医

在医疗产品研发方面，临床数据发挥着越来越重要的功能，从活性成分筛查到化合物结构、计算机辅助设计等环节全都立足于大数据分析的基础之上。研发人员希望通过对海量数据的分析，挖掘出更有效的配方组成。

然而，大数据分析需要在大型实验室中进行，需要使用精密的实验设备，但这些都十分昂贵，只能依靠政府或企业赞助，并且资源十分紧张，只有少数的研究者能够有机会使用，而且使用时间有限。因此，需要尽可能地加快研发速度，在最短的时间内解决研发过程中的各种问题。

生物技术初创公司 Transcriptic 的出现，大大缓解了新药研发的上述窘境。Transcriptic 系统可以代替人来完成实验室里的很多程序，将研究人员从一些繁复的工作中解放出来。2014 年 7 月，Transcriptic 基于云计算技术推出了一款新的服务平台，支持用户自主设计操作程序，然后由机器人来执行。这样一来，实验操作的精度以及速度得到了很大

程度的提高,同时实验运行过程中的成本投入也降低了一大截。现在,Transcriptic 已经开始为用户提供诸如抗体筛选、核酸萃取、质粒构建和分子克隆之类的基础研究服务。

4. 媒介与服务

合规问题是我国医药领域难以根除的痼疾。近几年来,世界各国都打响了规模空前的合规战役,雅培、礼来、默沙东、强生、GSK、辉瑞等一大批制药巨头纷纷中枪,遭到了严厉的处罚,处罚金额高达数十亿美元,波及范围和处罚程度都达到了空前的水平。

中国政府也多次针对医药领域开展大规模执法,被执法的药企利润与声誉都受到重创,整个制药行业都出现了大规模裁员。在严格的合规要求下,各药企纷纷开始思考接下来该如何卖药,什么样的营销方法才是安全有效的。

于是,各药企开始从互联网取经,大数据营销、移动 CRM 管理等 IT 概念逐渐蔓延到了制药领域,订阅邮件、微信、微博、Lpad 也成为药企营销的通用工具。这些改变虽然并不会影响到营销管理的本质,但是对学术推广的意义十分重大。大数据营销要求企业公开临床研究数据的范围,医生也可以通过数据库的使用对药物有更多的了解。

12.4.3　移动医疗新模式

相比其他传统行业,医疗行业整体的信息化程度处于较高的水平,但是医疗行业的大数据应用仍不够深入,不同的医疗领域之间不支持数据共享,成为大数据应用的痛点。要将医疗行业的大数据应用继续推进,就必须打通数据孤岛之困。

1. 大数据医疗

近年来,大数据技术在医疗行业的应用发展很快,慢慢改变着整个行业。将大数据技术应用于健康监测以提高临床疗效已然成为医疗行业共识,刷新了传统的医疗科研方式。位于美国旧金山的加州太平洋医疗中心是加州最大的非盈利性学术医疗中心,该医疗中心的研究所在包括心脏病学、肿瘤学和神经病学在内的多种学科领域的研究中取得了大量的突破性研究成果。

Richard Shaw 博士领导的心脏病研究项目,是该研究所的重要研究项目之一。该项目通过大量的临床实验来测试常规心脏病治疗手段是否真实有效,是否能够改善心脏病患者的病情,提高他们的成活率。该项目研究内容极为丰富,包括大量复杂的、跨学科的项目,生成了海量的研究数据,甚至包括一部分医疗中心母公司的心脏病数据库,还使用到外科手术数据库,海量的数据处理成为该项目急需攻克的难题。

IBM 公司的数据处理工具 SPSS Statistics 拥有强大的数据管理功能,并且可操作性强,很快成为该研究项目的重要工具,用于该项目中海量数据的处理,包括对患者数据的跟踪和分析、冠心病术后并发症的风险预测、标准诊断测试的强化以及不同治疗方案疗效的测试。SPSS 数据处理的结果帮助 Shaw 博士带领的研究团队取得了极大的研究进展,包括更准确的模型开发,用以提高长期治疗效果;为每个医疗团队创建各自独立的单一数据库;促进糖尿病、心脏病患者的术后恢复;预测多支冠心病并发风险;提高治疗效率以降低患者的治疗成本。

相比于欧美发达国家,我国的医疗市场更广阔而且复杂,如何打破各医疗领域的数据孤岛，从沉积的海量数据中挖掘出深藏的价值，用于完善医疗系统的管理和服务，是我国医疗行业正在努力研究的课题。建立一个信息共享的数据平台，将能够为整个行业创造巨大的价值，病患群体也会从中受益。

例如高血压病人去体检中心做身体检查，体检完成之后，体检中心将相关数据与生产高血压药品的药厂共享。通过对不同时期的检查结果进行比对分析，药厂就能够确定该药品的药效，将分析结果用于产品的改进升级。通过与体检中心的数据共享，药厂还可以避开中间环节，直接将药品送到病人手中。

以上只是数据共享平台应用的冰山一角，如果医疗行业真的能够完成这样的工程，那么各个领域都将从中受益，医疗行业的整体服务必将上升一个台阶，病患群体也将成为其中最大的受益者。但是，现实中医疗行业受到各种制度和技术的限制，要搭建这样的平台，实现上述情景，还需要克服重重阻力。

2. 可穿戴远程医疗模式

多数人认为，2014 年是“远程医疗”崭新的里程碑。其实，“远程医疗服务”的概念一直是人们热议的话题。然而，随着可穿戴医疗设备技术的不断发展，病患与医生视频联系这个新的领域被很多研发团队所重视。

2014 年 7 月，DignityHealth 医疗机构推出一项全新的医疗技术——远程医疗机器人会诊。同年 10 月，谷歌推出了一项医疗服务技术，即医患视频会话服务。随后，Walgreens 药店连锁销售机构、CVS 以及沃尔玛等各大药店商和厂商纷纷推出自己的产品。可以预见的是，今后“远程医疗”将一直会是被人们热议的研究领域。

1）可穿戴医疗助力远程医疗

什么是远程医疗呢？百度百科定义为：远程医疗是将视频、声音以及设备监测到的人体生理信号通过网络传输到另一个地方(医生所在位置)，让医生可以对患者进行远距离的诊断。

近年来，随着科学技术的发展，各种生物感应器不断地被研发出来，其体积也越来越小、越来越灵活。有些感应器甚至可以像手链一样戴在手上，于是就形成了可穿戴医疗设备。

可以想象一下，某家公司能研发出这样一台机器，这台机器带有摄像头、麦克风等，能随时随地监测人体各种生理指标。随后，这家公司再联合专业的医疗机构，不仅可以为患者提供诸如定时体检、疾病远程诊断等服务，还能整合市场资源来扩大市场占有率。这又将是一个“苹果帝国”的诞生。

我们希望这样的想象能尽快实现。因为，一方面这样的研发技术确实给人们带来很多的便利；另一方面可以减少患者上门求医的烦恼，还能提高医生的工作效率。远程医疗能带来意外的商机，提供更多的就业岗位。其实，不论远程医疗的技术是如何向前发展的，最大的受益者仍是患者。

2）橙信云医疗

2014 年 3 月，橙意家人科技(天津)有限公司推出医疗级健康可穿戴产品之后，又在 6 月 28 日与国内某三甲医院联合推出社区医院，正式成立睡眠呼吸暂停综合征诊疗中心。这就意味着，橙信云医疗是我国首家正式启动可穿戴远程医疗模式的机构，也是国内首家提出“布局健康社区”理念的机构。

(1) 让社区居民实现“智慧”问诊。在医学界，睡眠呼吸暂停综合征俗称打鼾。这种症状在人群中是普遍存在的，却并不被人们重视。打鼾可以使在睡眠中的人出现间歇性呼吸暂停，造成大脑严重供氧不足，进而诱发各种心脑血管方面的疾病。如果在睡眠中的人呼吸暂停在 120s 以上易出现猝死的情况。橙信云医疗机构的市场调查显示：到目前为止，我国存在打鼾症状的人有两亿多，80％以上的人基本上不重视睡眠呼吸暂停综合征。在很多大中型城市看病，患者去医院测血氧，既要提前预约挂号，又要排很长时间取号，给患者带来很多的不便利。鉴于此，2014 年 3 月，橙信云医疗推出“橙意”动态血氧仪。“橙意”动态血氧仪是一款全新的医疗级可穿戴设备产品。此产品主要对人的睡眠进行监测，可全天监测人的血氧饱和度，并将监测到的相关数据随时上传到云端，可以很好地检测出人是否患上睡眠呼吸暂停综合征。此外，已经患有此病的人也可以随时了解自己的数据，及时咨询医生得到健康建议。橙信云医疗的这种模式实现了社区居民的“智慧”问诊。

（2）远程医疗服务模式的实现。医学界人士认为，传统医院专门成立初筛中心，并结合可穿戴医疗设备进行诊断是一种非常好的模式。一方面，患者根据可穿戴设备测量的相关数据去社区医院“问诊”；另一方面，可穿戴设备的用户还是一个数据终端者，为医院提供固定的数据，方便医院进行大数据分析。现在，远程医疗服务模式被很多医疗机构或公司关注。例如，万通地产在天津已开启健康社区服务项目，使用“橙意”动态血氧仪让患者体验远程医疗的服务模式。又如，橙信云医疗机构在 2014 年正式发售第二代多参数脉搏血氧仪。此仪器又增加了计步、血压、心电等功能，可以为用户提供更多的便利。可预见的是，远程医疗服务离我们的生活会越来越近。

（3）医疗级可穿戴设备“最靠谱”。在目前的市场上，可穿戴设备种类繁多，如手臂、手环、指环、腕带、项圈等产品设备。虽然这些可穿戴设备产品种类繁多，但是这些可穿戴设备的技术核心是监测用户的健康指标，仅是健康管家的角色。可见，这些产品与智能医疗的水平仍有很大的距离。因此，未来可穿戴设备是向解决刚需的专业级可穿戴医疗设备方向发展的。如何能给患者提前预警？如何给患者正确的医疗方案？这些问题只有医疗级可穿戴设备才能解决。事实上，可穿戴设备只有升级到专业级可穿戴医疗设备，如橙信云医疗推出的产品，才能与传统医院形成竞争，逐渐形成一定规模的市场。

可以预见的是，“量化自我”这一概念仍有很大的研发空间。例如，苹果、谷歌、三星等主要科技公司已经意识到了“量化自我”这一巨大的市场消费潜力。他们积极地研发软件开发工具包、创建数据平台、参与数字医疗合作。其实，不论数字医疗技术如何向前发展，可穿戴设备发展的终极方向仍是改善病人的健康和提高护理人员的护理质量。

12.5　人工智能中的数据思维

每当前沿科技取得重大突破，为我们预示着人工智能的瑰丽未来时，许多人又不约而同地患上人工智能恐惧症，害怕自己的工作乃至人类的前途被潜在的机器对手掌控。

“人工智能来了！”这句话对于不同的人群有着不同的含义。国家工业部门与科学工作者迫切希望人工智能能够加速发展，认为人工智能的发展速度跟不上社会的需求，他们从未怀疑人工智能对于现代社会的推动意义。相反，他们将人工智能视为一场社会变革的钥匙，而他们是这场变革的参与者与见证者。人文社会科学、经济学家们则更多相信这是对社会结构的严重挑战，挑战也伴随着机遇。当然，同样存在一些人对人工智能的认识陷入了两个极端，一部分认为人工智能并没有我们所想象的那么强大，其发展也会如昙花一现；另一部分则深感危机，人工智能劳动力崛起，人类将何去何从？

普通公众对人工智能快速发展的认知，始于2016年年初AlphaGo的惊世对局。在欣赏围棋对局的同时，人们总是不惜发挥丰富的想象，将AlphaGo或类似的人工智能程序与科幻电影中出现过的、拥有人类智慧、可以和人平等交流、甚至外貌与人类相似的人形机器人关联起来。但其实AlphaGo只是人工智能最基本的应用，其核心是学习，或者说是重复。

12.5.1 AlphaGo，仅仅是开始

2017年开年，人工智能企业DeepMind公司发布了一个大新闻：继AlphaGo(见图12-15)以压倒性的优势4∶1战胜围棋世界冠军李世石后，大师(Master)——升级版的AlphaGo在网络上又实现了对各路围棋大师的60连胜！这一结果令人大跌眼镜，因为在20年前，虽然升级版的深蓝同样战胜了来自俄罗斯的国际象棋特级大师卡斯帕罗夫，可即使最乐观的人工智能研究者也不敢断言，未来有一天计算机能横扫人类的围棋精英们。

图12-15 人工智能系统AlphaGo

取胜之匙——深蓝的"算"与AlphaGo的"想"。棋类游戏的核心在于根据棋局判断下一手的最优下法，深蓝通过穷举的方法在国际象棋的棋局中解决了这个问题。在64格的国际象棋棋盘上，深蓝的运算能力决定了它能算出12手棋之后的局面下的最优解，而身为人类棋手执牛耳者的卡斯帕罗夫最多只能算出10手棋，这多出来的两手棋就会成为左右战局的关键因素。可在围棋棋盘上，可以落子的点数达到了361个——别说12手棋，就是6手棋的运算量都已经接近于天文数字！这使得计算机相对于人脑的运算优势变得微不足道，走出优于人类棋手的妙手的概率也微乎其微，这也是为什么计算机会在围棋领域被看衰。

深蓝的核心在于"算"：利用强大的计算资源来优化目标函数。深蓝本身就是一套专用于国际象棋的硬件，大部分逻辑规则是以特定的象棋芯片电路实现，辅以较少量负责调度与实现高阶功能的软件代码。其算法的核心则是暴力穷举：生成所有可能的下法，然后执行尽可能深的搜索，并不断对局面进行评估，尝试找出最佳下法。

在深蓝的象棋芯片上，国际象棋的走棋规则被以硬件电路的方式嵌入到逻辑门阵列之中，不同棋子处于不同位置时的分值由软件预先计算好后也会写入硬件。对下法的判断则源于国际象棋的固有逻辑。在国际象棋中，最核心的逻辑就是子力价值的对比：马或者象

等效于三个兵；车等效于五个兵；后等效于九个兵；王的价值是无穷大，因为失去王就输了棋局。但在评价棋盘状态时，深蓝会考虑更多的局面细节：如果同一方的兵在象前面，它就会限制象的移动，导致象本身的价值降低，如果同一个兵可以通过捕获一个敌方兵来打开车的行进路线，这个兵就并不会严重损害车的价值。这类对棋局细节的刻画有助于深蓝对局面做出更准确的判断。

深蓝的软件来源于与硬件协同工作的专门设计。软件部分负责调度最多 32 个象棋芯片并行搜索，以及对大范围规划的局面进行软件评估。软件中还包含从数十万局棋中抽取出来的开局书，少子条件下的残局数据库，以及同时代的美国特级大师乔尔·本杰明(Joel Benjamin)针对卡斯帕罗夫行棋风格而对以上开局与残局下法的专门优化。因此，深蓝背后蕴藏着的是古往今来各路高手的象棋智慧，说卡斯帕罗夫是光明顶上独战六大门派高手的张无忌，其实也不为过。

可是，用穷举的方式来下围棋呢？围棋的棋盘状态远比国际象棋复杂，以穷举法进行最优落子策略的推演无异于痴人说梦。事实上，顶级的围棋棋手更多地依赖模糊的直觉来评判特定的棋盘状态的好坏。但理性的推演与感性的判断之间似乎存在着不可逾越的巨大鸿沟，对于计算机程序而言，依赖直觉是不可能的事情。因此并没有显而易见的方式来将国际象棋领域的成功复制到围棋上——直到 AlphaGo 的横空出世。

AlphaGo 的核心则在于"想"。与专用硬件深蓝不同，AlphaGo 是一套能够运行在通用硬件之上的纯软件程序，已汲取了人类棋手海量的棋谱数据，并依赖人工神经网络(Artificial Neural Network)和深度学习(Deep Learning)，从这些数据中学会了预测人类棋手在任意的棋盘状态下走子的概率，模拟了以人类棋手的思维方式对棋局进行思考的过程。AlphaGo 算法的形成可以分为以下三个阶段。

第一阶段——拜师学艺：AlphaGo 根据彼此无关的盘面信息模仿专家棋手的走法，通过海量盘面数据训练出一个监督式策略网络，这个策略网络随后就能以超过 50%的精度预测人类专家的落子。

第二阶段——左右互搏：AlphaGo 将过往训练迭代中的策略网络与当前的策略网络对弈，将对弈过程用于自我强化训练，对现有策略网络的改进使 AlphaGo 对弈当时最强的开源围棋软件 Pachi 的胜率达到 85%。

第三阶段——融会贯通：AlphaGo 在自我对弈中随机生成新的训练数据，用以训练局面价值网络。价值网络、策略网络和蒙特卡罗树搜索相融合，用于预测和评估棋局未来可能的发展方式。

拜师学艺完成后，AlphaGo 就可以中规中矩地下一盘棋了。在某种意义上，这是一种意识流的下法，胜负不在算法的考虑范围之内。而左右互搏的目的就是引入胜负：让策略网络和自身进行对弈，来获得一个给定的棋盘状态是否为胜利的概率估计，以此作为对棋盘状态的评估方式。最后，通过将评估方式和对下法的搜索进行融会贯通，选择那个给出最高棋盘状态评价的下法。不难看出，并非从一个基于很多围棋细节知识的评价系统开始，而是让神经网络和机器学习扮演核心角色。它使用了两个各司其职的神经网络：策略网络和价值网络。策略网络的作用是选择下一步的走法，可以降低搜索的广度；价值网络的作用是评估盘面优劣，可以降低搜索的深度。通过连续不断做出微小改进的方式构建策略网络和价值网络，AlphaGo 就形成了类似于人类棋手所谓的关于不同棋盘状态的直觉的效果(当然也使用了搜索和优化的思想)。

策略网络本质上是个监督式学习(Supervised Learning)的过程,通过学习千万数量级的职业棋手棋谱来训练落子位置的预测模型。它有着专一的目标:完全不考虑输赢的概念,只关注预测对手落子的精确性。在2016年1月刊发在著名科学期刊《自然》的封面文章中,AlphaGo预测对手落子位置的正确率是57%,这个数据在和李世石对弈时显然又得到了相当的提升。AlphaGo的策略网络与类似的传统算法区别有二:一是左右互搏的引入,通过基础版本策略网络和进阶版本策略网络之间的对弈,让基础网络快速习得高手的落子策略,形成一个比进阶更进阶的策略网络,这个新形成的策略网络又被用来进一步提高原始的进阶版本策略网络,经过两千万次“青出于蓝而胜于蓝”的循环修正后,策略网络才达到现在的水准;二是局面判断的设计,选择下一步的走法时,策略网络的备选并非棋盘上的所有361个点,而是通过卷积预先排除掉一些最优解出现概率较小的区域,再在剩余的区域中找出可能的最佳位置,这样就可以排除一些有意为之的干扰棋路对整体局势的影响。这种机制固然会降低落子预测的精确度,却能使计算速度得到大幅度的提升。

如果说策略网络关注的核心是“知彼”,价值网络关注的就是“知己”,在当前的局势下,下在哪个位置能得到最佳的胜策。对胜算的估计既与当前的局面有关,也与向下预测的步数有关。能够预测的步数越多,得到的结果就越精确,计算量也会越庞大。在围棋中,求解精确解显然是不可能的,因而价值网络只能求出近似解,通过卷积神经网络来计算出卷积核范围内的平均胜率,最终的走法则留给蒙特卡罗树搜索(Monte Carlo Tree Search)来处理。此外,价值网络的训练不是通过对现有棋谱的学习,而是让两个AlphaGo互相对弈——两者实力的接近确保了棋局的胜负完全由落子决定,而非一些其他的先验因素。这让AlphaGo快速地累积出正确的评价样本;也解决了评价机制的难题。价值网络和策略网络的结合让AlphaGo“知己知彼”,其百战百胜自然也在情理之中。

但这并不意味着AlphaGo无懈可击,在人机大战的第四局中,李世石的一招妙手(白78手)让AlphaGo掉进了陷阱,AlphaGo完全没有意识到这步神仙棋有什么作用,直到几个回合之后才如梦初醒,然而为时已晚。在此之后,AlphaGo开始频频下出不可理喻的走法,直到投子认负。

李世石的妙手妙就妙在刺中了AlphaGo的盲区,它并不认为棋会下到这里。可能AlphaGo认为这步棋并非最优甚至并非次优,可能在于自身对弈的过程中这样的棋路从未出现。种种原因让它没有在深度学习过程中习得这个走法,所以一旦出现这种局面,AlphaGo就不知如何是好,在盲目应对的过程中丧失主动。劣势后频出的昏招事实上也是蒙特卡罗树搜索的固有结果:自知败局已定的AlphaGo只能通过这样的招数,寄望于凭借李世石的失误扭转局面,好在李世石没有上当,漂亮地赢下这局。

虽然仍有改进的余地,但与深蓝的区别正是AlphaGo的突破之处。早期的计算机就已经被用来搜索优化已有的函数方式,深蓝的特点仅在于搜索的目标是优化尽管复杂但是形式大多数由已有的国际象棋知识表达的函数,其思想与人工智能早期的多数程序并无二致。但AlphaGo在整个算法中,除了“状胜”这个概念,其对于围棋规则一无所知,更不必谈及定式等高级围棋的专门概念。尤其在第一阶段的训练中,完全基于简单的盘面借息就能够达到相当可观的预测效果。这正是AlphaGo和深蓝的本质区别:同是战胜了棋类世界冠军,深蓝仍然是专注于国际象棋的以暴力穷举为基础的特定用途人工智能,而AlphaGo是几乎没有特定领域知识的、基于机器学习的、高度通用的人工智能。这一区别决定了深蓝只是一个象征性的里程碑，而 AlphaGo 更具使用价值。

AlphaGo 是在大量学习了人类棋谱后，才慢慢被“封神”，但这一认知后来也被改写。2018 年 10 月 19 日凌晨，在国际学术期刊《自然》(*Nature*)上发表的一篇研究论文中，谷歌下属公司 Deepmind 报告新版程序 AlphaGo Zero：从空白状态学起，在无任何人类输入的条件下，它能够迅速自学围棋，并以 100∶0 的战绩击败“前辈”。“抛弃人类经验”和“自我训练”并非 AlphaGo Zero 最大的亮点，其关键在于采用了新的 Reinforcement Learning(强化学习算法)，并给该算法带来了新的发展。该论文称，在数百万局自我对弈后，随着程序训练的进行，AlphaGo Zero 独立发现了人类用几千年才总结出来的围棋规则，还建立了新的战略，为这个古老的游戏带来新见解。

世界顶尖棋手的养成，动辄需要数十年的训练、磨砺。但 AlphaGo Zero 创造了一个纪录：3 天。AlphaGo Lee 是 AlphaGo Zero 的“前辈”。它拥有 48 个 TPU(神经网络训练专用芯片)，在参考大量人类棋谱，并自我对弈约 3000 万盘、训练数月后，2016 年 3 月，AlphaGoLee 以 4∶1 的比分击败韩国九段棋手李世石，引发人们的关注。

AlphaGo Zero 仅拥有 4 个 TPU，零人类经验，其自我训练的时间仅为 3 天，自我对弈的棋局数量为 490 万盘。Deepmind 公司详解了 AlphaGo Zero 的更多不同之处在于，识别棋盘盘面时，它直接识别黑白棋子而非将图像分类；它仅使用一张人工神经网络，此前的两张网络被合二为一了。

但更大的革新之处在于，AlphaGo Zero 采用了新的算法——强化学习算法。在每一次训练后，AlphaGo Zero 都能根据训练结果，进一步优化其算法。AlphaGo Zero 开启了强化学习研究和应用的新阶段。从初期算法到 20 世纪 90 年代初的 Q 学习，再到这十来年的深度强化学习，已走过三个阶段。今天在 AlphaGo Zero 中，深度强化学习进一步与树搜索的 Lookahead(类似一种派出侦察队预先到前面打探)机制相融合，产生了一种高效的深度强化学习新机制。正是有了它，不再像 AlphaGo 去求助由大量样本学习过去经验得到的走子策略，而可以在自我对弈过程中自悟出更高明的走子策略。

12.5.2 自动驾驶汽车的困境

自动驾驶汽车在近十年迎来了关注的又一高峰，尤其是国内各大行业巨头纷纷联合开发自动驾驶汽车，甚至有推测 2022 年将迎来无人汽车的大规模推广，不甘落后的特斯拉公司率先推出了自动驾驶汽车。

谷歌的自动驾驶技术在过去若干年里始终处在领先地位，不仅获得了在美国数个州合法上路测试的许可，也在实际路面上积累了上百万英里的行驶经验。但截至 2016 年年底谷歌自动驾驶团队独立出来，成立名为 Waymo 的公司时，迟迟没有开始商业销售的谷歌自动驾驶汽车似乎离普通人的生活还很遥远。

相比谷歌的保守，特斯拉在推广自动驾驶技术时比较激进。早在 2014 年下半年，特斯拉就开始在销售电动汽车的同时，向车主提供可选配的名为 Autopilot 的辅助驾驶软件。计算机在辅助驾驶的过程中，依靠车载传感器实时获取的路面信息和预先通过机器学习得到的经验模型，自动调整车速，控制电机功率、制动系统以及转向系统，帮助车辆避免来自前方和侧方的碰撞，防止车辆滑出路面，这些基本技术思路与谷歌的自动驾驶是异曲同工的。自动驾驶汽车的AI算法通过传感器看到的实时路面情况如图12-16所示。

图12-16 自动驾驶汽车的AI算法通过传感器看到的实时路面情况（来源：https://waymo.com/）

当然，严格来说，特斯拉的Autopilot提供的还只是"半自动"的辅助驾驶功能，车辆在路面行驶时，仍需要驾驶员对潜在危险保持警觉并随时准备接管汽车操控。

2016年5月7日，一起发生在佛罗里达州的车祸是人工智能发展史上的第一起自动驾驶致死事故。当时，一辆开启Autopilot模式的特斯拉电动汽车没有对驶近自己的大货车做出任何反应，径直撞向了大货车尾部的拖车并导致驾驶员死亡。

事故之后，特斯拉强调，在总计1.3亿英里的Autopilot模式行驶记录中，仅发生了这一起致死事故，据此计算的事故概率远比普通汽车平均每9400万英里发生一起致死事故的概率低。同时，特斯拉也指出，事故发生时，由于光线、错觉等原因，驾驶员和Autopilot算法都忽视了迎面而来的危险。2017年年初，美国国家公路交通安全管理局（NHTSA）出具调查报告，认为特斯拉的Autopilot系统不应对此次事故负责，因为该系统的设计初衷是需要人类驾驶员来监控路况并应对复杂情况。事故发生时，特斯拉的驾驶员有7s的时间对驶近的大货车做出观察和反应，可惜驾驶员却什么都没有做。美国国家公路交通安全管理局同时还强调说，特斯拉在安装了Autopilot辅助驾驶系统后，事故发生率降低了40%。这表明，自动驾驶系统的总体安全概率要高于人类驾驶员，自动驾驶的商业化和大范围普及只是时间的问题。

在消费者市场之外，自动驾驶技术也许很快就会在一些特定的行业市场落地。在出租行业，优步和滴滴这样的领导者都在为自动驾驶技术用于共享经济而积极布局。优步的无人出租车已经在美国道路开始测试。在物流行业，自动驾驶的货运汽车很可能早于通用型的自动驾驶汽车开始上路运营。一些研发团队甚至憧憬过自动驾驶货车在高速公路上结成编队，快速、安全行驶的场面。而像驭势科技这样的小型初创公司，则提出了让自动驾驶汽车首先进入较为独立的社区道路，承担起小区通勤任务的想法。

无疑，在谷歌、特斯拉等科技巨头和传统汽车厂商、新兴创业公司等众多参与者的努力下，自动驾驶本身的科幻色彩在今天已越来越弱——它正从科幻元素变成真真切切的现实。

但是关于自动驾驶汽车的一个疑虑始终没有消除，这也是机器学习的最大障碍。机器学习由于训练集的数据足够大，使得遇到的情景都在训练的算法中找到解决方案，但是数据几乎不可能完全搜集，即一定会有未曾遇到过的情景产生，人工智能若不产生真正的创新能力也就难以解决。这在“今日头条”等信息或商品推荐领域尚不明显，但在自动驾驶领域，即使训练精度高达99.999%，依旧存在很大的安全隐患。举个例子，一千万辆自动驾驶汽车的场景，其情景训练正确率是99.999%，那也有将近10个情景无法识别！这其中的安全隐患可想而知。从另一方面，相比于人类本身的事故率而言，自动驾驶汽车尽管难以保证绝对的安全，但是只要将事故率降低到远低于人类自身驾驶的事故率，就能够被大多数人接受。从这个角度讲，自动驾驶汽车的普及也并非遥不可及。

12.5.3　感知识别技术的大爆发

对于人工智能，人们一方面在努力使它具备超越人类的感知计算能力；另一方面还在努力使它与人类更加接近——这其中就包括具备与人一样的情感交流功能，这种功能能满足人的情感和心理需求。可以说，只有能与人类进行情感交流的人工智能，才称得上真正意义上的人工智能。而要做到这一步，相关研究人员就得首先从情绪识别技术上取得突破。

人工智能情绪识别，指的是用人工的方法和技术让机器具有人类式的情感，使它能够理解、识别和表达喜怒哀乐之类的情绪，从而延伸和扩展人的情感。行业内普遍存在的观点认为，人工智能的情绪识别，必须建立在语音识别技术、图像识别技术获得长足发展的基础上。只有这样，机器人才能在大数据的支持下，更加精准地对微表情进行捕捉、对情绪进行判断。可以说，要想让机器人能够走进家庭提供服务，情感识别功能是其必备的能力。

情感是人类对外界事物所产生的主观反应。它通常通过人的面部表情、声音变化、肢体动作等表现出来，情绪发生变化时，会对心脏、四肢和大脑等器官产生影响。由于人们各自的特质和经历不同，对于同样的外部变化，所产生的情绪会各不相同。从连话也不会说的小孩到不同年龄层次的人，都能轻易觉察到他人的情绪变化。但对机器来说，到目前为止，即使是拥有最高水平的人工智能，也不具备像人一样的情绪识别能力。那么，如何才能让人工智能具有人一样的情绪识别能力呢？

从方法上来说，人工智能理解人类情绪，同样是看脸、看动作和听声音。人的情绪变化会呈现出不同的面部表情，会改变人说话的语速和声音高低。在这一过程中，人工智能通过识别这些信息来判断人的情绪。在这方面，人工智能有一个明显的优势是，往往人们觉察不到别人故意控制的情绪变化，而它能觉察到，甚至有时哪怕是一闪而过的极微小的破绽，人工智能都可以通过高速摄像机和高性能处理器来完成情绪的识别。

从技术发展来看，仅解决了语音输入的问题还远不足以解决情绪识别。人类获取外界信息，91%是通过视觉。机器要想和人类有情感上的交互，就必须具有强大的视觉系统。在这方面，由于计算机视觉算法的发展，计算机对人们的面部表情、眼动方式、肢体语言等行为方式的理解能力大为提高。

人类情感本身就是个非常复杂的问题，对此应采取的正确措施是，让人工智能不需要弄懂人类情感的本质，只需让机器能够对情绪所释放的各种信号进行分析并输出结果即可。这种思路就是从使用功能出发。例如，软银推出的情感陪护机器人，其对人类面部表情所做的分析，实际上用的就是图像识别技术。人工智能发展到现阶段，已经被赋予了一定的情感，但要达到能与人类进行情感交流的地步，还有很长的一段路要走，其中重要的一项就是数据采集。

大数据对人工智能的发展具有极大的推动作用。随着管理和分析数据的新技术不断发展和对数据价值的不断认识，如图像、文本或语音等使用统计模型来进行数据概率推算的人工智能领域，可以用大数据训练所建模型，让性能得到不断优化。这其中，深度学习技术在人工智能的不同领域都得到了应用。例如，在话题分类、情感分析和语言翻译等方面，深度学习比其他机器学习技术更具优势。深度学习擅长情感分析，因而，很多人都把深度学习看成是人工智能起飞的发动机。

从满足人类情感需求的角度来看，情绪识别是人工智能发展的分水岭。目前，微软公司、软银公司和苹果公司等大型企业，都开始在人工智能研发方面布局情感识别。

1. 微软小冰

微软小冰是 2014 年 5 月 29 日微软(亚洲)互联网工程院推出的一款人工智能伴侣虚拟机器人。他们将该机器人命名为“微软小冰”。该机器人积累了中国近七亿网民多年来所公开的全部文献记录，借助大数据、自然语言分析、机器学习等方面的技术，能够理解对话的语境与语义，让人机交互变得更加自然。在一定程度上，该机器人掌握人类交流时的语音、手势、表情和触摸等表现方式，如图 12-17 所示。

图 12-17 微软小冰

微软公司将新一代人工智能的首要任务定位于具备“感性”的情感连接能力，认为只有这样才能更像真实人类的情感方式，由此来满足人类的心理和情感需求。他们构建了一个以建立情感连接为优先的完整可持续的对话系统。构建这个系统的方法，包含语义学、搜索引擎、大数据和机器学习的系统模拟方法。其实，人类在交流时，并不会刻意去了解他人的情感本质，而只需了解对方的情感表现信号，例如，开心时笑的模样、发怒时的声音呈现等。这也是微软公司人工智能情绪识别技术研发的指导思想。该思想的内容就是，让机器分析人类的情绪信号，并找出所对应的情感，再在这个基础上表达自己的情感。这样也就实现了机器与人类的情感交互。

通过将人工智能情感计算的思想注入到微软小冰中，机器人也就具备了情绪识别的能力。例如，小冰具有情感记忆功能。当用户提到自己的一些心情时，小冰会记住这些，并不断地了解用户的情况，再以询问的方式来关心用户的身体状况。这种人机交互，首先是与用户建立起信任关系，然后再实现进一步的情感交流和需求满足。微软公司希望小冰这样的机器人最终能够走进千家万户，成为服务用户的日常伴侣。

2. 软银 Pepper

软银 Pepper 是由日本软银公司开发出的一款被人描述为“情感机器人”的智能机器人，如图 12-18 所示。

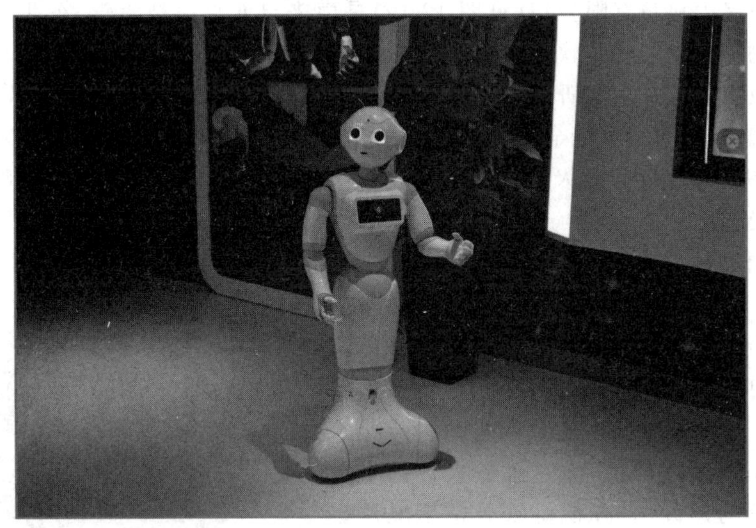

图 12-18　软银 Pepper 智能机器人

Pepper 不仅能判断出人类的面部表情和语调方式，还能“读”出人类情感。它身高 4 英尺，有一个旋转底座，由三个滚轮组成，还有设计十分简洁的手臂和能灵活运动的手指。当与人接近时，它黑色的大眼睛会“盯着”这个人看上 1s。它说话时，胸口位置平板电脑屏幕上会显示它的观点。Pepper 的设计本意是陪伴，就是让它不仅能与人交流，还能模拟人类的行为和诸如同情心、爱心等的情感。不足之处在于，它的听力并不太好，需要用户距离足够接近让它“听”见。Pepper 于 2015 年 6 月底在日本正式上市销售，每台售价为 1600 美元。开售 1min 内，1000 台 Pepper 就被抢购一空。

除了微软小冰、软银 Pepper 外，还有如 Realeyes，INTRAface，Emotient 和 IBM 等公司的产品，在人工智能情绪识别方面的技术应用都取得了明显的进展。尽管情感机器人到如今还处在不断发展阶段，但可以想象的是，随着情绪识别技术的突破，拥有真正情感的机器人将会产生，成为人类的好伴侣。

12.6 智能制造中的数据思维

对于新工业革命而言，工业大数据就像是21世纪的石油。美国通用电气公司的《工业互联网白皮书》中指出，工业互联网实现的三大要素是智能联网的机器、人与机器协同工作及先进的数据分析能力。工业互联网的核心是通过智能联网的机器感知机器本身状况、周边环境及用户操作行为，并通过这些数据的深入分析来提供诸如资产性能优化等制造服务。可以说，没有数据，新工业革命就是无源之水、无本之木。

12.6.1 北科亿力科技

1. 基本情况

北京北科亿力科技有限公司（见图12-19）是由来自北京科技大学、东北大学及国内知名钢铁企业的冶金、自动化、软件等专业人才创建的。其创始团队自2003年起一直致力于炼铁数字化及智能化技术的研发。公司成立于2008年，其最终用户为以炼铁厂为主体，包含设计院所、高校等机构的冶金生态圈。到2016年，公司业务已覆盖全类型高炉，完成了全国约20%炼铁产能的数字化及智能化项目，并投资1185万元用于企业及行业级炼铁大数据平台的建设。

钢铁是国家战略性支柱行业，连续多年占全国GDP总值10%以上，在去产能背景下其体量依然巨大。作为占据钢饮企业约70%的成本和能耗的炼铁厂，2016年中国铁液产重约7亿吨，产值约1.5万亿元。但其生产过程的数字化和智能化水平相比钢轧工序依然较低，通过炼铁大数据平台和智能化系统的建设，来降低炼铁异常工况及燃料消耗，不仅能为炼铁厂带来巨大的经济效益，还可以直接降低炼铁燃耗及排放，实现节能减排和绿色冶金。

图12-19 北科亿力 logo

北科亿力自主研发炼铁大数据互联平台，以大数据、人工智能、工业互联网等技术为创新手段，以降本增效和智能制造为落地解决方案，一直专注于钢铁冶金行业数字化、信息化、智能化技术研究和服务，推动炼铁智能制造：将无线传输、三维激光雷达、热成像技术应用于高炉“自感知”工业传感及物联网开发；建立了数据源、整合、传输、管理、持久、分析、接口和应用的大数据处理中心；开发高炉专家系统实现自诊断和自决策；建立行业级炼铁大数据平台实现企业端和行业端数据互联互通及智能对标；开发云平台实现移动终端服务。其创新成果广泛应用于河钢、首钢、中信特钢、沙钢、山钢、酒钢等中国近百家和伊朗、越南、印尼等国的二百多座高炉，在实际应用中对炼铁长寿、高效、优质、低耗、清洁生产起到了至关重要的作用。

2. 业务痛点

钢铁工业是国家战略性支柱行业，连续多年占全国 GDP 总值的 10%以上。炼铁工序占据钢铁全流程约 70%的冶炼成本和能耗。炼铁工艺是透明的，数据是开放的，但智能化发展滞后，其业务痛点在于以下几方面。

(1) 炼铁大数据缺乏利用，智能炼铁相对空白。目前，炼铁厂已有的信息化系统偏重于基础自动化和生产计划管理，与冶炼过程的智能控制基本脱节。这是由于炼铁核心单元高炉具备高温、高压、密闭和连续的"超大型黑箱"特性，高炉内部工作状态诊断困难，操作仍以人工经验和主观判断为主，智能炼铁相对空白。

(2) 数字化、标准化炼铁尚未普及，各企业间炼铁成本及能耗水平参差不齐。由于数字化、智能化、标准化炼铁体系尚未建立，行业内各炼铁厂技术经济指标参差不齐，即使重点钢企，其吨铁能耗相差大的都高达 130kg/t，寿命相差最大的达 18 年，成本相差大的超过 500 元/吨。

(3) 炼铁行业数据共享壁垒造成数据交互和技术推广困难，行业可提升空间巨大。行业级炼铁大数据共享缺少平台，数据交互、咨询诊断、技术推广及案例共享困难，缺少对行业级海量数据的深度分析、挖掘和利用。行业级大数据平台的体系化建设有巨大的发展空间：从整个炼铁行业而言，2016 年中国铁液产量 7 亿吨，产值近 1.5 万亿元，基于行业级大数据的互联互通实现整体提升，降低吨铁成本和燃耗，每年至少有 70 亿元的创效空间及 1000 万吨的 CO_2 减排潜力。

(4) 炼铁行业生态圈发展滞后造成资源共享效率低下。对于整个炼铁生态圈而言，设计、生产、科研，标准、管理及供应等相互之间仍存在信息壁垒，无法整合炼铁上、中、下游的纵向资源，以及与炼铁相关的横向资源，给整体炼铁生态和行业的发展造成很大障碍。

3. 数据来源

炼铁大数据平台主要数据来源包括以下几方面。

1) 物联网机器数据

物联网机器数据主要包括炼铁 PLC 生产操作数据、工业传感器产生的检测数据、现场的各类就地仪表的数据等。目前，整个炼铁大数据平台已接入了约二百座高炉的数据。以单座高炉为例，每个高炉约有两千个数据点，数据采集频率为 1min 一次，每座高炉产生的数据量约为 288 万点/天、数据大小约为 200MB/天，即行业大数据平台接入的数据量约为 5.76 亿点/天，数据大小约为 40GB/天。

2) 内部核心业务数据

内部核心业务数据主要包括 LIMES 系统的检化验数据，MES 系统的生产计划数据，DCS 系统的过程控制数据，ERP 系统的成本设备数据、用户的交互需求数据、模型计算及分析结果形成知识库的数据，以及现场实际生产过程中的经验数据信息等。200 座高炉的相关数据整合到炼铁大数据平台后形成 TB 级的数据信息。

3) 外部应用平台数据

外部应用平台数据主要包括国家和行业标准、电子期刊、专家知识库、数据案例和相关政策信息等。通过购买、互联网收集、用户提供等，形成 TB 级的数据量，并且进行实时更新。

4. 技术方案

北科亿力集团的大数据技术方案如下：炼铁大数据平台通过在企业端部署自主研发的工业传感器物联网，对高炉"黑箱"可视化，实现了企业端"自感知"；通过数据采集平台，将实时数据上传到大数据中心；通过分布式计算引擎等，对数据进行综合加工、处理和挖掘；在业务层以机理模型集合为核心，结合多维度大数据信息形成大数据平台的核心业务，包括物料利用模块、安全预警模块、经济指标模块、工艺机理模块、精细管理模块、智能生产模块、设备监管模块、经营分析模块、资产管理模块及能耗监控模块等；应用传输原理、热力学、动力学、炼铁学、大数据及机器学习等技术建立高炉专家系统，结合大数据及知识库，实现"自诊断""自决策"和"自适应"。

通过推行炼铁物联网建设标准化、炼铁大数据结构和数据仓库标准化、数字化冶炼技术体系标准化，建立行业级炼铁大数据智能互联平台，实现各高炉间的数据对标和生产优化，并促进设计院、行业学会、供应商及科研机构等整个生态圈的信息互联互通，数据深度应用、产学研用紧密结合和核心竞争力的提高。

（1）自主知识产权的炼铁智能监测硬件及物联网已覆盖全国约20%炼铁产能。自主研发的炼铁工业传感器、监测系统及物联网已覆盖全国约20%炼铁产能，已投入4.5亿元在各地高炉部署温度传感器约35 000只、流量计4000台、热电偶30 000只及数学模型系统200套以上，实时自动采集数据，确保数据真实性。通过在现场布置各种炼铁传感器并联网，为机理模型和大数据挖掘及智能诊断提供自动、实时和真实的基础数据。

（2）深厚的机理研究、全系列的数学模型及成功的应用实践。研发团队以冶炼专业为主结合大数据、人工智能、软件工程等专业，通过20年以上机理研究，发表专业文章100余篇，获得知识产权32项。根据传输原理、物理化学、炼铁学建立炼铁物料、能量、安全、冶炼机理等全系列的35个数学模型，从安全、节能、高效生产和KPI管理等不同层面建立数据对比方法和有效的评价标准。机理模型及数字化炼铁技术为单座高炉实际创效2400万元/年，并获省部级科技进步奖多项。

（3）大数据与机器学习相结合，建立知识库和推理机，推行数字化、智能化和标准化炼铁。基于冶炼机理的无量纲指标实现不同企业、不同类型高炉间的数据对标，通过大数据挖掘和云诊断、机器学习相结合，总结三千多条规则并建立炼铁工况知识库和推理机。将各个炼铁现场海量的监控系统、检化验系统及生产运营系统的基础数据汇聚，建立分级数据仓库进行存储，以支持快速检索；对海量数据进行深度挖掘，结合机理模型及核心评价标准，对各企业、各工序、各人员操作数据进行横向及纵向对比分析，推行数字化、智能化和标准化炼铁。

5. 应用效益

1）经济效益

通过炼铁大数据智能互联平台的建立，提升炼铁的数字化、智能化、科学化、标准化水平，预判和预防高炉异常炉况的发生，提高冶炼过程热能和化学能利用效率，已应用的炼铁厂平均提高劳动生产率5%，降低冶炼燃料比10千克/吨铁，降低吨铁成本15元，单座高炉创效2400万元/年。预期全行业推广后，按中国7亿吨/年的铁液产能、吨铁成本降低10元计，直接经济收益将达70亿元/年。

2）社会效益

已应用的炼铁厂减少 CO_2 排放 10 千克/吨铁，预期全行业推广后 CO_2 减排 1050 万吨/年。炼铁大数据应用助力绿色冶金，实现低燃料消耗和节能减排，减轻炼铁和炼焦造成的环境污染。

12.6.2　江苏沙钢集团

1. 基本情况

江苏沙钢集团有限公司（以下简称"沙钢"）是目前国内最大的电炉钢和优特钢生产基地，也是江苏省重点企业集团和国家特大型工业企业，主导产品"沙钢"牌宽厚板、热轧卷板、高速线材、大盘卷线材和带肋钢筋等已形成数十个系列和三百多个品种。目前，公司拥有总资产 1050 亿元，职工 17 000 余名，年产铁、钢、材的能力分别为 1810 万吨、2160 万吨和 2225 万吨。沙钢进军大数据产业的新闻如图 12-20 所示。

图 12-20　沙钢进军大数据产业的新闻

早在 2006 年，自动化院就为沙钢建设了能源管理中心，实现了企业能源生产、输配和消耗的动态监控和管理。从 2013 年起，沙钢投资上亿元逐步完善了能源计量仪表。在此基础上，2015 年自动化院为沙钢全面升级了能源环保管理系统，建立了能源环保大数据平台，普遍提升了数据分析挖掘和应用水平，使沙钢获得了可观的经济效益和社会效益，为钢铁企业能源中心的升级指明了方向。

2. 业务痛点

由于行业产能过剩及竞争日趋激烈，钢铁企业的成本压力越来越大。此外，应对气候变化及治理大气污染，钢铁企业的节能减排压力也越来越大。主要面临如下问题。

(1) 工艺节能、设备节能潜力下降，投资收益率降低。钢铁企业陆续进行了设备大型化和现代化改造，普遍采用了变频节电、TRT、干熄焦发电、余热发电和高炉大喷煤等技术。但是通过技术改造实现节能降耗的潜力越来越小，投资收益率也越来越低。

(2) 能源管理较粗放，科学化和定量化过程管理能力不足。长期以来，钢铁企业形成了以生产为主、能源为辅的管理理念。能源管理较为粗放，具体表现为以下几方面：能效指标体系缺乏系统支撑，对节能潜力点挖掘不足，数据不真实掩盖了问题；节能管理搞运动、"一阵风"，缺乏信息系统的监督和科学评价，节能管理的成果难以持久；能源信息分散、共享程度不足，使得公司在能源管理和分厂能源管理方面各行其道，未形成上下贯通、全员参与的局面；能源调度决策缺乏模型支持，调度人员难以进行预先的、精确的调整。

(3) 能源浪费。钢铁企业设计时"大马拉小车"问题突出，能源供应超出实际需求，检修期间浪费更加严重，降低介质单耗潜力大；大工业用电按照峰/平/谷分时计价，峰电价一般为谷电价的 3 倍，"避峰就谷"生产的经济效益十分显著；蒸汽管网保温不合理，阻力损失大、"跑、冒、滴、漏"等造成管损比例大等。

在严峻的形势面前，钢铁企业唯有利用大数据技术提升能源管理科学化水平、降低能耗和能源成本，才能立于不败之地。

3. 数据来源

沙钢能源管理环保数据有以下三大类。

1）计量仪器仪表和环保数采仪等机械数据

能源计量仪表共约 1500 块，数据的更新频率为每秒一次。其中，含天然气、煤气、氧氮氩、压缩空气、蒸汽和水等非电介质计量仪表约 900 块，主要用于采集压力、瞬时流量和累积流量。电表约 600 块，主要用于采集有功功率、峰/平/谷总有功电量。

环保数采仪约 25 套，数据的更新频率为每分钟一次。其中，烟尘数采仪主要用于采集二氧化硫、一氧化碳、氧气烟尘、温度、压力和流量，废水数采仪主要用于采集 PH、COD、TOC、氨氮、总磷、流量和累积流量。

2）检/化验和产量等业务数据

检/化验数据包括煤气化验成分、热值、氧氮氩纯度和水质等，数据的更新频率为每班一次。产量数据包括所有车间每日的产品及副产品产量，数据的更新频率为每日一次。

3）指标体系计算数据

在原始数据的基础上，系统需要计算各种能源环保指标数据，包括峰/平/谷用电比、介质平衡率、介质单耗、单位能耗、总能耗、综合能耗、设备峰平谷总运行率、排放达标率和计划命中率等。这些数据归口粒度分为分厂、车间和重点设备三级，计算频度分为每班、每日和每月，计算数据量约为采集数据量的 3 倍。

实时监控(见图 12-21)、日常管理和财务核算对数据的频度要求不同，数据在存档时有不同时间粒度(秒、分、时、班、日、月等)、不同类型(原始值、差值、修正值、平衡值等)的多个存档点。截至 2016 年 12 月，系统标签数量 7300 个，存档点数 35 000 个，秒级数据压缩后保存 1 年，环保数据保存 3 年，其他数据保存 10 年以上，系统的总数据量为 200 亿条以上。

图 12-21 沙钢实时数据监控

4. 技术方案

沙钢能源管理大数据应用以实时数据与业务数据的融合为基础，集实时数据库与关系数据库功能于一体，打造数据平台。进而提供了丰富的业务分析与数据应用功能，特别是节能管理专项工具集和多介质预测调度模型，大幅度提升了沙钢能源管理水平。沙钢能源管理大数据技术架构包括以下三方面内容。

1）实时数据与业务数据高效一体化管理

自动化院开发的能源大数据平台软件，实现了实时数据高效采集、异常过滤、压缩及多时段存档；采用能流网络模型对数据进行再组织，使能源管理应用有了统一的语义环境；动态属性计算技术使指标能够在查询时，由计量数据计算出来，从根本上保证了数据真实性；针对通信故障造成的数据错误设计了自动修复机制，代替了人为修复工作，保障了数据质量。

2）钢铁企业节能管理特色工具集

针对余热余能回收与发电，提供了转炉煤气回收跟踪管理、发电机组效率跟踪管理功能；针对避峰生产，提供了车间峰/平/谷用电统计分析、煤气柜移谷填峰发电跟踪管理、设备（如原料输送皮带）峰平谷总运行率管理、车间避峰补水管理等功能；针对介质损耗，提供了每班计量平衡率统计分析功能，帮助发现“跑、冒、滴、漏”现象及仪表故障；针对过度供能，提供了车间、重点设备介质单耗统计分析和对标管理。

3）能源调度智能化

自动化院研发了工况组合预测技术、多介质协调调度技术，实现了“煤气—蒸汽—电”多介质协调调度。可以根据生产计划、设备检修及故障信息生成调度方案，指导调度人员进行预先的、精确的调度调整，降低了管网压力波动，降低了煤气放散；优化发电机组煤气分配，同等条件下多发电；安排煤气柜谷段充气和峰段发电。

大数据平台采用内容为王的理念，突出数据弱化功能模块，为公司、分厂、车间、职能部门提供了五百余个分析表格，为所有数据点提供了趋势曲线，简单实用，深受用户青睐。

5. 应用效益

1）经济效益

2016 年，沙钢通过大数据应用提升能源管理水平，获得了 3.49 亿元经济效益。吨钢转炉煤气回收增加 20m，经济效益达 9945 万元，通过系统对 4 个转炉炼钢车间吨钢转气回收指标进行每日管控，吨钢转气回收率从 $112m^3/t$ 提高到 $132m^3/t$，热值从 $7200kJ/m^3$ 下降到 $6950kJ/m^3$。按照 1600 万吨转炉炼钢量计算，相当于多回收热量 177.6 万 GJ。按照自发电效率 12 500kJ/(kW·h)，外购电 0.7 元/千瓦时计算，此项经济效益为 9945 万元。

通过系统对电炉轧钢冲击负荷避峰用电、煤气柜移谷发电、原料输送皮带避峰运行、车间避峰补水等削峰填谷专项进行管理，使公司总的峰电比下降 2.3%（从 33.3%下降到 31%），谷电比相应上升 2.3%，峰谷电价差 0.6 元/千瓦时，年外购电量 70 亿千瓦时，此项经济效益为 9660 万元。通过系统随时跟踪蒸汽系统计量平衡率，发现“跑、冒、滴、漏”现象后更换了 500 个疏水阀，增加一段连通管，使蒸汽管损下降了 50t/h，按照每吨 120 元计算，经济效益为 5256 万元。通过系统跟踪氮气单耗和压力变化，在满足工艺需求的前提下降低管网压力，停开了 5 台 $20\,000m^3/h$ 制氧机组，每台机组节约 2000 万元用电成本，此项经济效益为 10 000 万元。

2）社会效益

通过大数据应用，2016 年一年内沙钢综合能耗水平从吨钢 580 千克标煤下降到吨钢 576 千克标煤，节约能源 8.4 万吨标准煤，节能减排效果非常显著。

12.6.3 上海仪电显示

1. 基本情况

上海仪电显示材料有限公司成立于 2007 年，是中国大陆首家也是唯一五代线液晶显示面板配套彩色滤光片独立生产厂商。公司主导产品为五代(尺寸为 1100mm×1300mm)液晶显示面板彩色化核心部件——彩色滤光片，覆盖了智能手机、娱乐影音、平板电脑、车载显示、桌面显示和工控显示等应用领域，已成为我国 TFT-LCD 关键原材料国产化战略布局中的关键力量，国内市场份额达到 35%以上。

上海仪电集团已经制定了智能制造战略，并打造智能制造板块。仪电显示将在智能制造领域不断尝试，并形成可推广可复制的运营模式。公司智能化发展分为三个阶段，从自动化到信息化，最终发展为智能化。目前，正在进行第三阶段的智能化转型升级。

公司的工业互联网起步较早，经过多年打造，公司信息化与工业系统已进行了深入融合，为数据价值挖掘和智能制造的转型升级奠定了良好的基础。2007 年，仪电显示建立了贯通 23 条生产线的自动化生产。2011 年，开始构建“数字＋精益”的工业大数据平台，自主研发了数字化精益管理方法和先进的工艺控制系统，实现了客制化订单小规模柔性自动化生产。2016 年，开始进行智能化升级，引入了无线物联网，建设了虚拟工厂，并搭建了新一代的大数据平台，将全面联通生产运营系统、能源系统、物联网系统和虚拟工厂，在工业大数据的深度应用方面进行探索和实践。

2. 业务痛点

电子产品最近几年发展迭代速度非常快，呈现小批量多批次、个性化和专业化的发展趋势，为仪电显示机械化大规模生产带来挑战。

1）生产个性化不足

公司所在的行业是液晶面板行业，这个行业最大的特点是信息化和自动化程度比较高，整个行业面临着在全自动化的生产方式情况下，迎接个性化和专业化的市场发展趋势。仪电显示通过工业大数据技术，对设备、物料、人员作业、环境和运营等数据进行深度挖掘，在信息技术与工业系统深度融合的基础上，实现以数字为驱动的运营模式，实现了按单零库存小批量多批次的自动化生产。

2）个性化订单良品率低

自动化生产更适合工艺稳定的大批量生产，因为自动化生产速度快，又由于每个产品的工艺路线和工艺条件不同，小批量多批次的个性化生产在频繁切换后，如果工艺没有控制好，将造成一批次产品的不良。公司在实践中不断摸索，基于数据挖掘技术自行研发了工艺控制系统，对影响品质的工艺参数进行趋势管理，在没有发生质量问题时提前预警和纠偏。在满足个性化订单的同时，产品的良品率大于 95%。

3）数字化精益管理不足

个性化的订单带来的是小批量多品种的生产，以及大量的产品切换，但每次切换都意味

着产能损失。公司通过实践,发现繁杂化——简单化——流程化——定量化——信息化的精益管理方法,在自动化生产产能提升方面效果并不明显。通过实践摸索,自创了数字化精益管理方法,将管理活动最小化、最小化的活动数字化、数字化的活动参数化,以及参数化的活动控制化。通过这套方法的运行,目前公司每月切换高达八十多次,自动化生产的设备稼动率接近 80%,生产能力已经突破了设计产能 25%。

3. 数据来源

当前,仪电显示大数据平台数据来源主要包含以下三大类。

1）信息系统数据

信息系统数据主要包含从设计到产品交付环节的数据,主要有 ERP、CIMS 和 SPC 等。系统已累积了近十年的数据,在线保存 6 个月 3TB,存量数据约 40TB,数据毫秒级更新。

2）能源系统数据

在建厂之初只有总厂端的能源消耗,2016 年选取了一条线路进行试点,应用无线物联网采集设备端进行水、电、汽的消耗,到 2017 年已累积近一年的数据,存量数据约为 1TB,数据实时采集更新。

3）物联网数据

物联网数据主要包含实时采集的设备运行、生产制造、工艺品质、能源消耗及物料运输等信息。仪电显示的大数据平台已累积了近十年数据,在线保存 6 个月 3TB,存量数据约 40TB。数据通过内部光纤网传输,毫秒级更新。

4. 技术方案

仪电显示“数字+精益”的工业大数据平台,从数据的全面性、准确性和多维度对数据进行深入挖掘和提炼,从管理和资源两个层级进行。对于管理层级轴,通过大数据可视化系统进行及时的决策和创新;对于资源层级轴,通过大数据对设备、零部件和工艺等进行预测预防,确保资源的充足供给,以达到数据驱动生产和管理创新的模式。仪电显示工业大数据平台架构包括以下三部分内容。

(1) 通过大数据可视化平台,各层级管理人员能够及时发现随机或异常信息,进行及时决策和不断改进。通过统一的大数据可视化系统,各个层级管理人员能够快速直观地了解生产现场的全部信息,包括设备/管道/消防设施的布局与运行状态、当前的生产数据(如当前执行订单、设备的工艺参数、产品质量情况、故障等异常信息、能耗数据、环境监测数据等),以及当日的统计数据(如设备综合稼动率、良品率、负荷度、综合效率等)。一旦出现异常,及时采取相应措施,确保生产顺利进行。同时,从中也能够发现需要不断革新改善的项目,实现价值改善和新价值开发的创新管理模式。

(2) 设备运行状态、工艺参数和故障数据实时采集,基于大数据分析,逐步实现设备预防性维护与产品良率稳定提升,确保资源充足供给。仪电显示基于预防失效模式与影响分析的理论方法和大数据技术,建立了设备故障预警模型和设备远程维护系统,对设备和零部件进行预测预防,达到设备利用最大化。通过对质量和工艺进行预测和纠偏,提升在线质量监测能力,稳定并提升良品率。工业大数据平台整体采用成熟的 Hadoop 分布式架构进行搭建。通过大数据引擎,对数据进行流式处理,满足数据分析的时效性要求。通过分布式运算架构,满足对海量数据在线和离线的深度挖掘分析。

(3) 基于工厂仿真平台建立生产系统仿真模型,通过大数据分析,持续优化生产过程。

目前，仪电显示基于数据自动采集系统和工业大数据平台，已积累了海量的生产数据，并利用工厂仿真平台建立了整个生产系统的仿真模型。该模型完全通过数据驱动与模型算法，实现了与生产现场完全一致的生产制程与生产调度逻辑，可以真实模拟实际的生产运行，进而可对生产过程进行持续改善。

5. 应用效益

"数字＋精益"工业大数据平台的实践应用效果显著，为仪电显示带来了可观的效益。

1）经济效益

生产柔性提升：机械化生产柔性提升了 8 倍，生产线产品切换能力由原来的 10 次/月上升到现在的 80 次/月，实现了按单小批量多批次零库存生产。

技术质量、产量提升：能够满足市场更高分辨率液晶面板产品质量要求，产品分辨率由原来的 300PPI 上升到 400PPI。生产能力从原来的 55 万元人民币/年上升到现在的 100 万元人民币/年，企业经济效益增长约 6000 万元/年。

2）社会效益

离散型生产是机械自动化生产的难题，仪电显示"数字＋精益"工业大数据的应用实践，实现了按单小批量多批次零库存的自动化生产模式，将为同行业和其他行业传统制造业转型升级提供参考。

12.7 现代农业中的数据思维

我国是农业大国，目前正是工业化、信息化、城镇化、农业现代化同步推进的关键时期，互联网与农业融合发展空间广阔，潜力巨大，实施"互联网＋"农业是推动农业现代化、促进农业转型升级的关键之举，是我国在世界范围内实现弯道超车的好机会。

现代农业的本质是实现农业的在线化和数据化，通过将农业生产经营的主体、对象和过程与以互联网为代表的现代信息技术融合，形成"活的"数据资源，指导市场、资本、人才等要素在农业各行业内充分灵活配置，实现农业生产智能化、经营网络化、管理灵活透明和服务便捷高效。

下面将从两个现代农业的案例入手，来理解以数据为核心的现代农业新发展。

12.7.1 北京佳格天地

随着我国人口的不断增长与土地资源有限的矛盾日益凸显，如何发展精准农业、规模化地进行农业生产以顺应时代发展趋势，是我国现代农业亟待解决的问题之一，而农业大数据毫无疑问是最好的解决方案。以往互联网大数据在农业方面的应用，主要集中在扩大农产品的销售渠道上。佳格大数据却是这样做的：从农业生产的上游出发，整合植保无人机公司、农业保险公司等资源，基于大数据为农户提供完整的农业种植方案，帮助农户更好地进行大规模农业生产。

北京佳格天地科技有限公司（简称佳格，见图 12-22）是一家通过卫星和气象大数据收集、处理、分析和可视化系统，服务农业、环境、金融等行业的大数据应用公司。佳格在 2013 年成立于美国硅谷，逐渐成为硅谷有影响力的新锐卫星数据应用公司。2015 年，佳格响应祖国创业创新的号召回到北京中关村，致力于把团队在卫星影像、大数据、深度学习等方面的先进技术和经验应用到祖国的各项建设中。

图 12-22　佳格——从“看天吃饭”到“知天而作”

1. 传统模式下我国农业面临的困境

农业是国民经济的基础产业。近些年来，中央对农业的重视程度不断加大，从 2004 年到 2014 年连续 11 年间，中央一号文件都聚焦于“三农”问题。然而，在政策和资金的大力支撑下，农业发展面临的实际困难却不断增多。其中最主要的问题在以下三个方面：耕地面积逐年减少，弃耕撂荒现象日渐严重，农药残留不断加重。

这些问题既直接影响我国农业现代化目标的实现，而且与我国粮食安全及生态环境安全密切相关。因此，如何来解决这些问题显得尤为迫切。

2. 农业大数据的应用

简而言之，一切与农业相关的数据，包括上游的种子、化肥和农药等农资研发，气象、环境、土地、土壤、作物、农资投入等种植过程数据，以及下游的农产品加工、市场经营、物流、农业金融等数据，都属于农业大数据的范畴，贯穿整个产业链。农业大数据之所以大而复杂，是由于农业是带有时间属性和空间属性的行业，因而需要考虑多种因素在不同时间点和不同地域对农业的影响。利用农业大数据进行种植，可以从农业生产到农业市场、农业管理等链条上都得到大幅度改善。

1）大数据加速作物育种

传统的育种成本往往较高，工作量大，需要花费 10 年甚至更久的时间。而大数据加快了此进程。生物信息爆炸促使基因组织学研究实现突破性进展，获得了模式生物的基因组排序，实验型技术也可以被快速应用。

过去的生物调查习惯于在温室和田地进行，现在已经可以通过计算机运算进行。海量的基因信息流可以在云端被创造和分析，同时进行假设验证、实验规划、定义和开发。在此之后，只需要有相对很少一部分作物经过一系列的实际大田环境验证。这样一来，育种家就可以高效确定品种的适宜区域和抗性表现。这项新技术的发展不仅有助于降低成本，加快决策，而且能探索很多以前无法完成的事。

传统的生物工程工具已经研究出具有抗旱、抗药、抗除草剂的作物。通过持续发展，将进一步提高作物质量、减少经济成本和环境风险。作物开发出的新产品将有利于农民和消费者，如高钙胡萝卜、抗氧化剂番茄、抗敏坚果、抗菌橙子、节水型小麦、含多种营养物质的木薯等。

2）以数据驱动的精准农业操作

农业很复杂，作物、土壤、气候及人类活动等各种要素会相互影响。在近几年，种植者通过选取不同作物品种、生产投入量和环境，在上百种农田、土壤和气候条件下进行田间小区实验，就能将作物品种与地块进行精准匹配。

如何获得环境和农业数据？通过遥感卫星和无人机可以管理地块和规划作物种植适宜区，预测气候、自然灾害、病虫害、土壤墒情等环境因素，监测作物长势，指导灌溉和施肥，预估产量。随着 GPS 导航能力和其他工业技术的提高，生产者们可以跟踪作物流动，引导和控制设备，监控农田环境，精细化管理整个土地的投入，大大提高了生产力和盈利能力。

数据快速积累的同时，如果没有大数据分析技术，数据将会变得十分庞大和复杂。数据本身并不能创造价值，只有通过有效分析，才能帮助种植者做出有效决策。随着数据不断积累，分析算法将更准确，帮助农场做出更准确的决策。

3）大数据实现农产品可追溯

跟踪农产品从农田到顾客的过程，有利于防止疾病、减少污染和增加收益。当全球供应链越来越长，跟踪和监测农产品的重要性也越来越强。大数据可以在仓库存储和零售商店环节提高运营质量。食品生产商和运输商使用传感技术、扫描仪和分析技术来监测和收集产业链数据。在运输途中，通过带有 GPS 功能的传感器实时监测温度和湿度，当不符合要求时会发出预警，从而加以校正。

销售点扫描能够在有问题或者需要召回食品时，甚至在产品卖出后也可以采取即时、高效的应对措施。

3. 大数据下的农业创新

佳格的核心技术是基于新一代机器学习算法，通过整合不同卫星和气象数据源的数据，来实现天地数据的一体化分析。佳格针对农业、环境、金融等不同应用领域建立了相应的产品平台。以农业为例，佳格开发了一套以卫星和气象数据为核心的耘境农业数据平台。

1）多源卫星遥感数据的应用

目前，国内的卫星遥感技术主要应用于农作物产量估计、种植化管理，为农业战略决策的制定提供技术指导，但是还没有商业化的广泛使用。佳格农业大数据平台“耘镜”用基于深度学习的 AI 技术自动识别地块如图 12-23 所示。

图 12-23　佳格农业大数据平台“耘镜”用基于深度学习的 AI 技术自动识别地块(来源：投资圈)

佳格的卫星遥感数据十分多源，既有国内卫星遥感数据支持，也有诸如美国、欧洲、日本等国家卫星遥感的数据用作农业监测。佳格使用和融合这些多源数据，对于同一地点使用多颗卫星进行频繁的观测，从而提供更加全面的大数据，确保用户得到的数据是全面、实时、有效的。

2）精确的气象数据

由于现在的农事作业已经在向规模化发展，对于大面积种植的农户来说，气象预报的准确性对于农事作业有着重要的预警作用。农户需要精确到各自种植区域的气象数据，才能更好地指导农事作业，减少不必要的损失。

由于农业种植区一般地域较大，又处在远离城市的偏僻位置，现有的城市天气预报不能精确到农户各自的作业区域。而佳格拥有自己的气象模型，加上精细化运算，可以为不同的客户提供精细化的气象服务。佳格的数据能够精细到地块级别，为农户提供预测周期长达20天的精准气象数据。

3）完善的农业保险方案

针对可能发生的不可逆的特殊气象变化，佳格为用户提供了专业的农业保险方案，降低农作物产量因天气而受损的影响。

佳格以卫星遥感和地理信息系统为核心，构建农业保险标的综合管理平台，实现行政区划、土地归属人、宗地编号等多维度的地块查询、数据统计等功能。完美结合农业保险标的管理实际应用场景，促进农业保险标的管理升级，保证农业保险标的精准管理。

在受灾程度精准评估方面，佳格通过独有的估产模型，对各类主粮作物及经济作物的产量进行准确估算，结合保险公司具体赔付标准，生成灾情评估报告，为核保定损提供决策依据。

关于农业保险费率确定的原则，佳格会结合历史灾害信息、历史产量、气象、地形地貌等综合条件，对不同地块的灾情发生概率与产量进行评估，为差异化保费制定提供基础，以确保保险费率的精准厘定。

4）深度学习的人工智能

随着深度学习技术的成熟，人工智能正在逐步从尖端技术慢慢变得普及。在农业发展中，谁可以更早、更好地使用人工智能进行复杂的农业操作、降低作业成本、提高经济利益，谁就可以更早地进行大规模的科学化农业生产，在农业工业化的浪潮中占据有利位置。

5）作物全周期监测

小农时代，经验丰富的农民对于自己土地上的作物健康情况、生长状态及土壤肥力等情况可以做到比较全面的掌握。但是在农业规模化发展的形势下，农户不可能逐一去排查土壤的状态及作物生长情况。

佳格则可以在作物生长全周期提供完善的种植解决方案。佳格通过卫星遥感和气象数据分析得到该地区的土壤肥力状况、历史积温状况等，再结合该地以往农作物的历史产量，通过得到的各方面农业数据表明某类作物是该地适宜种植的作物。

4. 未来展望

佳格致力于把先进的卫星应用技术和我国的卫星数据优势相结合，服务中国乃至世界的各个相关领域。佳格希望打造一套集合天地大数据产品平台，为国内各级政府和各类企业提供精准高效的数据服务，配合政府的大数据发展战略，以数据为基础助力中国的农业、环保、金融等产业的产业升级。佳格也正在开拓广阔的国际市场，配合中国农业和其他相关产业的“走出去”战略，为中国的粮食、能源安全等做出自己的贡献。

大数据特别是卫星大数据技术的应用，离不开政府的支持。中国航天的巨大成功也使得我们在卫星数量和品种上处于国际领先水平，高分系列和北斗系列等卫星的性能可以媲美国际先进型号，有些指标甚至大大超越它们。但是我国在卫星和气象的民事和商业应用上还有巨大的发展空间。佳格希望与我国科技、卫星、气象、环境、国土等相关部门合作，如科技部、发展改革委员会、国家气象局、国土资源部、中国资源卫星应用中心、航天科工、航天科技等部门和企业展开数据共享合作，进一步开展空天数据的整合应用工作，让我国的基础数据在国民经济发展中发挥更大的价值。

另外，佳格期望将自身的技术和产品应用到防灾减灾、农业管理等更多领域中。卫星大数据的特点是覆盖面积广、时效性强，特别有利于服务农业、环境等相关政府部门和企业。例如，利用佳格的数据技术，可以为农业部门更好地监测农业各项指标的运行状况，更好地根据实时情况为精准管理提供有效支撑。

12.7.2 北京农信互联

猪肉是我国消费者日常饮食中最重要的动物蛋白来源。但是我国生猪产业存在很多问题，如生产效率低下、生产和交易成本高、信息不对称、交易效率低、无征信记录、融资困难、猪周期波动严重、食品安全问题频发，生猪产业链数据缺乏、采集困难、收集成本高等。

为此，北京农信互联科技有限公司(简称农信互联)创建了生猪产业链大数据平台——猪联网，形成了“管理数字化、业务电商化、发展金融化、产业生态化”的商业模式，为猪场提供猪管理、猪交易、猪金融等服务，以期促进我国生猪产业转型升级，实现生猪产业供给侧的改革与创新，使“互联网＋生猪产业”成为我国农业经济创新驱动的重要领域。自农信互联 2015 年 1 月成立以来，猪联网覆盖全国各地 31 省市养猪人 51 万人，据统计已经帮助猪场平均 PSY(每头母猪每年所能提供的断奶仔猪头数)提高了 2 头。猪交易平台已经覆盖 28 个省份，日均交易生猪量近 10 万头，日交易额超过 1 亿元，并首次初步绘制我国生猪流动图。猪金融平台累计贷款 47 亿元，农富宝平台累计充值 308 亿元。农信互联养猪产业生态如图 12-24 所示。

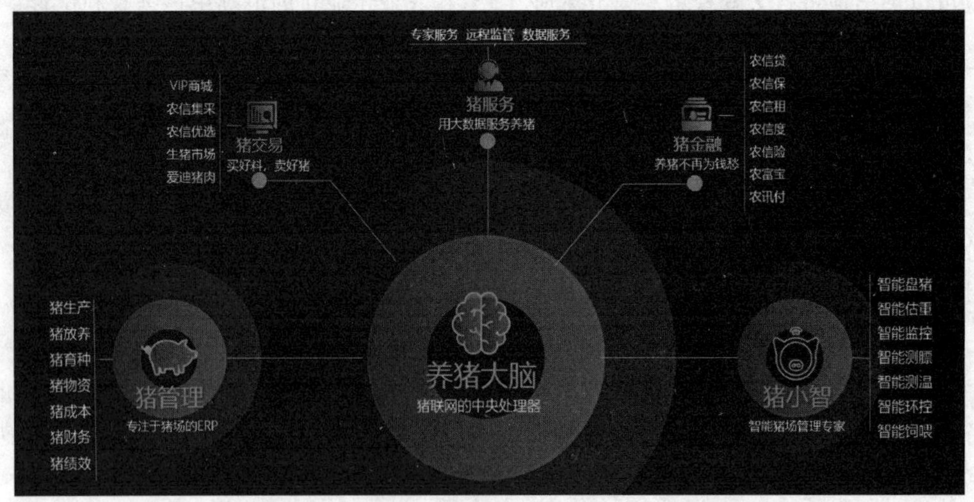

图 12-24　农信互联养猪产业生态(来源：农信互联)

1. 传统生猪产业的痛点

我国生猪产业是历史最为悠久的传统产业链之一，经历了多年的分散养殖、小规模养殖的历史。从业务角度来看，生猪交易领域，由猪经纪把控，前端掌握猪源，后端联系屠宰企业；屠宰加工环节虽有国家监管，但相关数据信息不透明。从数据角度来看，其主要存在生猪养殖数据缺乏，数据采集困难、成本高、数据碎片化严重等问题。猪业整体数据缺乏，严重阻碍了生猪产业管理效率的提升，以及科学化的决策和监管。

散户和中小规模的养殖场作为我国生猪生产主体，养殖水平落后，管理水平较低。加之猪场环境差，猪场工作人员文化水平相对较低，没有记录生产数据的意识和习惯，整个生猪养殖行业的数据化构建水平低下。

猪场的自动化、智能设备在中国的使用才刚刚起步，又因其价格高昂，使用专业性要求高，只在部分大型养殖场中得以使用，因此猪场数据的自动采集目前处于起步阶段。相当一部分猪场需要采用人力来录入数据，对从业人口素质要求较高，从而导致猪场成本较高。

生猪养殖各个环节没有统一的数据采集和分析机制，上游企业无法了解产品的使用信息，无法为客户提供个性化的需求，因此阻碍了生产率的提高。生猪养殖产业链从生产资料的生产到餐桌消费跨越多个环节，且每个环节的集中度都很低，生产水平差异很大。并且由于受不同部门的监管，我国食品溯源较为困难，造成无法从根源保证食品安全，这就给某些不法分子提供了可乘之机，也导致我国食品安全问题频繁发生，严重损伤了消费者对猪肉的消费信心。

2. 猪联网项目介绍

为了解决我国养猪户管理水平落后、交易效率低且不易追溯、贷款难等一系列问题，农信互联创建了生猪产业链大数据平台——猪联网，形成“管理数字化、业务电商化、发展金融化、产业生态化”的商业模式，为猪场提供猪管理、猪交易、猪金融等服务。

1）猪管理：技术创新融合

猪管理通过移动互联网、物联网、云计算、大数据等技术，为养殖户量身打造集采购、饲喂、生产、疫病防控、销售、财务与日常管理为一体的管理平台，包括猪场管理系统、行情宝、猪病通、养猪课堂等专业化产品。

2）猪交易：开创猪业流通新模式

猪交易平台主要根据养殖过程中的生产资料采购和生猪销售需求，为行业内中小企业及农户提供电子商务服务，主要包括农牧商城和国家生猪市场两个部分。

农牧商城为畜牧行业的用户提供一站式的O2O平台，商品种类包含饲料、动保、疫苗、生物饲料、种猪等。商城采用直营的方式，打掉中间商让利于农户，降低农户购买生产资料及销售的成本。未来，农信互联将推出农信优选服务，利用大数据分析为养殖户推荐适合当地的农资种类和最佳组合，进一步提高生产效率和降低生产成本。

国家生猪交易市场（SPEM）是农业部按照国家“十二五”规划纲要建设的全国唯一一个国家级畜禽大市场，是专业服务于生猪网上交易的平台。其运用移动互联网技术及成熟的电子商务经验，实现生猪活体“线上＋线下”交易。创新传统交易模式，全年交易不停歇，直接对接养殖户和屠宰场，按照市场经济规律采用自由、公平、方便、快捷的生猪定价交易模式及更加灵活的竞价交易模式，打掉中间环节，让利于养殖户。并对交易全程进行电子化记录，引入评价机制，有效解决交易过程中公平缺失、链条过长、品质难保、质量难溯、成本难降、交易体验差等问题，从而促进生猪产业升级，提升交易效率，让交易双方获取更多价值。

随着交易数据的积累，平台将建立生猪交易和流通大数据，进一步优化生猪养殖和销售。同时，为疫情预防和疫情传播路径追踪提供基础条件，为我国食品安全提供坚实的保障。为了解决农牧商城和国家生猪市场的物流运输问题，平台将同步开发基于位置服务的第三方物流平台，使生产资料和生猪流通安全可控，实现资源的优化配置。

3）猪金融：探索金融服务创新

养猪离不开资金的支持，为打通猪金融各环节，农信互联布局了从征信、借贷、理财到支付的完整金融生态圈，推出了农信度、农信贷、农富宝、农付通四大产品体系，提供全方位的金融服务。

3. 大数据将重构产业生态

随着猪服务、猪交易、猪金融等相关服务平台的广泛应用，各类企业生产数据、采购数据、养殖数据、生猪出栏数据、运输和调拨数据、屠宰数据、猪肉销售数据、价格数据、金融数据逐步积累。通过大数据的分析，猪联网将重构生猪产业生态体系（见图 12-25），极大地改变生猪产业的生产管理方式、交易和运输方式、金融服务方式等。

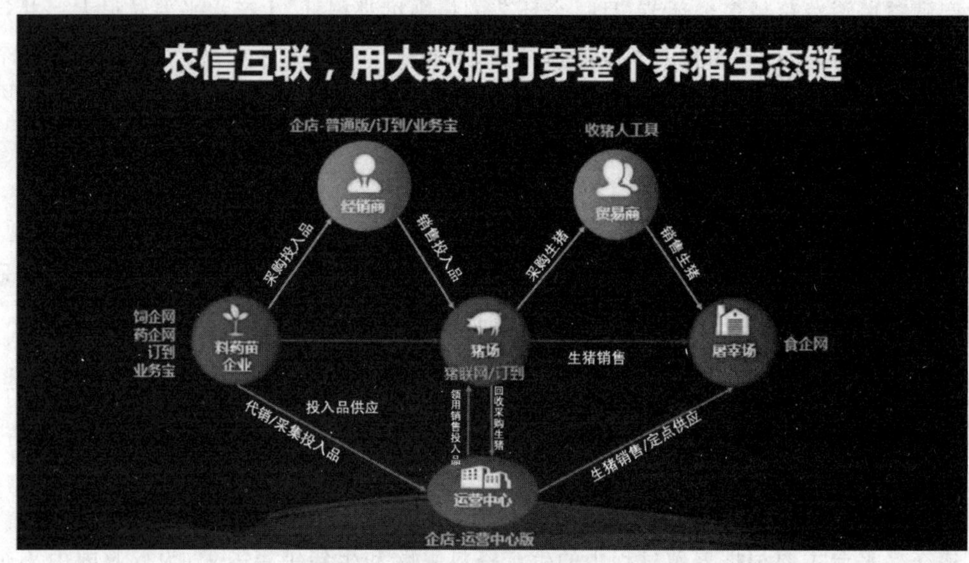

图 12-25　用大数据打穿整个养猪生态链

1）疾病预警

通过猪管理所积累的数据，对不同地区未来的生猪疫情进行预测和预警，并为其制定相应的防控预案。帮助养殖企业减少因疾病带来的损失，进而提高生产效率，降低生产成本，增强企业盈利能力。

2）智慧饲养

通过详细记录每头猪从出生、断奶、转舍、饲喂、发情、配种、妊娠、分娩、产仔、哺乳、销售、免疫、疾病等各种生产数据，按照科学的管理体系，对日常的生产进行智能提示和预警，使其科学、合理安排生产，帮助高效地完成饲养工作。

3）价格预警

通过数据分析，加强生猪市场、屠宰监测和预警体系建设，强化生产和价格动态监测分

析，发布生猪生产和市场价格信息。稳定市场心理预期，更好地避免散养户发展的盲目性，减少一哄而上、一哄而下的现象，引导养殖场户科学调整生产结构，从而降低生猪养殖风险，稳定养殖收益。

4）合理调运

积极推行就近屠宰，减少因调运造成的疾病传播和运输成本的上升，实现养殖屠宰共赢发展。通过养殖、屠宰"产销衔接，场厂挂钩"，解决养殖企业生猪销售后顾之忧，同时也为屠宰企业提供稳定猪源，从而实现养殖企业、屠宰企业互利互惠，生猪产业健康发展。

5）安全追溯

通过猪服务的应用，可以帮助养殖企业建立生猪养殖档案，包括饲养管理、投入控制、屠宰分割、肉品加工到餐桌等流程进行全程数字化有效的监控管理。除此以外，建立便于生产管理及消费者查询的平台，建立完善的猪肉及肉产品质量追溯管理制度。

6）精准营销

一方面，通过农信云积累的大数据，帮助客户在种类繁多的商品中挑选出质量可靠、质优价廉的好产品，并可就近促成合作。另一方面，通过对养殖企业数据的分析，可以精准地将养户所需的生产资料进行对接。

7）建立信用体系

通过"猪管理"获取的生产经营数据和"猪交易"获取的交易数据，利用大数据技术建立模型，形成较强的信贷风险控制体系，为符合条件的用户提供不同层次的金融产品，如征信、支付、理财、借贷、保险等产品。

总之，为猪场、屠宰及相关的农牧企业定制个性化的产品和服务，为熨平猪周期、提升我国猪产业综合生产和经营效率提供支持，最重要的是要推进标准化养殖、标准化屠宰，以有效提升肉品质量安全保障能力。"猪联网"在行业内实现了生猪生产方式和交易模式的变革，进而实现了资源的最优配置；在行业外改变了政府的监管方式和百姓的消费方式。

4. 未来展望

我国大数据应用于生猪产业链尚处于起步阶段，从物联网自动获取数据、相关适用于产业数据的分析与挖掘模型到全产业链条数据的整合与对接等多方面问题有待探索。

展望未来，大数据对推动农业产业数据的获取方式、生猪供给侧结构性改革、科学化生产等多方面具有重大意义。猪联网的应用也将对生猪配套服务业、生猪供给侧改革、生猪科学生产、生猪期货业发展产生推动力。2019 年，非洲猪瘟席卷全球，农信互联能够确保每一块猪肉的质量，在疫情突发情况下，以最快速度应对，使企业的损失最小化，这正得益于猪联网生产模式。

小结

本章从 7 个不同的行业领域介绍了数据应用带来的深刻变化，通过城市治理、数字金融、智慧物流、智慧医疗、人工智能、智能制造、智慧农业 7 个方面应用实例的介绍，不难发现数据思维应用的几个重点。

（1）数据即价值。无论在各个行业，数据都能够帮助行业创造新的业务点，通过应用数据思维指导行业转型，能够提升企业的生产效率与利润，就像淘宝的交易数据支撑了阿里巴巴帝国的崛起,数据能够产生丰富的价值。

(2) 数字化是前提。无论是智慧物流业的运输效率提升还是制造业管理模式的转变,都离不开对传统业务的数字化这一前提,只有把传统无法解决的问题数字化,才能从新的时空视角去解决现实问题。

(3) 全数据是要求。猪联网的生猪全周期管理提升了生猪管理的效率,也解决了传统养殖业的难点。"非洲瘟"给我国乃至世界的生猪市场带来了巨大冲击,质量可追溯、养殖过程数据清晰、现代化的管理体系使其在这次冲击中得以生存。

(4) 关联应用是突破口。数据的广泛关联在智慧医疗行业得以展现,百度、阿里巴巴、腾讯各自凭借自己的企业优势,纷纷确定发展策略,将自己的数据与医疗行业数据关联,催生了平台式、搜索引擎式、社交式的智慧医疗布局。

数据思维应用的案例不限于以上行业,更不限于所列案例,数据思维应用的艺术也远非几个案例就能说清楚,还需要亲入生活场景之中去体会。

讨论与实践

1. 政务与人们的生活息息相关,思考政务数据的应用可以解决生活中哪些传统难以解决的问题?

2. 人工智能与各个行业息息相关,请举例说明生活中见到的人工智能案例,并解释其数据来源以及如何实现的智能。

3. 描述一种数字化的医疗模式,以及这种模式相比于传统医疗的优点。

4. "BAT"三巨头在医疗行业的布局同时也是一种商业行为,试分析其各自的商业模式。

5. 通过对以上几个领域数据思维应用的理解,尝试举例说明数据思维在其他领域的应用。

参考文献

[1] 赵志耘,戴国强.大数据城市创新发展新动能[M].北京:科学技术文献出版社,2018:38-60.

[2] 赵国栋,易欢欢,糜万军.大数据时代的历史机遇——产业变革与数据科学[M].北京:清华大学出版社,2013.

[3] 陈云.金融大数据[M].上海:上海科学技术出版社,2015.

[4] 李勇,徐荣.大数据金融[M].北京:电子工业出版社,2016.

[5] 李汉卿,姜彩良.大数据时代的智慧物流[M].北京:人民交通出版社,2018.

[6] 文丹枫,韦绍锋.互联网+医疗——移动互联网时代的医疗健康革命[M].北京:中国经济出版社,2015.

[7] 杨云勇,穆肇南,李静.大数据开创新世界[M].成都:电子科技大学出版社,2017.

[8] 王天一.人工智能革命[M].北京:北京时代华文书局,2017.

[9] 韦康博.人工智能[M].北京:现代出版社,2016.

[10] 工业互联网产业联盟工业大数据特设组.工业大数据技术与应用实践[M].北京:电子工业出版社,2017.

[11] 阮怀军,封文杰,郑纪业."互联网+"现代农业应用研究[M].北京:中国农业出版社,2017.

[12] 陈新河.赢在大数据[M].北京:电子工业出版社,2017.

图 书 资 源 支 持

感谢您一直以来对清华版图书的支持和爱护。为了配合本书的使用，本书提供配套的资源，有需求的读者请扫描下方的“书圈”微信公众号二维码，在图书专区下载，也可以拨打电话或发送电子邮件咨询。

如果您在使用本书的过程中遇到了什么问题，或者有相关图书出版计划，也请您发邮件告诉我们，以便我们更好地为您服务。

我们的联系方式：

地　　址：北京市海淀区双清路学研大厦A座701

邮　　编：100084

电　　话：010-83470236　010-83470237

资源下载：http://www.tup.com.cn

客服邮箱：2301891038@qq.com

QQ：2301891038（请写明您的单位和姓名）

资源下载、样书申请

书圈

扫一扫，获取最新目录

课 程 直 播

用微信扫一扫右边的二维码，即可关注清华大学出版社公众号“书圈”。